U0392346

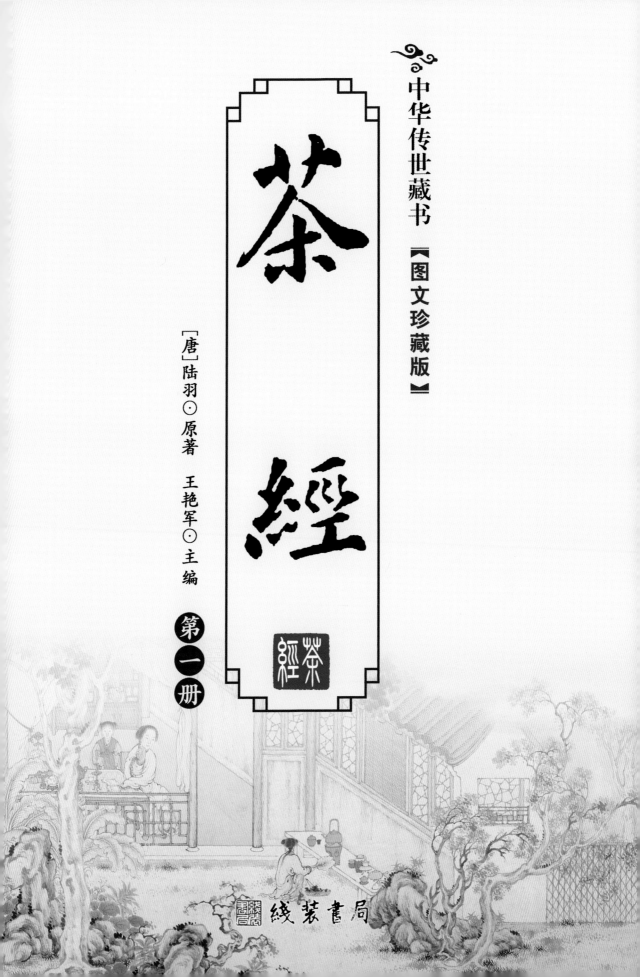

中华传世藏书

【图文珍藏版】

茶經

[唐] 陆羽⊙原著

王艳军⊙主编

第一册

线装书局

图书在版编目（CIP）数据

茶经：全6册 /（唐）陆羽原著；王艳军主编. – –
北京：线装书局, 2016.3（2022.3）
　ISBN 978-7-5120-2126-6

　Ⅰ.①茶… Ⅱ.①陆… ②王… Ⅲ.①茶叶 – 文化 –
中国 – 古代 Ⅳ.①TS971

中国版本图书馆CIP数据核字(2016)第010756号

茶　经

原　　著：［唐］陆　羽
主　　编：王艳军
责任编辑：高晓彬
出版发行：线装书局
　　　　　地　址：北京市丰台区方庄日月天地大厦B座17层（100078）
　　　　　电　话：010-58077126（发行部）010-58076938（总编室）
　　　　　网　址：www.zgxzsj.com
经　　销：新华书店
印　　制：北京彩虹伟业印刷有限公司
开　　本：787mm×1092mm　1/16
印　　张：150
字　　数：1826千字
版　　次：2022年3月第1版第2次印刷
印　　数：3001 – 9000套

定　　价：1580.00元（全六册）

线装书局官方微信

茶圣陆羽

　　陆羽(733～804年)，字鸿渐，一名疾，字季疵，号竞陵子、桑苎翁、东冈子，或云自太子文学徙太常寺太祝，不就。唐朝复州竞陵(今湖北天门市)人。他一生嗜茶，精于茶道，所著《茶经》为世界第一部茶叶专著，对中国茶业和世界茶业发展作出了卓越贡献，被誉为"茶仙"，尊为"茶圣"，祀为"茶神"。

　　陆羽很善于写诗，但其诗作目前世上存留并不多。他对茶叶有浓厚的兴趣，长期实施调查研究，熟悉茶树栽培、育种和加工技术，并擅长品茗。唐朝上元初年（公元760年），陆羽隐居浙江湖州苕溪，撰闻名于世的《茶经》三卷。

绿茶

　　绿茶是指采取茶树的新叶或芽，未经发酵，经杀青、整形、烘干等工艺而制作的饮品。它具体包括:炒青绿茶、烘青绿茶、晒青绿茶和蒸青绿茶。

　　炒青绿茶分为眉茶、珠茶、细嫩炒青、大方、碧螺春、雨花茶、甘露、松针等;烘青绿茶分为普通烘青、细嫩烘青等;晒青绿茶分为川青、滇青、陕青等;蒸青绿茶分为煎茶、玉露等。

红茶

　　红茶是以适宜的茶树新芽叶为原料，经萎凋、揉捻、发酵、干燥等一系列工艺过程精制而成的茶。它具体分为小种红茶、工夫红茶和红碎茶。

　　小种红茶包括正山小种、烟小种;工夫红茶包括川红（金甘露、红甘露等）、祁红、滇红、闽红（金骏眉等）等;红碎茶包括:叶茶、碎茶、片茶、末茶。

乌龙茶

　　乌龙茶是经过采摘、萎凋、摇青、炒青、揉捻、烘培等工序后制作出的品质优异的茶类。它具体分为闽北乌龙、闽南乌龙、广东乌龙和台湾乌龙。闽北乌龙主要指武夷岩茶，还有些建瓯建阳等地产的茶，如矮脚乌龙等；闽南乌龙主要包括铁观音、奇兰、水仙、黄金桂等；广东乌龙主要包括凤凰单枞、凤凰水仙、岭头单枞等；台湾乌龙主要包括冻顶乌龙，包种等。

白茶

　　白茶属微发酵茶，指一种采摘后，不经杀青或揉捻，只经过晒或文火干燥后加工的茶。它具体分为白芽茶和白叶茶。

　　白芽茶主要是指银针等，是白茶中的极品，素有茶中"茶王"之美称；白叶茶，主要是指白牡丹、贡眉等。白牡丹因其绿叶夹银白色毫心，冲泡后宛如蓓蕾初放；贡眉是以菜茶茶树的叶芽制成，又称为"小白"。

黄茶

　　黄茶属于轻发酵茶，加工工艺近似绿茶，只是在干燥过程的前或后，增加一道"闷黄"的工艺，促使其多酚叶绿素等物质部分氧化，形成黄色。它具体分为黄芽茶、黄小茶和黄大茶。

　　黄芽茶包括蒙顶黄芽、君山银针等；黄小茶包括北港毛尖、沩山毛尖、温州黄汤等；黄大茶包括霍山黄大茶、广东大叶青等。

黑茶

　　黑茶属于后发酵茶，因成品茶的外观呈黑色得名，传统黑茶采用的是黑毛茶原料，成熟度较高，其制茶工艺一般包括杀青、揉捻、渥堆和干燥四道工序。按地域分布，主要分类为：湖南黑茶（安化黑茶等）、湖北老青茶（蒲圻老青茶等）、四川边茶（南路边茶和西路边茶等）、滇桂黑茶（六堡茶等）和陕西黑茶（泾渭茯茶等）。

西湖龙井

产自浙江省杭州市西湖周围的群山之中。杭州不仅以西湖闻名国内外，也以西湖龙井茶誉满全球。色泽嫩绿泛黄，扁平光滑，苗锋尖削，品饮茶汤，回味无穷。

洞庭碧螺春

产自江苏省苏州市太湖洞庭山。碧螺春茶条索纤细，卷曲成螺，满披茸毛，色泽碧绿。色泽银绿，翠碧诱人，外形条索紧结呈卷曲如毛螺，白毫显露。

黄山毛峰

产自安徽省太平县以南，歙县以北的黄山。茶芽格外肥壮，柔软细嫩，叶片肥厚，经久耐泡，香气馥郁，滋味醇甜，成为茶中的上品。嫩绿油润，细扁如雀舌。

安溪铁观音

产自福建省泉州市安溪县。安溪铁观音茶历史悠久，素有茶王之称。"砂绿起霜"成为铁观音高品级的标志，获得了"绿叶红镶边，七泡有余香"的美誉。

君山银针

产自湖南省洞庭湖的君山，始于唐代，清代纳入贡茶。君山茶分为"尖茶""茸茶"两种。"尖茶"如茶剑，白毛茸然，纳为贡茶，素称"贡尖"，甜爽。

六安瓜片

产自安徽省六安市大别山一带，唐称"庐州六安茶"，明始称"六安瓜片"，为上品、极品茶，清为朝廷贡茶。色、香、味、形别具一格，为绿茶中的特种茶。

信阳毛尖

产自河南省信阳地区的群山之中。信阳毛尖素来以"细、圆、光、直、多白毫、香高、味浓、汤色绿"的独特风格而饮誉中外。色泽翠绿，白毫显露，滋味鲜醇。

庐山云雾

产自江西省九江市庐山，庐山云雾茶色泽翠绿，香如幽兰，味浓醇鲜爽，芽叶肥嫩显白亮。由于受庐山凉爽多雾的气候等条件影响，叶厚毫多，醇甘耐泡。

前　言

中国是茶的故乡，国人饮茶，据说始于神农时代，少说也有 4700 多年的历史了，直到现在，民间还有以茶代礼的风俗。中国俗语中的开门七件事"柴米油盐酱醋茶"就表明茶在中国文化中的重要性，在古中国和平盛世的时候，茶也开始成了文人雅士们的其中一个消遣，和"琴棋书画诗酒"并列。

中国乃至世界现存很早、很完整、很全面介绍茶的第一部专著名叫《茶经》，成书于唐代，是"茶圣"陆羽毕生茶事绝学的精髓，被誉为"茶叶百科全书"，距今已有 1000 多年的历史。此书是关于茶叶生产的历史、源流、现状、生产技术以及饮茶技艺、茶道原理的综合性论著，是划时代的茶学专著和精辟的农学著作，将普通茶事升格为一种美妙的文化艺能，推动了茶文化的发展。《茶经》系统地总结了当时的茶叶采制和饮用经验，全面论述了有关茶叶起源、生产、饮用等各方面的问题，传播了茶业科学知识，促进了茶叶生产的发展，开中国茶道的先河。且《茶经》是中国古代最完备的茶书，除茶法外，凡与茶有关的各种内容，都有叙述。以后茶书皆本于此。

作者陆羽，名疾，字鸿渐、季疵，号桑苎翁、竟陵子，唐代复州竟陵人（今湖北天门市）。公元 733 年出生，幼年托身佛寺，自幼好学用功，学问渊博，诗文亦佳，且为人清高，淡泊功名，一度招拜为太子太学、太常寺太祝而不就。公元 760 年为避安史之乱，陆羽隐居浙江苕溪（今湖州）。其间在亲自调查和实践的基础上，认真总结、悉心研究了前人和当时茶叶的生产经验，完成创始之作《茶经》，因此被誉为"茶仙"，尊为"茶圣"，祀为"茶神"。

陆羽的《茶经》分三卷十章七千余字。卷上：一之源，讲茶的起源、形状、功用、名称、品质；二之具，谈采茶制茶的用具，如茶篮、蒸茶灶、焙茶棚等；三之造，论述茶的种类和采制方法。卷中：四之器，叙述煮茶、饮茶的器皿，即 24 种饮茶用具，如风炉、茶釜、纸囊、木碾、茶碗等。卷下：五之煮，讲烹茶的方法和各地水质的品第；六之饮，讲饮茶的风俗，即陈述唐代以前的饮茶历史；七之事，叙述古今有关茶的故事、产地和药效等；八之出，将唐代全国茶区的分布归纳为山南（荆州之南）、浙南、浙西、剑南、浙东、黔中、江西、岭南等八区，并谈各地所产茶叶的优劣；九之略，分析采茶、制茶用具可依当时环境，省略某些用具；十之图，教人用绢素写茶经，陈诸座隅，目击而存。最后，陆羽还主张要把以上各项内容用图绘成画幅，张陈于座隅，茶人们喝着茶，看着图，品茶之味，明茶之理，神爽目悦，这与端来一瓢一碗，几口灌下，那意境自然大不相同。

陆羽《茶经》是古代茶人勤奋读书、刻苦学习、潜心求索、百折不挠精神的结晶。以茶待客、以茶代酒，"清茶一杯也醉人"就是中华民族珍惜劳动成果、勤奋节俭的真实反映。以茶字当头排列茶文化的社会功能有"以茶思源、以茶待客、以茶会友、以茶联谊、以茶廉政、以茶育人、以茶代酒、以茶健身、以茶入诗、以茶入艺、以茶入画、以茶起舞、以茶兴文、以茶作礼、以茶兴农、以茶促贸和以茶致富"。茶是中国的骄傲、民族的自尊、自信和自豪，饮茶可以思源。世界著名科技史家李约瑟博士，将中国茶叶作为中国四大发明之后，对人类的第五个重大贡献。

自《茶经》陆续问世后就已竞相传抄，《新唐书隐逸传》说陆羽著《茶经》后"天下益知饮茶矣"。当时卖茶的人甚至将陆羽塑成陶像置于灶上，奉为茶神。《茶经》大大推动了唐以后茶叶的生产和茶文化的传播。《茶经》之后，我国历代出现不少有关茶的专谱，有些还标明是对陆羽《茶经》的补充。如到深山茶地采制茶叶，随采随制，可简化七种工具等。

本套丛书以陆羽《茶经》为中心，对其进行全面挖掘和拓展。全书除了对陆羽的生平做了详细的介绍外，重点对其专著《茶经》加以译析，同时收录了《续茶经》《大观茶论》《茶疏》《茶说》《茶谱》和《煮泉小品》等茶叶专著。另外重点讲述了跟着《茶经》来学茶和跟着《茶经》学养生等内容。总之，此套《茶经》是一套将知识性、趣味性、综合性与时尚性相结合的阅读范本，使读者不仅能够对"茶"有一个更加系统和全面的认知，更能陶冶情操，修身养性，享受心灵的淡泊和美好。

目　录

茶经

目录

第一章　茶圣陆羽与《茶经》

第一节　茶圣陆羽生平

一、迷雾重重的身世

陆羽出身迷雾重重。他出生于哪家，生于何年何月；姓甚名谁，历来有不同说法。古书云：陆羽，"不知所生"，指的就是这个意思。

（一）陆羽是个弃婴吗

据宋代欧阳修、宋祁《新唐书·隐逸传》载：陆羽"不知所生，或言有僧晨起，闻湖畔群雁喧集，见翼覆一婴儿，收蓄之。"说：一天早晨，竟陵（今湖北天门）龙盖寺智积和尚正漫步于当地的西湖之滨，忽闻湖边的芦苇丛中群雁喧闹。循声走去，只见许多大雁张开翅膀，用羽翼温暖掩护一个婴儿。于是智积将婴儿抱回，寺院收养。由此，说陆羽原本是个弃婴，是多数学者的认识。不过，有学者提出疑问，认

陆羽故里——竟陵龙盖寺（今湖北天门西塔寺）

为：欧阳修（1007—1072 年）、宋祁（998—1061 年）与陆羽的生活年代相距 200 年之多，此前对陆羽出身并无此说；而"群雁""翼覆""婴儿"终究是一种传闻，难以置信；何况在一个寺院里，作为一个和尚，要养一个尚在襁褓中嗷嗷待哺的婴儿，似乎与常理相悖，难以使人信服。

（二）陆羽是个遗孤吗

按《陆文学自传》云：陆羽"始三岁，惸（qióng，读如'穷'，无兄弟之意）露，育于竟陵大师积公之禅。"说陆羽原本是个遗孤，3 岁时孤单羸弱，被遗弃在露天之下，为积公大师收养于禅院，才养育成人。不过，有一点是明确的，无论是《陆文学自传》，还是《新唐书·隐逸传》，都说是为竟陵大师智积收养而成人的。但对陆羽原本是弃婴，还是遗孤，说法是不一样的。

这里，积公是对湖北天门龙盖寺智积禅师的尊称。说他有一日，早晨起来在湖边散步，见露天下有个孤单的幼童，于是就带回寺中，抚养长大。有学者认为：说陆羽是个遗孤，收养在寺院中长大，合乎情理，较为可信。但也有不同看法：认为陆羽平生立志事业，不慕名利，无意仕途，即使朝廷诏拜"太子文学""太常侍太祝"，均拒不从命，怎么会在《陆文学自传》前冠以"太子"官衔炫耀自己呢？认为《陆文学自传》是后人冒名杜撰之作。于是，陆羽是弃婴还是遗孤，就成了学术界对陆羽研究的一大疑点。

（三）收养陆羽的智积禅师，是竟陵龙盖寺住持

龙盖寺坐落在复州竟陵（今湖北天门）城西西湖的覆釜洲上，相传始建于东汉。

东晋时，高僧支遁（即支公）就在此居住过。支遁还曾在西湖附近的官池旁开凿了一口井，井口有三个眼，呈品字形，后人称其为三眼井，专供龙盖寺煮茶饮水之用。唐开元年间（713—741年），智积禅师为龙盖寺住持，直至圆寂，一直未曾离开龙盖寺，因而使龙盖寺名声大振。陆羽在孩提时为智积禅师收养，曾在龙盖寺生活过近十年，在此

古雁桥位于竟陵城西门外，为后人纪念智积禅师在此将陆羽抱回寺院而建造的石桥，取名"雁桥"。

自幼习文。此后，龙盖寺又改名为西塔寺，所以在研究陆羽生平时，有不少引文提到西塔寺，其实指的就是龙盖寺。

（四）生卒年月有疑

在《新唐书》《唐才子传》《唐诗纪事》中，虽然都谈到陆羽的出生，但均称不知

其生年和他的父母。唯有《陆文学自传》中自署"上元辛丑岁，子阳秋二十有九日"，而"上元辛丑岁"是公元761年，按此推算，陆羽的出生年应是公元733年，即唐玄宗开元二十一年。但也有人认为：《陆文学自传》的这个说法缺少前提。所以，在《中国人名大词典》等一些典籍中，凡谈到陆羽出生年月时，均注为约公元733年，不过，对于陆羽卒于唐德宗贞元二十年（804年），几乎没有人提出异议。

（五）姓和名的由来

陆羽（733—804年），唐代复州竟陵（今湖北天门）人，字鸿渐。那么，陆羽既是领养，不知其父、其母，他的姓和名又是怎么来的呢？史载：陆羽幼年时，抚养陆羽的智积叫他虔诚占卦，根据卦辞，智积遂给他定姓"陆"，取名"羽"。这在《全唐文·陆羽小传》中写得很清楚，说：陆羽"既长，以《易》自筮，得'蹇'之'渐'，曰：'鸿渐于陆，其羽可用为仪。'乃以陆为氏，名而字之。"对此，《唐才子传·陆羽》中亦有类似描述："以《易》自筮，得'蹇'之'渐'，曰：'鸿渐于陆，其羽可用为仪。'以为姓名。"从此，这个为智积禅师收养的孩子，便有了自己的姓和名，他就是后来成为"茶圣"的陆羽。

（六）出生地和名、字、号

陆羽既是唐代时在复州竟陵湖滨捡得，自幼在竟陵龙盖寺长大，因此当为唐代复州竟陵（今湖北天门）人。所以，史载：陆羽，唐代复州竟陵（今湖北天门）人，名羽，字鸿渐；一名疾，字季疵（见《新唐书·陆羽传》）。但也有对陆羽的名和字不做肯定的，说："陆子名羽，字鸿渐，不知何许人也。或云：字羽，名鸿渐，未知孰是？"（《陆文学自传》）

陆羽的号很多：因出生于复州竟陵，所以自称"竟陵子"（见《广信府志·杂记》）；又因隐居湖州苕溪，所以又自称"桑苎翁"（见《新唐书·陆羽传》）；曾因在竟陵城东东岗村居住过，所以还自称"东岗子"。

此外，同代人颜真卿等称陆羽为"陆生"或"陆处士"，潘述称陆羽为"陆三"，皇甫曾等称陆羽为"陆鸿渐山人"。

还有，因陆羽在信州（今江西上饶）府城北茶山寺居住过，人称"茶山御史"；因朝廷曾诏拜陆羽为太子文学，人称"陆文学"；因陆羽在广州东园居住过，人称"东园先生"（见《广信府志》）；因朝廷诏徙过陆羽为太常侍太祝，人称"陆太祝"。

更有出于对陆羽的崇敬，有称陆羽为"茶颠"（见《茶录》）、"茶仙"（诗人耿湋与陆羽联句诗）、"茶神"（见《新唐书·陆羽传》）的。不过，字和号多了，自然会给后人带来一些麻烦。但却表明：陆羽虽"不知所生"，但也有姓有名，有字有号。

对于陆羽长相和为人，亦有不少记载。多说陆羽其貌"不扬"，脾气"倔强"，讲话"口吃"。在这方面，《陆文学自传》中说得最为明白。说陆羽"有仲宣、孟阳之貌陋，相如、子云之口吃，而为人才辩笃信，褊躁多自用意。朋友规谏，豁然不惑。凡有人宴处，意有不适，不言而去。人或疑之，谓多生瞋。及

信州（今江西上饶）城北茶山寺陆羽石像

与人为信，虽冰雪千里，虎狼当道，而不愆也"。对此，在元代辛文房的《唐才子传·陆羽》中亦有类似记述，说陆羽是"貌寝，口吃而辩。闻人善，若在己。与人期，虽阻虎狼不避也。"

二、受尽磨难的少年

陆羽孩提时代受尽磨难。青年时巧遇名师，加以陆羽好学，学问大有长进，为以后的事业有成打下了良好的基础，终使陆羽成为茶学科的奠基人、茶文化的开创者。

（一）年幼习茶，为致力茶学打下基础

孩提时的陆羽为龙盖寺智积禅师收养后，就生活在寺院之中。智积在教他习文的同时，又教他煎茶。少年陆羽煎茶技能长进甚快，致使智积非陆羽煎茶不饮。近十年的寺院生活，为陆羽以后茶学事业取得卓越成就打下了基础。所以，历史学家范文澜在《中国通史简编》里说："僧徒生活是最闲适的，斗茶品茗，各显新奇，因之在寺院生长的陆羽，能依据见闻，著《茶经》一书。"

（二）年少时，不愿皈依佛门

陆羽从幼年开始，直至少年，一直生活在寺院中。大约在陆羽9岁时，收养他的

智积禅师想让他修佛业，"示以佛书出世之业"。而陆羽"自幼学属文"，对文学感兴趣。陆羽的回答是："终鲜兄弟，无复后嗣，染衣削发，号为释氏，使儒者闻之，得称为孝乎？羽将校孔圣之文，可乎？"陆羽以儒家"不孝有三，无后为大"为理由，认为出家修佛业，使后嗣断绝，是不"孝"的行为，而加以拒绝。由于陆羽喜"受孔圣之文"，坚持要读儒书，终不愿学佛书，更不愿皈依佛门，结果是"公执释典不屈，子执儒典不屈"，以致惹恼了积公，罚他"历试贱务，扫寺地，洁僧厕，践泥污墙，负瓦施屋，牧牛一百二十头于竟陵西湖"。

（三）放牧受罚，决心逃离寺院

据《陆文学自传》载：由于陆羽不愿学佛书，更不愿皈依佛门后，遂罚他服苦役，后又要他"牧牛一百二十蹄"，放牧在西湖覆釜洲（因洲小如倒扣着的锅子而得名）。年少的陆羽只得赶牛在寺西村放牧。此时的陆羽尽管身材瘦小，苦役劳累，不堪忍受，但强烈的求知欲望一如既往，"无纸学书，以竹画牛背为字"。陆羽在放牧时，有时还溜进附近学堂听课。一

当年的龙盖寺，如今已成为陆羽纪念馆。

次，识字不多的陆羽还借了一本张衡的《南都赋》来阅读。由于不识的字太多，无法读懂，他就模仿学堂中的学生，端坐在草地上，打开书，动口装样过"读书瘾"。陆羽无心放牧、专心学文之事被寺院发现后，智积禅师怕他在外受外道影响，背离佛道更远，就委派了一个监护人，限定陆羽在寺院内劳动。

（四）离开寺院，当为"优伶"

陆羽被限制在寺院内从事去除杂草、修剪树木的工作，还禁止读佛典以外的任何书籍。这对于少年好学的陆羽是多么大的束缚和打击啊！他常常望着院墙外的天空发呆，不能读自己喜欢读的书，不能接触外面多彩的世界，少年陆羽的内心空落落的，好像丢失了什么似的，心灰意冷，神不守舍，为此常常忘记该做的事。监护的人以为他偷懒，不肯干活，常常鞭打他。陆羽身受鞭打的痛苦，而内心更加痛苦：岁月一天又一天地流逝，自己的学业却不能与时俱进。他为自己虚度青春年华而万分焦急，常常呜咽哭泣，悲不自胜。监护人认为陆羽对他怀恨在心，又用荆条狠狠抽打陆羽，直

到荆条折断了才罢手。

在这种身心备受折磨的情况下，陆羽"卷衣"出走，逃离寺院。根据《陆羽小传》记载：陆羽离开寺院后，就加入"伶党"（戏班），"匿为优人"。（即古代以乐舞戏谑为业的艺人，也称"优伶"，相当于当今的滑稽演员。）陆羽脾气很倔，容貌不佳，还有点口吃，但演技出色，又善于动脑，

湖北竟陵城西湖

他很快成为一个"伶师"，开始了他的文学创作生活。少年陆羽著《谑谈》三卷，传为佳话。少年陆羽"以身为伶正，弄木人、假吏、藏珠之戏"，在未成名前早已是一个出色的艺人。

（五）巧遇李齐物，遂了读书心愿

约在天宝五年（746年），河南府尹李齐物因韦坚犯罪牵连，被贬谪为竟陵司马。到任不久，李太守邀请当地一些德高望重的长者举行乡礼，为此召集陆羽所在的戏班子献艺助兴。因陆羽演技不凡，演得惟妙惟肖，遂引起了李齐物的注意和赞赏。又闻陆羽好学，文学才华出众，李齐物便召见陆羽。陆羽随即送上《谑谈》三卷，深得李齐物赞许。为此，李氏亲自赠送给他一些诗书，并介绍陆羽去竟陵西北火门山邹坤老夫子处读书。李齐物是第一个发现陆羽才华的伯乐。这年冬，陆羽负笈前往火门山邹夫子处求学，遂了多年来梦寐以求的学文心愿。其间，陆羽还经常与李太守之子李复交往。

（六）邹坤是陆羽的启蒙老师

邹坤是一个精通经史的学者。天宝年间隐居在竟陵火门山（今天门市石河镇境内）自建的别墅之内。陆羽拜师之后，因倾倒于邹公的学识，潜心读书。攻读之余，仍不忘茶事，常常抽空到附近龙尾山考察茶事，为师煮茗，供其品饮。久之，邹公见陆羽爱茶成癖，于是邀来好友帮助他在山下凿泉煮茗。现存火门山南坡有一股长流不断的清泉，就是陆羽当年品茶汲水之处。转眼到了天宝十一年（752年），陆羽学识大有长进，但仍不忘习茶之事。为了却陆羽心愿，邹夫子放他回竟陵，于是，陆羽遂千恩万

谢拜别老师邹夫子，回到竟陵城，寄居李齐物幕府。

三、潜心茶事的成年

陆羽成年后，拜师结友，调研茶事，使自己学识大有长进，终于写出举世之作《茶经》，成为一代宗师，名留千秋。

（一）崔国辅是陆羽成才的关键人物

陆羽回到竟陵，寄居李齐物幕府的当年，又一位受株连的京官被贬到竟陵，此人乃是当时名扬诗坛的礼部郎中崔国辅。

崔国辅（678—755 年），山阴人（今浙江绍兴人），唐开元进士，学问渊博，诗歌造诣与王昌龄、王之涣齐名，与朝廷重臣王鉷是近亲。天宝十一年（752 年），因王鉷之弟王銲犯叛逆罪受株连，已过古稀之年的崔国辅也被朝廷贬官到竟陵做司马。陆羽闻名前往拜师，向崔国辅请教学习。其间，受崔国辅指点熏陶，陆羽诗文造诣更深。两人相处三年，交情甚笃，常常整日品茶汲水，各抒己见，畅所欲言，结成忘年莫逆之交。当崔国辅了解到陆羽无心功名仕途、致力茶学研究的抱负后，甚是赞赏。据《陆文学自传》云：当陆羽与崔国辅分别时，崔国铺特赠陆羽"白驴、乌犎牛各一头，文槐书函一枚"。崔还赋《今别离》诗一首，诗曰：

送别未能旋，相望连水口。

船行欲映洲，几度急摇手。

诗中对陆羽的惜别之情，深深流露于笔端。

（二）壮志未酬，终于踏上探茶之路

大约在天宝十三年（754 年），陆羽离开竟陵北上，终于专心一致地踏上了探茶之路。出游义阳、巴山、峡州，品尝巴东"真香茗"；后又去宜昌，品茗峡州茶，汲水蛤蟆泉。次年，再回竟陵东冈村小住。

天宝十五年（756 年），正值"安史之乱"之际，陆羽离开家乡竟陵东冈村后，广游湖北、四川、陕西、贵州、河南、江西、安徽、江苏等地，一路东行，跋山涉水，考察调查茶事，品泉鉴水，探究茶学，并搜集了大量茶事资料，于上元元年，抵达湖州妙喜寺，这为他日后撰写《茶经》打下了基础。

对战乱时期的沿途所见所闻，陆羽心中留下了不可磨灭的印象。他的《四悲歌》

就是写他在"安史之乱"时，一路上慌不择路的情景。诗曰：

欲悲天失纲，胡尘蔽上苍。

欲悲地失常，烽烟纵虎狼。

欲悲民失所，被驱若犬羊。

悲盈五湖山失色，梦魂和泪绕西江。

此诗虽落笔于陆羽后来的居住地湖州苕溪草堂，但诗中叙述的是"安史之乱"时民不聊生的景象。

（三）下苏南品泉，上浙北问茶

乾元元年（758年）开始，陆羽广游江苏、浙江等地。他先在江苏品丹阳观音寺水，又品扬州大明寺泉，还品庐州龙池山顶水。但终因受战事牵制，陆羽经江苏急转南下，经扬州、润州（镇江）、常州等地。接着又南下杭州考察茶事，住灵隐寺与住持道标相识，结为至交，并对天竺、灵隐两寺产茶及茶的品第作了评述。此后，还几度到灵隐寺与道标探讨茶道，并著《天竺、灵隐二寺记》。几度深入越州的剡县（今嵊州、新昌）一带，亲访道士李季兰等茶友。

事后，陆羽还伤感怀情，作《会稽东小山》诗一首，以示铭心。诗曰：

月色寒潮入剡溪，青猿叫断绿林西。

昔人已逐东流去，空见年年江草齐。

陆羽当年南下杭州考察茶事时住的灵隐寺

上元元年（760年）初，陆羽到浙江余杭苎山暂居，搜集和调研茶事资料，并自称桑苎翁；接着，陆羽又移居余杭双溪，发现其地清泉是品茗佳水。为此，陆羽用此清泉品茗，在这里为编著《茶经》搜集、整理素材。后世为纪念陆羽，称此泉为"陆羽泉"，又称"桑苎泉"。在余杭《志书》中提及的"唐陆鸿渐隐居苕霅，著《茶经》"，说的就是这段时期的生活。

约在上元元年春、秋之季，应湖州诗僧皎然之邀，陆羽来到浙西，住进杼山妙喜寺，遂与高僧灵一、诗僧皎然相识。其间，陆羽进深山、采野茶，辛苦万分。所以，在《陆文学自传》中，他写道："往往独行野中，诵佛经，吟古诗，杖击林木，手弄流水，夷犹徘徊，自曙达暮，至日黑兴尽，号泣而归。"高僧灵一也有一首描写陆羽行状的诗：

> 披露深山去，黄昏蜷佛前。
>
> 耕樵皆不类，儒释又两般。

诗中，灵一将陆羽在妙喜寺的行踪，以及陆羽的为人品行，都做了概括性的描述。

（四）与皎然结交，考察顾渚茶事

自上元元年（760年），进入中年时期的陆羽寓寄杼山妙喜寺，在湖州考察茶事，并经皎然指引，专门来到长兴顾渚山考察茶事，发现"八月坞""茶窠"（丛生茶树的山谷）。与此同时，他悉心研究茶树栽培技术和茶叶加工技术，对茶树的生态、品质、种植、采摘，茶叶的加工、制茶工具，煮茶、器皿、饮用等方面，进行了系统的调查研究与实践比较，掌握了茶的基本知识，同时也整理出了自己从各地搜集的茶事资料。

陆羽顾渚山置茶园遗址

这段时期，陆羽与皎然情趣相投，结为忘年之交，常在一起品茶论道。皎然有《九日与陆处士羽饮茶》诗一首，记述他与陆羽品茗赏菊高雅脱俗的生活：

> 九日山僧院，东篱菊也黄。
>
> 俗人多泛酒，谁解助茶香。

在以后的岁月里，陆羽平日隐居苕溪之滨的桑苎园苕溪草堂，并常去湖州长兴顾渚山考察紫笋名茶，著《顾渚山记》两篇，其中也多处写到茶事，并初步完成《茶经》原始稿三篇。

（五）到江宁栖霞寺，仍不忘调研茶事

上元二年（761年），陆羽寄居江宁（今江苏南京市）栖霞寺，潜心研究茶事，调研茶情。在途中，陆羽还去江苏丹阳看望了诗人皇甫冉。对此，诗人皇甫冉作《送陆鸿渐栖霞寺采茶》诗为记。诗曰：

> 采茶非采菉，远远上层崖。
>
> 布叶春风暖，盈筐白日斜。

旧知山寺路，时宿野人家。

借问王孙草，何时泛碗花。

诗中谈到陆羽要攀崖去很远地方采茶，有时甚至不能回家，还得在农家借宿。

明人李日华在《六研斋二笔》中说："摄山栖霞寺有茶坪，生榛莽中，非经人剪植者。唐陆羽入山采之。""茶事于唐末未甚兴，不过幽人雅士手撷于荒园杂秽中，拔其精英以荐灵爽，所以绕云露自然之味。"从中可见当年陆羽

《封氏闻见记》书影（清乾隆丙子卢氏雅雨堂精写刻本）

访茶、采茶的艰辛，以及他对茶文化的一往情深。

（六）身被野服演茶艺，受辱悔著《毁茶论》

陆羽足迹踏遍浙北和苏南茶区，采集了大量的茶事资料。永泰二年（766 年），陆羽去扬州，正值御史李季卿宣慰江南。李季卿爱煮茶品茗，到江南扬州后，知"陆君善于茶，盖天下闻名矣"。便召陆羽至衙府里煮茶献艺。但这次召见让陆羽十分愧悔。《封氏闻见记》中有一段重要的记载："羽衣野服，携具而入，季卿不为礼，羽愧之，更著毁茶论。"此事记载颇多。据《封氏闻见记》和《煎茶水记》资料分析，李季卿一向倾慕陆羽，他绝非轻视陆羽"业而下"。唐人封演在《封氏闻见录》中记载：有临淮常伯熊者"因鸿渐之论广润色之"，常伯熊听御史之召后，用心地将自己装饰一番，"着黄被衫，乌纱帽"，然后去给达官贵人们表演茶艺。知晓公门礼仪的陆羽竟然"身被野服，随茶具而入"。后来"鸿渐游江介（江淮地区），通狎胜流，及此羞愧，复著《毁茶论》。"说明陆羽通过结交名流，长了见识，有所醒悟，觉得自己当时确实有失雅士风度和社交礼仪，所以"愧之"，愧悔之下愤而著《毁茶论》。《毁茶论》究竟说些啥呢？明人陈继儒作《茶董小序》云："今旗枪标格天然，色香映发，芥为冠，他山辅之，恨苏、黄不及见。若陆季疵复生，忍作《毁茶论》乎？"按陈继儒的解释，陆羽似乎是因无好茶而要"毁茶"，据此推知，《毁茶论》大概是专讲茶艺，包括精茶、真水、活火、妙器诸项目，某一项"不到位"就会"毁"了优雅美妙的茶事。陆羽著《毁茶论》的真实原因是什么，或者陆羽究竟是否著过《毁茶论》，现已无史料

可查，很难定论。

（七）应邀下常州，力荐紫笋为贡茶

大约在大历元年至大历五年（766—770年）间，陆羽在长兴"置茶园"。考察茶事。其间，陆羽应时任常州刺史的李栖筠之邀，到常州考察茶情。陆羽随身带去长兴顾渚山茶。对此，《义兴重修茶舍记》有载："前此故御史大夫李栖筠典是邦，僧有献佳茗者，会客尝之。野人陆羽以为芳香甘辣，冠于他境，可荐于上。"正是由于陆羽的推荐，御史的认可，遂使长兴顾渚紫笋茶与义兴阳羡茶作贡朝廷，"始进万

在贡茶院遗址上新建的顾渚山贡茶院陆羽阁

两"。以后，由于贡茶数迅速增多，至大历五年，实行"分山析造"，并建贡茶院单独作贡。对此，在《吴兴记》中也有载。同年，陆羽著《顾渚山记》两篇，其中有许多篇幅"多言茶事"。

（八）建苕溪草堂，结束无定居生活

在好友皎然的支持下，陆羽新建在苕溪雪水旁的"苕溪草堂"终于在大历四年（769年）竣工。从此，陆羽终于结束了居无定所的生活，有了一个可以较为安定地整理资料、专心写作的场所。为此，皎然作诗《苕溪草堂自大历三年夏新营泊秋及春》，以作纪念。

以后，皎然又多次去苕溪草堂会晤好友陆羽。皎然诗《寻陆鸿渐不遇》就是例证。

诗曰：

移家虽带郭，野径入桑麻。
近种篱边菊，秋来未著花。
叩门无犬吠，欲去问西家。
报道山中去，归时每日斜。

为纪念陆羽，后人新建苕溪草堂。

诗中说皎然去访问陆羽，因陆羽不在家，只得去问邻居，方知陆羽去深山问茶，要"日斜"才归。

（九）深居青塘别业，埋头做学问

陆羽好友、诗才耿湋《联句多暇赠陆三山人》云："一生为墨客，几世作茶仙。"可知在大历年间，陆羽已是名声在外，但陆羽并不满足，移居湖州青塘别业后，进一步专心致志研究茶学，审订《茶经》，继续寻究茶事，充实内容。

大历七年（772年），颜真卿自抚州刺史出任湖州刺史。次年，陆羽、皎然等参加由颜真卿为盟主的"唱和集团"，多次在杼山、岘山、竹山潭等地举行茶会，探讨茶学，作诗联句。诸如颜真卿、陆羽、皇甫曾、李萼、皎然、陆士修的《三言喜皇甫曾侍御见过南楼玩月联句》，颜真卿、皇甫曾、李萼、陆羽、皎然的《七言重联句》等就是例证。

（十）建三癸亭，与知己品茗吟诗

陆羽与湖州刺史颜真卿、诗僧释皎然交往甚笃，经常聚会，品茗吟诗作歌。为此，颜真卿于大历八年（773年）十月在湖州杼山妙喜寺建亭，作为好友间的品茗聚会之处。因建亭时间是癸丑年、癸卯月、癸亥日，茶圣陆羽取名"三癸亭"。颜真卿便挥毫书写了"三癸亭"匾额。见颜真卿作《题杼山癸亭得暮字》诗曰："欻构三癸亭，实为陆生故。"

三癸亭挂匾之日，陆羽、颜真卿、释皎然三人登亭，煮茶品茗，登高远望，贺诗颂之。颜真卿诗云："不越方丈间，居然云霄遇。巍峨倚修岫，旷望临古渡。左右苔石攒，低昂桂枝蠹，山僧狎猿狖，巢鸟来枳棋。"释皎然也即兴和了一首《奉和颜使君真卿与陆处士羽登妙喜寺三癸亭》诗："俯砌披水容，逼天扫峰翠。境新耳目换，物远风烟

湖州市西郊妙峰山东侧重建的三癸亭

异。倚石忘世情，援云得真意。嘉林幸勿剪，禅侣欣可庇。"清康熙年间湖州知府吴绮到过杼山，作有《游三癸亭》诗。诗曰：

> 望岭陟岩峣，沿溪入葱蒨。
>
> 遂至夏王村，复越黄蘗涧。
>
> 三癸溯遗迹，登高足忘倦。
>
> 清流绕芳原，晴阳叠层巘。

三癸亭是陆羽彪炳千秋功业的见证，也是陆羽与颜真卿、皎然深厚友谊的象征，是茶文化发展史上的一座丰碑。

（十一）置茶园于顾渚山，补充与修订《茶经》

陆羽在顾渚山考察时，为了探究茶树生长习性和采制技术，约在大历九年（774年）前"置茶园"于顾渚山。这在耿湋与陆羽的《联句诗》"禁门闻曙漏，顾渚入晨烟"中得到印证。其意是说天刚亮，陆羽就踏着晨雾去深山采茶了。明长兴知县游士任《登顾渚山记》中亦有："癖焉而园其下者，桑苎翁也。"说在顾渚山开辟茶园的是桑苎翁陆羽。以后，清代前后有几部《长兴县志》，都谈到陆羽在顾渚山"置茶园"之事。陆羽《茶经·一之源》中，对茶园土壤、茶树生长、茶叶质量的精到评述，也正好符合顾渚山古茶园的写照。顾渚山"紫笋茶"这一名称，也因陆羽对顾渚山茶叶的仔细观察——"阳崖阴林，紫者上，绿者次；笋者上，芽者次"而名扬四海。陆羽最终在《茶经·八之出》中得出"浙西以湖州为上"的结论。他先后提到长兴顾渚山的产茶地名有十余个，至今犹存。

（十二）倾注四十多年心血，终使《茶经》问世

大历九年（774年），陆羽参加了颜真卿的《韵海镜源》编写工作，有机会博览群书，并从中辑录了古籍中大量有关茶事资料。于是从大历十年（775年）开始，陆羽在《茶经》中充实了大量茶的历史资料，又增加了一些茶事内容，大约于建中元年（780年），《茶经》成书，正式问世。这样，从陆羽在寺院长大，到六七岁跟积公学习烹茶开始，到约48岁《茶经》问世为止，共倾注了四十多年的心血，才得以完成了世界上第一部举世瞩目的《茶经》著作。《茶经》问世后，即被争相抄录，广为流传。

（十三）去上饶开山种茶，挖井灌浇筑茅屋

《茶经》问世后，建中二年（781年），陆羽被朝廷诏拜为"太子文学"，但陆羽无

心于仕途，婉拒圣命。后来朝廷又改任陆羽为"太常寺太祝"，陆羽又未赴任。

大约建中四年（783 年），陆羽从浙江湖州苕溪来到信州上饶城西北的茶山旁建宅立舍，凿井开泉，种植茶树，灌溉茶园，品泉试茗，并在此隐居下来。据清道光六年（1826 年）《上饶县志》载："陆鸿渐宅，在府城西北茶山广教寺。昔唐陆羽尝居此……《图

陆羽泉旁的陆羽亭

经》：羽性嗜茶，环居有茶园数亩，陆羽泉一勺，今为茶山寺。"陆羽性嗜茶，环居多植茶，名为茶山，广教寺故又称为"茶山寺"。对此，历代志书和名家诗文广有记载。清代张有誉的《重修茶山寺记》中说："信州城北数武岿然而峙者，茶山也。山下有泉，色白味甘，陆鸿渐先生隐于此，尝品斯泉为天下第四，因号陆羽泉。"于是，此泉又有"天下第四泉"之称。特别是古代佚名作者为上饶陆羽泉题写的一副泉联，更为人称道，曰："一卷经文，苕雪溪边证慧业；千秋祀典，旗枪风里弄神灵。"它既道出了陆氏为茶学、茶文化、茶业做出的卓越贡献，也说出了世人对陆氏业绩的敬仰之情。直到 20 世纪 60 年代，陆羽泉仍保存完好。可惜，后因开挖洞穴，泉流切断，井水干竭，遂使陆羽泉成为一口枯井。不过清代信州知府段大诚所题的"源流清洁"四个大字，依然清晰可辨。近年来，后人又在泉旁建了亭，以纪念和凭吊陆羽用它灌浇茶园、品泉试茗的功绩。

（十四）结交孟郊，居洪州编诗，去广州辅佐

贞元元年（785 年），陆羽与诗人孟郊在信州茶山相会。事后孟郊在追忆诗《题陆鸿渐上饶新开舍》中称：

惊彼武陵状，移归此岩边。

开亭拟贮云，凿石先得泉。

啸竹引清吹，吟花成新篇。

乃知高洁情，摆落区中缘。

孟郊的这首诗，是写陆羽上饶茶山住宅的情景。诗中所说陆羽在上饶时的生活情况，开亭、凿泉、啸竹、吟花，已成了一位摆脱凡尘的隐君子。

贞元二年（786年），陆羽应洪州（今南昌）御史肖喻之邀，寓居洪州玉芝观，并编就《陆羽移居洪州玉芝观诗》一辑。贞元五年（789年），陆羽又应岭南节度使、李齐物之子李复之邀，去广州辅佐李复。次年辞归洪州玉芝观。

四、贫病交加的暮年

晚年，陆羽继续考察茶事，并身体力行，种茶制茶，试水品茗，调研茶事，考察茶情，终生与茶结缘。

（一）返回青塘别业，闭门著述

贞元八年（792年），陆羽从洪州返回湖州青塘别业，悠闲品茗之余，闭门著述，潜心写作。他花大力气整理资料，先后花了二三年时间，著就《吴兴历官记》三卷、《湖州刺史记》一卷。

（二）虎丘种茶小隐，至今古井犹存

贞元十年（794年），陆羽从湖州移居苏州虎丘寺。在虎丘汲水品茗，调研茶事，并亲自在虎丘山上的剑池附近，地处千人岩的右侧，冷香阁之北开凿井泉，用它煮水试茗。同时，还在井泉外开山植茶，汲泉灌浇，使种茶成为一业。以后，陆羽又按自己经历所至，定"苏州虎丘寺石泉水，第五"。后人为纪念陆羽对茶学所做出的贡献，把陆羽亲手开凿的虎丘石泉，称之为"陆羽泉"或"陆羽井"。而与陆羽同时代的刘伯刍，根据他的经历，说"苏州虎丘寺石泉水，第三"。于是，人间又称苏州虎丘山石泉为"天下第三泉"。如今，在石泉南侧的冷香阁，开有茶室，坐在虎丘山上，汲石泉之水沏茶，品茗小憩，观景揽色，别有一番风情。石泉附近，除了上述提到的古迹外，还有虎丘塔、阖闾墓、二仙亭等景点；加之四周绿树成荫，奇石突兀，清溪曲径，构成了一幅美妙的山水画卷。

（三）功成身退，归宿湖州

贞元十五年（799年），岁值陆羽晚年，因他怀念湖州，重回青塘别业。最终在陆羽的第二故乡湖州，在他的知己诗僧皎然圆寂几年后，于贞元二十年（804年），长逝于青塘别业，葬于杼山。葬所与皎然塔近距相望。一代茶文化宗师，就此结束了一生。

（四）陆羽生平年表

约在唐玄宗开元二十一年（733年），陆羽生于竟陵（今湖北天门市）。

开元二十三年（735年），3岁。由竟陵龙盖寺智积禅师收养。后为茶童，因智积嗜茶，陆羽侍师事茶，耳濡目染，渐得茶道。

开元二十九年（741年），9岁。陆羽欲学儒典，但不好学佛，为此，受到种种不应有的虐待。

杼山重建的陆羽墓

天宝四年（745年），13岁前后。陆羽逃出寺院，成为"伶人"。

天宝五年（746年），14岁。其时，河南尹李齐物出守竟陵，见陆羽聪颖优异，遂亲授书籍，让陆羽受益匪浅。李齐物是第一个发现陆羽才华的伯乐。

天宝十一年（752年），20岁。这年，崔国辅出守竟陵郡，与陆羽结交，相处约三年。其间，陆羽受崔公熏陶指点，诗文造诣日深。临别时，崔公赠给陆羽白驴、乌犁牛一头、文槐书函一枚，鞭策与鼓励陆羽，使陆羽学业有成。崔国辅是第二个培养陆羽的恩师。

天宝十三年（754年）春，22岁。陆羽拜别崔国辅，出游义阳、巴山、峡州，品尝巴东"真香茗"；后转道宜昌，品峡州茶和蛤蟆泉，去各处实地调研茶事。

天宝十四年（755年），23岁。陆羽回到竟陵，定居晴滩驿松石湖畔的东冈村，整理调研所得，为著《茶经》做准备。

天宝十五年（756年），24岁。安禄山作乱中原，陆羽随大批难民过江南下，并赋《四悲诗》："洎至德初，秦人过江，子亦过江，与吴兴释皎然为缁素忘年之交。"此后，陆羽遍历长江中下游和淮河流域各地，考察、搜集采制茶叶的资料，边走边记下许多笔记。

上元元年（760年），28岁。陆羽抵达湖州，与皎然同住杼山妙喜寺，并结庐于苕溪之滨，闭关对书，不杂非类，名僧高士，谈宴永日，常扁舟往来山寺。是年，十一月刘展反，陷润州（今镇江），张景超遂据苏州，孙待封进陷湖州。陆羽受战乱波及，作《天之未明赋》。

上元二年（761 年），29 岁。正月，田神功平定刘展之乱，纵军大掠十余日，江淮百姓惨遭其害。是年，陆羽作《自传》，称"陆子自传"。后又著书八部：《君臣契（初稿）》。

同年，陆羽到江宁栖霞寺（今南京东北），途经阳羡（今宜兴）看望诗人皇甫冉。

广德元年（763 年），31 岁。陆羽与皎然、吴兴太守卢幼平等七人泛舟联句。

永泰元年（765 年），33 岁。吏部侍郎李季卿充河南江淮宣慰，至临淮请常伯熊表演茶艺，极表欣赏；至江南，有人推荐陆羽展示茶艺，陆羽"身被野服，随茶具而入"李季卿心鄙之。陆羽悔恨，著《毁茶论》，不传。是年，殿中侍御史李栖筠出任常州刺史。

永泰二年、大历元年（766 年），34 岁。应常州刺史李栖筠之邀，陆羽到义兴考察茶事。据《义兴重修茶舍记》载："前此故御史大夫李栖筠典是邦，僧有献佳茗者，会客尝之，野人陆羽以为芳香甘辣，冠于他境，可荐于上。栖筠从之，始进万两。""僧有献佳茗者"，献的是顾渚山的茶，后与阳羡茶同贡，始进万两。陆羽遂在顾渚山区做深入地考察。至大历五年这四年里，陆羽还先后到丹阳访皇甫冉和赴越州投访鲍防。

大历四年（769 年）春，37 岁。陆羽新建的苕溪草堂竣工。皎然作《苕溪草堂自大历三年夏新营，泊秋及春弥觉境胜》诗。

大历五年（770 年），38 岁。陆羽作《顾渚山记》两篇，多言茶事。是年，杨绾徙国子监祭酒，陆羽致"杨祭酒书"。同年，顾渚紫笋茶与宜兴分山析造，岁有客额，建贡茶院单独作贡。

大历七年（772 年），40 岁。颜真卿任湖州刺史。

大历八年（773 年），41 岁。正月，颜公到任，张志和往谒，陆羽参加湖州"唱和集团"，以颜真卿为盟主，有三十多位文人先后在杼山、岘山、长兴筱浦竹山潭举行茶会，作诗联句。

大历九年（774 年），42 岁。颜真卿主编《韵海镜源》360 卷，陆羽为编纂之一。是年，颜真卿、陆羽等十九名士会聚长兴竹山潭潘子读书堂，作诗联句。

大历十年（775 年），43 岁。陆羽因参与编纂《韵海镜源》，在掌握大量有关茶事新资料的基础上，对《茶经》进行一次大的修改补充。

大历十二年（777 年），45 岁。陆羽与友人送颜真卿离任返京。后到处州东阳访戴叔伦，至冬回湖州。是年，杨绾为相，颜真卿入京为刑部尚书。

大历十三年（778 年），46 岁。陆羽迁居无锡，结识权德舆，畅游惠山。

德宗建中元年（780 年），48 岁。在皎然支持下，陆羽《茶经》修改定稿，正式成书，广为传抄。

建中二年（781 年），49 岁。诏拜"太子文学"，陆羽不就；改任"太常寺太祝"，复不从命。

约建中四年（783 年），51 岁。陆羽移居上饶，建宅筑亭，环居植茶栽竹。新宅于兴元元年（784 年）落成，称"鸿渐宅"。

贞元元年（785 年），53 岁。诗人孟郊在上饶与陆羽相会。

贞元二年（786 年），54 岁。陆羽应洪州御史肖瑜之邀，寓洪州玉芝观。翌年，编成《陆羽移居洪州玉芝观诗》一辑，权德舆为之序。

贞元四年（788 年），56 岁。戴叙伦因事留洪州，与陆羽交游。

贞元五年（789 年），57 岁。陆羽应岭南节度使李复（李齐物之子）之邀，去广州。结识了判官周愿，共佐李复。次年辞归洪州，仍居玉芝观。

贞元八年（792 年），60 岁。陆羽于洪州返回湖州青塘别业，闭门著书。著有《吴兴历官记》三卷、《湖州刺史》一卷。

贞元十年（794 年），62 岁。陆羽移居苏州，在虎丘山北结庐，后称"陆羽楼"，凿一岩井，引水种茶，著《泉品》一卷。

贞元十五年（799 年），67 岁。陆羽怀念湖州，回青塘别业度过晚年，于贞元二十年（804 年）辞世，终年 72 岁。

五、茶圣陆羽的传说

一个名人，尤其是一个伟人，在其一生经历中总会伴随着一些传说和故事，茶圣陆羽也一样。陆羽毕生事茶，为创建茶学立下了不朽功勋，也留下了不少传说和故事。

（一）辨扬子江南零水，御史信服不已

据唐代张又新《煎茶水记》记载，大历元年（766 年），御史李季卿出任湖州刺史，路过维扬（扬州）时，正逢陆羽逗留于扬州大明寺，于是寒暄之后，相邀同舟赴郡。当船抵镇江附近扬州驿时，泊岸休息。御史对扬子江南零水（又称"中泠水"）沏茶早有所闻，又深知陆羽善于品水试茶，于是笑对陆羽道："陆君善于茶，盖天下闻名矣。况扬州南零水又殊绝，今者二妙千载一遇，何旷之乎？"陆羽对李季

卿说："大人雅意感情，余理当奉陪品饮，只是今日风大浪涌，况时辰将过午时，恐取水有难。"原来，南零水正处于长江江心漩涡之中，通常只在子、午两个时辰内，用长绳吊着铜瓶或铜壶深入水下取水。倘若取水水位深浅不当，或时间错前错后，都得不到真正的南零泉水。而此时李季卿决意要品尝一下"佳茗"配"美泉"的滋味，还是派遣了一位可靠军士提着打水器具，赶在日午时前去南零取水。少顷，军士取水而归，陆羽"用杓扬其水"，一尝水的滋味便说："江则江矣，非南零者，似临岸之水。"军士分辩道："我操舟江中，见者数百，汲水南零，怎敢虚假？"陆羽一声不响，将水倒掉一半，再"用杓扬之"，才点头说道："这才是南零之水矣！"军士听此言不禁大惊，没想到陆羽有如此品水本领，不敢再瞒，只好从实相告。原来，因江面风急浪大，军士取水上岸时，因小船颠簸，壶水晃出近半，于是用江边之水加满而归，不想竟被陆羽识破。

（二）陆羽宫廷煎茶，震惊代宗皇帝

传说陆羽还曾亲自给代宗皇帝煮过茶。说唐代宗时，有一次竟陵智积和尚被召进宫。宫中高手给积公煎茶，积公品了一口便作罢。皇帝问他为何？积公说："我所饮之茶，都是弟子陆羽所为，旁人所煎之茶，都觉淡而无味。"皇帝听罢，记在心中，当即派人四处寻找陆羽。终于在浙江长兴的杼山找到陆羽，立即诏进宫中。陆羽便用长兴带回的紫笋茶精心煎茶。皇上一品，果然与众不同。随即命宫女奉上一碗到书房给积公品尝。积公呷上一口，连连叫好，一饮而尽。喝罢，积公当即冲出书房，高呼："渐儿（陆羽字）何在？"代宗问："你怎知道是陆羽所煎！"积公道："刚才饮的茶，只有渐儿能煎得出来。"如此一来，陆羽的煎茶本领，受到代宗皇帝的高度赞赏，并要留陆羽在宫中任职，培养宫中茶师。陆羽无意仕途，毅然返回浙江苕溪，著他的《茶经》

唐代《宫廷清明茶宴图》

去了。从此，陆羽煎茶的本领就在全国范围内被张扬开来。

（三）奔波千里，为的是用马换《茶经》

唐代末年，各路藩王割据，战乱四起，各地举旗与唐王朝对抗。朝廷为平息叛乱，急需调军用马匹。而地处西北边境的回纥，多食牛羊肉为生，需要茶叶以助消化，但不产茶，却出产宝马。所以，他们每年派使者到唐王朝来以马换茶。

有一年，唐王朝按过去的惯例，派使臣带上大批茶叶囤积边关，准备回纥使者来此以马换茶。但几天过去，却迟迟不见回纥客商、使者来换茶。唐使臣好生纳闷，只得到边关城楼上去远望，遂发现回纥方面囤积着大批马匹。于是，使臣命士卒打开边关大门，迎接回纥使者进关交易。谁知回纥使者对唐使臣说道："今年想与大唐国换一本制茶的书《茶经》。"唐使臣没有见过这本书，但又不好明言。于是，只好随口问道："你们打算用多少马臣，换我们这本《茶经》？"

哪知回纥使者答道："用千匹良马，换一本《茶经》，如何？"

唐使臣大吃一惊，忙问："这是不是你们国王的旨意？"

回纥使臣回答说："我身为使者，当然遵照国王的旨意行事，绝无半点戏言。"

于是，两位使者写了约定，画押签字，说好不得违约。随后，唐使臣快马加鞭，披星戴月赶回京城长安，急急禀告皇上。唐王又急传圣旨寻找《茶经》。但不知何故，翻遍书库，仍然没有找到《茶经》。为了如期履约，朝廷赶紧召集群臣商议。这时，有位大臣站出来禀奏，说："几年前，听说浙江湖州有个叫陆羽的，他是茶博士，写过一本《茶经》。因他是山野之人，所以谁也没有重视他和他写的《茶经》。如今，只有到江南湖州陆羽的居住地去寻找了。"

为此，朝廷立刻选派要员，去湖州苕溪一带寻找陆羽和他写的《茶经》。谁知到了湖州，陆羽已经仙逝，他的寓所也早已破败。经当地乡民指点，杼山妙喜寺有个和尚，与陆羽交往甚笃，也许在那里能找到《茶经》。官员到了妙喜寺，才知那个和尚也早已圆寂。寺僧告诉官员说："听师父讲过，《茶经》在陆羽活着的时候就带回家乡湖北竟陵去了。"

官员听后，连夜上路奔赴竟陵，去西塔寺寻找。西塔寺的和尚说："陆羽在世时写过不少书，听说他带到浙江湖州去了。"

官员一听，好不丧气，只好回京师复命。这时，只见一位书生模样的青年一步上前，拦住马头，大声说："吾乃是竟陵皮日休，要向朝廷献宝。"

官员问他："你有何宝可献？"

青年皮日休捧出《茶经》三卷，献给官员。官员大喜，急忙下马，双手捧住，揣在怀里。官员说："我到京师后，一定向朝廷推举你，这个《茶经》你可有留底？"

皮日休说:"还有抄本,正准备请人刻印。"

随即,官员回朝交旨,又急忙来到边关,把《茶经》递给回纥使者,回纥就将千匹良马如数点交给唐使臣。从那以后,《茶经》有了多种文本译本,《茶经》换良马的传说,也就一直传诵了千百年。

（四）陆羽和卢仝,乞茶求艺成"两圣"

与陆羽同时代的,还有一位被称为茶之"亚圣"的诗人卢仝。卢仝好茶成癖,他写的《七碗茶歌》诗,脍炙人口,千古流传,堪为茶诗的极品。

民间流传卢仝曾向陆羽学茶艺的故事。有一天,陆羽提着一只竹篮,上盖一块白布,走到一个大户人家门口,忽然闻到扑鼻茶香。于是陆羽便迎了上去,向门公"乞茶"吃。门公不知其意,反问一句:"是讨茶吃吗?"

陆羽又说道:"是求门公赐茶。"

门公感到好生奇怪,从没有看到一个素昧平生的人会讨茶吃,就倒了一碗茶给他。香茶一上口,陆羽暗暗称赞:好茶!

接着,陆羽得寸进尺,又对门公说:"烦劳门公,此茶甚好!我想求见主人。"门公看此人不同凡俗,便进去禀报。

此时,主人卢仝正在书房边看书、边品茶。忽见门公来报:"有人求见乞茶!"卢仝一听,心想:哪来乞茶的花子? 便问:"讨什么?"

宋代钱选《卢仝烹茶图》

门公急忙答道:"乞茶,乞茶!"

卢仝心中好生奇怪,世上哪有这等事来,便说:"就让他进来吧。"

门公将陆羽带到书房,卢仝抬头一看,只见来者文静儒雅,非同一般。便拿出一些上等香茗,泡在壶里,递给陆羽品尝。陆羽接过茶,先闻香,顿觉茶香四溢;再尝味,又觉口舌生津有余甘。便连连称赞道:"好茶! 好茶!"可接着又说:"可惜啊! 可惜啊!"

卢仝忙问："可惜什么？"

陆羽摇摇头说："可惜茶器不好。"

卢仝便好奇地反问道："有劳先生指教！"

这时，陆羽提起竹篮，揭开白布，只见里面放着一只茶盘、一把茶壶、四只茶盅。陆羽指指这些茶器说："用你的茶器泡茶，只能屋里香。用我的茶器泡茶，可以使几间屋子里外生香。"

卢仝不信，可一试，果真如此。这时，卢仝方知陆羽是个有学问的人，两人便结拜为兄弟。以后，陆羽著有《茶经》，而卢仝著有《茶谱》。人们为歌颂陆羽和卢仝对茶叶事业所做的贡献，称陆羽为茶圣，称卢仝为亚圣。陆羽和卢仝，乞茶求艺成"两圣"在民间传为佳话。

六、茶圣陆羽的交游

陆羽一生事茶，足迹遍及全国茶区，广交四海朋友。其中有几位与陆羽相交甚笃，对陆羽毕生致力的茶学、茶文化事业产生过重要影响。

（一）与女道士李季兰意甚相得

李季兰，名冶，一说峡中人，一说吴郡人（今江苏苏州地区），是女道士。她专心翰墨，善弹琴，尤工格律。6 岁时作《蔷薇诗》曰："经时不架却，心绪乱纵横。"其父见后说："此女聪黠非常，恐为失行妇人。"李季兰形气既雄，诗意亦荡。于天宝年间和建中二年（781 年）两次应诏入宫。后来李季兰因朱泚之乱受牵连，于兴元元年（784 年）被唐德宗下令受扑刑而死。

李季兰天性浪漫，喜交文人学士，据《唐才子传》载："时往来剡（指浙江嵊州、新昌）中，与山人陆羽、上人皎然意甚相得。"可称得上是一个时尚女子。他们三人：一个是女道士李季兰，一个是僧人皎然，一个是文人陆羽，可谓是儒、道、释三家，过往甚密。

李季兰与陆羽的关系，学术界看法不一。但从两人相识、相知，到相爱，他俩自始至终保持着知己的关系。这是因为，陆羽年少时与儒士李公家多有往来，又得李公赏识与培养，并与李公之女季兰从小相识。李公给陆羽取字季疵，可见陆羽与李季兰是两小无猜的朋友。季兰长大后，曾给包括陆羽在内的许多友人，诸如皎然、刘长卿、阎伯均、朱放、崔涣等写过情深意长的诗。在李季兰写给陆羽的诗中，有一首写李季兰在太湖之滨卧病时，陆羽前去探望，李季兰喜极而泣，便作《湖上卧病喜陆鸿渐至》诗：

　　昔去繁霜月，今来苦雾时。

　　相逢乃卧病，欲语泪先垂。

　　强劝陶家酒，还吟谢客诗。

　　偶然成一醉，此外更何之？

　　诗中，李季兰写了说不清，道不明的爱慕之情。但她对婚姻的态度是豁达的，这可以她的《八至》诗为证。诗曰：至近至远东西，至深至浅青溪；至高至明日月，至亲至疏夫妻。一个女道人，一个是深爱僧侣影响的山人；一个是玩世不恭的女子，一个是浪迹天下的儒生；相知相爱，却又至近至远；意甚相得，却又至亲至疏；这才真正是他俩相恋未成必成夫妻的命运的写照。

　　（二）　与上人皎然同住妙喜寺

　　皎然，字清昼，浙江吴兴人。俗姓谢，是南朝宋谢灵运十世孙，善诗文，人称诗僧。最初入道杼山，与陆羽同住杼山妙喜寺。皎然与陆羽，一个是高僧，一个是从小与僧侣结谊的山人；他们俩又都是与茶墨结缘之人。所以，陆羽应皎然之邀"更应苕溪"后，共同的爱好使他俩终成至交。唐大历八年（773 年），湖州刺史颜真卿在妙喜寺旁建亭，于癸丑岁、癸卯朔、癸亥日落成，陆羽给取名为"三癸亭"，皎然赋诗《奉和颜使君真卿与陆处士羽登妙喜寺三癸亭》：

　　秋意西山多，列岑萦左次。

　　缮亭历三癸，疏趾邻什寺。

　　元化隐灵踪，始君启高谇。

　　诛榛养翘楚，鞭草理芳穗。

　　俯砌披水容，逼天扫峰翠。

　　境新耳目换，物远风烟异。

　　倚石忘世情，援云得真意。

　　嘉林幸勿剪，禅侣欣可庇。

　　卫法大臣过，佐游群英萃。

　　龙池护清激，虎节到深邃。

　　徒想嵊顶期，于今没遗记。

湖州杼山皎然灵塔，与陆羽墓咫尺相望。

后人称此为"好亭，好匾，好诗"，誉为"杼山三绝"。

陆羽与皎然交往数十年。其间，皎然寻访、送别，以及和陆羽相聚品茶吟诗，在《全唐诗》中就有近二十首，足见其情谊之深。"只将陶与谢，终日可忘情；不欲多相识，逢人懒道名。"皎然在《赠韦卓陆羽》诗中表明：他不愿多交朋友，有韦卓、陆羽就已足矣！直至最终，陆羽"贞元末卒"，还与皎然同葬于湖州杼山。对此，有唐代孟郊《送陆畅归湖州因凭吊故人皎然塔陆羽坟》诗为证。诗曰："杼山砖塔禅，竟陵广宵翁。……不然洛岸亭，归死为大同。"可见，皎然与陆羽的关系绝非一般。

（三）与司马崔国辅谑笑永日

崔国辅，浙江山阴（今绍兴）人，唐开元十四年进士，官至集贤直学士、礼部郎中。天宝年间，被贬为竟陵（今湖北天门）司马。工文善诗，讽咏世态；尤其是乐府短章，为古人莫及，是一位文学大家。他在竟陵时与陆羽交友长达三年，其间煮茶品茗诵文，谑笑永日，情深谊长。临别时，崔氏深情地对陆羽道："予有襄阳太守李憕所遗白驴、乌犎牛各一头，及卢黄门所遗文槐书函一枚，此物皆己之所惜者，宜野人乘蓄，故特以相赠。"在陆羽成长过程中，崔国辅对陆羽事业的造就，特别是对陆羽文学方面的成就，起到了引导和铺垫的作用。

（四）与刺史颜真卿品茗吟诗

颜真卿，京兆万年（今陕西西安）人，唐代大臣，著名书法家，历官至吏部尚书、太子太师，封鲁国公，人称颜鲁公。他的书作端庄雄伟，气势磅礴，人称颜体。颜真卿刺湖州时，正值陆羽考察茶事来湖州。其间，颜氏正在组织编纂《韵海镜源》，陆羽参与其事，与颜氏终成至交。后颜氏在湖州杼山建亭，请陆羽为亭取名。陆羽根据亭子建成的年月日的天干，取名"三癸亭"，为后人留下了茶文化史上的一段佳话。对此，颜真卿曾作诗《题杼山癸亭得暮字》诗，诗题下特别注明："亭，陆鸿渐所创。"诗中写道："欻构三癸亭，实为陆生故。"三癸亭建成时，颜氏还邀请了包括陆羽在内的众多好友在三癸亭聚会，足见颜、陆情谊之深。在颜氏的《湖州乌程县杼山妙喜寺碑》中，称此举为"群士响集"。诗僧皎然在《奉和颜使君与陆处士羽登妙喜寺三癸亭》中，称之为"卫法大臣过，佐游群英萃。"这从另一个侧面见证了颜真卿与陆羽的情谊非同一般。

（五）与恩师智积，不忘养育之恩

智积，本是复州竟陵龙盖寺的一位高僧，是他收养了弃婴陆羽，并把陆羽养育成人，所以，恩同再造。陆羽9岁时"学属文"，为陆羽日后成有用之才打下了根底。陆羽年少时"为人才辩，为性褊躁，多自用意。"加之智积要求甚严，陆羽曾受到智积的惩戒，但这并没有断绝智积与陆羽的父子和师生情谊。后人董逌在《跋陆羽点茶帝王画像图》中写道："竟陵大师积公嗜茶，非羽供事不入口。羽出游江湖四五载，师绝于茶味。"足见陆羽在积公心目中的位置。积公圆寂后，噩耗传来，陆羽号啕大哭，并作《六羡歌》以纪念恩师：

不羡黄金罍，不羡白玉杯。

不羡朝入省，不羡暮入台。

千羡万羡西江水，曾向竟陵城下来。

（六）与灵隐道标上人，关系非同一般

道标，俗姓秦，浙江富阳人。7岁出家，在钱塘（今杭州）灵隐寺为僧五十余年。善诗，有"僧中十哲"之称。常与长兴皎然、会稽（今绍兴）灵彻唱和，故世有"霅之昼（皎然），能清秀；越之彻（灵彻），洞冰雪；杭之标（道标），摩云霄"之说。乾元元年（758年），道标晋升为灵隐寺住持。其时，陆羽正从湖北经江西南下，到浙江杭州，下榻灵隐寺，"陆羽目为道标梵僧，名之威风"。（《钱

陆羽念念不忘的是故乡竟陵西湖水

塘县志》）与道标结下深情厚谊。其时，道标追求天人合一，推能归美，居闲趣寂，这与陆羽的精神追求是相融的。贞元八年（792年），陆羽自洪州返回湖州时，再次途经杭州，造访灵隐寺道标住持，两人开怀畅谈。据《西湖高僧事略》载：其时，陆羽以《四标》为题，写了四句话。《宋高僧传》中记有陆羽作《道标传》云：

日月云霞为天标，山川草木为地标。

推能归美为德标，居闲趣寂为道标。

陆羽《四标》的主题思想，与他《茶经》中提出的"茶之为用，味至寒，为饮最宜精行俭德之人"是相通的，有着内在的联系。

（七）与皇甫昆仲一见如故

约在上元二年（761年），陆羽离湖州去南京栖霞寺，途经丹阳时，顺道拜访皇甫昆仲，即兄皇甫冉、弟皇甫曾。皇甫冉是"大历十才子"之一，任无锡尉；皇甫曾也是一位诗人，历侍御史。兄弟俩都爱茶、崇茶，他们与陆羽之间，由于志趣相同，爱好亦然，因此一见如故。后陆羽寓居栖霞寺时，他们之间也往来频繁。为此，皇甫冉作《送陆鸿渐栖霞寺采茶》诗。皇甫曾也有《送陆鸿渐山人采茶》诗，其诗云：

千峰待逋客，香茗复丛生。

采摘知深处，烟霞羡独行。

幽期山寺远，野饭石泉清。

寂寂燃灯夜，相思一磬声。

诗中，皇甫曾思绪联翩，他想象陆羽此时也许在栖霞寺与僧侣在山野煮茶品茗，或许独自一人深入谷地采茶。

此外，陆羽与皇甫昆仲的诗作，还有皇甫冉的《送陆鸿渐赴越》、皇甫曾的《寻陆处士》等。陆羽去世后，皇甫曾悲痛万分，还作诗《哭陆处士》。诗曰：

从此无期见，柴门对雪开。

二毛逢世难，万恨掩泉台。

返照空堂夕，孤城吊客回。

汉家偏访道，犹畏鹤书来。

由上可知，陆羽与皇甫昆仲之间，相处甚笃，相交甚得，想念甚深。

（八）知陆羽者，才子耿湋也

耿湋，"十历十才子"之一，曾以扩图书使身份，多年旅居江南。大历五年（770年），耿湋以湖州司法参军之职，参与顾渚修贡。其时，陆羽与耿湋交往密切，往来频繁，还经常在一起吟诗作联句，《连句多暇赠陆三山人》就是例证。在连句诗中，耿湋称陆羽是"一生为墨客"，一生在文学、艺术、书法等诸多方面，都取得过很好的成就。又说"几世作茶仙"，说陆羽不仅在文坛取得成功，而且更是一位茶学与茶文化的大家，并尊称陆羽是"茶仙"。大历九年（774 年），陆羽在协助颜真卿纂修《韵海镜源》期间，又与耿湋相聚一起，作有《与耿湋水亭咏风联句》诗：

清风何处起，拂槛复萦洲。（裴幼清）

回入飘华幕，轻来叠晚流。（杨凭）

桃竹今已展，羽要且从收。（杨凝）

经竹吹弥切，过松韵更幽。（左辅元）

直散青苹末，偏随白浪头。（陆士修）

山山催过雨，浦浦发行舟。（权器）

动树蝉争噪，开帘客罢愁。（陆羽）

度弦方解愠，临水已迎秋。（颜真卿）

凉为开襟至，清因作颂留。（皎然）

周回随远梦，骚屑满离忧。（耿湋）

岂独销繁暑，偏能入回楼。（乔先生）

王风今若此，谁不荷明休。（陆涓）

另外，还有《又溪馆听蝉联句》，也反映陆羽与耿湋的友谊。

七、茶圣陆羽的功绩

陆羽成名，莫过于撰著了世界上第一部集自然科学和社会文化于一体的茶事专著《茶经》。其实陆羽一生的重大贡献，有茶学方面的，还有文学等其他诸多方面的，只是由于对茶和茶文化方面的贡献影响深远，才使得陆羽在其他方面做出的贡献被其所掩盖而已。

（一）茶圣永驻人间

由于陆羽为茶及茶文化事业做出的杰出贡献，深受人民赞颂。在中国茶学史上，有称陆羽为茶仙的，如元代文人辛文房，在他的《唐才子传·陆羽》中写道："（陆）羽嗜茶，著《茶经》三卷……时号茶仙"；也有称陆羽为茶神的，《新唐书·陆羽传》说："羽嗜茶，著经三篇，言之源、之法、之具尤备，天下益知饮茶矣。时鬻茶者，至陶羽形置炀突间，祀为茶神。"宋代苏轼在《次韵江晦叔兼呈器之》诗中，有"归来又见茶颠陆"之句。明代的程用宾，在《茶录》称："陆羽嗜茶，人称之为茶颠。"他们都赞誉陆羽对茶孜孜不倦、追求事业的精神。清同治《庐山志》中说，陆羽隐居苕溪，"阖门著书，或独行野中，击木诵诗，徘徊不得意，辄恸哭而归，时谓唐之接舆。"宋代的陶谷在《清异录》中称："杨粹仲曰，茶至珍，盖未离乎草也。草中之甘，无出茶上者。宜追目陆氏（陆羽）为甘草癖。"其实，亦为茶癖之意。还有人称陆羽为"茶博士"的，但陆羽拒绝接受这一称谓。据唐代封演的《封氏闻见记》载：称御史李季卿宣慰江南，至临淮县馆，闻常伯熊精

青塘别业是《茶经》成书之处，也是陆羽终老之所。

于茶事，遂请其至馆煮茶献艺。后至江南，闻陆羽亦能茶，亦请之。陆羽"身衣野服"，李季卿不悦，煎茶毕，就"命奴取钱三十文，酬煎茶博士（陆羽）"。陆羽受此大辱，愤然离去，遂写《毁茶论》，为后人留下了一个谜团，至今仍无定论。近代，有更多的人称陆羽为"茶圣"。

（二）陆羽"书皆不传，盖为《茶经》所掩"

如今，人们多知陆羽是茶学创始者，其实他还是一位文学家、史学家、地理学家。特别值得一提的，陆羽还是一位书法家。《中国书法大辞典》就将陆羽列入唐代书法家之列。该辞典援引唐代陆广微《吴地记》云："陆鸿渐善书，尝书永定寺额，著《怀素别传》。"陆羽以狂草著称。他所作《怀素别传》，已成为列代书法家评价怀素、张旭、颜真卿等书法艺术的珍贵资料。

从陆羽的主要经历来看，他虽与佛门相关，但视他为文人，更符合陆羽的追求和努力。陆羽知识渊博，著作颇丰，精通诗文，懂得地理，但后人多知道陆羽是茶圣，是世间第一部茶学经典著作《茶经》的作者。这种情况的出现正如古书所云：他"书皆不传，盖为《茶经》所掩"之故。宋人费衮在《梁溪漫志》中说："人不可偏有所好，往往为所嗜好掩其所长。如陆鸿渐，本唐之文人达士，特以好茶，人止称其能品泉别茶尔。"书中，明确称陆羽是"文人达士"，因他在茶叶事业上做出了杰出贡献，以致掩盖了陆羽在其他方面的成就，这是对陆羽精当的总结和评价。

（三）著述《顾渚山记》

陆羽自"结庐于苕溪之滨"后，虽多次北上苏南、南下浙北等地调研茶事，考察

茶情。但在永泰元年（765 年）至大历四年（769 年）间，有较多时间在顾渚山调研和考察茶叶，在此"尝置茶园"，撰写《顾渚山记》两篇。

如今，《顾渚山记》虽然已佚，但人们还可从唐代诗人皮日休的《茶中杂咏》序中找到它的踪迹。序曰："自周以降，及于国朝（指唐）茶事。竟陵子陆季疵言之详矣。然季疵以前，称茗饮者，必浑以烹之，与夫瀹蔬而啜者无异也。季疵之始为经三卷，繇是分其源，制其具，教其造，设其器，命其煮，俾饮之者，除痟而去疠，虽疾医之不若也。其为利也，于人岂小哉！余始得季疵书，以为备矣。后又获其《顾渚山记》二篇，其中多茶事。"皮日休认为，从周至唐，有关论述茶事的著述，要数陆羽的《茶经》最为详尽。还说，陆羽的《茶经》初始时为三卷，分其源、具、造、器、煮、

余姚道士山是虞洪获大茗之处

饮六个方面，强调饮茶对于防病治病的重要性。皮氏得到过《茶经》一本，用以备用。后来又获得陆羽著的《顾渚山记》两篇，其中"多茶事"。

附：《顾渚山记》（系旧志辑录片段）

获神茗

《神异记》曰，余姚人虞洪，入山采茗。遇一道士，牵三百青羊，饮瀑布水。曰："吾丹丘子也。闻子善饮，常恩惠。山中有大茗，可以相给。祈子他日有瓯牺之余，必相遗也。"因立茶祠。后常与人往山，获大茗焉。

飨茗获报

刘敬叔《异苑》曰，剡县陈婆妻，少与二子寡居，好饮茶茗。以宅中有古冢，每饮先辄祀之。二子患之曰："冢何知？徒以劳祀。"欲掘去之。母苦禁而止。及夜，母梦一人曰："吾止此冢三百余年。母二子恒欲见毁，赖相保护，又享吾佳茗，虽泉壤朽骨，岂忘翳桑之报？"及晓，于庭内获钱十万，似久埋者，唯贯新。母告二子，二子惭之，从是祷酹愈至。

绿蛇

顾渚山赦石洞，有绿蛇，长三尺余，大类小指，好栖树杪。视之若帩带，终于柯叶间，无螫毒，见人则空中飞。

报春鸟

顾渚山中有鸟，如鸲鹆而小，苍黄色。每至正月、二月，作声云："春去也。"采茶人呼为报春鸟。

昙济茶

豫章王子尚，访昙济道人于八公山。道人设茗。子尚味之云："此甘露也，言何茶名？"

（四）写就《陆文学自传》

"安史之乱"之际，陆羽离开竟陵东冈村，一路东下，于上元元年（760 年）抵达浙江湖州。是年十一月，宋州刺史刘展谋反，攻陷润州（今江苏镇江），接着又攻陷金陵（今江苏南京）。差不多在同一时期，苏州为张景超占据，湖州为孙待封占领，江南武装割据。次年一月，刘展被田神功平定。苏州、湖州相继收复。但由于社会动乱不安，"江淮之民罹茶毒"，于是陆羽闭门著书。是年，陆羽著《自传》，又称《陆子自传》，后人称其为《陆文学自传》。原文如下：

陆子名羽，字鸿渐，不知何许人也；或云字羽，名鸿渐，未知孰是。有仲宣、孟阳之貌陋，相如、子云之口吃，而为人才辩笃信，褊躁多自用意。朋友规谏，豁然不惑。凡与人宴处，意有所适，不言而去。人或疑之，谓生多瞋。及与人为信，虽冰雪千里，虎狼当道，而不愆（qiān，读"千"，违约，失约。）也。

上元初，结庐于苕溪之滨，闭关对书，不杂非类，名僧高士谈宴永日。常扁舟往来山寺，随身惟纱巾、藤鞋、短褐、犊鼻。往往独行野中，诵佛经，吟古诗，杖击林木。手弄流水，夷犹徘徊，自曙达暮，至日黑兴尽，号泣而归。故楚人相谓："陆子盖今之接舆也。"

始三岁，悍（qióng，读"穷"，无兄弟。）露（体羸弱），育于竟陵大师积公之禅院。自幼学属文，积公示以佛书出世之业。子答曰："终鲜兄弟，无复后嗣，染衣削发，号为释氏，使儒者闻之，得称为孝乎？羽将授孔圣之文，可乎？"公曰："善哉，子为孝！殊不知西方染削之道，其名大矣。"公执释典不屈，子执儒典不屈。公因矫怜抚爱，历试贱务。扫寺地，洁僧厕，践泥污墙，负瓦施屋，牧牛一百二十蹄竟陵西湖。

无纸学书，以竹画牛背为字。他日问字于学者，得张衡《南都赋》，不识其字，但于牧所仿青衿小儿，危坐展卷，口动而已。公知之，恐渐渍外典，去道日旷，又束于寺中，令其芟剪榛莽，以门人之伯主焉。或时心记文字，懵然若有所遗，灰心木立，过日不做。主者以为慵惰，鞭之。因叹岁月往矣，恐不知其书，呜咽不自胜。主者蓄怒，又鞭其背，折其楚乃释。困倦所役，舍主者而去，卷衣诣伶党。著《谑谈》三篇，以身为伶正，弄木人、假吏、藏珠之戏。公追之曰："念尔道丧，惜哉！吾本师有言，我弟子十二时中，许一时外学，令降服外道也。以我门人众多，今从尔所欲，可捐乐工书。"

天宝中，郢人酺于沧浪道，邑吏召子为伶正之师。时河南尹李公齐物出守见异，捉手拊背，亲授诗集。于是汉沔之俗亦异焉。后负书于火门山邹夫子别墅，属吏部郎中崔公国辅出守竟陵郡，与之游处，凡三年。赠白驴、乌犎牛一头，文槐书函一枚。白驴、乌犎襄阳太原守李憕见遗，文槐函故卢黄门侍郎所与。此物皆己之所惜也，宜野人乘蓄，故特以相赠。

泊至德初，秦人过江，子也过江，与吴兴释皎然为淄素忘年之交。少好属文，多听讽喻。见人为善，若己有之；见人不善，若己羞之。苦言逆耳，无所回避。繇是俗人多忌之。自禄山乱中原，为《四悲诗》；刘展窥江淮，作《天之未明赋》，皆见感激当时，行哭涕泗。著《君臣契》三卷，《源解》三十卷，《江表四姓谱》八卷，《南北人物志》十卷，《吴兴历官记》三卷，《湖州刺史记》一卷，《茶经》三卷，《占梦》上中下三卷，并贮于褐布囊。

上元辛丑岁，子阳秋二十有九日

（五）陆羽在其他文学方面的成就

其实，陆羽除在茶及茶文化方面有过举世瞩目的贡献外，还在文学、诗书、艺术方面有杰出表现。对此，人们可以从陆羽与好友、唐"十大才子"之一耿湋的《联句多暇赠陆三山人》诗中找到答案。诗曰：

一生为墨客，几世作茶仙。（湋）

喜是攀阑者，惭非负鼎贤。（羽）

禁门闻曙漏，顾渚入晨烟。（湋）

拜井孤城里，携笼万壑前。（羽）

闲喧悲导趣，语默取同年。（湋）

历落惊相偶，衰羸猥见怜。（羽）

诗书闻讲诵，文雅接兰荃。（湋）

未敢重芳席，焉能弄彩笺。（羽）

黑池流研水，径石涩苔钱。（湋）

何事亲香案，无端狎钓船。（羽）

野中求逸礼，江上访遗编。（湋）

莫发搜歌意，予心或不然。（羽）

耿湋，字洪源，河东人。宝应进士，官居右拾遗，为"大历十才子"之一，是陆羽至交。他的诗作，虽不深琢削，但风格自胜。在这首诗中，耿湋不但肯定了陆羽在茶学方面的贡献，也肯定了陆羽在文学、艺术、书法等方面的成就。

第二节　陆羽余杭著《茶经》

陆羽（733—804），字鸿渐，一名疾，季疵，号竟陵子、桑苎翁、东冈子，唐复州竟陵（今湖北天门）人。陆羽为诗人、画家、史地学家、方志专家。他一生嗜茶，精于茶道，他最大的贡献莫过于在杭州余杭双溪著成世界第一部茶叶专著——《茶经》，闻名于世，对中国茶业和世界茶业发展做出了卓越贡献，被誉为"茶仙"，奉为"茶圣"，祀为"茶神"。

茶圣陆羽在余杭双溪著《茶经》，历代《余杭县志》和其他一些古籍记载得非常清楚。杭州的一些古代名人，上至宋代杭州太守苏东坡，明洪武进士夏止善，下至民国余杭学者孙绍祖，都把茶圣陆羽在余杭著《茶经》写入他们的诗作。茶圣陆羽在余杭双溪著《茶经》本来是十分明白的事，但因为中国近代的战乱频仍，运动不断，大批古籍散佚，资料不全，以致茶圣陆羽在何时何地著的《茶经》在一段时间竟成疑点。近年，随着中国茶文化研究的此起彼涌，许多宋、元、明、清古籍和民国书籍重新面世，获得更有说服力的资料。茶圣陆羽在余杭苎山写《茶记》一卷和在余杭双溪陆羽泉著成《茶经》三卷已成不争事实，已为中外茶人之共识。

一、古籍对陆羽余杭著《茶经》的记载

（一）古籍对陆羽余杭双溪陆羽泉著《茶经》的记载

几乎中外所有的陆羽研究者一致认为，陆羽在唐上元初即公元 760 年写成《茶经》。因此，陆羽在上元初的活动考证至关重要。但各种古籍对陆羽在上元初活动的记

图 1. 2. 1　清嘉庆戊辰年（1808）天门渤海家藏原本《唐代丛书》之陆羽《茶经》，为新发现之版本。

载不够明确，也不尽相同，以致陆羽到底在何时何地如何写成《茶经》形成不同的说法。为有一个整体了解，以便考辨，本书将收集到的所有古籍有关陆羽在上元初活动的记载一一列出，并逐一鉴辨考证。

《文苑英华》卷七百九十三《陆文学自传》"上元初，结庐于苕溪之湄，闭关读书"说 "陆文学自传" 中有陆羽在上元年间的记载：

上元初，结庐于苕溪之湄，闭关读书，不杂非类。名僧高士，谈宴永日。常扁舟往来山寺，随身唯纱巾、藤鞋、短褐、犊鼻。往往独行野中，诵佛经，吟古诗，杖击林木，手弄流水，夷犹徘徊，自曙达暮，至日黑兴尽，号泣而归。故楚人相谓，陆子盖今之接舆也。

"陆文学自传" 中的时间为 "上元初"，即公元 760 年，地点 "结庐于苕溪之湄"。《辞海》对 "湄" 的解释是："岸边，水与草交接的地方。"《诗·秦风·蒹葭》有："所谓伊人，在水之湄。"

《唐书》本传，陆羽 "上元初，隐苕溪。自称桑苎翁，阖门著书"说《唐书》本记载：陆羽，字鸿渐，一名疾，字季疵。复州竟陵人。人不知所生，或言有僧得诸水滨畜之。既长，以易自筮得蹇之渐。曰："鸿渐于陆，其羽可用为仪。"乃以陆为氏，

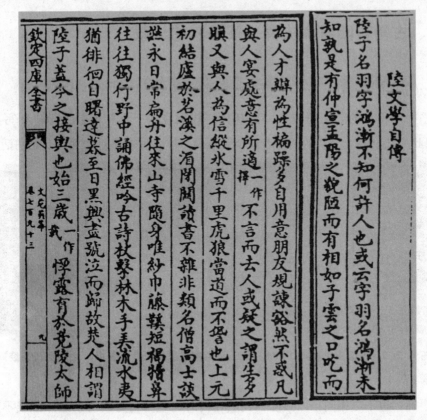

图 1.2.2 　《文苑英华》"陆文学自传"中"上元初，结庐于苕溪之湄，闭关读书"的记载。

名而字之。上元初，隐苕溪。自称桑苎翁，阖门著书。或独行野中诵诗，击木徘徊。不得意时号泣而归，谓之接舆也。贞元末，卒。羽嗜茶著经三篇，言茶之源、之法、之具尤备，鬻茶者至陶羽形，置炀突间，祀为"茶神"。

《唐书》本传对陆羽在上元年间的记载：上元初，隐苕溪。自称桑苎翁，阖门著书，与"陆文学自传"用词上有差距，即一是"闭关读书"，二是"阖门著书"。"苕溪之湄"和"苕溪"也是有差距的。

《新唐书》卷一百九十六列传"陆羽传"，"上元初，更隐苕溪，自称桑苎翁阖门著书"说《新唐书》卷一百九十六列传"陆羽传"对陆羽在上元年间的记载是：上元初，更隐苕溪。自称桑苎翁，阖门著书，或独行野中，诵诗击木，裴回不得意，或恸哭而归。故时谓今接舆也。

《新唐书》"陆羽传"中的时间为"上元初"，地点"更隐苕溪"。"陆文学自传"与"陆羽传"中写陆羽在上元年间的活动，看似大致相似，其实有两处关键之不同，第一是对居住苕溪，"陆文学自传"为"结庐于苕溪之湄"，而"陆羽传"为"更隐苕溪"，"更"是否应理解为第二次。第二是"陆文学自传"是"闭关读书"，而"陆羽传"与"唐书本传"一样，则成"阛门著书"，两个含义有很大差别。

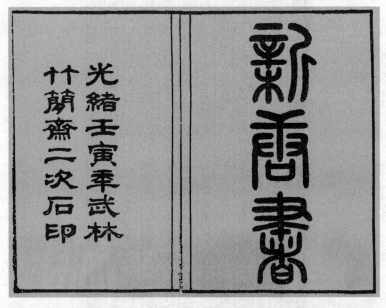

图 1. 2. 3　光绪壬寅季（1902）武林竹简斋二次石印之《新唐书》封面

《唐才子传》卷八"陆羽"，"上元初，结庐苕溪上，闭门读书"说《唐才子传》卷八"陆羽"对陆羽在上元年间的记载为：上元初，结庐苕溪上，闭门读书。名僧高士，谈宴终日。貌寝，口吃而辩，闻人善若在已，与人期，虽阻虎狼不避也。自称桑苎翁，又号东冈子。工古调歌诗，兴极闲雅，著书甚多。扁舟往来山寺，唯纱巾、藤鞋、短褐、犊鼻、击林木、弄流水。或行旷野中，诵古诗，徘徊至月黑，兴尽恸哭而返。当时以比接舆也。

《唐才子传》卷八"陆羽"的记载在"上元初"这一段与"陆文学自传"关键词仅一字之差，"陆文学自传"为"湄"，"陆羽"为"上"，但意思却是一样的。

《钦定全唐文》卷四百三十三《陆文学自传》书影："上元初，结庐于苕溪之滨，闭关对书"说：《钦定全唐文》（卷四百三十三）《陆文学自传》载：上元初，结庐于苕溪之滨，闭关对书，不杂非类。名僧高士，谈宴永日。常扁舟径山寺，随身惟纱巾、藤鞋、短褐、犊鼻，往往独行野中，诵佛经，吟古诗，杖击林木，手弄流水。夷犹徘徊，自曙达暮。至日黑，兴尽号泣而归。

《钦定全唐文》四百三十三《陆文学自传》的记载与上述典籍大致相同，但也有差距、时间均为"上元初"。仅一字之差，即"结庐于苕溪之滨"的"滨"字。"滨"，

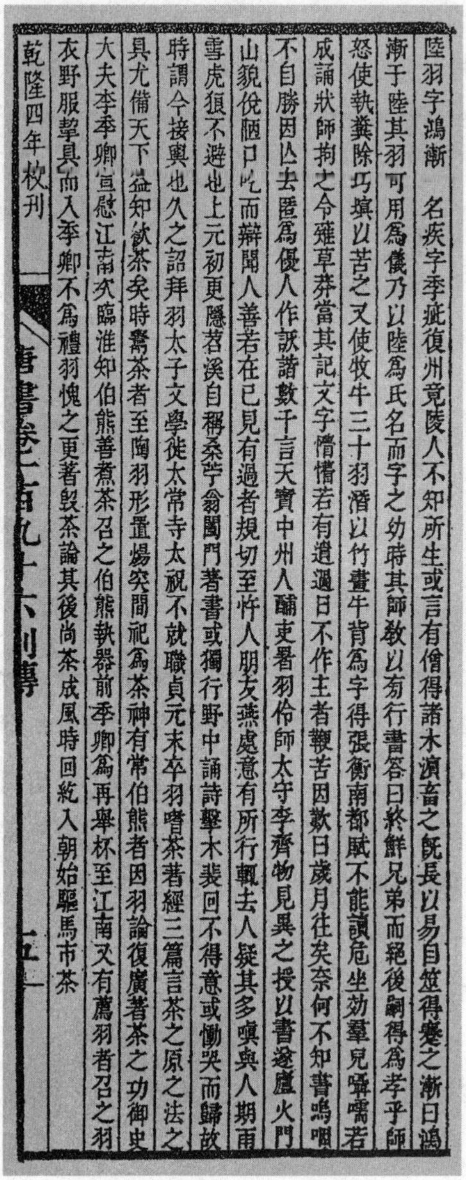

陸羽字鴻漸 名疾字季疵復州竟陵人不知所生或言有僧得諸水濱畜之既長以易自筮得蹇之漸曰鴻漸于陸其羽可用為儀乃以陸為氏名而字之幼時其師教以旁行書答曰終鮮兄弟而絕後嗣得為孝乎師怒使執糞除圬塓以苦之又使牧牛三十羽潛以竹畫牛背為字得張衡南都賦不能讀危坐效群兒囁嚅若成誦狀師拘之令薙草莽當其記文字懵懵若有遺過日不作主者鞭苦因歎曰歲月往矣奈何不知書嗚咽不自勝因亡去匿為優人作詼諧數千言天寶中州人酺吏署羽伶師太守李齊物見異之授以書遂廬火門山貌侻陋口吃而辯聞人善若在己見有過者規切至忤人朋友燕處意有所行輒去人疑其多嗔與人期雨雪虎狼不避也上元初更隱苕溪自稱桑苧翁闔門著書或獨行野中誦詩擊木裴回不得意或慟哭而歸故時謂今接輿也久之詔拜羽太子文學徙太常寺太祝不就職貞元末卒羽嗜茶著經三篇言茶之原之法之具尤備天下益知飲茶矣時鬻茶者至陶羽形置煬突間祀為茶神有常伯熊者因羽論復廣著茶之功御史大夫李季卿宣慰江南次臨淮知伯熊善煮茶召之伯熊執器前季卿為再舉杯至江南又有薦羽者召羽羽衣野服挈具而入季卿不為禮羽愧之更著毀茶論其後尚茶成風時回紇入朝始驅馬市茶

乾隆四年校刊　　唐書卷二百九十六　列傳　　五一

图 1. 2. 4　《新唐书》卷一百九十六"陆羽传"书影

即水边。与"湄"的意思是一样的。

《嘉泰吴兴志·谈志》十八"桑苎翁"中"初隐居苎山，自称桑苎翁。撰《茶经》三卷，常时闭户著书"说中华书局"宋元方志丛刊"第五册，影印版《嘉泰吴兴志》，初版于南宋嘉泰元年，即公元 1201 年。其谈志十八有"桑苎翁"的条目。

此条目不长，全文如下：

桑苎翁：唐陆羽，字鸿渐，初隐居苎山，自称桑苎翁，撰《茶经》三卷。常时闭

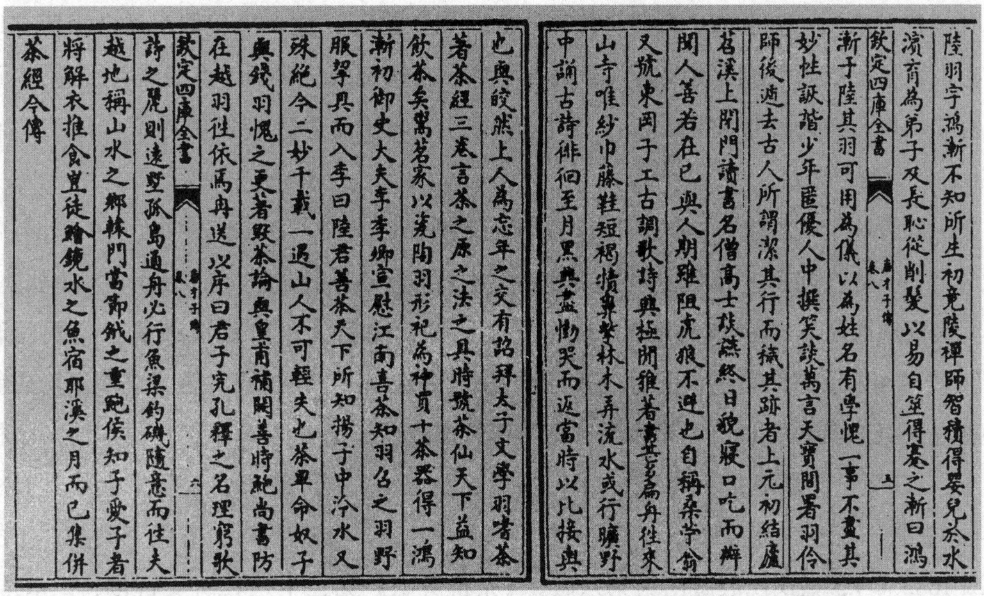
陸羽字鴻漸不知所生初竟陵禪師智積得嬰兒於水
濵育爲弟子及長恥從削髮以易自筮得蹇之漸曰鴻
漸于陸其羽可用爲儀以爲姓名有學愧一事不盡其
妙性詼諧少年匿優人中撰笑談萬言天寶間署羽伶
師後遁去古人所謂潔其行而穢其跡者上元初結廬
欽定四庫全書　唐才子傳　卷八
苕溪上閉門讀書名僧高士談讌終日貌寢口吃而辯
聞人善若在己與人期雖阻虎狼不避也自稱桑苧翁
又號東岡子工古調歌詩興極閑雅著書甚多扁舟往來
山寺唯紗巾藤鞋短褐犢鼻擊林木弄流水或行曠野
中誦古詩徘徊至月黑興盡慟哭而返當時以比接輿
也與皎然上人爲忘年之交有詔拜太子文學羽嗜茶
著茶經三卷言茶之原之法之具時號茶仙天下益知
飲茶矣鬻茗家以瓷陶羽形祀爲神買十茶器得一鴻
漸初御史大夫李季卿宣慰江南喜茶知羽名之羽野
服挈具而入李曰陸君善茶天下所知揚子中泠水又
殊絶今二妙千載一遇山人不可輕失也茶畢命奴子
與錢羽愧之更著毀茶論與皇甫補闕善時秖尚書防
在越羽往依焉冉送以序曰君子究孔釋之名理窮歌
欽定四庫全書　唐才子傳　卷八
詩之麗則遠墅孤島通舟必行魚梁釣磯隨意而往夫
越地稱山水之鄉轅門當節鉞之重鮑侯知子愛子者
將解衣推食豈徒贈鏡水之魚宿耶溪之月而已集併
茶經今傳

图 1. 2. 5　《钦定四库全书》中《唐才子传》卷八之“陆羽”

户著书，或独行野中诵诗，击水徘徊，不得意或恸哭而归，对人谓今之接舆。

南宋《嘉泰吴兴志》是现今对陆羽隐于苕溪有明确记载最早的方志之一，“桑苎翁”的条目明确“唐，陆羽，字鸿渐，初隐居苎山，自称桑苎翁，撰《茶经》三卷，常时闭户著书”。“初隐居苎山”中“初”字，是起初，初始，开始的意思，与《新唐书》“更隐苕溪”之“更”字，是遥相呼应、互相印证的，是在说，不同的时间，陆羽在苕溪居住过两处地方。其“苧”与“苎”为一字，“苎”是苧的简化字：那么“苎山”在哪里？查询所有古今湖州府志、县志均无记载，查阅现今载有湖州的古今地图也无类似苎山、苎山村、苎山桥的地名。南宋嘉泰距唐上元初四百余年，府志这么明确记载，肯定有其出处。“初隐居苎山”，那么更隐何地？“更隐”又隐于何地？这也是本文考证之重点。

《湖州府志》卷九十人物传·寓贤“陆羽”，“上元初，隐苕溪，自称桑苎翁，阖门著书”说光绪癸未年（1883 年）夏重校《湖州府志》有四十册之多，其中卷九十《人物传》寓贤有“陆羽”条目。此条目引自《唐书·隐逸传》，和上面的古籍记载大同小异，对陆羽在上元年间的记载为：上元初，隐苕溪，自称桑苎翁·阖门著书……羽嗜茶，著经三篇，言茶之源、之法、之具尤备。鬻茶者，至陶羽形，置炀突间，祀为“茶神”（《唐书·隐逸传》）。

明万历《余杭县志》：“唐，陆羽……至今有陆羽泉，在吴山界双溪路侧。”明万

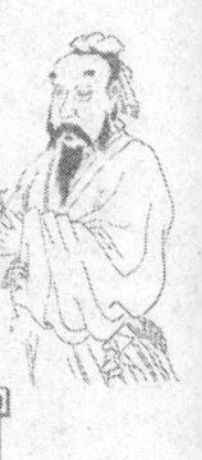

历《余杭县志》，为明万历年间（1574—1620 年）出版，这一段记载，是全国所有地方志中较早记载陆羽的身世及其《茶经》三卷，首次记载了明确地点的陆羽行迹："至今有陆羽泉，在吴山界双溪路侧。"余杭以后的《余杭县志》则发展成了"陆羽"和"陆羽泉"两个条目。

明万历《余杭县志》中"尝同李季卿至维扬，命一使入江取南泠水。……"与乾隆《天门县志·陆羽·品水记》互相呼应。还写及竟陵禅师去世，陆羽写《六羡歌》。

嘉庆戊辰原本《余杭县志》：陆羽"上元初，隐苕上，自称桑苎翁……阛门著书"，"吴山双溪路侧有泉，羽著《茶经》，品其名次"；"陆羽泉"：唐"陆鸿渐隐居苕霅著《茶经》其地"说杭州市余杭区图书馆有馆藏嘉庆戊辰（1808 年）原本的《余杭县志》，初版于明嘉靖七年（1528 年）的"余杭县志"，再版于明万历十七年（1589 年），三版于康熙四年（1665 年），四版于康熙十二年（1673 年），五版于康熙二十二年（1683 年），嘉庆戊辰版已为第六版。《余杭县志》第二十八卷"义行传、艺术传、寓贤传"之寓贤传十一中有"陆羽"条目，文如下：

陆羽，字鸿渐，竟陵人。以筮得渐之蹇，曰：鸿渐于陆，其羽可用为仪，吉，因以为名氏。上元初，隐苕上，自称桑苎翁，时人方之接舆。尝作灵隐山二寺记，镌于石（《钱塘县志》）。羽隐苕溪，阛门著书，或独行野中诵诗，不得意或恸哭而归（吕祖俭《卧游录》）。吴山双溪路侧有泉，羽著茶经，品其名次，以为甘洌清香，堪与中泠惠泉竞爽（旧县志）。

《余杭县志》第十卷山水，其四水，三十一有"陆羽泉"的条目，文如下：

陆羽泉在县西北三十五里吴山界双溪路侧，广二尺许，深不盈尺，大旱不竭，味极清冽（嘉靖县志）。唐陆鸿渐隐居苕霅著《茶经》其地，常用此泉烹茶，品其名次，以为甘洌清香，中泠惠泉而下，此为竞爽云（旧县志）。

其旧县志是指明嘉靖《余杭县志》，1530 年前后成书的明代嘉靖《余杭县志》到清嘉庆《余杭县志》，再版七八次之多，但始终保留了"陆羽"和"陆羽泉"的条目。

"陆羽"条目明确记载："吴山双溪路侧有泉，羽著《茶经》，品其名次……""陆羽泉"条目的记载，明确陆羽"唐陆鸿渐隐居苕霅著《茶经》其地"为双溪陆羽泉。而且记载了陆羽泉的地址在"县西北三十五里，吴山界双溪路侧"，陆羽泉"广二尺许，深不盈尺，大旱不竭，味极清冽"。

图 1. 2. 12 和图 1. 2. 13 是康熙和嘉庆《余杭县志》的"陆羽泉"的条目，相距百年，再版数次，内容相同，只字未改。

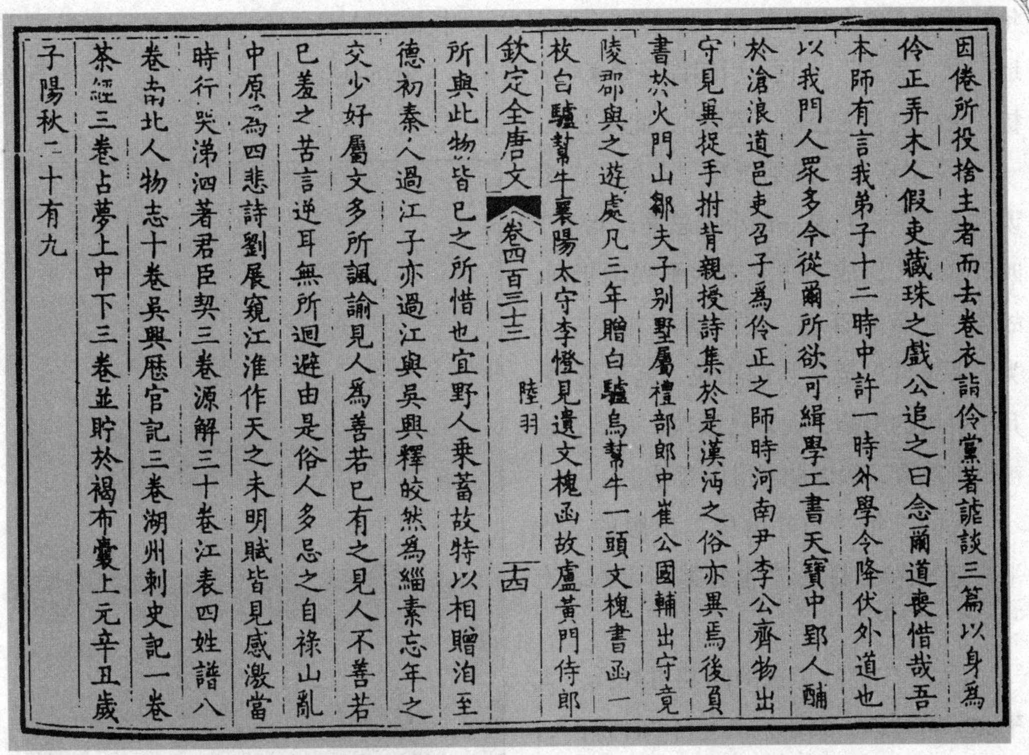
因倦所役捨主者而去卷衣詣伶黨著謔談三篇以身為
伶正弄木人假吏藏珠之戲公追之曰念爾道喪惜哉吾
本師有言我弟子十二時中許一時外學令降伏外道也
以我門人衆多今從爾所欲可緝學工書天寶中郢人酺
於滄浪道邑吏召子為伶正之師時河南尹李公齊物出
守見異捉手拊背親授詩集於是漢沔之俗亦異焉後負
書於火門山鄒夫子别墅屬禮部郎中崔公國輔出守竟
陵郡與之遊處凡三年贈白驢烏犎牛一頭文槐書函一
枚白驢犎牛襄陽太守李憕見遺文槐函故盧黃門侍郎
欽定全唐文 卷四百三十三 陸羽 西
所與此物皆己之所惜也宜野人乘蓄故特以相贈洎至
德初秦人過江子亦過江與吴興釋皎然為緇素忘年之
交少好屬文多所諷諭見人為善若己有之見人不善若
己羞之苦言逆耳無所迴避由是俗人多忌之自祿山亂
中原為四悲詩劉展窺江淮作天之未明賦皆見感激當
時行哭涕泗著君臣契三卷源解三十卷江表四姓譜八
卷南北人物志十卷吴興歷官記三卷湖州刺史記一卷
茶經三卷占夢上中下三卷並貯於褐布囊上元辛丑歲
子陽秋二十有九

图 1. 2. 6 《钦定全唐文》卷四百三十三《陆文学自传》书影

图 1. 2. 15 和图 1. 2. 16，是宣统二年（1910 年）《杭州府志》记载的“陆羽”和“陆羽泉”条目。全文引用了自明嘉靖以来，清康熙、嘉庆、光绪《余杭县志》“陆羽”和“陆羽泉”条目的文字。这也说明晚清杭州地方志专家在修志时，考证各方面重要史实非常认可才列入的。

图 1. 2. 18、图 1. 2. 19、图 1. 2. 20，是 1986 年 6 月 27 日公布的杭州市文保单位“陆羽泉”和茶圣陆羽的塑像。1990 年，余杭拨巨款对陆羽古泉整理修缮，并请浙籍书法名家沙孟海题“陆羽泉”三字镌于泉边石上。“陆羽泉”的现状与《余杭县志》的描述基本一致。2002 年春，余杭区政府又拨巨款进行扩建，现已成为亭阁楼榭、柳树成荫、泉水长流的陆羽公园。

图 1. 2. 21，是清嘉庆《余杭县志》中“杭州府志余杭县图”西半部，“陆羽泉”条目中的吴山、双溪等地名——标志清楚，此图绘于清代，上南下北，左东右西，与今刚好相反，真实可信。

清康熙和嘉庆《余杭县志》中“陆羽”与“陆羽泉”条目，是对陆羽在上元初（760 年）著《茶经》有时间、有地点、有情节的最明确记载，从明嘉靖年间（1530

年）延续500余年始终如一。但《余杭县志》中关于陆羽"隐居苕霅著《茶经》其地"之"苕霅"一词，引起许多专家学者质疑。《余杭县志》中之"苕霅"是否即余杭，余杭究竟能否称"苕霅"，此段公案也是本文考证重点，将专节讨论。

《太平广记》陆羽撰写"茶经"二卷　说《太平广记》是一部小说总集，北宋李昉等编辑，因成书于北宋太平兴国年间，故名。共有五百卷，按性质分九十二大类，采录自汉至宋初的小说、笔记资料，其中引用的书籍，大多已散佚、残缺，或被后人篡改，赖以此书得以考见。

民国二年"扫叶山房"出版的《太平广记》卷二百一"才名类"十八，有"陆鸿渐"之条目。

《太平广记》记载的陆羽得姓氏：太子文学陆鸿渐，名羽。其生不知何许人，竟陵龙盖寺僧，姓陆，于堤上得一初生儿，收育之，遂以陆为氏。

《太平广记》还有"鸿渐又撰《茶经》二卷，行于代"之说，以上二条与其他记载均不同。

图1. 2. 7　寇丹《陆羽行旅事茶图》

这一节为了明辨考证，我们将凡涉及陆羽在上元间活动的古籍，一一保存原有古籍原有文字予以刊登，而尽量不采用现代印刷书籍。比较统一的是，上元初，陆羽隐于苕溪。研究重点是苕溪是一个范围，一个面，但人居住总有一个点，点在哪里，只有"隐于苎山"，"隐居苕霅"的余杭吴山双溪陆羽泉是非常明确的两个居住点；再就是"更隐苕溪"的"更"字，与"初隐居苎山"之"初"字，遥相呼应，是否是"更换""二次"的"隐居苕溪"；第三是古籍上的描述大致有"闭门读书"，"阖门著书"两种不同概念的记载，"读书"与"著书"需考证清楚；第四是"苕霅"是否即余杭，余杭究竟能否称"苕霅"。

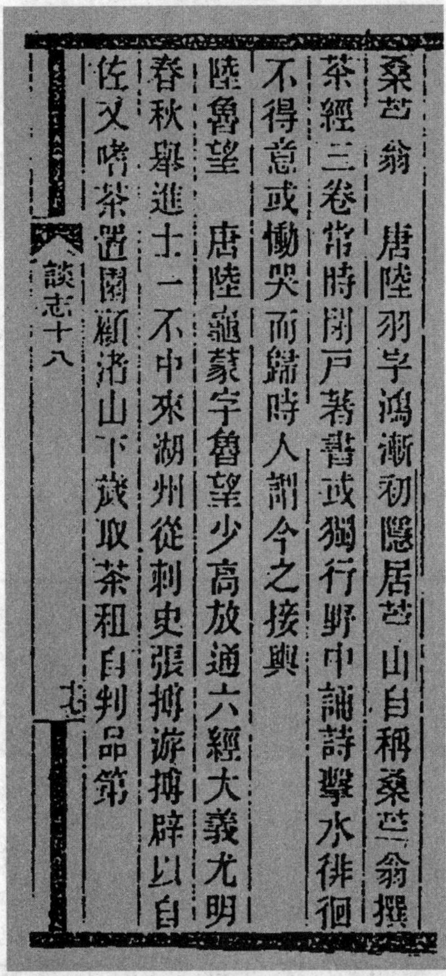

桑苎翁 唐陸羽字鴻漸初隱居苕 山自稱桑苎翁撰

茶經三卷常時閉戶著書或獨行野中誦詩擊水徘徊

不得意或慟哭而歸時人謂今之接輿

陸鲁望 唐陸龜蒙宇魯望少高放通六經大義尤明

春秋舉進士一不中來湖州從刺史張搏遊搏辟以自

佐又嗜茶置園顧渚山下歲取茶租自判品第

談志十八

图 1. 2. 8 《嘉泰吴兴志》中"谈志十八"之"桑苎翁"条目

图 1.2.9　光绪癸未年（1883 年）《湖州府志》封面，其人物传·寓贤"陆羽"，摘自"唐书·隐逸传"。

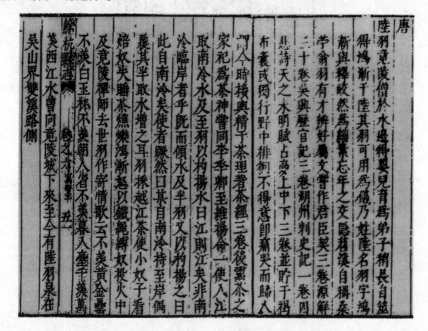

图 1.2.10　明万历《余杭县志·陆羽》书影

图 1. 2. 11　清嘉庆戊辰（1808 年）原本《余杭县志》书影

图 1. 2. 12　清康熙《余杭县志》"陆羽泉"条目

餘杭縣志 卷二十八 寓賢傳 廿

唐

陸羽字鴻漸竟陵人以筮得漸之蹇曰鴻漸于陸其羽可用爲儀吉因以爲名氏上元初隱苕上自稱桑苧翁時人方之接輿嘗作靈隱山二寺記鑱于石（錢塘縣志）羽隱苕溪闔門著書或獨行野中誦詩不得意或慟哭而歸（吕祖謙入越錄）吳山雙溪路側有泉羽著茶經品其名次以爲甘洌清香堪與中泠惠泉競爽（舊縣志）

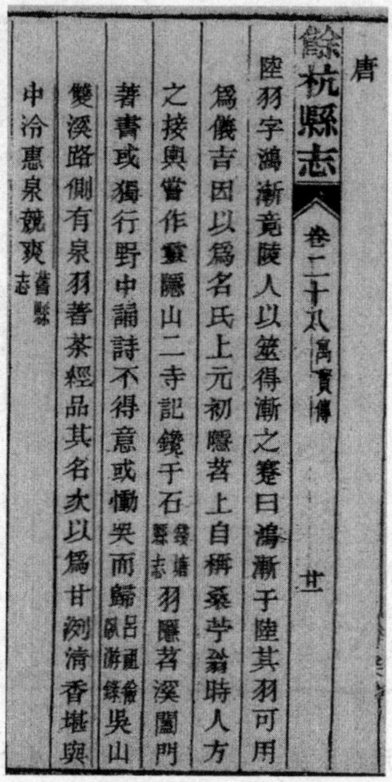

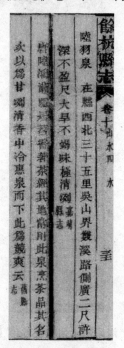

图 1. 2. 13 清嘉庆《余杭县志》卷二十八“寓贤传”之“陆羽”条目

餘杭縣志 卷十 山水四 水 圭

陸羽泉 在縣西北三十五里吳山界雙溪路側廣二尺許深不盈尺大旱不竭味極清洌（嘉靖縣志）唐陸羽[illegible]著茶經其地嘗用此泉烹茶品其名次以爲甘洌清香中泠惠泉而下此爲競爽云（舊縣志）

图 1. 2. 14 清嘉庆《余杭县志》卷十“陆羽泉”条目

杭州府志 卷一百六十九 寓賢一 三

至靈隱今天香院是其隱處 唐書本傳 康熙志

陸羽字鴻漸竟陵人上元初隱苕上自稱桑苧翁嘗寓靈隱山作二寺記鑱於右 錢塘縣志

图 1. 2. 15　宣统《杭州府志・寓贤・陆羽》

杭州府志 卷二十六 山水七 三十七

陸羽泉　在縣西北三十五里吳山界雙溪路側廣二尺許深不盈尺大旱不竭味極清冽 嘉靖縣志 唐陸鴻漸隱居苕霅著茶經其地常用此泉烹茶品其名次以爲甘冽清香中泠惠泉而下此爲競爽云 餘杭縣志

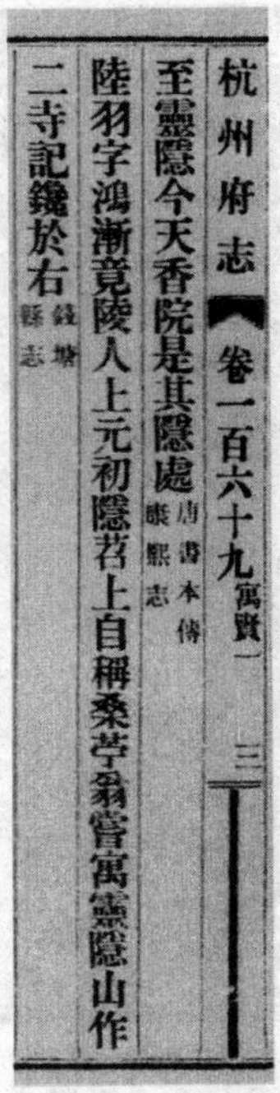

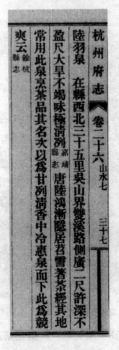

图 1. 2. 16　宣统《杭州府志・山水・陆羽泉》

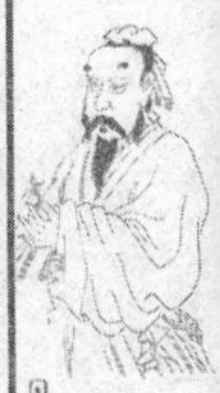

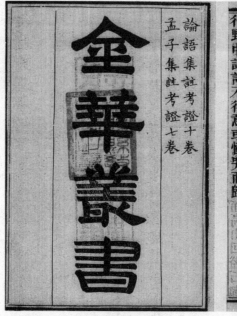

图1. 2. 17　清《金华丛书》之《卧游录》记载的陆羽在元初活动

图1. 2. 18　陆羽像，周围是茶丛、修竹。

图 1. 2. 19　1986 年 6 月 27 日余杭县人民政府列为县级重点文物保护单位的陆羽泉

2006 年杭州市余杭文化广电新闻出版局、杭州市余杭区文物管理委员会办公室编《余杭物质文化遗产》一书，因陆羽在苎山著《茶记》一卷，在双溪陆羽泉著《茶经》三卷，余杭区径山镇双溪陆羽泉被列为余杭物质文化遗产、杭州市文物保护单位，余杭区余杭镇舟枕仙宅明末清初苎山桥被列为余杭物质文化遗产、杭州市文物保护点。

图 1. 2. 20　余杭物质文化遗产、杭州市文物保护单位"余杭陆羽泉"

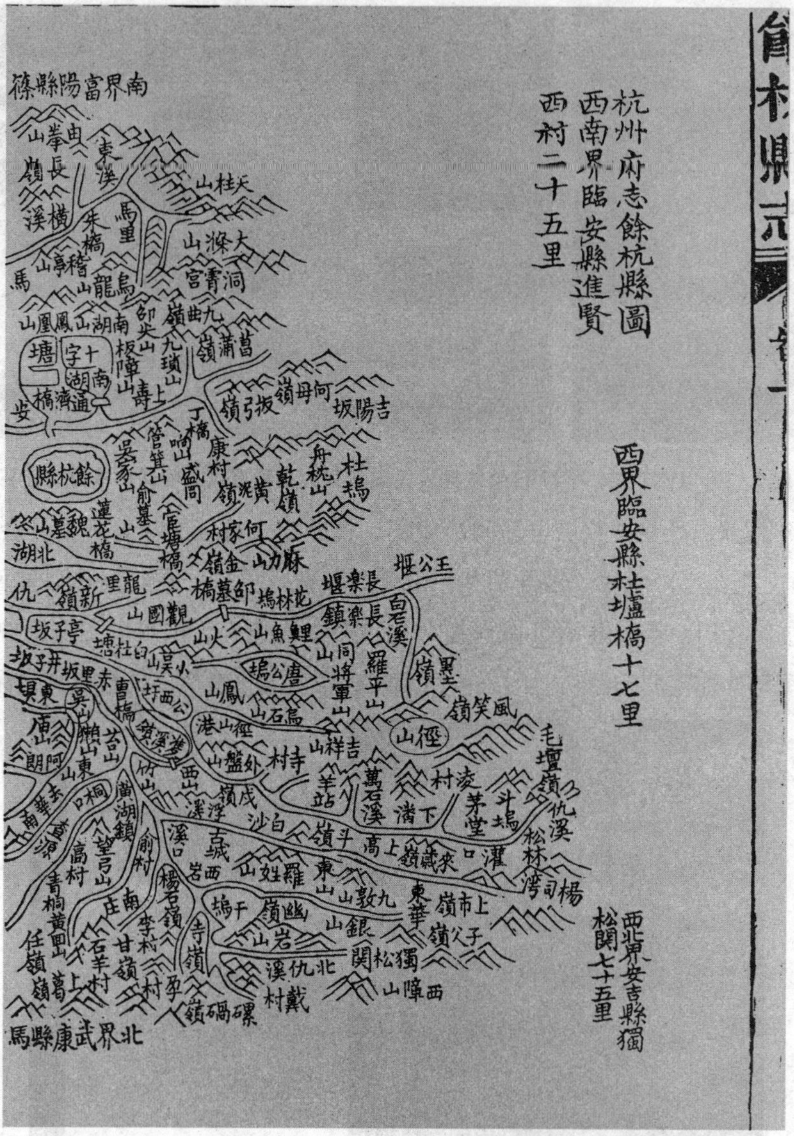

图1.2.21　清嘉庆《余杭县志》之"杭州府志余杭县图"西半部，图中"陆羽泉"所在地吴山、双溪镇及径山标志清楚。

（二）吴越国钱镠时代已有径山双溪陆羽泉

有的学者质疑说，明嘉靖《余杭县志》、清嘉庆《余杭县志》记载的茶圣陆羽在余杭径山双溪陆羽泉著《茶经》，距离唐代已有数百年，应有更早古籍记载作依托，史料方更翔实。深度挖掘余杭文化积淀，其实，吴越国钱镠时代已有"径山双溪陆羽泉"的古籍记载。

明《径山志·法侣·布纳如玉禅师》载：

布衲如玉禅师自匡庐至径山双溪，见陆羽泉上山麓森秀，遂结茅息影。持钵乞食，随缘化寻，自号双溪布衲。久之，扶策登凌霄，依岩构室三年不下山。一日，遥睇吉祥峰五色瑞云，曰："大安。"一日，妙嵩禅师戏以诗悼之，曰："继祖当吾代，生缘行可规。终身常在道，识病赖寻医。貌古笔难写，情高世莫知。慈云布何处，孤月自相宜。"师读罢，举笔答曰："道契平生更有谁，闲乡于我最心知。当初未欲成相别，恐误同参一首诗。"投笔坐去，六十年后塔户自启，真容严然。

布衲如玉禅师的经历极富传奇色彩，重要的是前几十字，明确写道"自匡庐（庐山）至径山双溪，见陆羽泉上山麓森秀"。这是古籍上最早把径山双溪陆羽泉连在一起对陆羽泉附近事物的记载。

布纳如玉禅师从匡庐至径山双溪陆羽泉，到底是哪一年，明《径山志》也有记载。

明《径山志·卷十三·下院·大安禅寺》载：

径山下，通径桥内，去县北五十里长安县。（后）唐同光三年（925 年）僧如玉禅师开山，化寺有异，《答妙嵩禅师诗》"投笔坐化，塔于本寺之侧。六十年后塔户自启，容貌俨然。宋治平二年（1065 年），英宗皇帝敕踢今额。绍兴三十年（1160 年），佛日大慧杲禅师诏再主径山，参徒二千余员就寺增建禅阁安老堂。其徒开悟，得大安乐者居之。元末毁于兵。"

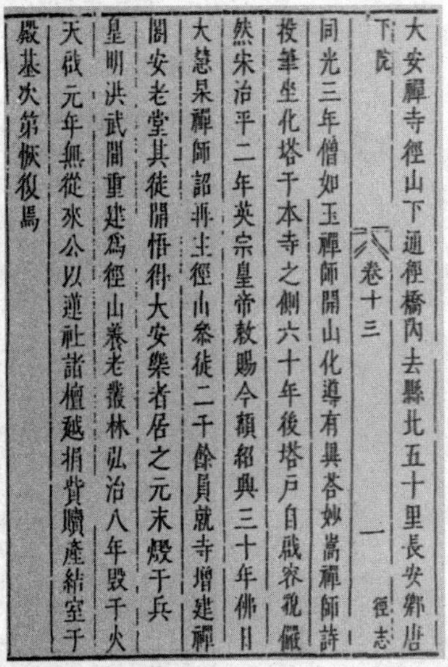
大安禪寺徑山下通徑橋內去縣北五十里長安鄉唐
下院　卷十三　一　徑志
同光三年僧如玉禪師開山化導有異荅妙嵩禪師詩
投筆坐化塔于本寺之側六十年後塔戶自啟容兒儼
然宋治平二年英宗皇帝敕賜今額紹興三十年佛日
大慧杲禪師詔再主徑山叅徒二千餘員就寺增建禪
閣安老堂其徒開悟得大安樂者居之元末燬于兵
皇明洪武間重建爲徑山養老叢林弘治八年毀于火
天啟元年無從來公以蓮社諸檀越捐貲贖產結室于
殿基次第恢復焉

图 1. 2. 22　《径山志·下院·大安禅寺》

大安禅寺为径山禅寺下院，建于后唐同光三年，即吴越国钱镠宝大二年，公元 925 年。大慧宗杲主径山时，"参徒二千余员"，在大安寺建"安老堂"，即和尚养老院也。

如玉禅师在后唐同光三年（925 年）创建的大安寺，是径山寺的庙产和下院，明《径山志》还有一系列的记载。

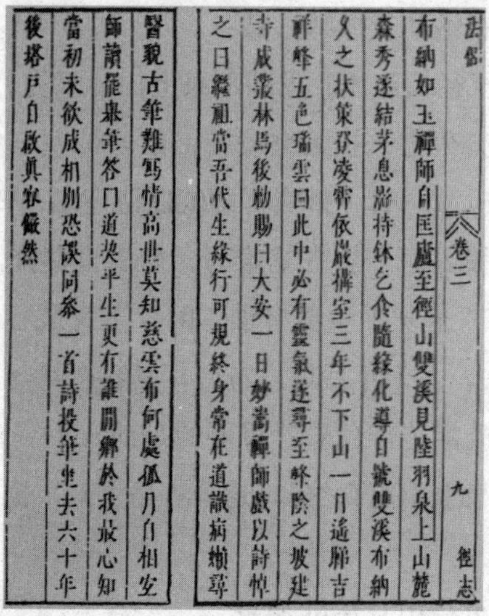

法侶　卷三　九　徑志

布納如玉禪師自匡廬至徑山雙溪見陸羽泉上山麓森秀遂結茅息影持鉢乞食隨緣化導自號雙溪布納久之杖策登凌霄依巖構室三年不下山一日遙聆吉祥峰五色瑞雲曰此中必有靈氣遂尋至峰陰之坡建寺成叢林焉後勅賜曰大安一日妙喜禪師戲以詩悼之曰雞祖當吾代生緣行可規終身常在道識病嬾尋醫覩古筆難寫情高世莫知慈雲布何處孤月自相安師讀罷舉筆答曰道契平生更有誰開鄉於我最心知當初未欲成相別恐誤同參一首詩投筆坐去六十年後塔戶自啟真容儼然

图 1. 2. 23　《径山志–法侣 · 布纳如玉禅师》

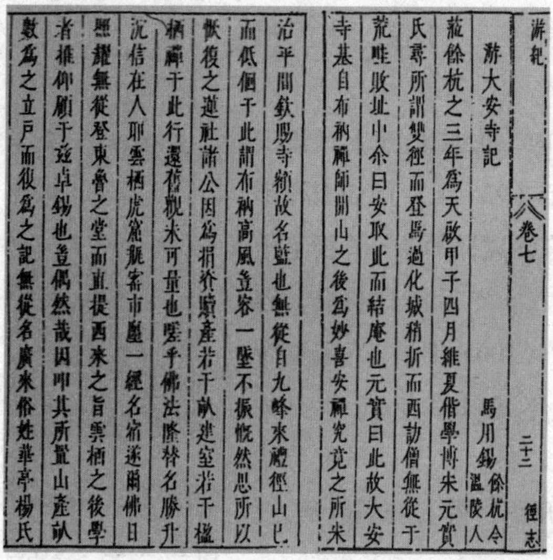

游紀　卷七　二十三　徑志

游大安寺記　馬用錫 餘杭令 溫陵人

蒞餘杭之三年為天啟甲子四月維夏偕學博宋元實氏尋所謂雙徑而登焉過化城稍折而西訪僧無從于荒畦敗址中佘曰安取此而結庵也元實曰此故大安寺基自布衲禪師開山之後為妙喜安禪究竟之所宋治平間欽賜寺額故名藍也無從自九峰來禮徑山已而低徊于此謂布衲高風豈容一墜不振慨然思所以恢復之蓮社諸公因為捐資贖產若干畝建室若干楹栖禪于此行還舊觀未可量也嗟乎佛法隆替名勝升沉信在人耶雲栖虎窟龍寄市塵一經名宿遂爾佛日照耀無從登東魯之堂而直提西來之旨寓栖之後學者推仰願于斑卓錫也豈偶然哉因即其所置山產畝數為之立戶而復為之記無從名廣來俗姓華亭楊氏

图 1. 2. 24　《径山志 · 游记》之明余杭知县马用锡《游大安寺记》

明《径山志 · 卷十二》载：大安寺，即下院吉祥峰。

明《径山志 · 卷十三》载：通径桥，如玉禅师建，锁大安涧口。古茶亭基地尚在。大松一株，相传大慧手植。

明《径山志 · 卷十四 · 庙产》载：大安寺原额。山九十三亩，东至大安街，南至大路，西至田畈，北至树山。古册在大慧房，于天启年间三契，绩置山田一十二亩。

《径山志 · 游记》又载明代余杭县令马用锡《游大安寺记》：

莅余杭之三年为天启甲子（1624 年），四月维夏偕学博宋元实氏寻所谓双径而登焉。过化城稍折而西访僧无从。于荒畦败址中，余曰："安取此而结庵也。"元实曰："此故大安寺基，自布衲禅师开山之后，为妙喜安禅究竟之所。宋治年间，钦赐寺额，故名蓝也。无从自九峰来礼径山，已而低徊于此，谓布衲高风，岂容一蹶不振，慨然思所以恢复之……"

此段记载说明明代天启年间大安寺已倾圮，大安寺遗址在化城寺稍折而西。

图1. 2. 25　杭州市市级文物保护单位"大安（堰）桥"

图1. 2. 26　赵大川手持古残砖和径山镇副镇长张宏明（右）及文化站干部陈宏（左）在大安寺遗址地留影

2011年12月13日，笔者在径山镇张宏明副镇长和文化站原站长陈宏陪同下，一行三人去现场踏勘大安寺旧址。那天适逢区电视台在杭州市文保单位大堰桥旁采访径山村民委员会主任。其实后唐时，大安桥称"通径桥"，后称"大安桥"，明清时期，因当地村民按乡音称"安"为"堰"，因此重修时按村民习俗称之为"大堰桥"。在大堰桥附近踏勘时，碎瓦残砖时有发现，遂拾了两块明代残砖，并在现场留影。

这一节的考证说明，至迟后唐同光三年（925年），陆羽著《茶经》其地的"双溪陆羽泉"，已成为余杭当地人公认的地名，写入典籍。其时，距陆羽于唐上元元年（760年），在双溪陆羽泉著《茶经》仅165年。

（三）古籍对陆羽隐居余杭"高僧、名士、山寺"的记载

人是生活在社会环境中的，著书立说不但需衣、食、住、行，也需要朋友交往和书籍参考。不管是隐居，闭门读书，还是阖门著书。《唐才子传·陆文学自传》在讲陆羽"上元初，结庐于苕溪之湄，闭关读书"之后，有一段话："不杂非类，名僧高士，谈宴永日。常扁舟往来山寺……"那么山寺又指什么？陆羽在余杭隐居期间交往的名僧是谁？高士又是哪些人？这也是需要考证清楚的。

名僧唐余杭宜丰寺灵一大师图1.2.27 是《钦定四库全书·宋高僧传·唐余杭宜丰寺灵一传》。灵一，广陵（今扬州人）。"一家富货殖，既而削发。"（《龙兴寺志》）"九岁入决梵园"（禅寺）。宝应元年（762年）冬十月十六日，寂灭于杭州龙兴寺，春秋三十五，凡满十五。……味应真之德行，故刻石于武林山东峰之阳也。灵一只活了35岁，可谓英年早逝，而和尚则做了15年，资格不算浅。

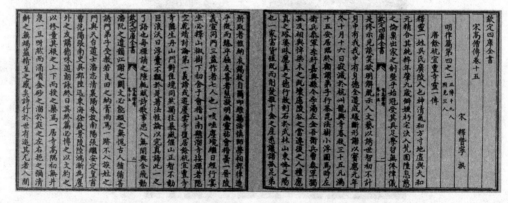

图1.2.27　《钦定四库全书·宋高僧传·唐余杭宜丰寺灵一传》

《唐余杭宜丰寺灵一传》有这么一段话，对本书至关重要。

……初舍于会稽山南悬溜寺……或游庆云寺，复居余杭宜丰寺。寺邻生丹山，门对佳境，囧然独往。暴风偃山，正智不动。巨浪沃日，浮囊不飘。于是，著《法性论》，以

究真谛，此一之了语也。每禅诵之隙，辄赋诗歌事。思入无间，兴含飞动。潘、阮之遗韵，江、谢之阙文，必能缀之，无愧古人。循循善诱，门弟子受教，若良田之纳膏雨焉。一迹不入族姓之门。与天台道士潘志清、襄阳朱放、南阳张继、安定皇甫曾、范阳张南史、吴郡陆迅、东海徐嶷、景陵陆鸿渐为尘外之友，讲德味道，朗咏终日……

灵一大师曾任杭州龙兴寺住持，载入唐代高僧史册。高僧灵一周游两浙，初舍于绍兴会稽山南悬溜寺，又游于庆云寺，复居余杭宜丰寺。余杭宜丰寺旁邻生丹山（一说青山），灵一高山修行，暴风袭来，犹如巨浪吞日，灵一正襟危坐，面对佳境以岭松涧石为梵宇。

天柱观是汉代肇建的余杭洞霄宫道观，灵一曾宿此处，并留《宿天柱观》诗，曰：

石室初投宿，仙翁喜暂容。花源隔水见，洞府过山逢。泉涌阶前地，云生户外峰。中宵自入定，非是欲降龙。

灵一笔下的天柱观，花源、洞府、泉涌、云生，犹如世外桃源，想必宜丰寺也是如此景色，方赢来陆羽等一班尘外之友的常聚。灵一能投宿天柱观，也说明宜丰寺也就在洞霄宫附近地域。

还有《雨后欲寻天目山问元骆二公溪路》：

昨夜云生天井东，春山一雨一回风。

林花并逐溪流下，欲上龙池通不通。

这首诗，一是说明宜丰寺离天目山不远，也描绘了灵一当住持宜丰寺是云生之处，山雨之下，林间花瓣逐溪而流的景色。

灵一喜云游，《再还宜丰寺》，记述了他的久游方归：

再寻招隐地，重会息心期。

樵客问归日，山僧记别时。

野云阴远甸，秋雨涨前陂。

勿谓探形胜，吾今不好奇。

灵一一心修禅，著成《法性论》以探究佛禅之真谛。每当修禅诵经间隙，赋吟诗歌，领悟无我，兴含飞动，无愧古人。对受教弟子循循善诱，就像膏雨滋润良田。很少涉入族姓之门，却与天台道士潘志清、襄阳朱放、南阳张继、安定皇甫曾、范阳张南史、吴郡陆迅、东海徐嶷、景陵陆鸿渐成为看破红尘的好友。讲求道德，朗诵诗歌终日。

清《龙兴寺志》载《宜丰灵一禅师传》与《宋高僧传·唐余杭宜丰寺灵一传》，大致相同。

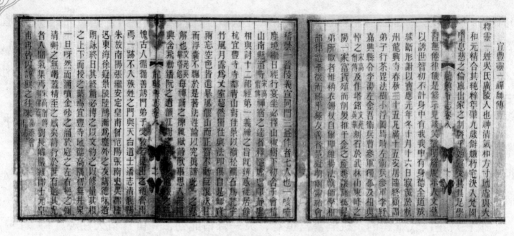

图 1. 2. 28　清《龙兴寺志·宜丰灵一禅师传》

《全唐诗》有灵一诗一卷，共41首另一句。其中有不少灵一诗作，为我们揭示了唐代余杭宜丰寺和周边的环境，以及灵一与一班尘外之友的交往情景。

灵一《宜丰新泉》，描绘了宜丰寺新涌出的泉水：

泉源新涌出，洞彻映纤云。稍落芙蓉沼，初淹苔藓文。素将空意合，净与众流分。每到清宵月，泠泠梦里闻。

宜丰寺应坐落在余杭西南植被良好，涵养水流的崇山峻岭之中。雨水滋润，清泉新涌。

《宋高僧传》以"余杭宜丰寺"冠在"灵一"之前，说明余杭宜丰寺是灵一一生中最重要的居所。但却经常外出云游，所以樵夫问他外出多少日子才回来的，他回答只记得和樵夫离别之时。走遍宜丰寺周围的径山、天目山，种种奇峰形胜，已不好奇。

《於潜道中呈元八处士》和其他一些诗作描绘了灵一于临安、於潜探奇问胜天目山路。

苕水滩行浅，潜州路渐深。

参差远岫色，迢递野人心。

冻涧冰难释，秋山日易阴。

不知天目下，何处是云林。

其时，灵一上天目山是沿苕溪而上，再步步登高的。天目山高云深，物候更冷。这首诗题为《於潜道中呈元八处士》，潘志清、朱放、张继、皇甫曾、张南史、陆迅、徐嶷，陆羽刚好是《唐余杭宜丰寺灵一传》除了灵一大师后的第八人。云游之人，领略天目山大好风光之时，还怀念着他的尘外八友。

图1. 2. 29　张荣泉《宜丰名僧高士图》

灵一的诗作中也有禅茶的情景,《与元居士青山潭饮茶》:

野泉烟火白云间,坐饮香茶爱此山。

岩下维舟不忍去,青溪流水暮潺潺。

《宋高僧传》称宜丰寺"寺邻生丹山",而《龙兴祥符戒坛寺志》则记为"寺邻青山",青山者,邻近临安地。这首诗描绘了青山旁宜丰寺中,灵一与元居士饮茶场景。

这首诗既写高僧居士饮茶,也描绘了宜丰寺的环境,"野泉白云间",山至高也;

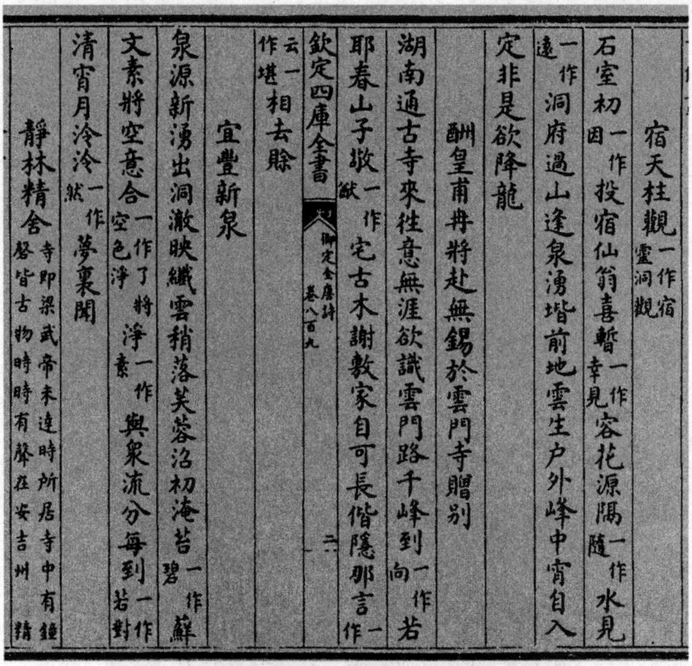

宿天柱觀 一作宿靈洞觀
石室初因 一作投 宿仙翁喜暫 一作幸 見容花源隔 一作隨 水見
一作遠 洞府過山逢泉湧堦前地雲生户外峰中宵自入
定非是欲降龍
酬皇甫冉將赴無錫於雲門寺贈别
湖南通古寺來往意無涯欲識雲門路千峰到 一作向 若
耶春山子敬 一作猷 宅古木謝敷家自可長偕隱那言 一作
欽定四庫全書 御定全唐詩 卷八百九 二
云一作堪 相去賒
宜豐新泉
泉源新湧出洞澈映纖雲稍落芙蓉沼初淹苔 一作碧 蘚
文素將空意合 一作空色淨 一作了 將淨 一作素 與衆流分每到 一作若 對
清宵月泠泠 一作然 夢裏聞
靜林精舍 寺即梁武帝末達時所居寺中有鐘磬皆古物時時有磬在安吉州 精

图 1. 2. 30 《钦定全唐诗·灵一·宿天柱观、宜丰新泉》

“坐饮香茶”，山高佳茶也；“岩下维舟”，寺院下、苕溪边，扁舟是主要交通工具，与《陆文学自传》中“常扁舟往来山寺”用词精准的七个字，环境非常吻合。细读灵一《与元居士青山潭饮茶》，似乎就是为灵一宜丰寺定身打造的。《妙乐观》诗中则有：“瀑布西行过石桥，黄精采根还采苗。忽见一人擎茶椀，松花昨夜风吹满。”春雨下，瀑布生，也到了春茶应市时。擎茶碗，待贵客也。

《将出宜丰寺留题山房》，灵一吟道：

池上莲荷不自开，山中流水偶然来。

若言聚散定由我，未是回时那得回。

这首诗是《全唐诗》灵一卷中较后一首，灵一经常云游，不是每次外出都写诗，因为即将要出远门，所以留下这首诗。这首诗可以解读之处颇多，一是余杭宜丰寺尘外之友的聚会首脑人物是灵一，故有“若言聚散定由我”之句，而“未是回时那得回”，说明此行是出远门，办一定的大事，不是自己说回就能回来见诸友的。二是按时间推算，这首诗应是灵一去杭州龙兴寺前写的。其时，刘展之反已平，天下太平，灵一方去杭州。陆羽写就“茶经”，也成了名，杭州、湖州是陆羽常去之地，后又应代宗之诏去了长安。因此，这首诗的写作时间应是刘展之反的次年，即 761 年。再次年的 762 年，灵一寂灭于杭州龙兴寺。

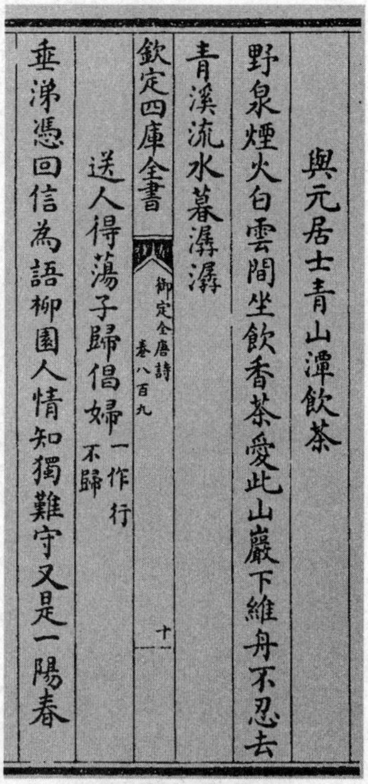
與元居士青山潭飲茶
野泉煙火白雲間坐飲香茶愛此山巖下維舟不忍去
青溪流水暮潺潺
欽定四庫全書　御定全唐詩　卷八百九　十一
送人得蕩子歸倡婦（一作行不歸）
垂涕憑回信為語柳園人情知獨難守又是一陽春

图 1. 2. 31　灵一《与元居士青山潭饮茶》

清嘉庆《余杭县志》载有灵一《宜丰新泉》诗作，但没有进一步考证，列出“宜丰寺”条目。

宣统《杭州府志·余杭县·寺观》有“宜丰寺”条目：

唐僧灵一所居，今不知其处。并附灵一《宜丰新泉》诗。

《唐余杭宜丰寺灵一传》对宜丰寺的去处，有“寺邻生丹山”之句，宣统《杭州府志·山水·余杭县》有“丹山”条目：

在黄山外，极高，广绵亘十余里，杨村在其下，后有响水石，溪流至此辄逢逢有声（《大涤洞天记》）

黄山在余杭县西南二十五里。按《杭州府志》的记述方位、高度、溪水，与《宋高僧传》和灵一诗作中，对宜丰寺环境的描绘，非常吻合。此丹山应该即是唐代宜丰寺所在之“生丹山”之记述。

《万历钱塘县志·纪胜·山水》载徐懋升《泛溪诗》，曰：

溪上全无暑，烦襟向此销。

水客清蕙带，星影动兰桡。

绿树移残月，黄山出古窑。

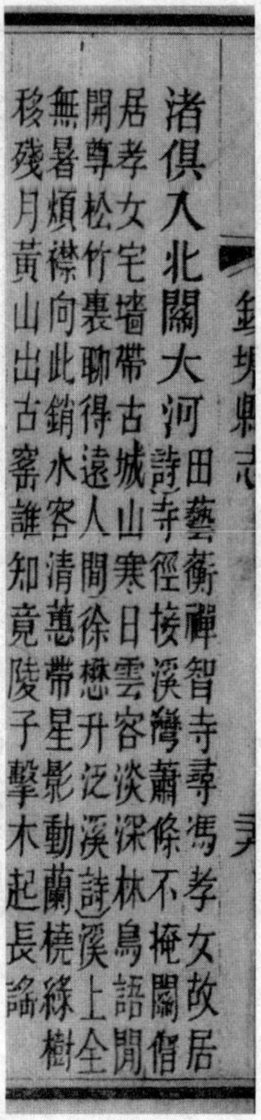
渚俱入北關大河田藝蘅禪智寺尋馮孝女故居
詩寺徑接溪灣蕭條不掩關僧
居孝女宅墻帶古城山寒日雲容淡深林鳥語閒
開尊松竹裏聊得遠人間徐懋升泛溪詩過溪上全
無暑煩襟向此銷水客清蕙帶星影動蘭橈綠樹
移殘月黃山出古窰誰知竟陵子擊木起長謠

图 1. 2. 32 《万历钱塘县志纪胜》之徐懋升《泛溪诗》

谁知竟陵子，击木起长谣。

明代徐懋升《泛溪诗》之溪，应是苕溪。此苕溪，应是余杭苕溪。诗中的“黄山”，也就是丹山余杭宜丰寺前的那一座山。“竟陵子”，即陆羽。“谁知竟陵子，击木起长谣”，是《陆文学自传》中陆羽隐居余杭。“诵佛经、吟古诗、杖击林木、手弄流水”思考如何撰写《茶经》进入状态的缩影。

《唐余杭宜丰寺灵一传》中“余杭宜丰九杰”，除了灵一大师和陆羽外，还有天台道士潘志清、襄阳朱放、南阳张继、安定皇甫曾、范阳张南史、吴郡陆迅、东海徐嶷七杰。这七人中张继、朱放、皇甫曾、张南史和灵一、陆羽在《全唐诗》中都载有一卷诗作。现对“宜丰九杰”的其他人物做一简要介绍。

张继（约 715—779 年），字懿孙，襄州人（今湖北襄阳人）。唐代诗人，生平不详。天宝十二年（753 年）进士。大历末，以检校祠部员外郎为洪州（今江西南昌市）盐铁判官。他的诗爽朗激越，不事雕琢，比兴幽深，事理双切，对后世颇有影响。但可惜流传下来的不到 50 首。最著名的诗是《枫桥夜泊》。

图 1.2.33 康熙《余杭县志》之"大涤山图"，左上有"丹山"。

朱放（约 760—786 年），字长通，襄州南阳人。生卒年不详，约唐肃宗上元、唐代宗大历中前后在世。初居汉水滨，后以避岁馑迁隐余杭、剡溪、镜湖间。与女诗人李冶、上人皎然，皆有交情。大历中，辟为江西节度参谋。贞元二年（786 年），诏举"韬晦奇才"，下聘礼，拜左拾遗，辞不就。朱放著有诗集一卷，《新唐书·艺文志》传于世。

皇甫曾，字孝常。天宝十二年（753 年）进士。以第历侍御史，坐事徙舒州（今山东滕州市）司马阳翟令。其诗名与见不相上下。

皇甫曾有诗《送陆鸿渐山人采茶回》，曰：

千峰待逋客，香茗复丛生。采摘知深处，烟霞羡独行。

幽期山寺远，野饭石泉清。寂寂燃灯夜，相思馨一声。

《中国茶经》一书在"径山茶"条内收入此诗，是正确的，意为陆羽到天目山，也即曾到径山采茶，诗中的山寺当指径山禅寺。

张南史，字季直，幽州（今北京市）人。好弈，喜读书，通入诗境。安史之乱，以试参军，避乱居扬州。《新唐诗》有诗一卷。张南史有诗《西陵怀灵一上人兼寄朱

图 1. 2. 34　宣统《杭州府志·（余杭）丹山》

放》中有"淮海风涛起，江关忧思长"，寄托着对灵一大师的怀念。

徐嶷，亦为唐代诗人，其生平不详。《全唐诗》虽未收录其诗作，但《文苑英华》卷 236 收徐嶷《宿洌上人房》、卷 271 收嶷《送马向入蜀》、卷 274 收嶷《送李补阙归朝》、卷 297 收嶷《送日本使还》四首诗作。

陆迅，《新唐书·艺文志》录其十卷，云：德宗时监察御史里行。

"宜丰九杰"，至此仅天台道士潘志清一人尚不知生平，但亦应为名人雅士。

根据以上唐宋古籍考证，杭州地方志记载，《唐才子传·陆文学自传》中，"不杂非类，名僧高士，谈宴永日。常扁舟往来山寺……"所指的名僧应为入选《宋高僧传》之唐代余杭宜丰寺住持灵一大师；高士为天台道士潘志清、襄阳朱放、南阳张继、安定皇甫曾、范阳张南史、吴郡陆迅，东海徐嶷；山寺为余杭宜丰寺，其寺在余杭西南大涤山洞霄宫一带黄山邻近之丹山。寺居高山，下滨苕溪，扁舟通陆羽隐居地苎山、双溪，故"常扁舟往来山寺"。

陆羽在余杭著《茶记》一卷，《茶经》三卷，按古籍记载，只字考证，得出的是以上狭隘的范围。但陆羽扁舟往来，徒步登山，洞霄宫及吴筠，径山禅寺及法钦，陆羽理应也曾造访。

图1. 2. 35 宣统《杭州府志·（余杭）宜丰寺》

"宜丰九杰"中，除了陆羽、灵一外的七人是明白无误的高士外，《全唐诗》中大量的诗作表明，刘长卿、皇甫冉也应是陆羽隐居余杭谈宴永日，常扁舟往来山寺交往的名士。

刘长卿，字文房，河间（辖今河北白洋淀区域）人。开元二十一年（733年）进士，至德中（约757年）为监察御史，以检校侍部员外为转运使判官知淮南。鄂岳转运留后鄂岳观察使。吴仲孺诬秦，贬潘州，南巴尉会有为之辩者。除睦州（今建德，州治今梅城）司马，终随州（今湖北襄阳市）刺史。以诗驰声上元、宝应间。

刘长卿为重量级唐代诗人，有诗十卷，《全唐诗》收录五卷。《全唐诗》称其"以诗驰声上元宝应间"，即960年至962年，刚好是陆羽隐居余杭，灵一圆寂龙兴寺期间。

灵一主余杭宜丰寺，以《宜丰新泉》诗作著名，刘长卿有《和灵一上人新泉》诗，曰：

东林一泉出，复与运公期。百浅寒流处，山空夜落时。

梦闲闻细响，虑澹对清崎。动静皆无意，唯应达者知。

《宜丰新泉》是灵一大师住持宜丰寺时涌出写下的。刘长卿即兴和诗，用词贴切，

茶圣陆羽与《茶经》

六一

如临其境，应该到过现场。灵一作诗，长卿应和，挚友也。

《全唐诗》中还载有刘长卿写给灵一的四首诗：《重过宜峰寺山房寄灵一上人》《云门寺访灵一上人》《寄灵一上人初还云门》《寄灵一上人》。此处"宜峰寺"应为宜丰寺，按《新唐诗》载，刘长卿长灵一十几二十岁，可谓"忘年交"。长卿《寄灵一上人》写道：

高僧本姓竺，开士旧名林。一去春山里，千峰不可寻。新年芳草遍，终日白云深。欲徇微官去，悬知讶知心。"千峰不可寻""终日白云深"既描绘了千年前交通、通信极不便利，也是对余杭宜丰寺的写照。"欲徇微官去，悬知讶知心"，想要丢掉小小的官位和您相见，使我放下悬挂着思念的心情。感情至深，跃然纸上。

《全唐诗》还载有刘长卿《送陆羽之茅山寄李延陵》诗，曰：

图 1. 2. 36 《钦定全唐诗·（刘长卿）和灵一上人新泉》

延陵衰草遍，有路向茅山。鸡犬驱将去，烟雾拟不还。新家彭泽县，旧国穆陵兴。处处逃名姓，无名亦是闲。

茅山，原名曲山。在江苏省西南部，地跨句容、金坛、溧水、溧阳等县境。彭泽县在江西省九江市东北部，长江南岸，邻接安徽省。穆陵关，有二说，一为故址在今山东临朐东南大岘山上。山谷峻峡，称为"齐南天险"。另一故址在今湖北麻城北，接河南省界。刘长卿的这些诗作史料价值极高，可以解读有几点，一是以诗为证，刘长卿和陆羽交情颇深，应该在灵一大师写《宜丰新泉》诗的"宜丰九杰"上元元年

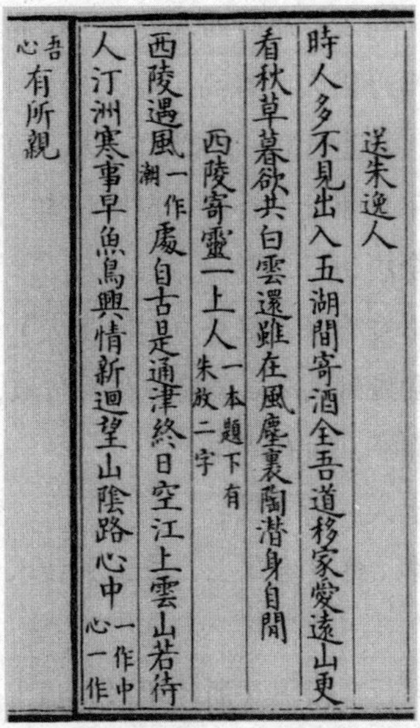

心有所观
吾
人汀洲寒事早鱼鸟兴情新迴望山阴路心中 一作中
西陵遇风 一作处 自古是通津终日空江上云山若待
看秋草暮欲共白云还虽在风尘里陶潜身自闲
西陵寄灵一上人 朱放二字
时人多不见出入五湖间寄酒全吾道移家爱远山更
西陵寄灵一上人 一本题下有
送朱逸人

图 1. 2. 37　《钦定全唐诗·（皇甫冉）西陵寄灵一上人》

高僧本姓竺二开士旧名林一去春山里千峰不可寻新
寄灵一上人 一作皇甫冉诗 一作郎士元诗
同沃洲去不作武陵迷鬓髣知心处高峰是会稽
寒霜白云里法侣自相携竹迳通城下松风隔水西方
家彭泽县旧国穆陵关处处逃名姓亦是闲
寄灵一上人 一作严曾诗
延陵衰草遍有路问茅山鹤犬驱将去烟霞拟不还新
送陆羽之茅山寄李延陵
行残雪里相见白云中请近东林寺空惊岁年 速公
云门寺访灵一上人
所思劳日夕惆怅去西东禅客知何在春山到处同 独
光生极浦暮雪映沧洲何事扬帆去空惊海上鸥
西陵潮信满岛屿入中流越客依风水相思南渡头寒
重过宣峰寺山房寄灵一上人

图 1. 2. 38　《钦定全唐诗·（刘长卿）送陆羽之茅山寄李延陵》及寄灵一诗四首

（760 年）时已相交甚深；二是陆羽到过江苏茅山一带，更去过栖霞寺与皇甫冉的诗作互相呼应，为我们证实了一段陆羽的史料。据陆羽研究专家欧阳勋《陆羽研究》考证，此诗作于乾元二年（759 年），陆羽广游鄂东、赣北、皖南、皖北及江苏一带，考察茶事，为著《茶记》《茶经》写下大量笔记。并在丹阳结识了皇甫曾。因此，"名僧高

士"之中的高士，刘长卿也应列入。还应列入的另一位高士是皇甫曾兄皇甫冉。

皇甫冉，字茂政，唐润州丹阳人。晋高士谧之后。十岁能属文，宰相张九龄深为器重。天宝十五载（756 年）举进士第一，授无锡尉，历左金吾兵曹。王缙为河南帅，表掌书记。大历初（约 766 年）累迁右补缺，奉使江表。卒于家。皇甫冉诗天机独得，远出情外。有诗三卷，入《全唐诗》二卷。

皇甫冉诗作中，与本书相关的有《临平道赠同舟人》曰：

远山谁辨江南北，长路空随树浅深。流荡飘摇此何极，唯应行客共知应。

皇甫冉循江南运河到过临平，写有诗作。

皇甫冉有《西陵寄灵一上人》诗，曰：

西陵遇风处，自古是通津。终日空江上，云山若待人。汀洲寒事早，鱼鸟兴情新。迴望山阴路，心中有所亲。

观鹰捕鱼，遥想和灵一同行在山阴（浙江绍兴）道上，昔日友情绵绵深长。

皇甫冉《送陆鸿渐栖霞寺采茶》更为我揭示了一段陆羽著《茶经》史料：

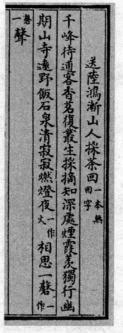

图 1. 2. 39 《钦定全唐诗·（皇甫曾）送陆鸿渐山人采茶回》

采茶非采菉，远远上层崖。布叶春风暖，盈筐白日斜。旧知山寺路，时宿野人家。借问王孙草，何时泛碗花。

乾元二年（759 年），皇甫冉陪同陆羽去栖霞寺采茶，为陆羽著作《茶经》积累资料。栖霞寺在栖霞山（一名摄山），在南京市东北约 20 公里。明李日华《六研斋二笔》："摄山栖霞寺，有茶坪，茶生榛莽中，非经人剪植者。唐陆羽入山采之，皇甫冉作诗送之。""菉"，绿的异体字。"菉"，也即荩草，为禾本科一年生草。"布叶"，茶芽展开。"泛碗花"，点茶时茶汤饽沫。

《全唐诗》中还有皇甫冉《送陆羽渐赴越并序》那是大历三年（768 年）的事情了。皇甫冉在陆羽隐居余杭前就相识，又和灵一是好友，又居住在江浙一带，老友新访，共同相聚也是常事。

洞霄宫与吴筠　清嘉庆《余杭县志》云：余邑，有洞霄双径之胜，唐宋以来远方名贤游踪，苾不一其人，皆足为名胜增重，博考诸书详加罗列，亦地以人传之云尔。余杭的洞霄洞邻近宜丰寺，也是唐代灵一、陆羽等"宜丰九杰"常去之地。

图 1.2.40　《钦定全唐诗·（皇甫冉）送陆鸿渐栖霞寺采茶》

在《咸淳临安志》卷七十五、十四中记载洞霄宫在（余杭）县西南十八里，汉武帝元封三年（108 年）创宫坛于大涤洞前，为投龙简祈福之所。唐高宗时迁于前谷为天柱观，光化二年钱王更建。

清嘉庆《余杭县志》对洞霄宫有详尽记载，其中首篇为《唐吴筠重修天柱观记》。次为吴越王钱镠《天柱观记》，三为宋陆游《洞霄宫碑记》。历代无数的文人墨客在洞霄宫留下上千篇脍炙人口的诗篇，首为唐吴筠"酬刘待卿过草堂诗"和"又天柱隐所答韦应物诗"。唐代的洞霄宫诗作还有"方千题天柱观鱼尊师旧院诗"和"僧灵一天柱观诗"。

吴筠在"酬刘待卿过草堂诗"中，有"弱冠涉儒墨，北怀归道真"，"豺狼乱天纪，流荡江海滨"的诗句。似乎也是对陆羽的写真和对"安史之乱""刘展之反"的描述。方千的诗中"早识吾师频到此，芝童药犬亦相迎"。僧灵一的诗：石室初投宿，仙翁喜暂容。花源隔水见，洞府过山逢。泉涌阶前地，云生户外峰。终宵自入定，非是欲降龙。这些绝妙的诗句，将千年前唐代洞天福地仙境般的洞霄宫呈现在我们面前。

洞霄宫边还有大涤洞，清嘉庆《余杭县志》中"大涤洞"的条目中有"杭山水之胜莫如天目，天目之胜未如大涤洞"之说。洞霄宫、大涤洞一带古时号称有十七福地，有一处洞天称石室洞，又名藏书洞，《咸淳临安志》上是这么描述的：

石室洞，在大涤山中峰之前，有岩窦石梁，洞外泉脉垂溜注于石梁之下。洞初未显，吴筠解化于宣城，指门人藏书剑于此，寻访果得之……山腰有石泩，樽洞上有石茶灶，皆仙家遗迹……

既有石茶灶，说明唐时洞霄宫道家亦煮茶品茗，吴筠还是烹茶品茗的高手：对陆羽隐居苕溪时有"闭关读书""闭关对书"之说，不管是"读书也好"，还是"对书"也罢。陆羽跋涉千里，避安史之乱而来，不可能携带很多的卷帙，书从何处而来，也是关键，这一条目解答了此疑问。洞霄宫的藏书洞众多的卷帙为陆羽借书创造了条件。

图1.2.41，是清宣统《临安县志》之"大涤山图"，图中首要为洞霄宫。明初径山、大涤山均大半归为临安，故宣统《临安县志》收有"径山图""大涤山图"。

图1.2.41 清宣统《临安县志》之"大涤山图"

清《嘉庆余杭县志》对"石室洞"还有一段记载：石室洞，华阴道士吴筠居此，又名藏书洞。古籍上还有洞霄宫、大涤山产茶的记载，清《嘉庆余杭县志》卷九、七有"伏虎岩"条目：

伏虎岩，大涤洞西南峻壁间，若环堵之室。出佳茗，为浙右最。东晋隐士郭文伏猛兽于此（咸淳志）。其南有路，自上而下，涉崖蹬，方至其所。藤萝深密，怪禽昼啼，非有道之士不可处也。唐吴天师受郭遗迹，每游忘返，题诗岩上，今岁久昏剥（大涤洞记）。伏虎岩之主峰为天柱山。

"天柱山出佳茗，为浙右最"同样有记载，在《咸淳临安志》卷二十四、七。

洞霄宫、大涤山一带产名茶，古有盛名。杭州《元妙观志》卷四有王福缘诗"游洞霄"，诗曰：

古洞锁烟霞，虚皇太上家。九关无虎豹，大泽有龙蛇。地上余杭洒，雨前天柱茶。满山青箬叶，何处向丹砂。

图 1. 2. 42　大涤洞（20 世纪 30 年代）

图 1. 2. 43　洞霄宫（20 世纪 30 年代）

清嘉庆《余杭县志》卷三十，方外二，道四，对吴筠有专门记载：

唐，吴筠，字贞节，华阴人。通仙诣、美文辞，举进士不第，性高介，不合与时俯仰。天宝初，诏于京师，明皇与语，甚悦。与帝言，皆名教世务。帝常问神仙冶炼事，对曰：此野人事……后居天柱观，精思有感，行教于江汉，其文章与李白不相上下，凡四百五十卷。大历十二年，于宣城道观焚香尸解，弟子郡冀元归葬于天柱山西麓。

按清嘉庆《余杭县志》，吴筠著作凡四百五十卷，其文章与李白不相上下，死后归葬于余杭洞霄宫天柱山西麓，今有碑存，吴筠墓在余杭。

我们还可以在图1.2.108"余杭县境新图"之西半部图清晰地找到位于余杭县治西南的洞霄宫和陆羽隐于苎山著《茶记》一卷，后人称为仙宅的仙宅一庄、仙宅二庄，相距洞霄宫也不过二三十里路。

在图1.2.44之"洞霄宫图"中，余杭县治、苕溪、南湖、洞霄洞、大涤山历历在目。吴筠居住的石室洞，产茶的天柱山（伏虎岩）也很清楚。这是茶圣陆羽隐居苎山、双溪，陆羽与"名僧高士，谈宴永日。常扁舟往来山寺"的最佳去处。

图1.2.44　清嘉庆《余杭县志》之"洞霄宫图"，图中最高峰为黄山、黄山之背则为宜丰寺所在地丹山，南湖、苕溪、余杭县、石室洞都有绘入。

径山法钦禅师与陆羽　南宋《咸淳临安志》卷八十三，寺观，临安县之寺观首为

"径山能仁禅院"：

在县北三十里，乃天目之东北山也。开山曰"国一禅师"法钦，唐代宗时诏。杭州即其庵所建径山寺……

南宋潜说友编纂《咸淳临安志》时，径山及径山寺均属临安县。其时，临安尚无著名大寺，元明有名的寺院西天目山狮子禅院，也即清代临安禅源寺，是元代丁亥年（1287年）云峰妙高禅师所创。

图1.2.45是南宋《咸淳临安志》卷八十三临安县"径山能仁禅院"条目。

同样是径山和径山禅寺，因为改朝换代，行政区域划分变动，到了明清已划入余杭县，在清嘉庆《余杭县志》中径山和径山禅寺已作为"余杭的第一主峰"和"南宋时五山十刹十寺之首"，有更为详尽的记载。

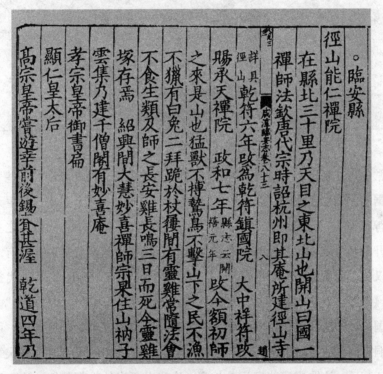

图1.2.45 南宋《咸淳临安志》之"径山能仁禅院"条目

图1.2.46是清宣统《临安县志》之"径山图"，图中径山寺标为"香云禅寺"，已是康熙帝所赐额。此图也说明天目山与径山，与临安的历史渊源关系。

图1.2.47是南宋《咸淳临安志·临安县境图》，图中"径山万寿寺"是临安县最著名的寺院。

茶圣陆羽隐居苎山著《茶记》，隐居双溪"陆羽泉"著《茶经》期间，"名僧高士，

图 1. 2. 46 清宣统《临安县志》之"径山图"

谈宴永日。常扁舟往来山寺"。虽无陆羽本身的直接的书证，但在陆羽的一些著作中还是可以找到依据的。陆羽在他的《茶经》八之出中有："杭州临安、於潜二县生天目山"之句，按《咸淳临安志》记载非常清楚，唐代径山属临安，径山为东天目山之主峰，而径山寺在法钦开山结庵之时，法钦亲手种植茶叶，到陆羽来苕溪隐居时，已有十五年。洞霄宫始建于汉代，前面的一些条目表明，天柱山茶同样著名，而临安县唐代并无其他名茶记载。故《茶经·八之出》所指"生天目山"当为"径山茶""天柱山茶"。陆羽去径山采茶时，国一禅师法钦已在径山结庵传教近 20 年，名布华阴，门庭若市。可以推断陆羽在径山、洞霄洞生活过。唐天宝元年（742 年）法钦在径山开山结庵时，吴筠应唐明皇诏，与帝语。其后，法钦应唐代宗诏赴长安，这些大事当地人都熟知，陆羽来到余杭县当也知道，吴筠与法钦均长陆羽十几岁至二十岁，且都有一定成就和威望。他们的学识和藏书对陆羽写《茶记》和《茶经》都会有极大裨益。这是陆羽隐居苎山、苕霅、陆羽泉，著作《茶记》和《茶经》必不可少的人文地理环境。

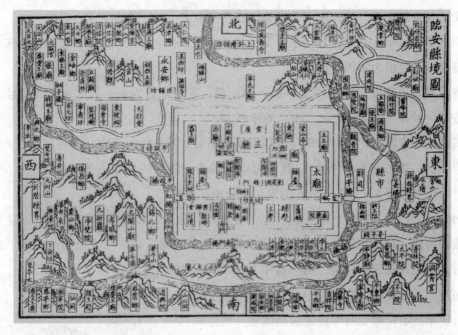

图 1. 2. 47　南宋《咸淳临安志·临安县境图》中"径山万寿寺"和"洞霄宫"属临安县

（四）杭州历史名流诗作中的陆羽在余杭著《茶经》

从南宋《乾道临安志》《淳祐临安志》《咸淳临安志》以及《宋史》，到明代嘉靖《余杭县志》、清代康熙《余杭县志》、嘉庆《余杭县志》，直至民国余杭学者孙绍祖的《晚窗余韵钞略》，史籍记载得明明白白，清清楚楚，茶圣陆羽在余杭苎山写成《茶记》一卷，在余杭双溪陆羽泉著成《茶经》三卷。因着这么一个史实，从北宋的杭州太守苏东坡到明洪武进士夏止善，直至民国学者孙绍祖，在无数杭州的历代官宦学者的诗篇中屡屡出现"茶经""桑苎翁""苎泉怀古"……这些怀念茶圣陆羽在当年杭州府余杭县著作《茶经》《茶记》的诗句，类似的诗句在其他地方却非常鲜见，这些诗篇今天也成为杭州先人们旁证茶圣陆羽在余杭著《茶经》的依据。

杭州太守苏东坡诗作中的陆羽著《茶经》　宋代大诗人、文学家苏东坡为杭州太守时到过杭州许多地方，留下数百篇不朽的诗篇，《咸淳临安志》卷三十八，六之"安平泉"条目，文如下：

安平泉，在仁和安仁西乡安隐院（旧额安平院），有池，名安平泉，今池边有亭。题诗，东坡诗：

策杖徐徐步此山，拨云寻径兴飘然。凿开海眼知何代，种出菱花不记年。

烹茗僧夸瓯泛雪，炼丹人化骨成仙。当年陆羽空收拾，遗却安平一片泉。

明代崇祯三年沈一先曾补刻东坡安平泉诗，镌于石上，"文化大革命"前余杭临平还有安平泉，后惜为农机厂填埋。

按照《咸淳临安志》对"安平泉"的记载，安平泉名为泉，其实是池，而且诗中称"安平一片泉"，似乎也有"池"的味道。

其描述和古籍上记载，与现存的陆羽泉差不多。苏东坡的诗直接点到陆羽，"当年陆羽空收拾，遗却安平一片泉"。我们可以理解为，陆羽当年在杭州余杭汲泉、烹茶、评泉，著作《茶经》，怎么这么好的安平泉会遗却掉？

《咸淳临安志》卷七十九、十六有"报恩院"条目，按此条目记载，报恩院为吴越王钱镠所建，治平二年（1065年）改为六一泉东坡庵。苏东坡为报恩院留下了题咏诗三首。前二首都题咏到茶，第一首中有："试碾露芽烹白雪，休枯霜蕊嚼黄金。"赞美烹制绝品茶的美妙。第二首中有："明年桑苎煎茶处，忆著衰翁首重回。"

自比桑苎翁，希望明年还能重回此地。报恩院六一泉是唐代以后建的，陆羽并未去过，苏东坡诗中一再提入陆羽、桑苎，笔者认为是陆羽在杭州余杭著《茶经》，苏东坡当然知道，苏东坡作为杭州太守触景生情引发的。

仔细阅读杭州、余杭及其周边湖州、武康、德清、苏州、无锡无数典籍，发现一种奇特的现象，只有余杭的古籍，此处余杭，是指余杭区现域、清代余杭县、钱塘县、仁和县的疆域。无数古代文人的诗句、辞赋屡屡提及陆羽《茶经》与当地的人文景观，其他地方极少见。苏东坡在杭州为官，也曾在湖州为官。苏东坡在杭

图1. 2. 48　苏东坡

州赋诗数百首，有多次触景生情提及陆羽《茶经》及其汲泉品茗，而其他地方却极少提及。许多为今人遗漏的典籍，如赞宁《宋高僧传·唐余杭宜丰寺灵一传》，苏东坡作为杭州父母官肯定看过，知晓陆羽在余杭著《茶经》，所以有许多诗作屡屡提及。

《苏轼诗集》第8册2634页有苏轼《虎跑泉》诗曰：金沙泉涌雪涛香，洒作醍醐大地凉。倒浸九天河影白，遥通百谷海声长。僧来汲月归灵石，人到寻源宿上方。更续《茶经》校奇品，山瓢留待羽仙尝。

苏轼写的是虎跑泉，却以湖州长兴金沙泉比较。最后两句"更续《茶经》校奇品，

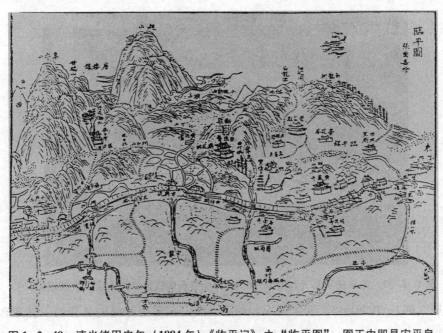

图 1. 2. 49　清光绪甲申年（1884 年）《临平记》之"临平图"，图正中即是安平泉。

图 1. 2. 50　2004 年底发现的杭州孤山"六一泉"石碑

山瓢留待羽仙尝"，在杭州西湖汲泉品茶，更是忆起陆羽《茶经》，希望比较奇品，将虎跑泉也可入《茶经》。

　　《全宋诗》第二册 1241 页有林逋《茶》诗，曰：石辗轻飞瑟瑟尘，乳花烹出建溪香。世间绝品人难识，闲对《茶经》忆古人。

图 1. 2. 51　临平安平泉（20 世纪 40 年代）[引自余杭区档案局编《余杭记忆》]

林逋（967—1029 年），北宋诗人。即隐居孤山，赏梅养鹤的林和靖。林逋辗茶品茗。"世间绝品人难识，闲对《茶经》忆古人"。又一首杭人品茗忆陆羽《茶经》的诗作。

《宋诗经事续补》卷 29，有三姑《谢腊茶》诗，曰：陆羽《茶经》一品香，当初亲受向明王。如今复有苏夫子，分我花盆美味尝。

三姑真人其事，不可考。"如今复有苏夫子，分我花盆美味尝"，想是与苏轼相熟之人。

腊茶，黑茶也。在杭州品黑茶，也想到陆羽《茶经》。

沈峻曾之"安平泉"

沈峻曾，字窳，顺治甲午（1654 年）副贡，仁和人。著《涟漪堂遗稿》。

《临平记再续》载沈峻曾《安平泉次苏长公原韵》诗，曰：

化城何处是曹源？一酌清流更宛然。古碣题诗犹记岁，苍松绕径不知年。随分石乳颇贻客，偶吸金茎果颂仙。试列《茶经》应第一，何须陆羽品名泉。

试列《茶经》为第一，何须陆羽品名泉。沈峻曾从另一角度，感慨陆羽没有将安平泉列入名泉。支持苏东坡的"当年陆羽空收拾，遗却安平一片泉"。

翟灏之"安平宝幢刻文"

翟灏，仁和人。乾隆甲戌（1774 年）进士，官金华府教授。著有《无宜斋稿》。

《临平记再续》载翟灏《过临平安隐寺观安平宝幢刻文并序》，文中写道：唐大中十四年（860 年）正月建，宋天禧二年（1018 年）六月、绍兴三十年（1160 年）五月

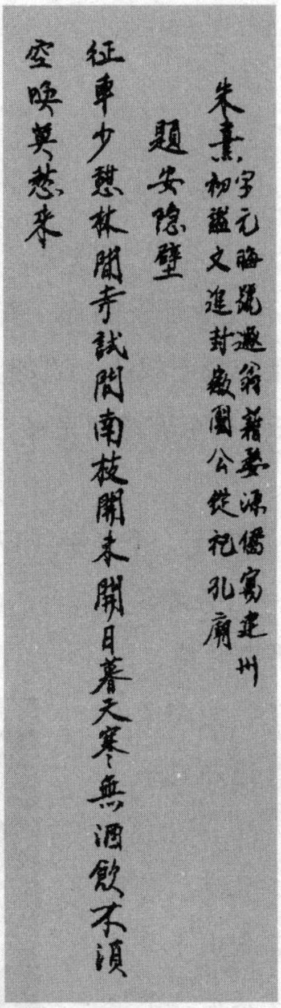

图 1. 2. 52　《临平记再续》朱熹《题安隐壁》

二次重修……诗中有：

扁舟漾夷犹，麦风代浆力。掠帆古寺下，借便事犹涉。入门泉镜寒，乍使海眼识。髯苏碑不存，摹手陋且劣。东坡题安平泉诗："凿开海眼知何代，种出菱花不计年。"旧有手书石刻，今亡，明末沈一先别摹勒石。石幢规制雄，龙柱唐所植。龙柱，见刻文。……回舟煮新泉，白月吐山肋。

瞿灏的序与诗文，记录下自唐代至清初安平泉的历史。安平泉始建于大中十四年（860 年）正月，北宋天禧二年（1018 年）六月，南宋三十年（1160 年）五月二次重修。

唐代大中十四年（860 年），陆羽已逝世 50 余年。临平安平泉甘美宜茶，苏东坡极其欣赏，留下"当年陆羽空收拾，遗却安平一片泉"，为后人千古传颂。清初髯苏（苏东坡）碑已不存，而唐代石幢还高高雄踞。凡过路舟车都"回舟煮新泉"，停舟汲泉品茗。

清翟灏《安平泉》

清翟灏《安平泉》诗，曰：

菱花种出几经年，竹色池光斗碧鲜。翻尽《茶经》并泉品，僧寮谁试雪瓯煎。

"当年陆羽空收拾，遗却安平一片泉。"东坡诗，今刻泉上。

翟灏作为杭州的大学问家，不仅考证安隐寺、安平泉的历史，还"翻尽《茶经》并泉品"，他也赞同苏东坡"当年陆羽空权拾，遗却安平一片泉"的嗟叹。"东坡诗、今刻泉上"，乾隆年间安隐寺、安平泉东坡诗刻完好，可供游人凭吊。

清孙士毅之"安平泉"

孙士毅，乾隆辛巳（1761年）进士，壬午年（1762年）曾随乾隆帝南巡，历官文渊阁大学士、四川总督。有《百一山旁诗文集》。

《临平记再续》孙士毅《安平泉》诗，曰：

一泓寒碧，清可见底，味甘冽，为郡第一泉。东坡云："当年陆羽空收拾，遗却安平一片泉。"诗嵌寺旁石壁。

读书快睹醴泉出，咫尺仙岩玉乳浮。竹屋秋涛翻石鼎，绮寮春雪劝瓷瓯。只从山下分灵脉，肯向人间浑浊流。合与髯苏烹活大，笑他桑苎未全收。

孙士毅《独游安平泉》，诗曰：

山寒石气严，意行惬孤赏。掬泉不敢咽，毛发业飒爽。遐哉玉局仙，著句此夸奖。剜苔拱手读，吟魂或来。初地乏见粮，僧雏纷搠橡。还畏缚枯禅，钟声时一两。天风忽吹断，连云落千丈。暝色暗松关，山田水微响。

图1.2.53 《东南日报》刊登的长髯苏东坡画像

孙士毅曾为乾隆帝南巡大臣，博览群众，学识丰富，其《安平泉》诗中"合与髯苏烹活大，笑他桑苎未全收"，是在品茗安平泉后，发出与苏东坡的同感"笑他桑苎未全收"，陆羽未将临平安平泉这么好的泉收录其著作中。

孙士毅的《独游安平泉》诗，山寒暝色独游安平泉，剜苔手读东坡诗，夸奖赞许坡仙堪称虔诚。

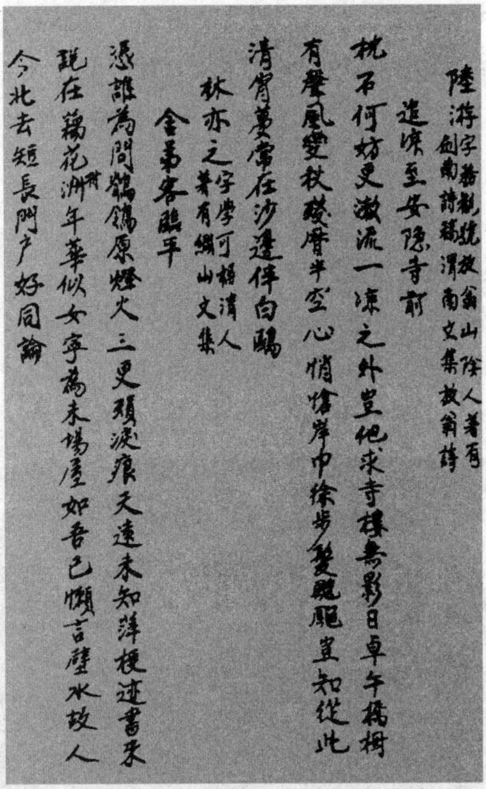

图 1. 2. 54 《临平记再续》之陆游《追凉至安隐寺前》

清方薰之"安平泉"

方薰字兰坻，号樗庵，歙人，占籍石门。著《山静局遗稿》。

《临平记再续》载其《次临平山夜汲安平泉作茗饮》诗，曰：

客有淹水程，久旱如焚烧。时怀逃欹蒸，石濑屡停棹。永和堤几湾，宝幢山独眺。落果明余霞，归云霭群峭。薄言汲渊泉，携绠越林窍。不以瀹茗甘，烦焦曷能疗。种梵空际流，月华静中照。既免秬生困，便为阮公啸。

方薰《平安泉》诗，曰：

宝幢影寒潭，安平静止水。色不改在山，洁最可漱齿。所汲岂有涯，其源杳难指。度此一派来，远自众峰里。品真中冷亚，美讵下弦比。连啜桑苎翁，满饮玉川子。山僧贪青钱，风汉等石髓。大瓢倾无惭，盈瓮贮便喜。老樗嗜癖痴，时来载蓬底。

方薰《次临平山夜汲平安泉作茗饮》，描绘了一路水程，正逢"久旱如焚烧"，漏夜在临平泛舟，登临平山，汲安平泉，不是用来汲泉品茗，品赏安平泉甘美的泉水，首先是解除没有水喝烦焦的饥渴。

方薰《安平泉》中"连啜桑苎翁，满饮玉川子。"说的是连连品饮，满杯畅饮桑苎翁陆羽"遗却安平一片泉"甘美的泉水。和上首诗中"烦焦能疗"是一样的意思。桑苎翁，即陆羽。玉川子即唐人卢全，著名的"七碗茶"作者，七碗茶，大碗喝茶畅饮也。

方薰的二首诗，从另一角度，共鸣苏轼《安平泉》诗作。

清俞鸿渐《安平泉，次坡公韵》

俞鸿渐，字仪伯，号剑花，德清人，嘉庆丙子（1816年）举人，国学大师俞越之父，著有《印雪轩诗钞》。

《临平记再续》载俞鸿渐《安平泉，次坡公韵》诗曰：

图1. 2. 55 安隐寺前古树（20世纪30年代）[余杭档案馆藏]

一泓山蟠泻灵源，漱玉声遥尚隐然。新绿和烟遮满径，旧游似梦隔三年。庚午秋游次此。消人渴病茶初熟，沁我诗脾句欲仙。使拟移家来此往，大瓢细酌在山泉。

俞鸿渐的诗作为《安平泉，次坡瓮韵》，肯定是熟读苏东坡诗作而有感而发的。"消人渴病茶初熟，沁我诗脾句欲仙"。品安平泉能消渴、沁脾，佳句连连，直比诗仙。以致"使拟移家来此住，大瓢细酌在山泉"。俞鸿渐的诗作追忆陆羽、苏东坡，赞美安

图 1. 2. 56　安隐寺前唐梅（20 世纪 30 年代）［余杭档案馆藏］

平泉又是另一番风味。诗中"庚午秋游此"，即 1810 年莅游安平泉。

查揆之"瀹安平泉"

查揆　字梅史，原名初揆，字伯葵。嘉庆（1796—1821 年）举人，官苏州知州。有《菽原堂集》。

《临平记再续》载查揆《晓泊临平，瀹安平泉，祛睡魔也》诗，曰：

泉鸣黄犊岭，岭下雪惊飞。欲唤邱员外，风炉坐不归。参寥子披风帽，景陵僧著《茶经》。何处尘卢双井，青山断处临平。鼓吹初回牧子车，瓶笙如蚓舻如鸦。北风刮面不知冷，井字谜成斗鲍家。

查揆的诗作，诗题《晓泊临平，瀹安平泉，祛睡魔也》道出了凡是循运河来临平的人，都知道品茗平安泉的美妙，能提神祛睡。诗中"参寥子披风帽"之"参寥子"是宋诗僧道潜的别号。"景陵僧"，即陆羽。陆羽幼时曾在寺院当过小和尚。"参寥子披风帽，景陵僧著《茶经》"。既点出了陆羽著《茶经》与安平泉的关系，是没有把安平泉写入，另也有茶禅一味的意境。

查有新之"临平道中"

查有新　字铭山。海宁诸生。著有《香园吟稿》。

《临平记再续》载查有新《临平道中》诗，曰：

推篷知已近临平，树杪青山一株横。柳乍伸眉桑著眼，江乡景物欲清明。品泉刚好瀹安平，桐扣村边艇暂横。几树红桃红尽处，黄金铺地照人明。

查有新的《临平道中》，描绘了"柳乍伸眉桑著眼""几树红桃红尽处"，江南清明时节，新茶上市时，坐着乌篷船来到临平，船艇暂横运河边，以新茶、安平泉水享受着"品泉刚好瀹安平"，遍布临平运河一带人们都期盼的感受。凡是当地的文人，品茗安平泉时，也忆起了陆羽、苏东坡，他们会想到这是陆羽遗却的佳泉，曾是杭州父母官苏东坡品评的泉水。

聂大年之《过临平游安隐寺，追次东坡先生韵》

聂大年　字寿卿，临川人。官仁和学官。有《东轩集》。

《临平记补遗》载其《过临平游安隐寺，追次东坡先生韵》诗，曰：

临平山下前朝寺，流水桃花尚宛然。禅宇静依青嶂月，塔砖犹记赤乌年。欲从社里寻陶令，谁识僧中有浪仙。安得尽抛尘世事，竹炉敲火煮山泉。

聂大年官为仁和学官，诗题为《游临平安隐寺，追次东坡先生韵》，当然是读了苏东坡的诗作而游安隐寺、品安平泉写下诗句的。诗中"塔砖犹记赤乌年"之赤乌，是三国吴的年号，为公元238—250年，清代游安隐寺能看到它砖记有"赤乌"，从一侧面表明临平镇的历史悠久。诗中"社里寻陶令"，指的是田园诗人陶渊明。聂大年游安隐寺"竹炉敲火煮山泉"描绘出一幅清代安平泉的汲泉品茗图。

清梁增龄之"游安平泉"

梁增龄字菊水，号仙槎，海宁人。嘉庆甲子（1804年）举人。著《晚晴轩诗草》十三卷。

《临平记再续》载梁增龄《丁卯春日，同李望江、杨泰槎、家晴岚游安平泉》诗，曰：

寻山爱奇峰，结伴占素履。探幽不厌深，盘旋十八里。行之若足茧，半途非可已。遥睇见兰若，小憩得所止。身未到寺门，泉声先入耳。冷冷无暴响，松风差足拟。湖流开古鉴，照人清骨髓。凿石题安平，名泉标甘旨。流传坡公诗，纪游同信史。遥想品泉人，煮茶尝息此。惜无乔松年，长酌此中水。

梁增龄笔下的安平泉"身未到寺门，泉声先入耳"，泉水涌动，声响极大。200年前的临平山植被良好，涵养水流，生态环境极好。"凿石题安平，名泉标甘旨。流传坡公诗，纪游同信史。遥想品泉人，煮茶尝息此。"则记录下清代中期，安平泉水以甘美享誉临平一带，品茗安平泉水的同时，苏东坡诗作也千古传颂。品茗安平泉水，会忆起前人，当也包括陆羽、苏东坡。

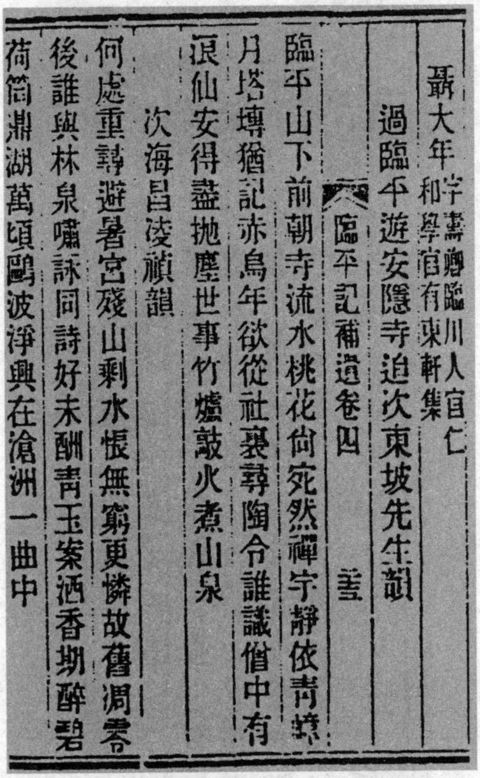

聂大年，字寿卿，临川人，官仁和学官，有《东轩集》

过临平游安隐寺追次东坡先生韵
《临平记补遗》卷四

临平山下前朝寺　流水桃花尚宛然　禅宇静依青蔌蔌
月塔塼犹记赤乌年　欲从社里寻陶令　谁议僧中有退仙
安得尽抛尘世事　竹炉敲火煮山泉

次海昌凌祯韵
何处重寻避暑宫　残山剩水恨无穷　更怜故旧凋零后
谁与林泉啸咏同　诗好未酬青玉案　酒香期醉碧荷筒
鼎湖万顷鸥波净　兴在沧洲一曲中

图 1. 2. 57　《临平记补遗》之聂大年《过临平游安隐寺追次东坡先生韵》

洪武进士夏止善诗作中的陆羽著《茶经》

如果说苏东坡的诗是地方官对茶圣陆羽在余杭著《茶经》触景生情而已，那么夏止善的诗则是名士在畅游双溪、径山，品试径山茶后，对当年陆羽在余杭著《茶经》真诚的怀念。清嘉庆《余杭县志》卷八·山水·山中有夏止善《径山雪霁二首》诗和"夏止善"的条目。夏止善为明洪武的进士，官拜北平道监察御史，湖广松滋县丞，礼部郎中，文渊阁编修，兼纂《永乐大典》，仕途有着显赫的经历。夏止善在《径山雪霁二首》诗中写道：

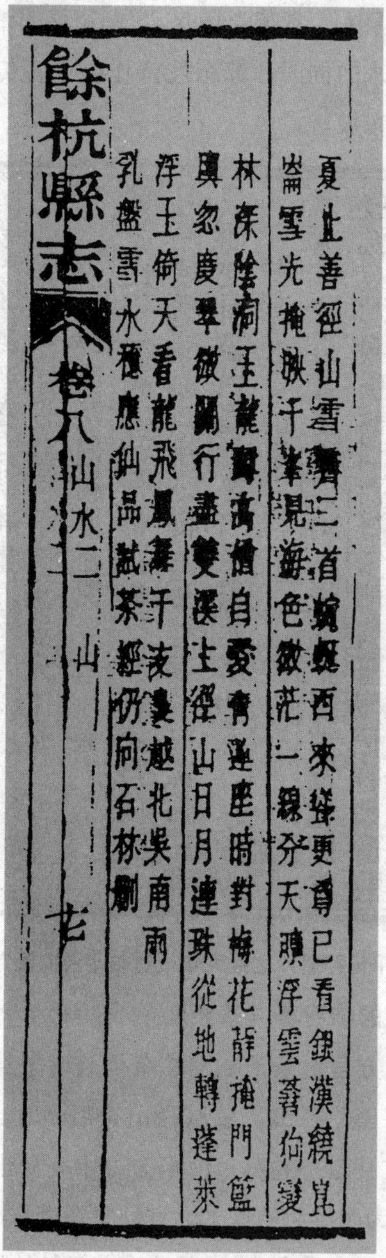

餘杭縣志

卷八 山水二 山

夏止善 徑山雪霽二首 蜿蜒西來聳更尊已看銀漢繞崑崙雪光掩映千峯見海色微茫一線分天頭浮雲蓊怫變林森陰洞玉龍寒蟠座時對梅花靜掩門籃輿忽度翠微關行盡雙溪生徑山日月連珠從地轉蓬萊浮玉衛天看龍飛鳳舞于茲曩越北吳南雨乳盤雪水種應孤品試茶經仍向石林刪

图 1. 2. 58　洪武进士夏止善"径山雪霁二首"诗，诗人行尽双溪上径山后，以雪水烹煮径山佳茶，感叹"《茶经》仍向石林删"，是对陆羽在双溪著《茶经》的怀念。

蜿蜒西来耸更尊，已看银汉绕昆仑。

雪光掩映千峰见，海色微茫一线分。

天旷浮云苍狗变，林深阴洞玉龙蹲。

高僧自爱青莲座，时对梅花静掩门。

篮舆忽度翠微关，行尽双溪上径山。

日月连珠从地转，蓬莱浮玉倚天看。

龙飞凤舞千支袅，越北吴南两乳盘。

雪水稳应仙品试，《茶经》仍向石林删。

图1.2.59 南宋马远《观山图》，名士面对群山端坐，以茶当酒，吟诗作词。

夏止善的雪霁二首是在"行尽双溪上径山"后，在径山上写的。诗人站在径山峰巅，遥望群山蜿蜒西来，雪光掩映下千峰隐约可见，不觉诗兴大发，写出画龙点睛的最后两句"雪水稳应仙品试，《茶经》仍向石林删"。

雪中上径山，高处不胜寒，这环境，这意境不由地联想起当年茶圣陆羽在双溪陆羽泉写作"茶经"的情景。此时端坐在径山寺，面对群峰石林，品试着雪水烹煮的径山茶，其味无穷，连当年陆羽写就的《茶经》也需删改啊！

明代孙应龙《余杭怀古歌》之"泉品曾题桑苎翁"

清嘉庆《余杭县志卷四十·杂记·记诗话》载，明代孙应龙之《余杭怀古歌》，曰：……，灵钟天目势奔骞，半是龙飞半凤舞。双经岩峣隐日规，九峰藏巢凌天柱。谈空说有更谈玄，穴者神龙噪者虎。麟脯仙厨过蔡家，十千酒兑逢裴姥。三游坡老墨池潭，勒石公权劈巨斧。绿野亭前野色苍，玩江楼旬江潮吐。七人相对自闲闲，笑此吟诗日卓午。泉品曾题桑苎翁，冰壶月窟通天乳，南湖较比西湖清，花柳光涵明月浦。

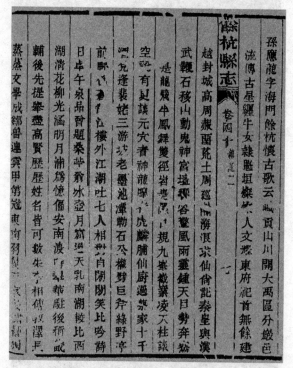

图 1. 2. 60　清嘉庆《余杭县志》之孙应龙《余杭怀古歌》

孙应龙《余杭怀古歌》，吟诗怀古，上至大禹、秦皇汉武，下达蒸蒸文学、前贤功绩，真正有名有姓诗中颂扬的有两人，"三游坡老墨池潭、勒石公权劈巨斧"，是怀念苏东坡三上径山，诗传千古、勒石摩崖。"泉品曾题桑苎翁"很明确是因《余杭县志·

陆羽泉》中"唐陆鸿渐隐居苕霅著《茶经》其地",有感而发写下的。明代名士《余杭怀古歌》将陆羽和苏东坡相提并论,足见明代陆羽在余杭著《茶经》名气已经很大了。这在其地方志少见矣。

图 1. 2. 61　元赵孟頫《斗茶图》

明代释来复和姚公绶诗作中之《茶经》　《钱塘县志》中记载释来复和姚公绶的诗,他们的诗中都提及陆羽和"茶经"。

释来复的诗是题咏大慈定慧禅寺,即今虎跑寺的,诗曰:

金沙泉涌雪涛香,酒作醍醐大地凉。倒浸九天河影白,遥通百谷海声长。

僧来汲月归灵石,人为寻源宿上方。欲著《茶经》校奇品,山瓢留待羽仙赏。

来复(1319—1391 年),字见心,径山五十代住持南楚师悦法嗣,明内典,通儒术,善诗文,元末明初高僧,与径山齐渤齐名。明洪武三年(1370 年),明太祖诏天下高僧说法,集于天界寺,来复也所召之一。经说法,得太祖赞赏,授赐金袈裟和御食。来复为高僧,又为径山五十代住持南楚师说法嗣,近在咫尺的双溪为陆羽《茶经》其地当然耳闻熟详,当以虎跑泉水泡龙井茶时,抒发出"欲著《茶经》校奇品,山瓢留待羽仙赏"的兴叹。

姚公绶的诗是咏龙井的，诗曰：

龙井泉头与客过，计程遥度石嵯峨。菜畦麦陇连山麓，僧寺人家各涧阿。

决决暗流霜叶乱，班班飞雉夕阳多。品尝顾渚风斯下，零落《茶经》奈尔何。

在陆羽著《茶经》的唐代，湖州的顾渚紫笋茶是最著名的，被陆羽推荐为贡茶，陆羽虽到过灵隐、天竺、龙井，但在余杭双溪著《茶经》时，仍无门户之见，"以湖州上"写入《茶经》。随着时间的推移，到了宋、明、清特别是乾隆皇帝四次到龙井，写下御茶诗六首，龙井茶名声大振，故诗人不服气地写道："品尝顾渚风斯下，零落《茶经》奈尔何"。

（五）民国余杭学者孙绍祖《晚窗余韵钞略》记载的陆羽在陆羽泉著《茶经》

《晚窗余韵钞略》发现始末　由于历史的原因，本书中许多历史方志文献虽经多次再版，要么孤本流失，要么禁锢深宅，要么焚毁打浆，不说平头百姓难以涉及，一些知名专家也都没有看见过这些资料。在诗作中执着地怀念茶圣陆羽在余杭双溪陆羽著作《茶经》，余杭当地的学者，孙绍祖先生著述的《晚窗余韵钞略》，就是其中的一部书。

孙绍祖先生，自称远佞山人，余杭双溪千岱村人。其生平不详，但从传世的其1946年著作的《晚窗余韵钞略》看，1946年他78岁，当出生于1868年，即同治戊辰七年，卒于解放前后，享年80余岁。孙绍祖先生交游广泛，富有正义感，日寇侵华时，他辗转于浙南山区赋诗多首，愤慨于日寇入侵，抗战胜利又欣喜若狂。孙绍祖先生在他的诗作中屡屡提及《余杭县志》，频频以"苎泉怀古"等，抒发着他对茶圣陆羽在余杭双溪"陆羽泉"著作《茶经》的怀念。

迄今为止的诸多古籍史料对陆羽著《茶经》，其实大多是从《陆文学自传》《新唐书》摘抄演变的，国家的正史要顾及全面，往往不够具体，"隐于苕溪"，偌大的苕溪，到底在哪里？只有《余杭县志》有文字记载，有古图标明，是吴山路侧双溪陆羽泉，而且传承千年，从唐、宋到明嘉靖、万历，清康熙、嘉庆、光绪，民国八年的《余杭县志》，一直保留史料延续记载。而民国余杭学者孙绍祖《晚窗余韵钞略》，更是在30余年间描述记载了陆羽泉的兴衰全过程。

弥足珍贵的《晚窗余韵钞略》，了却了一段陆羽在何时何地著《茶经》的公案，其面世更有一番传奇般的经历。1946年印刷仅百本散落在余杭双溪一带的《晚窗余韵钞略》，经过中国近代的频繁战乱，不断的政治运动，到了 20 世纪五六十年代仅存几册，但均个人收藏，鲜为人知，披露面世首功当推沈根荣先生。沈根荣先生是浙江农业大学茶叶系 1965 年的毕业生，毕业后被分配到安吉县工作。在省委党校短暂学习后，1966 年初参加四清社教工作组分配到余杭县，而且刚好是陆羽著《茶经》其地的双溪公社双溪大队工作组。

不久，史无前例的"文化大革命"开始，沈先生回忆，当地大批封、资、修，"四旧"的古董、古画、古籍、家谱不断被抄出，光是从一户章姓地主家抄出的古画就有 3~4 米长的大木箱四箱。如何处理这些堆积如山的"四旧"，成了工作组的难题。工作组中沈根荣算是文化最高的了，便被委派和大队干部一起清理这些古画、古书。沈根荣在其《陆羽泉发现始末》中回忆：

图 1. 2. 62　1986 年 6 月 17 日，张堂恒教授（坐者）和沈根荣（站者）合影。

在当时我也不敢随便说这些东西是好是坏，如果说好，怕被别人戴上保护"四旧"的政治大帽子；如果说不好，又怕被别人用一把火把这些东西烧个精光。看着这些名画、古书面临付之一炬的命运，我干脆不表态……当时我还看到一本很厚的家谱中，记载该地历代都有当大官的……其中最大的官是唐朝宰相，后来还有当过天官什么的，直到民国还有人当少将军医。这些官位是否后人为拔高祖宗地位而伪造的呢？我认为不是的，因为有许多古物为证。大队里保管的人给我看许多抄出来的古物中，有好几个弯弯的象牙做的，手掌大小方形的腰牌最为引人注目，一面刻有"凭此牌可见天子"，一面刻着"遗失有杀头之罪"，是块可进入皇宫大内挂在腰上的出入证。

图 1. 2. 63　《中国茶叶》1982 年第 2 期封面及王家斌、沈根荣"苎翁泉——陆羽在浙江的轶事"文章

一个大队抄出如此多的"四旧"，可见陆羽著《茶经》其地有着浓重的历史人文环境，所以"陆羽泉"才会被当地人所千年传承。沈根荣先生接下去又回忆道："当我翻到一本叫'双溪十景诗'的古书时，里面有一段这样的文字"

苎泉怀古

苎翁泉，俗呼陆家井。唐隐士陆羽自号桑苎翁，著有《茶经》传世，隐居将军山麓之泉畔，详载《余杭县志》。

茗溪高隐乐如仙，不爱溪流偏爱泉。

汤沸竹炉洗俗虑，令人想见苎翁贤。

沈根荣先生熟知陆羽《茶经》的分量，他接下去回忆：

我的眼睛突然一亮，太好了，这不是记载陆羽著《茶经》的吗？多么珍贵的历史资料呵！我一定要叫它重见天日。

我很想（将书）留存下来。以便日后为陆羽著《茶经》具体地点找到依据，为保护这一名胜古迹而用。但不敢，因为已经听说，公社中心小学有几个老师已经组织了红卫兵造反组织，还放出风声说准备要揪我们工作组，抄我们工作组的家。拿书保存，风险实在太大了，弄不好身家性命全要搭上。我就只能撕下有关陆羽的这一页暂作保存。还好，后来由于群众对我们工作组保护力量比较大，他们造反派几个人不敢抄我们工作组的家，这一页资料也就保存下来了。

当年，沈根荣先生还现场踏勘了陆羽泉（陆家井），他写道：

当我知道陆家井之后，就向房东何观士母亲打听陆家井在哪里？她告诉我说就在双溪汽车站旁边，我就抽空专门去找，结果找到了。当时的陆羽泉，在田边的一个高

图 1. 2. 64　著名茶学家、博士生导师张堂恒教授

图 1. 2. 65　1939 年张堂恒、施平发表在《茶声》之"世界大战对于我国茶叶贸易之影响及我国应采之对策"，张堂恒教授对茶业研究精深广博。

坎旁，一面是田埂，一面是 2~3 米的土坎，井不大，水不深，但很清，泉水细细长流。

当地群众在井中淘米、洗菜，经过千年的湮没，周围环境并不好。我想茶圣先贤这样的名胜古迹应该保护起来，供人参观才对，但在那个动乱的年代，找谁去说呢？

时光流逝，转眼到了1976年，"文化大革命"结束，沈根荣先生将历经风险留存的一页"陆羽泉"资料，送给他的导师张堂恒教授看，张看了很高兴，说："为了寻找陆羽著《茶经》的具体地点，我找遍苕溪两岸各地达30年之久，始终没有找到。今天终于有了出处，真是踏破铁鞋无觅处，得来全不费功夫。"嗣后，张堂恒派助手徐仕模，查找《余杭县志》也得到验证。

《中国茶叶》1982年第2期和第4期，分别刊登农业厅研究员王家斌和沈根荣以及张堂恒教授的文章，阐述陆羽在双溪著《茶经》，史海钩沉，首次将陆羽在余杭著《茶经》披露于世。

2000年余杭双溪惊现《晚窗余韵钞略》 原本沈根荣先生抢救弥足珍贵的一页"陆羽泉"，从发现保存到著文披露，历经20年，但那仅是孙绍祖《晚窗余韵钞略》的一页，其原本的史料和研究价值不言而喻。

在杭州"创文化名城"热潮的涌动下，余杭茶人锲而不舍的挖掘和寻访，新千年伊始，终于有了重大突破。2000年，双溪镇的文化站长、土生土长的余杭双溪文化工作者陈宏先生几经查访，得知当地有一生产大队长秘藏可能是仅存的孤本《晚窗余韵钞略》。兴奋至极，几番说服，终以重金购得，方使研究陆羽在余杭著《茶经》的重要史料重新面世。

孙绍祖的五首"苧泉怀古"，见证着陆羽著《茶经》其地"陆羽泉"盛衰全过程 其实认定陆羽在余杭著《茶经》，孙绍祖还非第一人。《余杭县志》杂记中载有清代海门人孙应龙的《余杭怀古歌》。诗中有："笑此吟诗日卓午，泉品曾题桑苧翁"的诗句，证实余杭一带明清时认定陆羽在余杭著《茶经》。

余杭学者孙绍祖先生《晚窗余韵钞略》中有四组"双溪十景诗"，诗咏双溪之苧泉怀古、棋石仙踪、双波印月、红亭夕照、石堰观鱼、板桥联汉、西寺晓钟、狮山倒影、櫼潭垂钓、花岭樵歌十景。这十景处处悠远古老，景景均有出处，其首景即为"苧泉怀古"，足见茶圣陆羽在余杭双溪"陆羽泉"著作《茶经》，在民国时余杭双溪人心中的地位。孙绍祖的《晚窗余韵钞略》，对陆羽推崇备至，癸酉年（1933年）《晚窗余韵钞略》首版时，当地儒士唐仲朴在"晚窗余韵序"起首写道：诗以言情，亦以言志，豪情逸志，发言为诗。双溪西枕径山，其秀灵所钟毓，非无隐士如陆羽者。说明余杭当地的学者、儒士都深知陆羽在余杭著《茶经》，双溪崇拜的古人首为陆羽，陆

图 1. 2. 66 径山镇文化站长陈宏及其所藏《晚窗余韵钞略》

羽对余杭历史人文的影响深远。其可谓，双溪山之秀灵钟毓，茶圣陆羽在此著《茶经》也！其评价之高，决不为过。

晚窗餘韻序

詩以言情亦以言志，豪情逸志，經言爲詩，雙溪西枕徑山，其秀靈所鍾毓，非無隱士如陸羽者，孫君子緒，別號遠倭山人，於吾爲父執，邇遁雲山，未謀半面，今閱其莫春自序，知年巳周甲有五，淡懷名利，曆遍塵途，魔剋者早歲蜚聲，庠序是餘北之宿儒，遭時多故，進取無心，嘯傲學翁，泉北有泉石高風，張君子岐孫之視友也，枉顧敝廬，持山人晚窗餘韻稿本見眎囑

图 1. 2. 67 民国唐仲朴"晚窗余韵序"，中有"双溪西枕径山，其秀灵所钟毓，非无隐士如陆羽者"。

诗以言情，亦以言志，孙绍祖的五首"苎泉怀古"，抒发着他对陆羽仰慕的心声。

孙绍祖著《晚窗余韵钞略》中的第一首"苎泉怀古"，大约作于 20 世纪 20 年代。他写道：

苎翁泉，俗呼陆家井，唐隐士陆羽，自号桑苎翁，著有《茶经》传世，隐居将军山麓之泉畔，详载《余杭县志》。

茗溪高隐乐如仙，不爱溪流偏爱泉。汤沸竹炉洗俗虑，令人想见苎翁贤。

在茶圣陆羽著作《茶经》其地生活了一生的孙绍祖，每逢"汤沸竹炉"品茗时，都不由"想见苎翁贤"。当然，他不会想到数十年后会有人提出异议，说陆羽不是在双溪陆羽泉著《茶经》的。

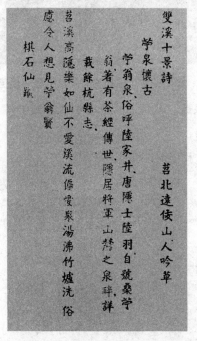

图 1. 2. 68　孙绍祖著《晚窗余韵钞略》之第一首"苎泉怀古"，大约作于 20 世纪 20 年代。

1929 年杭州西湖博览会前后，各地经济复苏，杭州和余杭游人较多，不仅"陆羽泉"游人如织，径山禅寺在双溪的接待寺化城寺也是"拂晓钟声四远扬"，将军山的棋石"引得游人竞涉岗"，双溪红亭更是"游人雅兴胜游杭"，孙绍祖又以十首茗溪散仙和原韵，写下第二首"苎泉怀古"：

嗜茶古有一诗仙，啸傲烟霞志在泉。泉以姓传留胜迹，游人玩赏忆先贤。

这首诗证实在 1929 年西湖博览会期间，双溪陆羽泉还以"陆羽泉"的胜迹作为当地一处景地供游人玩赏。我们也可以推论，作为双溪十景，洪武进士夏止善在"行尽双溪上径山"中也一定到过"陆羽泉"凭吊陆羽，无怪他的"径山雪霁二首"诗末尾要兴叹："雪水稳应仙品试，《茶经》仍向石林删。"

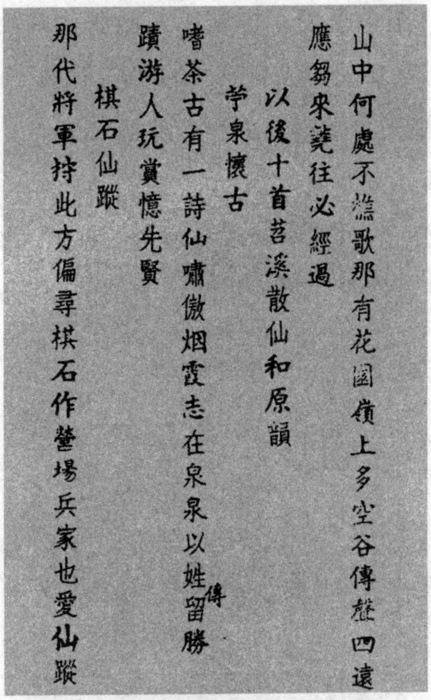

山中何處不聞歌那有花園嶺上多空谷傳聲四遺
應翕來甃往必經過
以後十首茗溪散仙和原韻
苧泉懷古
嗜茶古有一詩仙嘯傲煙霞志在泉泉以姓留勝傳
蹟游人玩賞憶先賢
棋石仙蹤
那代將軍持此方偏尋棋石作鳌場兵家也愛仙蹤

图 1. 2. 69 孙绍祖第二首"苎泉怀古"，作于 1929 年前后。

抗日战争时期，余杭双溪是敌我拉锯的前线，径山禅寺不少爱国和尚都参军上前线杀敌，径山禅寺衰落了，"陆羽泉"和其他"双溪十景"也逐渐荒芜了，孙绍祖又以十首步原韵，写下第三首"苎泉怀古"：

世称陆羽是茶仙，乐隐茗溪第一泉。古迹荒凉多感慨，斜阳芳草缅前贤。

孙绍祖先生是熟读诗书的，当然知道耿㧑赞陆羽的"一生为墨客，几世作茶仙"。而且陆羽因著《茶经》，被奉为"茶仙"。多年后，他隐居著《茶记》苎山的地方被人称为"仙宅"。这首诗和上二首诗比较，因为抗日战争，同一个地方环境有了极大改变，已是"古迹荒凉"。"棋石仙踪"，也成"胜迹空遗凭吊岗"。"古迹荒凉"，"斜阳芳草"，孙绍祖诗中描述的陆羽泉环境，和沈根荣先生在 1966 年踏勘时观察到的情况十分相似，"陆羽泉"以后被人逐渐遗忘。

20 世纪 40 年代，孙绍祖又写下第四首：

"苎泉怀古"双溪十景之一，和张君省吾原韵：

览胜北茗慕隐贤，号称桑苎古诗仙。地因人杰风光美，茶藉泉清兴味鲜。

汤沸一炉助逸趣，经传三卷著新篇。唐时好景君须记，遗址荒凉觉可怜。

这首诗中，除了"北苕慕隐贤"，怀念陆羽，明确陆羽是"桑苎古诗仙"。"经传三卷著新篇"，点出陆羽泉是茶圣陆羽著《茶经》三卷其地。最后的二句"唐时好景君须记，遗址荒凉觉可怜"至关重要，告诫后人们唐代陆羽在双溪陆羽泉著《茶经》为当地增添辉煌要牢记，感叹新中国成立前夕的"陆羽泉"已是"遗址荒凉觉可怜"。

大约在1945年，孙绍祖又写下第五首怀念陆羽泉诗：

人或笑我能诗，不能酒，另吟：

诗坛岂尽饮中仙，陆羽豪吟偏煮泉。寒夜客来当茶酒，我将私淑苎翁贤。

已当暮年的孙绍祖先生，以茶当酒，对陆羽的仰慕已久。

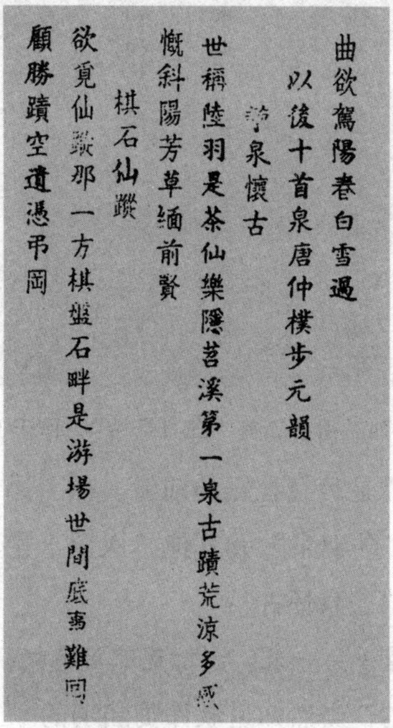

图1.2.70 孙绍祖第三首"苎泉怀古"，作于抗日战争后。

孙绍祖的《晚窗余韵钞略》，除了上述五首"苎泉怀古"怀念陆羽在双溪陆羽泉著《茶经》外，在"花岑樵歌"说明中有"花邻陆隐士，或顶风送啸声过。"也提及茶圣陆羽。在所有题咏"陆羽""桑苎翁"的诗人中，题咏最多的是孙绍祖先生。孙绍祖先生的诗篇之可贵，还在于他的诗篇时间跨度大，见证了"陆羽泉"，曾经作为胜迹，成为游人玩赏、缅怀先贤的双溪名胜十景之首，因着抗日战争，陆羽泉"古迹荒凉"的全过程。他的诗不仅是文学艺术，更是珍贵的历史资料。

孙绍祖和他的《晚窗余韵钞略》　孙绍祖先生在他的《晚窗余韵钞略》"弁言"

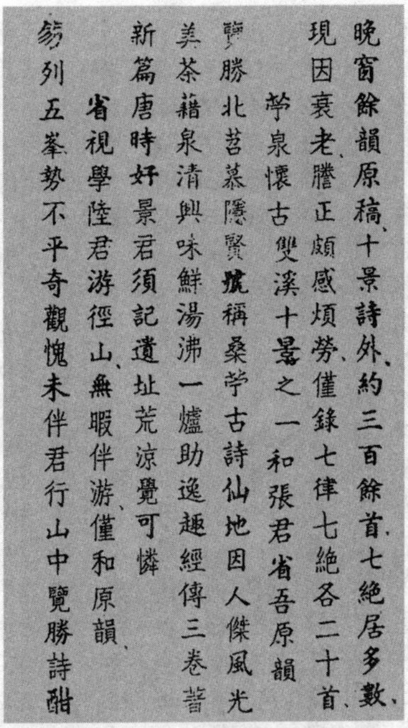

晚窗餘韻原稿，十景詩外，約三百餘首七絕居多數

現因衰老臆正頗感煩勞僅錄七律七絕各二十首

莘泉懷古雙溪十景之一和張君省吾原韻

聊勝北苕莽隱賢譌稱桑學古詩仙地因人傑風光

美茶糟泉清與味鮮湯沸一爐助逸趣經傳三卷著

新篇唐時好景君須記遺址荒涼覺可憐

省視學陸君游徑山無暇伴遊僅和原韻

翁列五峯势不平奇觀愧未伴君行山中覽勝詩酣

图 1.2.71 孙绍祖第四首"莘泉怀古"，作于解放前夕。

中，讲述了仅钞七律、七绝各 20 首的《晚窗余韵钞略》曲折的写作和出版过程，读来感人至深：

初编原稿约 200 首，抗战前由谱馆附印木版，奈劫雁兵燹，仅存一册。8 年来避难他乡，历经四邑，随遇兴感，随境写情，或歌或泣，皆托于诗，约续编百余首。甲申（1944 年）冬，曾寄临水付梓，偶值魔匪扰境，几乎稿被遗轶。殊感双溪十景势将湮没，兹欲流传梓桑胜迹，乃勉力手录十景诗原稿，而杂咏诸诗，若欲全稿楷膳，残年颇感烦劳，故删削多数，仅抄七律、七绝各二十首，以存其略。本想将此稿删改简易，欲以便后学互相抄传，免故乡胜迹湮没耳。何客秋日倭屈服，华夏重光，聊将简易稿本，取伊字简省赀，重印百册。从此故国山河千古，而故乡风月，亦得藉以千古，又何必苛求全豹，徒于米珠薪桂时，浪费昂贵印赀乎。岁在丙戌（1946）小春，北苕七八老人孙绍祖识。

孙绍祖先生以他 78 岁高龄，在兵荒马乱中逃难 8 年，颠沛流离，但千方百计保存下《晚窗余韵钞略》原稿，为的是不使"双溪十景势将湮没"，此种精神和毅力和茶圣陆羽遍历 32 州，考察茶事，历经艰辛著成《茶经》何其相似。

从《晚窗余韵钞略》弁言，唐仲朴序，自序，以及书中各诗和诗题目、诠释，我们可以归纳给出孙绍祖先生的大致经历。

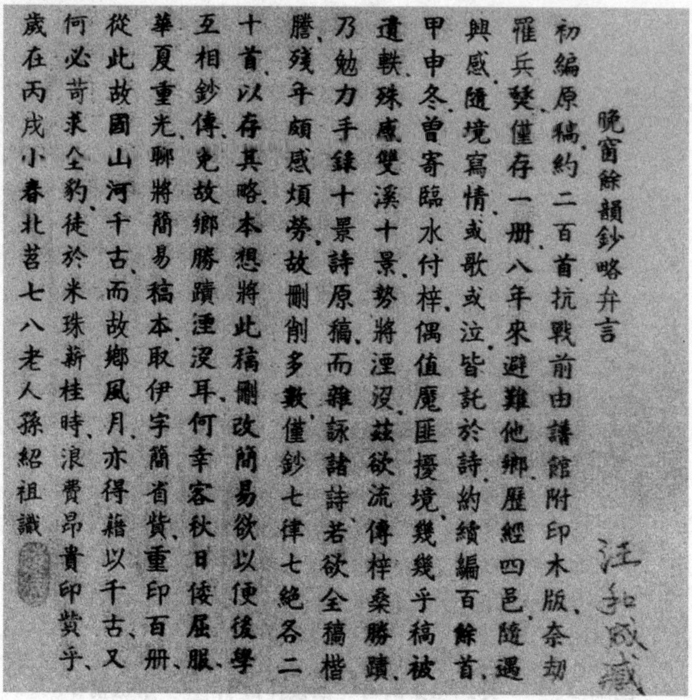

晚窗餘韻鈔略弁言

初編原稿約二百首、抗戰前由譜館附印木版、奈劫罹兵燹、僅存一冊、八年來避難他鄉、歷經四邑、隨遇興感、隨境寫情、或歌或泣、皆託於詩、約續編百餘首、甲申冬、曾寄臨水付梓、偶值魔匪擾境、幾幾乎稿被遺軼、殊感雙溪十景、勢將湮沒、茲欲流傳梓桑勝蹟、乃勉力手錄十景詩原稿、而雜詠諸詩若欲全稿楷謄、殘年頗感煩勞、故刪削多數、僅鈔七律七絕各二十首、以存其略、本想將此稿刪改簡易、欲以便後學互相鈔傳、免故鄉勝蹟湮沒耳、何幸客秋日倭屈服、華夏重光、聊將簡易稿本、取伊字簡省費、重印百冊、從此故國山河千古、而故鄉風月、亦得藉以千古、又何必苛求全豹、徒於米珠薪桂時、浪費昂貴印費乎、

歲在丙戌小春北苕七八老人孫紹祖識

汪和成藏

图 1. 2. 72　孙绍祖《晚窗余韵钞略》弁言

孙绍祖先生生于清同治戊辰七年（1868 年），父为“余北宿儒”。清光绪丁酉年（1897 年）乡试前三个月，修业于西湖崇文书院。以后辗转于杭州和余杭，大约在 1918 年定居余杭双溪故里。戊辰年（1928 年）秋天，孙在阔别十年后，重返杭州，下榻西湖清泰旅馆，其时正是 1929 年西湖博览会前夕。从孙绍祖的诗可以看出，其交友层次较高，省视学陆君来径山时，曾邀其伴游；余杭汽车主任顾君假道双溪游径山，孙陪同上山。其师姚南泉，历任山东知县，继办矿务，任经理。其曾欲往，因父命，不果。孙绍祖先生关心时局，虽居僻乡，但常看《浙江新闻报》，抗战中闻我军胜利，欢呼雀跃，赋诗庆祝。其 1933 年初版的《晚窗余韵钞略》大致分送的也是当地儒士和有名望人家，以及上述颇有身份的省、市、县来双溪、径山游览视察的贵客。从孙绍祖熟读经书历史，其交游大多是当地儒士望族、省市官吏这个角度上看，他诗中所记载传承千年，陆羽著《茶经》其地的“陆羽泉”兴衰演变，也是真实可信的。

（六）有关资料对陆羽在余杭著《茶经》的记载

1978 年党的十一届三中全会以来的改革开放年代，随着各地名茶的不断恢复，各级政府对茶业历史文化也逐渐重视。20 世纪 80 年代，浙江省、杭州市、余杭县茶叶部门在撰写的各种资料、志书时，都将茶圣陆羽在余杭双溪著《茶经》作为地方重要史料列人。

图 1.2.73，是 1981 年《杭州市茶叶学会资料》书影。图 1.2.74 和图 1.2.75 是《杭州市茶叶学会资料》第 3 页、第 5 页对陆羽隐居余杭双溪苕雪著《茶经》的记载。文中都引用了嘉庆《余杭县志》的记载，想必当年的茶叶专家、杭州市茶叶学会会员都看到过。

图 1. 2. 73　1981 年《杭州市茶叶学会资料》书影

图 1.2.76，是 1984 年 1 月浙江省茶叶学会编写、浙江科学技术出版社出版的《浙江茶叶》书影。图 1.2.77，是《浙江茶叶》第 4 页"陆羽"寓居浙江著《茶经》，书中写道：

唐朝时浙江茶叶历史的重大事件，莫过于陆羽编写的世界上第一部茶叶专著——《茶经》。陆羽在上元初年（公元 760 年）来浙江研究茶叶，自号"桑苎翁"，隐居东苕溪上游余杭县双溪镇之苕礜。据《余杭县志》记载：唐陆鸿渐，隐居苕雪，著《茶经》其地。明确《茶经》在浙江写成。

《余杭县志》《寓贤传》中，详细地记载了陆羽隐居双溪
苕雪、研究茶叶撰著《茶经》，与为人贤达的情况，当时，
当地人称赞陆羽为"今接舆"[注七]，并将陆羽当时汲泉品
茶的溪桌命名为"陆羽泉"。

[注七]：战国时，楚国文士陆接舆，贤达不仕，受人尊敬。
陆羽隐双溪时，人们尊称他是"今接舆"。
嘉庆《余杭县志》《寓贤传。山水卷》记载："唐、陆鸿
渐。隐居苕雪，著茶经其地。
陆羽。字鸿渐。竟陵人。上元初，隐居上，自号桑苧翁，
时人才之接舆。尝作灵隐山二寺记，镌于石。
羽隐苕溪，阖门著书，或独行野中诵诗，不得意或恸哭而归。
吴山双溪路侧有泉，羽著茶经，品其名次，以为甘洌清香，
堪与中冷惠泉竞爽。
陆羽泉，在县西北三十五里吴山界，双溪路侧，广二尺许，
深不盈尺，大旱无涸，味极清冽。

图1.2.74　《杭州市茶叶学会资料》之"寓贤传·陆羽"

（三）.陆羽在余杭双溪苕雪撰著《茶经》
陆羽，字鸿渐，复州竟陵人（今湖北省天门县），上元
初年（760年），来余杭双溪隐居，自号"桑苧翁"。住苕雪撰
著《茶经》。[注五]

[注五]陆羽事迹，译作者《陆羽事迹略考》
陆羽《茶经》为我国第一部茶书，《茶经》刻印传世后，

图1.2.75　《杭州市茶叶学会资料》之"陆羽在余杭双溪苕雪撰著《茶经》"

图1.2.76　1984年《浙江茶叶》书影

> 4　　　　　　　　　浙 江 茶 叶
>
> 　　明州：奉化、慈溪、象山、鄞县。
> 　　**陆羽寓居浙江著《茶经》**
> 　　唐朝时浙江茶叶历史上的重大事件，莫过于陆羽编写的世界第一部茶叶专著——《茶经》。陆羽在上元初年（公元760年）来浙江研究茶叶，自号"桑苧翁"，隐居东苕溪上游余杭县双溪镇之苕霅。据《余杭县志》记载："唐，陆鸿渐，隐居苕霅，著茶经其地"。明确《茶经》在浙江写成。
> 　　《茶经》全书共分三卷十节。一之源，二之具，三之造，四之器，五之煮，六之饮，七之事，八之出，九之略，十之图。系统地总结了当时的茶叶生产经验，对茶树性状、种茶、采茶、制茶、制茶器具、茶区划分、茶叶品质优次、饮茶、茶具以及历代有关茶事，都有系统地分析阐述。《茶经》的问世，对浙江茶叶生产的发展产生了直接的影响，对茶叶知识、茶叶生产技术的传播和普及起了很大的促进作用。

图 1. 2. 77　　《浙江茶叶》对《余杭县志》陆羽在余杭双溪苕霅著《茶经》记载

　　《浙江茶叶》引用了嘉庆《余杭县志》的"陆羽"和"陆羽泉"两个条目。明确陆羽隐居在东苕溪上游余杭县双溪镇之苕霅。但将"苕霅"引为余杭县双溪镇一处地名。1984 年出版的《浙江茶叶》，由浙江省茶叶学会理事长李联标作序，共印刷出版 3750 册，传播广泛。出版后十数年间并没有人对陆羽在余杭双溪陆羽泉著《茶经》提出过异议。

　　图 1. 2. 78，是 1988 年《余杭县农业志》书影。其第十四章茶叶，由农艺师金雅芬主审。图 1. 2. 79，是《余杭县农业志》第一页，对陆羽在余杭经历明确记载：

图 1. 2. 78　　1988 年《余杭县农业志》书影

图 1. 2. 79　《余杭县农业志》第一页

唐·肃宗上元元年（公元 760），陆羽隐居余杭县双溪乡著《茶经》。

图 1. 2. 80，是《余杭县农业志》第 224 页"第十四章茶叶，第一节概述"，文中引用明嘉靖（1528 年）《余杭县志》记载：

图 1. 2. 80　《余杭县农业志·第十四章茶叶》对明嘉
靖《余杭县志》"唐陆鸿渐隐居苕霅著《茶经》其地"及清
嘉庆《余杭县志》"径山寺开寺僧法钦种植径山茶的记载"

唐陆鸿渐隐居苕霅著《茶经》其地，常用此泉烹茶，品其名次，以为甘冽、清香、中泠，惠泉而下，此为竞爽云。陆鸿渐，即陆羽的字号。该《志》更记曰："陆羽泉，在县西北三十五里吴山界双溪路侧。广二尺许，深不盈尺，大旱不间竭，味极清冽"。文中所指之处，即现余杭县双溪乡双溪汽车站旁路侧，将军山麓。这事并经浙江农业大学茶叶系张堂恒查访考证（详见浙江茶叶学会编《茶叶》1982年第4期）。

几乎只字不拉全文引用了明嘉靖《余杭县志》中"陆羽泉"和"陆羽"的两个条目，而且经浙江农业大学茶叶系张堂恒教授考证，陆羽著《茶经》其地在余杭县双溪乡双溪汽车站路侧，将军山麓，也即其后定为县文物保护单位的"陆羽泉"。

这一小节引用了三册资料，展示四个出处（其中还有张堂恒教授1982年《茶叶》第4期都一致确认茶圣陆羽于唐上元初年（760年）在余杭双溪陆羽泉著《茶经》。其史源都引自嘉庆《余杭县志》"陆羽"和"陆羽泉"两个条目。这三本资料、四个出处，最早是1981年，最迟是1988年出版发行。嗣后，1990年中国茶叶博物馆试开馆，湖州陆羽茶文化研究会成立，宣布湖州为陆羽的第二家乡；中国国际茶文化学术研讨会召开第一次会议；1993年，中国国际茶文化研究会成立。2002年4月16日，余杭举办首届"中国茶圣节"，全面考证余杭双溪陆羽泉为陆羽著《茶经》其地，方有了十年之"苕霅"究在何处之反复论争。笔者是在2001年退休后方介入径山茶历史文化研究的，并不知晓1990年以前茶史界对陆羽在余杭双溪陆羽泉著《茶经》的研究成果，因着"苕霅"之争，千方搜索寻觅方有了上面的展示和论述。

二、陆羽著《茶记》与《茶经》初考

（一）陆羽著《茶记》与《茶经》考

以上所列的古籍记载，都认为陆羽上元初隐居苕溪期间著作《茶经》，而且是《茶经》三卷。一些研究陆羽的学者，如茶界泰斗安徽农学院的陈椽教授及其弟子，20世纪70年代就开始研究陆羽的欧阳勋先生在1985年讨论时早就指出，陆羽实际是著《茶记》一卷、《茶经》三卷。而且明确陆羽先是隐居余杭苎山著《茶记》一卷，又"更隐苕溪"的双溪"陆羽泉"著《茶经》三卷。本节将讨论古籍上对陆羽著《茶记》和《茶经》的记载。

钦定四库全书《崇文总目》卷第四五页，其中有关茶著作的古籍记载，《茶记》为二卷。

《宋史》卷二百五"艺文志·农家类"，自右至左第 11 行，有贾思勰《齐民要术》十卷记载，此行下面则有"陆羽《茶经》三卷又《茶记》一卷"的记载。

还有一些学者，如上海陈金林先生根据唐人著作《封氏闻见记》，认为陆羽还著作过《茶论》，并写有《陆羽"茶论"考》一文，此文还对陆羽《茶论》与陆羽"茶经"之差别进行剖析，因《茶论》早已失传，本书不深入探讨。

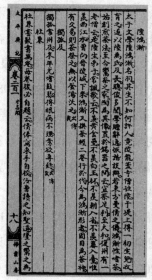 

图 1. 2. 81　民国二年扫叶山房出版的《太平广记》之"陆鸿渐"

图 1. 2. 82　余杭公立图书馆藏《宋史》封面，其书为乾隆四年校刊，光绪壬寅年（1902 年）石印。

关于陆羽著《茶经》和《茶记》，安徽农学院陈椽教授研究颇深，国内著名陆羽研究学者欧阳勋早年求学安徽农学院时，为陈椽教授得意弟子。欧阳勋以《安农求学录》（三）记录了 1985 年 10 月 9 日下午，和陈椽教授探讨陆羽著《茶经》和《茶记》的一段话，笔者查阅古籍过程中加以对照，认为是符合历史记载的，现节录如下：

欧阳勋：请陈老谈一谈陆羽《茶记》问题。

陈老：谈到陆羽《茶记》好像很简单，但要查很多资料才有结论。《茶记》是陆羽写的。历代书目都有著录。宋王尧臣"崇文总目"载《茶记》二卷，你看，这是卷 28，收在 554 页上，收入丛书集成新篇第一册，这本书是台湾出版的。郑樵编的《通

图 1. 2. 83　陈椽教授（右）和欧阳勋（左）在一起（20世纪 90 年代初）

志·艺文志·食货类》卷 66，说《茶记》有三卷，这样一来，清代钱侗崇文总目辑释就以为《茶记》就是《茶经》，因为《茶经》也是三卷，当然，我们不能同意。再看，《宋史·艺文志·农家类》，"陆羽《茶经》三卷，又《茶记》一卷"，这就对了。

笔者非常赞同陆羽著《茶经》三卷，又《茶记》一卷的论断。

陈椽教授和欧阳勋先生讨论和判断，还认为陆羽上元初（760 年）的上半年，在隐居余杭苎山时写出《茶记》，接着又撰著《茶经》。

（二）陆羽与皎然——陆羽在余杭著《茶经》的一些旁证

几乎所有的古籍都记载，陆羽在唐上元初，即公元 760 年，写就了《茶经》三卷。持陆羽在湖州著《茶经》者认为，上元初，陆羽应其好友皎然之邀"隐居苕溪"或"更隐苕溪"。因此，高僧皎然，及其在上元初（760 年）的活动至关重要。

"高僧"皎然受戒在杭州灵隐寺，其师守真和皎然都曾为灵隐寺住持　清光绪《灵

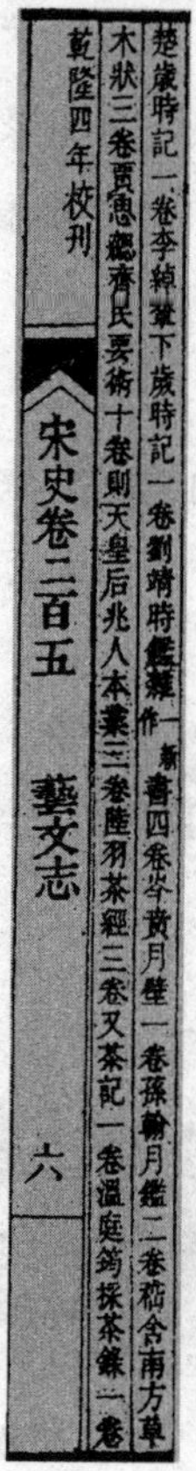

楚歲時記一卷李綽輦下歲時記一卷劉靖時鏡（一作鏡雜）新書四卷李黄月壁一卷孫翺月鑑二卷嵇含南方草
木狀三卷賈思勰齊民要術十卷則天皇后兆人本業三卷陸羽茶經三卷又茶記一卷溫庭筠採茶錄一卷
宋史卷二百五 藝文志 六
乾隆四年校刊

图1. 2. 84　《宋史》卷二百五“艺文志·农家类”中“陆羽《茶经》三卷，又《茶记》一卷”的记载。

隐寺志》卷三上为“住持禅祖”，首为灵隐寺东晋咸和初西天竺（印度）来的灵隐开山鼻祖慧理祖师，第六位坚道守直律师，也有称守真律师，是皎然的师父；第七位道标法师，是陆羽和皎然好友；第八位即为皎然，文如下：

皎然，清昼律师。姓谢，长城人，康乐十世孙。受戒于灵隐戒坛，事守直律师，当时号为释门伟器，文章隽丽。后博访名山，晚入杼峰。独处绝去，诗咏孤松、片云，禅坐相对。永贞初年终。

另在“道标”条目中有：“霅之昼，能清秀；越之彻，洞冰雪；杭之标，摩云霄”之语。皎然是与越州灵彻、杭州道标齐名的唐代江南三大禅师。

皎然，又称清昼律师，是南朝著名诗人谢灵运十世孙。约生于唐玄宗开元八年（720年），长陆羽13岁，卒于德宗贞元年间约（790年），享年70余岁。皎然年轻时自负文华，曾满怀信心应举求仕，失败后始遁入空门。据香港贾晋华《皎然年谱》考证，皎然大约天宝三年（744年），在润州长干寺出家。七年后，即天宝十年（751年）在杭州灵隐寺受戒于律师守真。是唐代浙江与天竺灵隐寺住持道标、越州灵彻齐名的三大禅师。皎然为高僧，承袭乃师道风，号出律门，却不拘一格，对佛教各宗兼收并蓄，对律宗、南北禅宗、天台宗，密宗等皆加以崇奉。皎然出家后从未放弃过文学活动，反而更热衷于创作和研究诗歌，他对茶的种植、制作和茶道也研究颇深。其传世的《皎然集》有诗作560余首及大量的塔铭，仅涉及陆羽的诗作就有30余首，也是研究陆羽的珍贵史料。

皎然一生中主要的活动在家乡湖州，但其受戒在杭州灵隐寺，乃师守真律师为灵隐寺住持，其本人也曾为灵隐寺住持，皎然也多次来过杭州，杭州的许多寺院住持与其交往深厚。《皎然集》卷三有《五言界石守风望天竺灵隐二寺》诗，诗句大气，表达了皎然对天竺灵隐寺的思绪和怀念，诗云：

山顶东西寺，江中旦暮潮。

归心不可到，松路在青霄。

上元元年（760年）下半年皎然暂住在杭州　《皎然集》卷八《唐杭州华严寺大律师塔铭并序》云：

法讳道光，俗姓褚氏。逾龀出家，方冠受具，诣光州和尚学通毗尼……世寿七十九，惠五十八，上元庚子（760年）秋仲月，示灭于本寺。

光州和尚即著名律师道岸。《宋高僧传》有"唐光州道岸传"，香港贾晋华《皎然年谱》考证，道岸律师示灭后，皎然曾前往杭州亲自撰铭，故上元元年（760年）下半年，皎然暂住在杭州，是有根据的。道岸律师生于武后永淳元年，受戒于长安三年（703年）。

"刘展之反"后，皎然与陆羽曾小聚　陆羽与皎然交往密切，《皎然集》中有30余首与陆羽相关的诗作，按书中排列和时间推算，最早的是卷二之《五言兵后与故人别，于西上至今在扬、楚，因有是寄》。诗中有"淮上春草歇，楚子秋风生"之语，"楚子"当为陆羽，"故人"也应是陆羽了，说明皎然与陆羽在刘展之反后有过小聚，此后皎然生活在扬、楚一带。"楚子秋风生"中，"楚子"，应是陆羽，因陆羽是湖北竟陵，即今湖北天门人；"秋风"指的是"刘展之反"，"楚子秋风生"，整句连贯可理解为在经受"刘展之反"的兵乱中，陆羽劫后余生。"生"，从另一层含义是陆羽在"刘展之反"中隐居双溪"陆羽泉"，著作"茶经"一举成名。按此诗推断，如果陆羽再去湖州是应皎然之邀，那么最早也是在刘展之反后，即上元二年

（761 年）的上半年。

皎然也是一位茶叶专家　皎然也是一位茶叶专家，就在陆羽著成《茶经》后的上元二年，皎然也著有《茶诀》一篇问世，《嘉泰吴兴志》卷十七有记载。皎然有《饮茶歌诮崔石使君》，对剡溪茗茶的米摘、烹制、品茗描绘得入木三分。《皎然集》卷七有《饮茶歌送郑容》，诗云：

丹丘羽人轻玉食，采茶饮之生羽翼（天台记云：丹丘出大茗，服之羽化）。名藏仙府世空知，骨化云宫人不识。云山童子调金铛，楚人《茶经》虚得名。霜天半夜芳草折，烂漫缃花啜又生。赏君此茶祛我疾，使人胸中荡忧慄。日上香炉情未毕，辞踏虎溪云，高歌送君出。

此首诗赞美天台佳茗，"饮之生羽翼"。此时的陆羽已是声名大扬，《茶经》也成为善茶禅之道评论的中心。"云山童子调金铛，楚人《茶经》虚得名。"正是表达了同样精于茶道皎然的感受。"楚人《茶经》"，当然就是陆羽《茶经》了。这首诗也印证了上首《兵后》诗中"楚子"，应是陆羽。

图 1. 2. 85　皎然《五言界石守风望天竺灵隐二寺》诗

关于"高僧名士，谈宴永日"常扁舟山寺　所有古籍在"闭关读书"还是"阖门著书"后面还有一段对陆羽隐居苕溪生活的描述，"高僧名士，谈宴永日。常扁舟往山

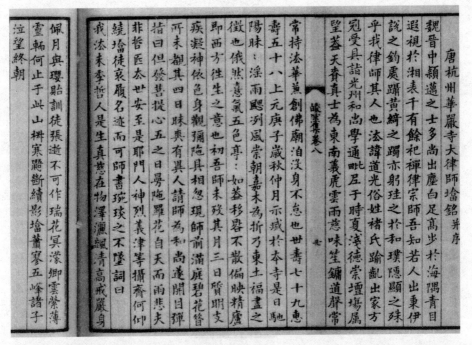

图1.2.86 《皎然集·唐杭州华严寺大律师塔铭并序》"墖"，为"塔"的异体字。

寺"。第九节的论述已表明，高僧为灵一大师、名士为天台道士潘士清等七人，加竟陵陆鸿渐为九杰，山寺为余杭宧丰寺，则既符合史籍描述，又符合陆羽著《茶记》和《茶经》所需隐居的人文、历史、地理环境。

在研究《嘉泰吴兴志》时，笔者也思考皎然有无可能，山寺是否妙喜寺？但最终推翻了这种假设，《嘉泰吴兴志》谈志十七，二十有"皎然"的条目。

对皎然的记载是：清昼，字皎然，谢灵运十世孙，天资疏野，多神思。居郡中兴国寺西院。尤攻五言寺，与刺史颜真卿诸名士酬，倡及预撰《韵海镜源》，著儒释，交游传……

此条目讲皎然居郡中兴国寺，查《嘉泰吴兴志》谈志十三，二十三有"兴国寺"条目，称：兴国寺，在府东南一里，南齐给事中，徐系祖舍宅为寺，今废……唐初，寺废，移额于千金，今名无为寺。

皎然之兴国寺，在湖州府内，不具隐居条件。

皎然清書律師姓謝長城人康樂十世孫受戒於靈
隱戒壇事守直律師當時號爲釋門偉器文章儁
麗後博訪名山晚入杼峰獨處絕去詩詠孤松片
雲禪坐相對永貞初年終

图1.2.87 清《灵隐寺志》卷三上之"皎然"条目

安得西歸雲因之傅素音
五言兵後與故人別予西上至今在揚楚因有
是寄
日月不相待思君魂屢驚草玄寄揚子作賦得蕪城
溫：獨遊迹遙：相望情淮上春草歇楚子秋風生
碎士天下盡君何獨屏營運開應佐世業就可成名
誰偕楚山住年：事耦耕

皎然集卷二

五

图1.2.88 《皎然集》卷二之《五言兵后与故人别，予西上至今在扬、楚，因有是寄》

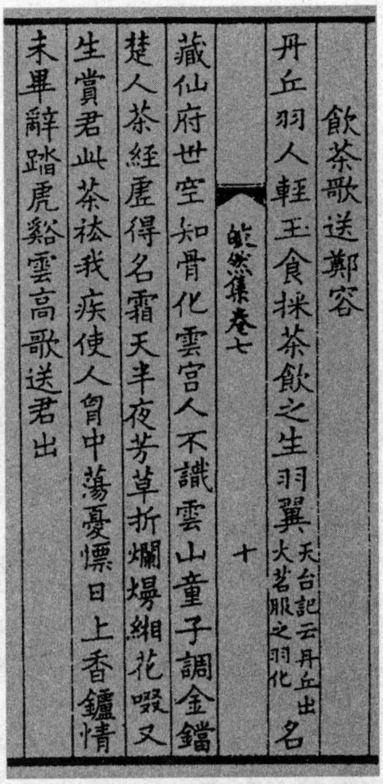

飲茶歌送鄭容

皎然集卷七 十

丹丘羽人輕玉食，採茶飲之生羽翼（天台記云丹丘出大茗服之羽化）。名
藏仙府世空知骨化雲，宮人不識雲山童子調金鐺。又
楚人茶経虚得名，霜天半夜芳草折爛熳緗花啜。又
生賞君山茶袪我疾，使人胷中蕩憂慄日上香罏情。
未畢辭踏虎谿雲高歌送君出。

图 1. 2. 89　《皎然集》卷七《饮茶歌送郑容》

（三）余杭苧山考

俞清源寻访苧山记　由于陆羽《茶记》一卷之事仅有记载，《茶记》早年又失传，并无传世，而大部的史籍记载只有陆羽隐居苕溪著《茶经》之说。只有深入查找更多的古籍，才能恢复陆羽著《茶记》一卷后又著"茶经"三卷的真实面貌。既然古籍上有陆羽"初隐居苧山"的记载，那么，苧山到底在哪里？

现代追寻陆羽在余杭苧山著"茶记"的第一人应为安徽农学院陈椽教授，早在 20 世纪 90 年代就委托余杭长乐镇（今属径山镇）立志挖掘余杭文化积淀的干部俞清源查找。当年俞清源先生也已过花甲，为弄清南宋五山十刹之首径山寺的历史，多方挖掘古籍资料，常年沿着陡峭的径山古道，攀山登岭，走家访户，积累资料，以其执着的追求，著有《径山史志》和《径山诗选》等，发表论文多篇，受到余杭领导和群众的尊重。他在回忆当年攀登径山古道时说，有一次翻下悬崖，摔坏腰部后，昏睡四天五夜，方被村民救起，使人肃然起敬。俞清源先生是土生土长的余杭人，幼小就熟知当地有苧山庙、苧山小学……20 世纪 90 年代末，俞清源先生又在余杭仙宅苧山桥一带步行寻访两天，后写成"茶圣陆羽在余杭"一文，寄给余杭县志办公室，在一通讯上刊登。此文寻找到余杭径山一带有苧山畈、苧山塘、苧山畈上陡门、苧山畈下陡门、苧

图 1. 2. 90　俞萃然（陆羽余杭径山双溪陆羽泉著《茶经》）

山桥、苎山庙、苎山大帝、苎山小学等八处有"苎山"字样的地名。

　　但仅凭现存的一些地名进行考证而没有古代文献作依托，毕竟缺乏说服力，结论也略显苍白。为此，笔者下大力气在杭州、湖州历代古籍中寻找依据。然查遍《嘉泰吴兴志》所有条目，及以后的湖州志和湖州的古地图，湖州均无苎山的地名。笔者又把目光投向杭州，无论在古籍书上，还是古地图上，杭州的古籍多处出现"苎山"字样。

　　南宋《淳祐临安志》记载的"苎山"南宋《淳祐临安志》卷九有"苎山"条目："苎山，在钱塘县孝女南乡，高一十丈，周围五里。"

　　南宋《咸淳临安志》卷二十四，同样有"苎山"的条目，记载同于《淳祐临安志》。

苧山

在錢塘縣孝女南鄉高一十丈周迴五里

淳祐臨安志卷九

四

图 1. 2. 91 南宋《淳祐临安志》之"苧山"条目

查孝女南乡，今已不复其名，钱塘县与余杭同属南宋临安府，即明清杭州府。唐、宋、元、明、清，余杭、钱塘两县，县界区域时有并划，现同属杭州市余杭区。

图 1. 2. 92　清庚寅年（1890 年）《浙江全省舆图并水陆道里记》之"余杭五里方图"（局部），图中县治偏西北方七里八分为"苧山桥"。

清代《浙江全省舆图并水陆道里记》中"余杭五里方图"中的"苎山"　古籍上有记载，地图上是否有？古籍《浙江全省舆图并水陆道里记》，此书共二十册。该书修于光绪庚寅年（1890年），因会典馆的旧会典有府图，而无县图，亦不计里开方，奏下各行省别绘开方图。此图集工算健步百余人，分赴七十八厅县。课以定章有测绘章程二十条执行，纠其疏密，历三载余，至癸巳（1893年）夏告成。

图1. 2. 93　《浙江全省舆图并水陆道里记》记载的"苎山桥"

此书首图为全省百里方图，一格代表百里；每府有二十里方图，一格为二十里；每县有五里方图，每格为五里。县五里方图上山脉、河流、道路、村庄、桥梁标志非常规范清楚，另还沿水陆两路，对每处村庄、桥梁间的距离一一写明。

在《浙江全省舆图并水陆道里记》的"余杭五里方图"中，余杭县治偏西北方约10里处非常清楚标明有"苎山桥"。

"余杭五里方图"水陆道里还有文字说明，余杭县治出北门，沿干路西行二里二分为"三里铺"，自"三里铺"北少西行三里五分为"石凉亭"，自"石凉亭"西北行二里一分为"苎山桥"。余杭县治到苎山桥则为七里八分。

清康熙余杭县令龚嵘《南湖赋》中的"苎山"　清嘉庆《余杭县志》卷十，山水四，水十六之龚嵘"南湖赋"，为康熙二十年（1681年）余杭县令龚嵘所作，云：

维扶舆之景淑，萃佳气于东南。仰藏崟之乔岳，俯淳蓄于江潭。尔其乔迹，所经无余；肇宇天目，发源群流。毕注青镇，回波响山。斯睹龟塘迅奔，为水之府；

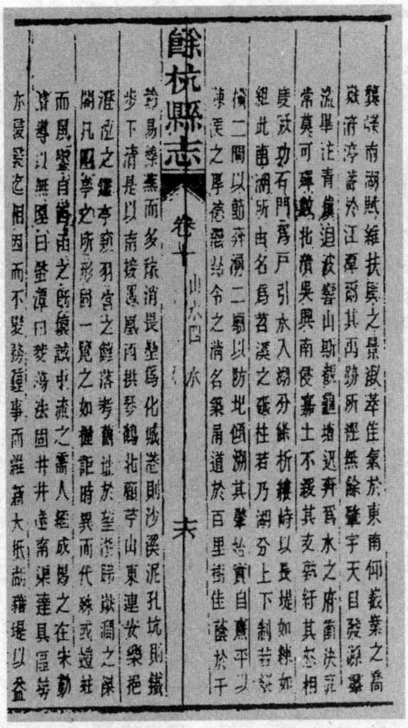

图 1. 2. 94　清嘉庆《余杭县志》卷十山水四，清康熙余杭知县
龚嵘"南湖赋"中有"北顾苎山"，说明清代南湖北面到苎山。

冲决靡常，莫可殚数。北溃吴兴，南侵嘉土；不缓其支，孰纡其怒？相度厥功，石门为户；引水入湖，分条析缕；峙以长堤，如练如组。此南湖所由名，为苕溪之砥柱。若乃湖分上下，制若纵横；二闸以节奔涌，二坝以防圮倾；溯其肇始，实自熹平。以陈侯之厚德，继归令之清名。筑甬道于百里，树佳荫于千龄。易榛芜而多稼，消畏垒为化城。港则沙溪、泥孔，坑则铁步、下清。是以南接凤凰，西拱琴鹤，北颐苎山，东连安乐。挹澄泓之鉴亭，窥羽宫之篱落。……

龚嵘的"南湖赋"，文贯古今，气势浩荡，叙述了南湖之重要"府冲决靡，常莫可殚数，北溃吴兴，南侵嘉土"，若没有南湖，苕溪迅奔之水而下，不仅危及杭州，湖州（吴兴）也将溃堤，嘉兴将成汪洋。南湖之兴建，应归功于汉代的余杭县令陈浑。"南湖赋"与本文最为关联的还在上面的铺陈以后，引用的一段："以南接凤凰，西拱琴鹤，北颐苎山，东连安乐，挹澄泓之鉴亭，窥羽宫之篱落。"这几句话道出了明清时南湖的大致范围和水缓清澈，说明在清康熙时余杭还有苎山之地名，当时"苎山"是南湖之北缘，而且被名儒写入名篇。

在清嘉庆《余杭县志》之"南湖图"中，可以清晰地看到，南下湖的正北方为石凉亭。"石凉亭"跟"苎山桥"仅二里一分，刚好在"苎山"边。清代的两幅图、两

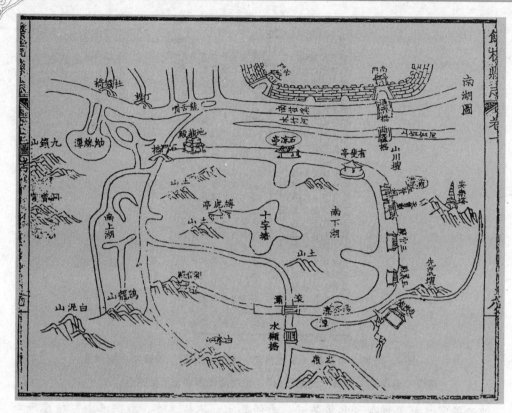

图1. 2. 95　清嘉庆《余杭县志》之南湖图，其北之"石凉亭"距苎山桥仅二里一分。

图1. 2. 96　余杭田螺山，即古苎山。

篇文章中"苎山""苎山桥"方位、里程非常吻合。

　　《嘉泰吴兴志》上有"桑苎翁"的条目，其他古籍也一致称陆羽为"桑苎翁"，不仅陆羽"初隐苕山，自称桑苎翁"引发了研究者执着地查找苎山。陆羽称"桑苎翁"，同时也使人联想"桑"和"苎"。"苎"即"苎麻"，是纺织和制渔网、造纸的原料。

非常巧合，《余杭县志》中物产记载中有"桑蚕"和"苎麻"的记载，"苎麻"的记载文字频多，为当地物产，而且和丝、蚕桑是上下连贯记载的，也是陆羽在余杭自称"桑苎翁"的旁证。

清《嘉庆余杭县志》卷十，山水四，水五中"南上湖"条目中曰：今三贤祠起至滚坝塘，岸尽植桃李桑麻，山木郁葱，与西湖同盛云（旧县志）。说明余杭南湖、苎山一带历来桑、麻（苎麻）是主要作物，也是茶圣陆羽在余杭著《茶记》《茶经》，自称"桑苎翁"的环境旁证。

历经千年依旧存在的"苎山桥" 图1.2.97，是明清古建筑"苎山桥"，桥上"苎山桥"三字清晰可辨。苎山桥，小桥流水，环境宜人。苎山桥古时为驿道，据当地人称民国时期还是干道，现公路改道后，逐渐冷落。可能也缘于此，历史越千年，当年茶圣陆羽著《茶记》的地方还能传承至今。图1.2.98，是从东向西拍摄的"苎山桥"，古貌依旧，远处依稀可见即是当年陆羽著《茶记》的"苎山"。

图1.2.97 苎山桥

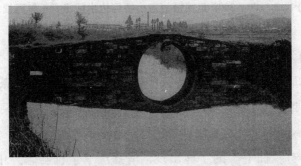

图1.2.98 从东向西拍摄的"苎山桥"，远处古时苎山依稀可见。

图1.2.99，是苎山桥边的小河，河中流水潺潺，岸边水草青青，犹如"陆文学自传"中"上元初，结庐于苕溪之湄，闭关读书"，《辞海》中对"湄"是"岸边，水与

草交接地方"的注释。图1.2.100，是苎山桥河边的稻田，农人正在驱赶水牛犁田，可能千年之前的唐代也是这番模样。这些照片从侧面旁证当地的生态环境依旧如故，所以"苎山桥"才能保存下来。

图1.2.99　苎山桥边小河。小河流水潺潺，岸边水草青青，充分体现出古籍上"苕溪之湄"。"湄"，为水与草交接之处。

图1.2.100　2002年拍摄的苎山桥河边水稻田。千年延续，景色依旧，说明当地生态环境和习俗改变不大。

仙宅——陆羽为"茶仙"，隐居苎山的旁证　唐宝应二年（763年）进士、仕终右拾遗，诗才俊爽的耿㵮与陆羽作联句诗云："一生为墨客，几世作茶仙"，当面奉称陆羽为"茶仙"。陆羽著《茶经》成名后，当地人为纪念陆羽，把陆羽居住过的"苎山"称为"仙宅"，至今还有仙宅村和以"仙宅"为命名的单位。

古地图上同样有"仙宅"的字样出现，清嘉庆《余杭县志》中的"余杭县境新图"西半部，图中余杭县治西北，有"仙宅一庄""仙宅二庄"，即今"仙宅"。

在1987年余杭县区编制的乡镇地图中的舟枕乡地图中"仙宅""仙宅里"、余杭镇

图 1. 2. 101　余杭蚕种场余杭县仙宅印刷厂厂牌，立于 1999 年前。

图 1. 2. 102　余杭市仙宅印刷厂建于 1995 年前。

等地名。"田螺山"，后俗称即苎山，清晰可辨。图中的田螺山海拔为 42 米，扣除当地标高 10 米，相对高差为 30 米左右，合十丈，与《淳祐临安志》上"苎山"高一十丈刚好吻合。古今地图延续千年，地名依旧，给我们追寻茶圣当年著《茶记》旧地留下可靠的依据。

　　本节的观点是，茶圣陆羽上元初隐居苎山，著"茶记"一卷的"苎山"，在今杭州市余杭区余杭镇仙宅村苎山桥一带，《嘉泰吴兴志》记载的"陆羽初隐居苎山"的"苎山"，《淳祐临安志》中的"苎山"条目中的"苎山"，应为现今的苎山，即"田螺山"。

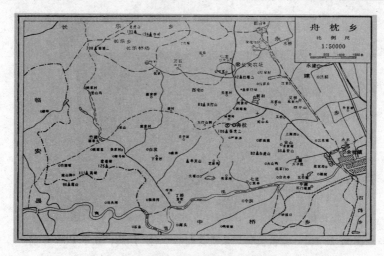

图 1. 2. 103　1987 年《余杭县地名志·舟枕乡》，有仙宅。

　　从《径山茶图考》至扩版为《径山茶业图史》历经七年。七年间，倾听许多专家和陆羽研究者的意见，在大家的鼓励下，笔者不断深度发掘鲜见的文献和实物资料，收获颇丰。

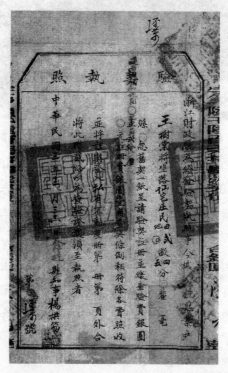

图 1. 2. 104　民国三年（1914 年）浙江省财政局"验契执照"，是余杭县知事杨拱笏颁给仙宅庄农民王树棠的，证实民国时还有"仙宅庄"的地名。

图 1. 2. 105　余杭安乐塔（20 世纪 30 年代）

图 1. 2. 106　老余杭县城画（20 世纪 30 年代），山上宝塔为安乐塔，是五代吴越国时所建，其北七里八分即为苕山桥。

　　图 1. 2. 107，是 20 世纪 90 年代初，在苕山桥附近拍摄的照片，证实苕山桥一带古韵悠远，且是古代驿道。

图 1. 2. 107　苕山桥附近发现的古代旗杆石（20 世纪 90 年代）［叶水娟提供］

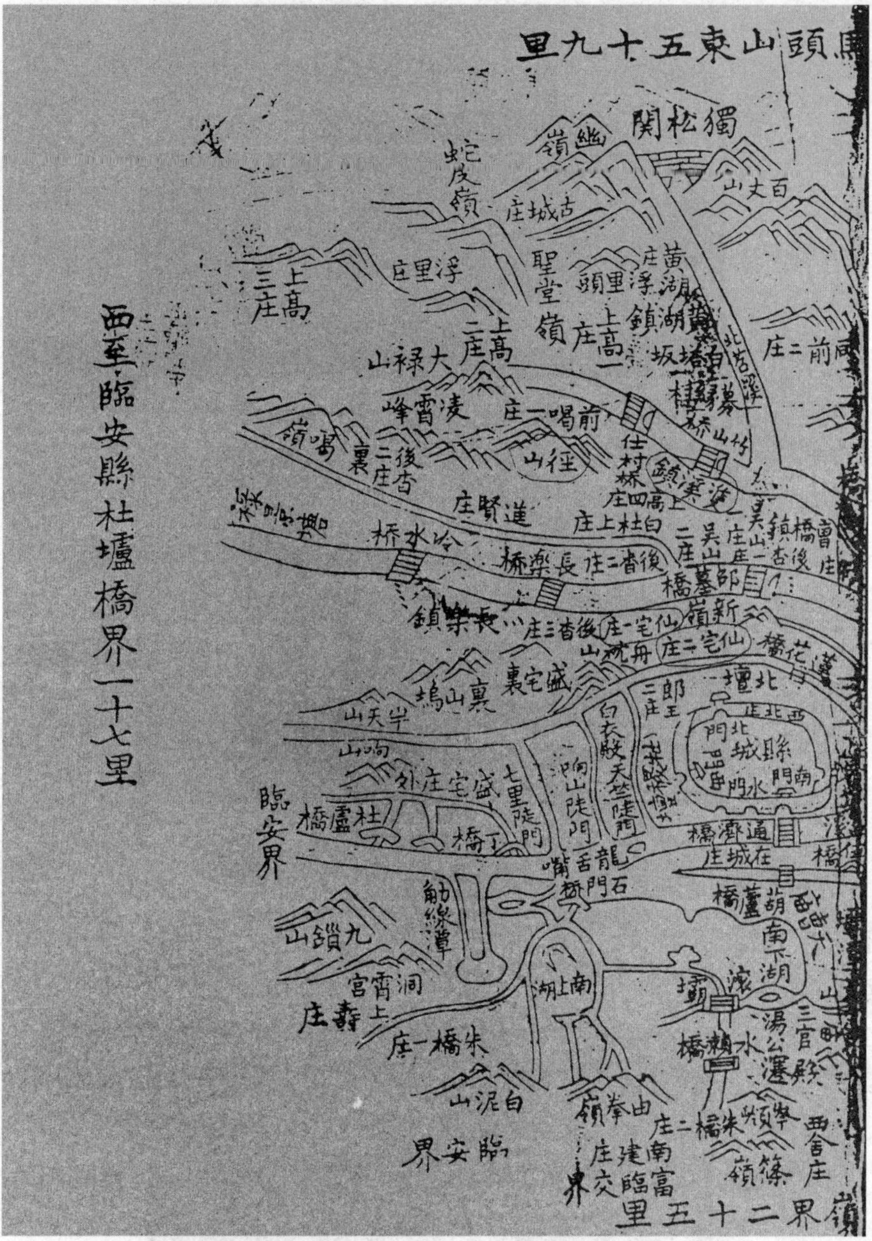

图 1.2.108 洁嘉庆《余杭县志》之"余杭县境新图"（西半部），标有"仙宅一庄""仙宅二庄"。

图 1.2.109，是 2006 年 10 月由浙江古籍出版社出版的《杭州古旧地图集》，其中明万历七年（1579 年）《余杭县境新图》（局部），图中陆羽在余杭著《茶记》一卷的"苎山"以及"苎山桥""苎山坂"都清楚标明，陆羽著《茶经》其地的"双溪"、

"吴山"也有标示，国一大师法钦创建径山寺之"径山"，无准师范墓地"张堰"也可找到。

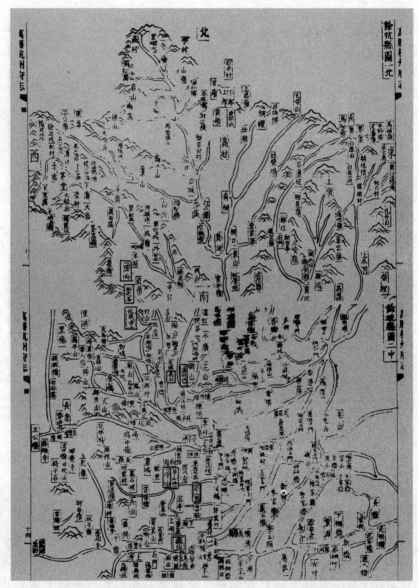

图1. 2. 109　明《万历杭州府志·余杭县图》

2005 年 10 月，由杭州地方志编纂委员会整理，中华书局出版《万历杭州府志》卷之二十七三沟洫下六有：

苎山坂上陡门、苎山坂下陡门，俱在（余杭）县北十二里同化乡仙宅界。

明代古籍和古图证实，俞清源先生在仙宅调查中许多"苎山"的地点，历史上确实存在。另《万历杭州府志》卷二十，山川一，钱塘县城外诸山总目，"苎山"也列其中。

图 1. 2. 110　余杭物质文化遗产、杭州市文物保护点"余杭苎山桥"

（四）苕霅即余杭考

"苕霅即余杭"，是认同陆羽在余杭著《茶经》之关键　2001 年，笔者曾凭借本人所藏清光绪《余杭县志》和其他一些文献，对陆羽在余杭双溪陆羽泉著《茶经》进行考证，并涉及一些以往对陆羽在余杭著《茶经》中的各种文献，交往一些陆羽的研究者。持"陆羽隐于苕溪著《茶经》在湖州"之说者，在看到《余杭县志》中"陆羽泉"条目明确记载后进行反驳，最后的杀手锏是"苕霅"即湖州，认为余杭根本不能称"苕霅"，甚至也无苕溪。尽管有许多依据，但持异议者总认为缺乏说服力。《余杭县志》中陆羽"隐居苕霅著《茶经》其地"中的"苕霅"，成为认同"陆羽在余杭著《茶经》"或认同"陆羽在湖州著《茶经》"的一致依据。那么余杭究竟能否称"苕霅"？

南宋洪咨夔之《余杭县治记》中为最早"茗雪即余杭"的权威诠释 书海无涯，勤耕总有结果。在逐字的查阅中，2002年4月底终于有了突破，在南宋《咸淳临安志》卷五十四、六中查到了"茗雪"即余杭最确切的依据。南宋《咸淳临安志》对临安府（杭州）的每一个县均有描述，其卷五十四、五十六是"余杭县"，曰：

县治，按《舆地志》，旧在溪南，东汉熹平二年，令陈浑徙于溪北，今在县城内西北隅。宣和中，令江帙建，后毁于寇。建炎三年，令张永祠重建。乾道四年，改创县门鼓楼。绍定癸巳，令赵希磐重建，洪忠文公咨夔记之。记文：

洪忠文公记曰：余杭茗雪之津会，故冬予奉老亲行雪上诸山，扁舟循茗溪而下……

南宋绍定癸巳，即绍定六年（1233年），洪忠文公咨夔的《余杭县治记》一开始就点出"余杭茗雪之津会"，"津"，在《辞海》中解释为"渡口"。"会"，在这里是多的意思。"津会"，是许多渡口、码头的意思。如同城市称都会，大城市称大都会一样。"余杭茗雪之津会"，即余杭县治是茗雪流域的大码头。此处的茗雪泛指整个余杭县疆域，而县治所在地为一大渡口，即大码头。接下去的故冬予奉老，亲行雪上诸山，扁舟循茗溪而下……更说明茗溪、雪溪在南宋时都曾是余杭的河流，"茗雪"则是余杭别称。文中"扁舟循茗溪而下"之"扁舟"，与《陆文学自传》的"常扁舟往山寺"，用词都一样，因为余杭在茗溪上游，只可用扁舟，即小船往来，而湖州在茗溪下游，溪宽而水深，船也较大，则要用橹摇船，不是一叶扁舟了。

图1.2.111 南宋《咸淳临安志》，是杭州最古老最全面的地方志。

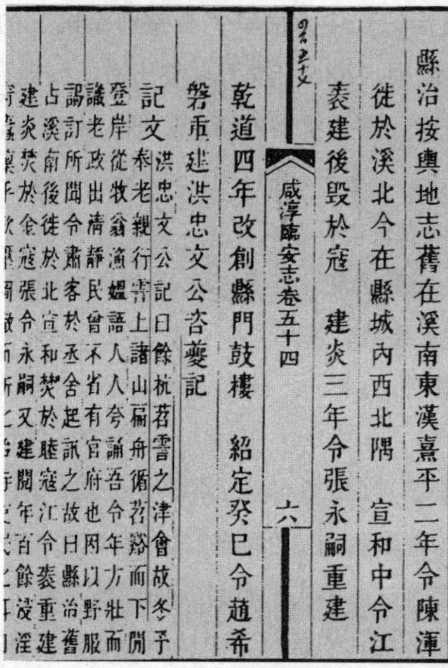

图 1. 2. 112　南宋《威淳临安志》之"余杭县治记"

　　图 1. 2. 113，是清康熙《余杭县志·赵邑侯重建余杭县署记》，起首为：余杭苕雪之津会，客冬予奉亲行上……与嘉庆《余杭县志》基本相同，其中"故"为"客"

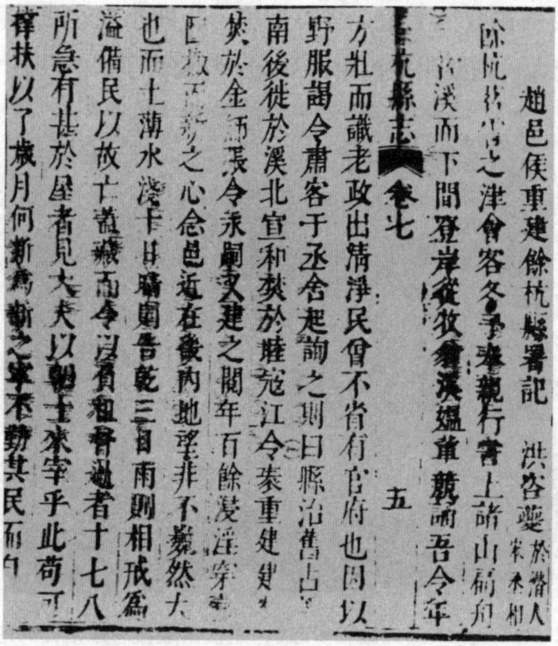

图 1. 2. 113　清康熙《余杭县志·赵邑侯重建余杭县署记》

字。"茗雪"是余杭的别称，非常明确。标题下作者洪咨夔还有"於潜人，宋丞相"的介绍，提高了该文的权威性。

有些说者将洪咨夔《余杭县治记》中"余杭茗雪之津会"之"茗雪"中加顿号、"雪"后加（湖州市），成为"茗雪（湖州府）"。而对"津会"，则表述为茗与雪的交会。其谬误把余杭县治交会到湖州去了。

《咸淳临安志》对余杭县县治的记载是"茗雪即余杭"的最早出典洪咨夔，《咸淳临安志》卷六十七条、十四、十五，有专门条目介绍。字舜俞，於潜人。嘉泰二年进士第，继中教官、调饶州教授。理宗即位，召为礼部郎官。端平改元，兼吏部侍郎兼同修围史二年。嗣后，拜翰林学士知制诰兼侍读，兼修国史。理宗有御笔：咨夔鲠亮忠悫，有助亲政，特与执政恩例，又赠两官，谥忠文。

图1. 2. 114　南宋《咸淳临安志》之"洪咨夔"

洪咨夔研穷经史，驰骛艺文，蔚为近世词宗，自号平斋，有两汉诏令三十卷，手抄一百卷，春秋说三卷，内外制及赋诗文三十二卷……

洪咨夔是《咸淳临安志》中记载颇负盛名的学者、修史专家，与皇帝多有应对。

图1. 2. 115　清嘉庆《余杭县志》之吴之鲸《径山纪游》

在《咸淳临安志》的诸县官厅中除了《余杭县治记》外，洪咨夔还为於潜县治记文。他既是南宋丞相，显赫高官，又是修史专家，还是临近余杭的於潜人，应是熟知"苕雪"与余杭之间关系的，他的记文应是具有权威性的。他的"余杭苕雪之津会"，"亲行雪上诸山，扁舟循苕溪而下"中，对"苕雪"的理解和用词应也是十分妥帖和具有权威性的。

明吴之鲸《径山纪游》之"苕雪即余杭"　其他一些古籍资料也有类似的"苕雪即余杭"的说法。如清嘉庆《余杭县志》记载的明代《吴之鲸径山纪游》。其第十三行有一段话：禹杭舍逆旅，主人询问南湖路，湖为众流奥区，由苕雪达震泽入海，此其居停也……吴之鲸一行去径山，在禹杭（余杭）逆流而上，在南湖逗留问路，但见浩渺如大海的南湖，为天目山众流汇集之奥区，南湖之水南苕雪达震泽（太湖）入海，天目山之水在此居停而已。说明在明清时当地人的理解之中，苕雪即苕溪。"苕雪"有两层意思，一是可理解为"苕溪"，所以所有古籍中"隐于苕溪"，"隐于苕雪"都是指苕溪，第二层意思，"苕雪"不仅指"苕溪"，还是"余杭"的别称。

嘉庆皇帝之"苕雪农桑"诗是"苕雪即余杭"的权威注释　清代康熙大帝曾三度南巡到杭州，品尝过龙井名茶；乾隆皇帝更是六下江南驾幸杭州，四上龙井，写下赞誉龙井茶御诗六篇；嘉庆帝也多次南巡来杭，写有二首龙井茶御诗。缔造近代中国版图，国力鼎盛时期的三位皇帝与杭州龙井茶都有不解茶缘，而嘉庆皇帝的诗作，对"苕霅"更有明确注释。

清代的杭州府志，前有首卷八卷，首卷之一是康熙皇帝三度南巡来杭纪实。首卷之二至首卷之六，共五卷，是乾隆皇帝六下江南驾临杭州的详细记载。首卷之七、之八两卷则是嘉庆皇帝巡幸来杭的记载。皇帝巡幸时，还有许多大员随从，其中不乏功力深厚的宫廷画家，这些画作为我们留下了无数美轮美奂、惟妙逼真的人物、山水、景物画卷。由于古时没有照相，这些图画已是我们研究清代弥足珍贵最鲜活生动的资料。

在诸多跟随嘉庆巡幸杭州府的画家中，有一位大画家董洁，将画成册，呈送嘉庆帝。嘉庆帝在每幅画后均题有五言律诗，其第二幅画的诗，题为《苕霅农桑》：

图 1. 2. 116　嘉庆帝《苕霅农桑》诗

双溪佳胜擅，春景纪余杭。农事方耘稻，妇功近采桑。

卷崖云影润，夹岸菜花香。力作无休息，三时候正长。

题为《苕霅农桑》，第一句"双溪佳胜擅"中之"双溪"，即陆羽著《茶经》其地的地方；第二句则为"春景纪余杭"，无需解释，很明确"苕霅"即余杭别称，而且地方指的还是茶圣陆羽著《茶经》其地的余杭双溪。

典籍记载下游塘栖、海宁称天目、余杭来水为"苕霅"

今塘栖，又称"塘西""唐栖"，现为塘栖镇（社区）。今海宁市，民国为海宁县、清为海宁州，一度归属于杭州府。今余杭区区政府昕在地临平，唐代之前曾归属于海宁。大量典籍称余杭天目来水地为"苕霅"，说明陆羽著《茶经》的余杭双溪陆羽泉一带确曾称为"苕霅"。

塘栖典籍记载的塘栖上游来水源自天目、余杭

清《栖里景物略·募建跨塘桥华严塔址建三圣阁文昌、关帝、龙王疏》中有：

唐栖去仁和县治六十里许，夹溪为市，望皋亭、黄鹤，叠嶂如屏，其水由钱塘、

图 1. 2. 117 清宫廷画《嘉庆临池图》，右边一童子手捧茶碗，嘉庆帝写诗作画不忘品茗。

余杭诸山数折而下，又有前溪、余不溪之水漫流南注，至唐栖演灌澄泓，号为泽国。

这一段记载说明塘栖来水由"钱塘、余杭诸山数折而下。""又有前溪、余不溪之水漫流南泛"，指的是武康、德清的来水。而湖州府内的一段雪溪注入太湖，不可能倒灌漫流塘栖。

《唐栖志·唐栖漕运河考》曰：

唐栖临大溪，曰栖溪。潜初子岳元声《图书编》云：浙西诸水俱发源于天目，万山泄泻。一由德清而落巨区，一由余杭而入于栖溪。至镇复而为两，一由濑溪而落震泽，一由嘉兴而东入于海，故曰通济桥为首冲焉。

依此记载：塘栖运河水"俱发源于天目，万山泄泻。"天目来水"一由德清而落巨区"，即入太湖；"一由余杭而入于栖溪"，即注入塘栖栖溪。进入塘栖后，"一由濑溪而落震泽，一由嘉兴而东入于海"。对塘栖的来水、去水流向描述得非常清楚。关键是塘栖来水是天目万山泄泻，由余杭而入栖溪。

《唐栖志·重修期阁庵千佛阁疏》曰：

天目山自南龙水飞舞，历皋亭、黄鹤，至超山峙焉。武林诸水合流北关至唐栖，合皋鹤、超山水，由广济桥、里仁桥，历陆郭、五杭博陆、大麻至崇德县。

"天目山自南龙水飞舞"，塘栖之水天目余杭来水也。

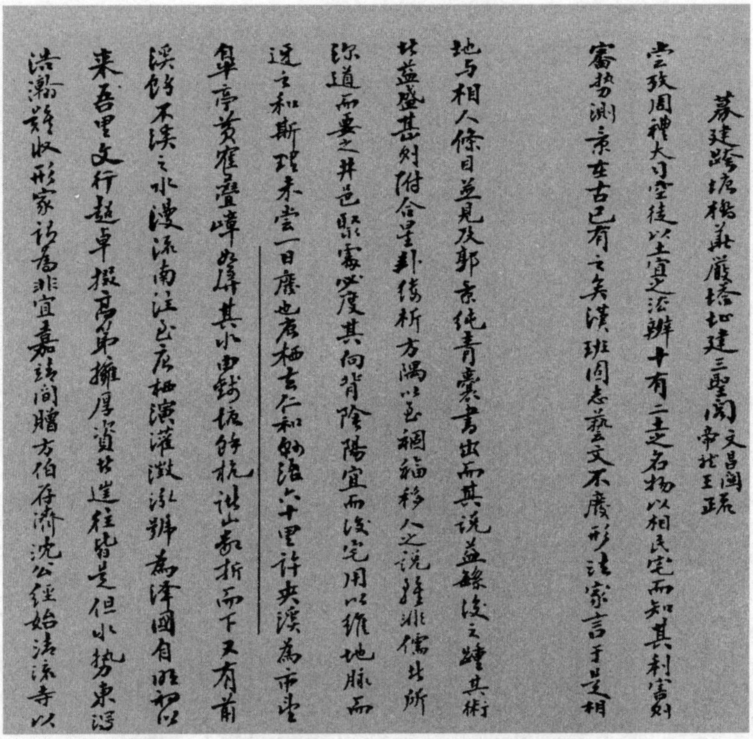

募建跨塘橋華嚴塔址建三聖閣文昌關帝龍王疏

嘗攷周禮大司徒以土宜之法辨十有二土之名物以相民宅而知其利害則審勢測京在古已有之矣漢班固志藝文不廢形法家言于是相地與相人條目並見及郭景純青囊書出而其說益繁後之肄其術者益盛甚則附合星卦傍析方隅以至禍福移人之說雖非儒者所稱道而要之井邑聚落必度其向背陰陽宜而後定用以維地脈而通之和斯理未嘗一日廢也唐棲古仁和鎮距六十里許夾溪為市當皋亭黃鶴疊嶂如屏其水由錢塘餘杭諸山數折而下又有前溪餘不溪之水漫流南注至唐棲演瀁潆洄辨為澤國自明迄以來吾里文行超卓掇高第擁厚資者往往皆是但水勢東瀉浩瀚難收形家謂為非宜嘉靖間贈方伯存濟沈公經始法流寺以

图 1. 2. 118 清《栖里景物略·募建跨塘桥华严塔址建三圣阁、文昌、关帝、龙王疏》之“其水由钱塘、余杭诸山数折而下”记载。

《唐栖志·募建资庆院地藏殿疏》记载了南宋建炎间创建的资庆院历史，文中有：

以为院枕大河，天目山发源奔属，蜿蜒而下，西注则为运道，东折则为武林，东北则为五林桥，为前溪。

资庆院“院枕大河，天目山发源奔属，蜿蜒而下。”来水源白天目余杭。

《栖里景物略·重修广济庵募缘疏》曰：

塘西为天目诸水之汇，下流并刷。广济、里仁二虹跨之，扼束其势，使不得暴泄。跨虹而祠，各有神以镇压之。

塘栖广济桥旁的广济庵一带乡民绅士历来认为“塘西为天目诸水之汇。”源自余杭天目来水也。

《栖里景物略》载嘉兴朱大辉《翠湖渔父》，曰：

百顷汪洋注翠湖，奔流天目此旋铺。蒹葭人近停云邈，蓑笠翁曾钓雪无。数叶破烟争网汉，乱声凄月夜歌苏。得渔桑市前津换，半绝新蚕半饱鹕。

其首二句表述的是，汪洋百顷的翠湖，奔流而下的余杭天目来水在此形成漩涡。

图1.2.119　《唐栖志·唐栖漕运河》之"诸水俱发源于天目，万山泄泻"

汛期上游余杭天目之水来势汹涌。

《栖里景物略》载吕律诗，题为：

《西水距钱塘江不百里，山水皆自天目发源，而西北地势又从苕中夹来，故秀气甲于三吴诸镇》

诗曰：溪塘百里浙江湄，风物山川自昔时。山由天目裙拖带，水落苕源本一支。

其诗题则点明塘栖之西水，距钱塘江不过百里，但并非源自钱江，而发源于余杭天目。

披露这七则文章、诗句，是要说明余杭典籍记载南宋建炎以降明清时期，塘栖的文士认定塘栖上游来水是源自天目经余杭奔流泄泻的。

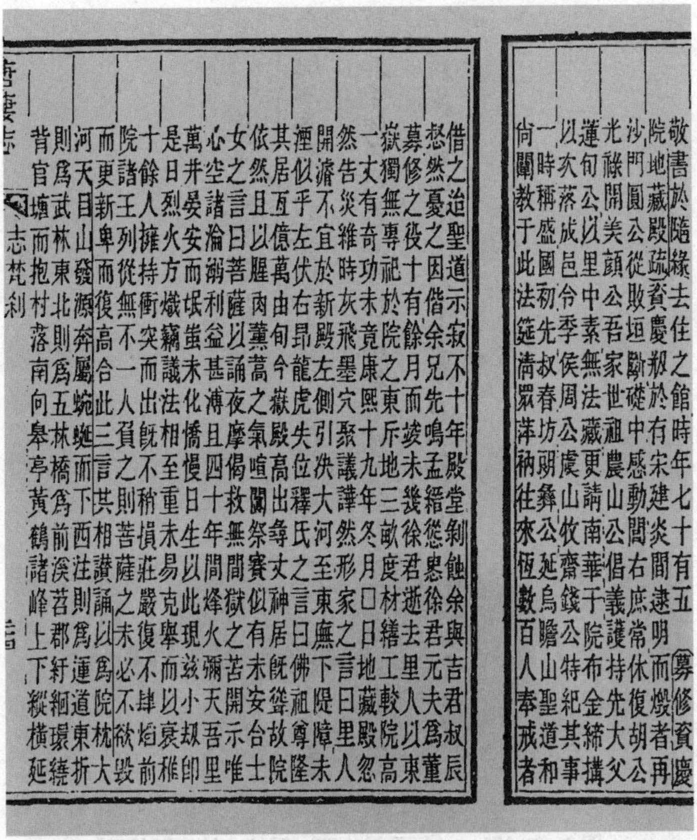

唐棲志 志梵刹

敬書於隨緣去住之館時年七十有五
募修資慶
院地藏殿疏資慶叔之於有宋建炎間逮明而燬者再
沙門圓公從敗垣斷礎中感動閭右庶常休復胡公
光祿開美顏公吾家世祖農山公倡義護持先大父
蓮旬公以里中素無法藏更請南華于院布金締搆
以次落成邑令季侯周公虞山牧齋錢公特紀其事
一時稱盛國初先叔春坊明彝公延烏瞻山聖道和
尚闡教于此法筵清衆萍衲往來恆數百人奉戒者

借之迨聖道示寂不十年殿堂剝蝕余與吉君叔辰
愁然憂之因借佘兄先鳴孟縉慫恿徐君元夫爲董
募修之役十有餘月而竣未幾徐君逝去里人以東
嶽獨無專祀於院之東斥地三畝度材鳩工較院高
一丈有奇功未竟康熙十九年冬月口日地藏殿忽
然告災維時灰飛壘穴聚議譁然形家之言曰里人
開濬不宜於新殿左側引泆大河至東廡下隄障未
湮似乎左伏右昂龍虎失位釋氏之言曰佛祖尊隆
其居亙億萬由旬令嶽殿高出尋丈神居既聳故院
依然且以腥肉薫蒿之氣喧闐祭賽似有未安合士
女之言日菩薩以誦夜摩偈救無間獄之苦開示唯
心空諸淪溺利益甚溥且四十年間烽火彌天吾里
萬并晏安而坻蚩未化憍慢日生以此現茲小劫卽
是日烈火方熾竊議法相至重未易克舉而以衰稚
十餘人擁持衝突而出既不稱損莊嚴復不肆熖前
院諸王列從無不一人貧之則菩薩之未必不欲毀
而更新卑而復高合此三言共相讚誦以爲院枕大
河天目山發源奔屬蜿蜒而下西注則爲運道東折
則爲武林東北則爲五林橋爲前溪苕郡紆絪環繞
背官塘而抱村落南向皋亭黃鶴諸峰上下縱橫延

图 1. 2. 120　《唐栖志 · 募建资庆院地藏殿疏》之“以为院枕大河，天目山发源、蜿蜒而下”。

塘栖典籍称余杭为“苕霅”

《栖里景物略》载，康熙五年（1666 年）湖州府事维扬吴绮拜撰《传经堂》，文曰：

苕霅之东百里，环山而秀，回水而清，桑麻平野，闾闬辐辏，曰“塘西”，固杭湖两郡接壤，而南北之孔道也。塘西之西，有广济桥，里名长桥，水陆络泽。桥之西，辽廓平旷，荡若无外，有楼观亭榭萦带骞腾者，卓氏祠宇在焉。其堂曰“传经”，为火传氏天寅祀其曾祖父入斋、莲旬、蕊渊三先生处。后乃潴泉为池，插竹为篱，松柏花石旋拱其际。堂之旁更为三楹，曰“只是读书”。池之中有亭，曰“水心云影”。循池而南，方阑为廊如带，曰“且吃茶”，昔董宗伯公思白所题也。

苕霅之东百里，环山而秀，泗水而清，桑麻平野，闾闬辐辏，曰“塘西”，固杭湖两郡接壤，而南北之孔道也。“闬”，巷门。塘西在“苕霅之东百里”，即流的是来水处余杭。如以苕霅认为是湖州（吴兴）。那就大错特错了，因塘栖在湖州之南。湖州之

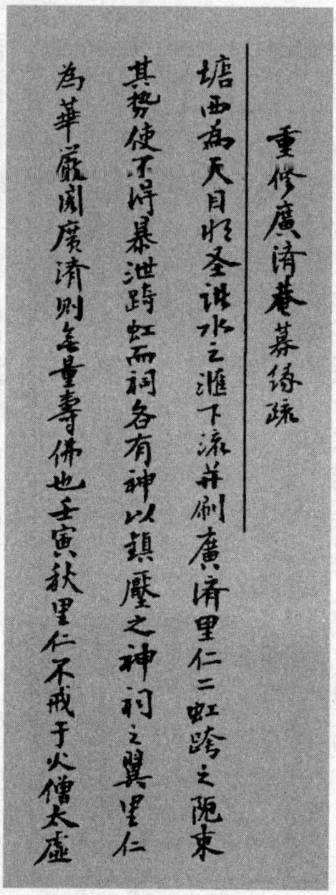
重修廣濟菴募緣疏
塘西爲天目諸水之滙下流并刷廣濟里仁二虹跨之陋東
其勢使不得暴泄跨虹而祠各有神以鎮壓之神祠之翼里仁
爲華嚴閣廣濟則無量壽佛也壬寅秋里仁不戒于火僧太虚

图 1. 2. 121　《栖里景物略·重修广济庵募缘疏》之“塘西为天目诸水之汇，下流并刷”。

东百里已是浙江、江苏边界了。这段文章的最后有“且吃茶”，引用的是茶禅用语，足见传经堂也是谈禅品茗之地。

文中言及之“其堂曰‘传经’，为火传氏天寅祀其曾祖父入斋、莲旬、蕊渊三先生处。”“火传”，即卓天寅，仁和县塘栖名士。顺治甲午（1654 年）副榜。《唐柄志》称其“著述等身、名满天下”。藏书数万卷有月波楼、芳桂洲等藏书楼。因此，《传经堂》一文，在地点、方位、用词精到也是非常正确的。

光绪己丑年《唐栖志》之“苕霅”　光绪己丑（1889 年）付梓庚寅刊成，钱塘杨文莹署《唐栖志》卷七志梵刹三十二，载唐栖明代著名庙宇广济庵（俗称总管堂）中“周圣天桥庵记略”。此记略一开始就写道：

唐栖为浙藩首镇，地属武林吴兴二郡之界，水为天目苕霅诸流之委……

唐柄，即今杭州市余杭区塘栖镇，地处杭州和湖州两府之界。历朝历代属杭州府仁和县。距余杭瓶窑一带仅约 20 公里，汛期时苕溪白天目而下，经瓶窑直抵唐栖。直

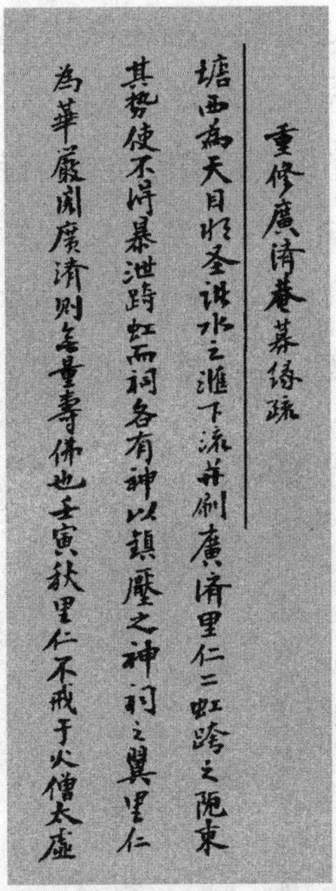
重修廣濟菴募緣疏
塘西為天目收苕諸水之滙下流并剏廣濟里仁二虹跨之阨束
其勢使不得暴泄跨虹而祠各有神以鎮壓之神祠之異里仁
為華嚴閣廣濟則無量壽佛也壬寅秋里仁不戒于火僧太虛

图1. 2. 122　《栖里景物略·翠湖渔父》之“百顷汪洋崔紫湖，奔流天目此旋铺”。

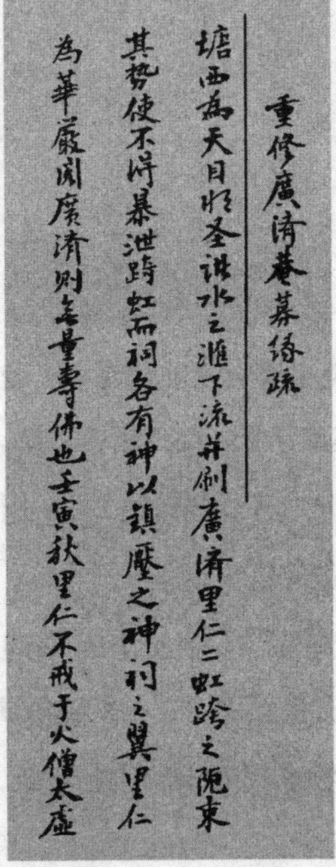
重修廣濟菴募緣疏
塘西為天目收苕諸水之滙下流并剏廣濟里仁二虹跨之阨束
其勢使不得暴泄跨虹而祠各有神以鎮壓之神祠之異里仁
為華嚴閣廣濟則無量壽佛也壬寅秋里仁不戒于火僧太虛

图1. 2. 123　《栖里景物略》之吕律诗“山水皆自天目发源”

至清代，距双溪、瓶窑仅数十里之遥的唐栖还称其上游天目之水为茗雪，可见余杭当地人其实也是可以把自天目汇集至余杭的诸水统称为"茗雪"的。

《栖里景物略》有苏州宋德宜蓼天记述传经堂的诗作，曰：

传经之堂在何许，茗雪之东百余里。湖深鱼肥在郫水，南溯钱塘近六桥。北穷吴会接江潮，临流卜筑虹梁侧。堂构森沉摊卷帙，庭前花石拟林峦。阁外帆樯随炤入，三世风流今在兹。翼子文孙继所思，不见堂前登眺处，封禺山色只依稀。

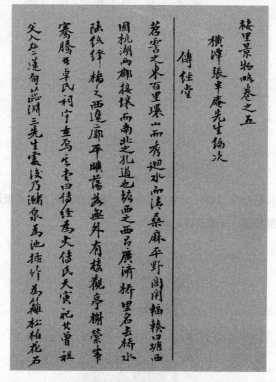

图 1. 2. 124 《栖里景物略·传经堂》之"茗雷之东百里，环山而秀，泗水而清，桑麻平野，间闬辐辏，曰'塘西'"。

首句"传经之堂在何许，茗雪之东百余里。"苏州名人也认为塘栖的传经堂在茗雪之东百余里，此处茗雪同样指的是余杭。

《栖里景物略·卷之六·传经堂诗》有太仓周肇迪诗，曰：

塘西果要会，环控茗雪湄。鱼盐眩早市，橘柚纷离披。甲第何足数，中有三高祠。双虹通宛转，溪水淡须眉。竹木罗罗疏，清风微骨肌。堂构固佹若，借问肯者谁？父子步芳躅，兰荪复华滋。康氏及元同，一经永在兹。厨俊倾天下，忆昔全盛时。

其首二句"塘西果要会，环控茗雪湄。"意思是说塘栖果真是一水乡要津、整个塘栖镇都在苕溪流域的岸边。此处又用了"苕雪"二字。说明即便距余杭东百里之里的塘栖也可称其地为"苕雪"。此处应用"苕雪"指的当然是传经堂所在地塘栖，并非其他地方。此处的"湄"，确切地表达了塘栖建筑临水而居的水乡景色。

《唐栖志·卷二十·杂记》载，朱麟诗曰：千乘金碧倚清流，无数奇峦人望幽。僧榻当窗支翠壑，客帆依槛度沧州。霜枫掩映皋亭树，烟水迷离苕雪秋。寂静旃檀香影里，幢幢飙飙戏溪鸥。

"麟"，麟的异体字。"霜枫掩映皋亭树，烟水迷离苕雪秋。"诗中之皋亭，即今半山，秋天皋亭满山遍野的枫叶红了，一片迷人的秋色。"烟水迷离苕雪秋"，又一次以"苕雪"来描绘蒙眬迷离的塘栖秋天，此处"苕雪"，指的是塘栖，而非其他地方。再一次说明即使塘栖，因为水来自天目余杭，也可认为是苕溪流域、"苕雪"是苕溪的泛指，因此塘柄也可称"苕雪"，当然其上游的余杭一样可称"苕雪"了。

图 1. 2. 125　光绪己丑年《唐栖志》之"周圣天桥庵记略"，中有"水为天目苕雪诸流之委"。

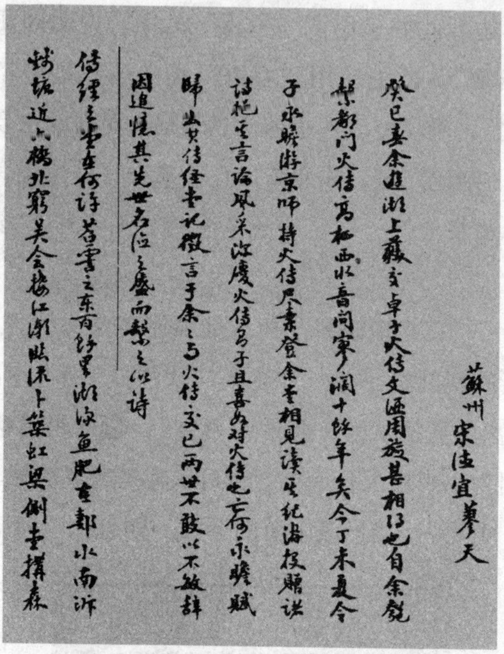
蘇州宋[illegible]宜蓼天

癸巳春余游浙上藏玄卓于以傳文匯周旋甚相得也自余毀
祭鄰門以傳高松西水音問寡闊十餘年矣今丁未夏令
子承曉游京師持以傳尺素登余堂相見讀所紀游投贈詩
詩[illegible]言論風采宛慶以傳有子且喜而對以傳也今亦承曉賦
歸去以傳經堂記徵言于余余與以傳交已兩世不敢以不敏辭
因追懷其先世名位之盛而繫之以詩

傳經之堂在何許苕霅之東百餘里湖漁魚肥會鄰水南沂
埗塘近以橋北窮吳會接江浙臨流卜築虹梁側臺構森

图 1. 2. 126　《栖里景物略》之“传经之堂在何许，苕霅之东百余里”。

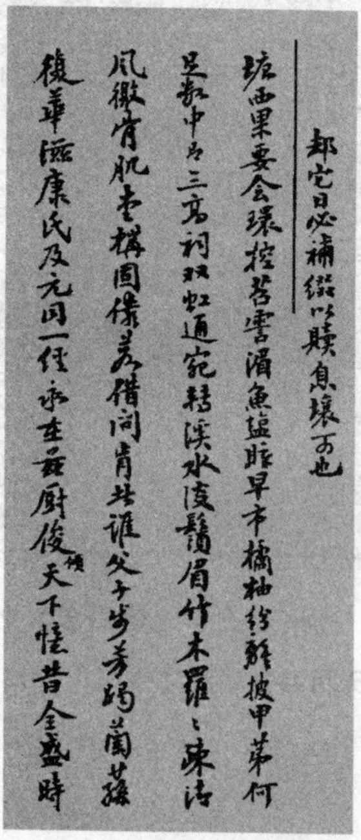
郡它日必補綴以贖息壤可也

塘西果要會環控苕霅湄魚鹽晨早市橘柚紛離披甲第何
足數中有三高祠雙虹通宛轉溪水漾鬚眉竹木羅羅疎治
風徽肯肌壹構圖儀為借問肯共誰父子步芳踪蘭芷
復華滋康氏及元同一經承壹無廚俊頓天下推昔全盛時

图 1. 2. 127　《栖里景物略》之“塘西果要会，环控苕霅湄”。

清《海宁县志》称"水皆出天目……其洪流既由苕霅北走"。

不仅塘栖均称上游来水为天目、余杭，在塘栖下游的海宁也称来水皆为天目，其洪流既由苕霅北走。

图1.2.128，是清《海宁县志·方域》之"泮江塘河"条目，起道写道：

此宁邑下塘水也，北流支港甚多，俱由洛塘河注入嘉兴境，其东南流出浑水石桥注入袁花塘。旧志作新江。祝以幽《涬江塘记》曰：所以西凡水皆出天目，而汇于具区，其洪流既由霅北走，而其支东北走檇李，又其支东走海宁则涬江。

清《海宁县志》之"涬江塘河"条目，首先点出这是一条海宁县下塘河。即与余杭县（清为仁和县）的《唐栖志》中所称"水为天目苕霅诸流之委"，同是下塘河水系。下塘河水系和上塘河水系有1.5~2米的水位差，要通过堰坝方能进入另一水系。

祝以幽《涬江塘记》中"具区"，古泽薮名。《尔雅·释地》十薮之一，一名震泽，即今太湖。评成白话文，说的是，（从海宁下塘河来看），但凡西边之水，皆出自临安天目众水，而流贯至太湖，其洪流既南苕霅（余杭）北走，而其支流东北流向嘉兴（檇李），另一支流东行则是海宁涬江。非常明白，流入太湖的水源自天目，是经苕霅（余杭）北走的，"苕霅"，余杭别称也。

图1. 2. 128 清《海宁县志》称"水皆出天目……其洪流既由苕霅北走"

《西天目志·山水》记载天目水"于东南奔流赴于苕霅"　　图1. 2. 129，是民国

茶经

茶圣陆羽与《茶经》

抄本《西天目志》书影。图 1. 2. 130，是民国抄本《西天目志·山水》其末尾倒数第二行有：于东南奔流赴于苕霅……之语，临安西天目山与余杭山水相连，天目水奔流于苕霅之"苕霅"，指的就是余杭。

图 1. 2. 129 民国抄本《西天目志》书影

图 1. 2. 130 民国抄本《西天目志·山水》对天目水"于东南奔流赴于苕霅"的记载

《西天目山祖山志》记载的"苕霅即余杭"图 1. 2. 131，是清《西天目山祖山

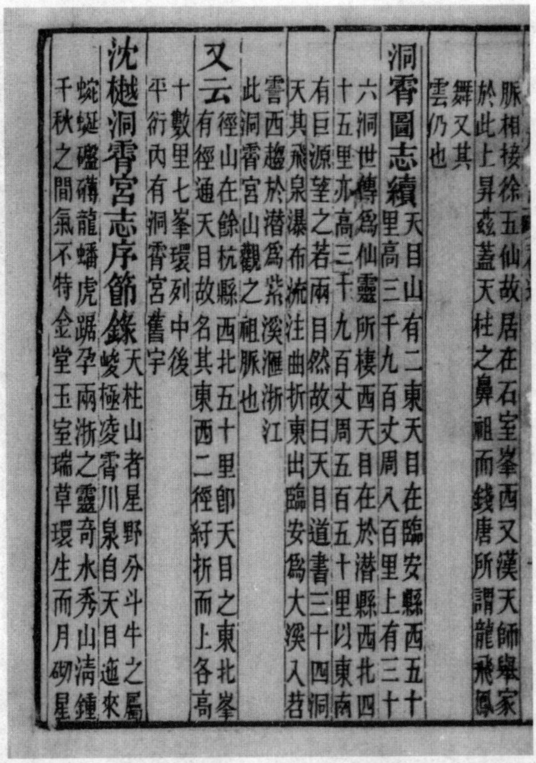

脈相接徐五仙故居在石室峯西又漢天師舉家
於此上昇茲蓋天柱之鼻祖而錢唐所謂龍飛鳳
舞又其
雲仍也
洞霄圖志續 天目山有二東天目在臨安縣西五十
里高三千九百丈周八百里上有三十
六洞世傳爲仙靈所棲西天目在於潛縣西北四
十五里亦高三千九百丈周五百五十里以東南
有巨源瑩之若兩目然故曰天目道書三十四洞
天其飛泉瀑布流注曲折東出臨安爲大溪入苕
霅西趨於潛爲紫溪滙浙江
此洞霄宮山觀之祖脈也
又云 徑山在餘杭縣西北五十里卽天目之東北峯
有徑通天目故名其東西二徑紆折而上各高
十數里七峯環列中後
平衍內有洞霄宮舊宇
沈樾洞霄宮志序節錄 天柱山者星野分斗牛之屬
嵕極凌霄川泉自天目迤來
蜿蜒磅礴龍蟠虎踞孕兩浙之靈奇水秀山清鍾
千秋之間氣不特金堂玉室瑞草環生而月硐星

图 1. 2. 131 《西天目山祖山志》"洞霄图志续"条目

志·洞霄图志续》，其中有：

其飞泉瀑布流注曲折，东出临安为大溪，入苕霅。西趋於潜为紫溪，汇浙江，此洞霄宫山观之祖脉也。

图 1. 2. 132，是清《西天目山祖山志·石钧游天目山记》，有：戊午（1858 年）四月八日，余与贾子啸轩至余杭，呼篮舆游天曰山。出城西门即见千峰层列，奇秀莫状，缘苕溪行，溪水清浅，隔岸皆竹树，如是五十里至永慈精舍止。

这两条目，为相邻两页所载，上一条目说"天目之水东出临安为大溪，入苕霅"，临安至余杭的大溪，称为"苕霅"，非常明确。下一条目讲，出（余杭）城西门，"……缘苕溪行，如是五十里至永慈精舍止"，其时，从余杭到临安有五十里的苕溪。非常关联地说明清代临安、余杭人称余杭至临安的大溪，为"苕霅"，也可称苕溪，也即"苕霅"可谓余杭别称也。

1916 年余杭宗谱记载"苕霅"即"余杭"　延缓千百年，在苕溪边繁衍生息的姚氏家庭，"扶老携幼，济济跄跄"来到祠堂，庆祝续修家谱圆满成功。

这里关键的是"苕霅泱泱"之句，直至民国五年（1916 年），余杭当地人还称余

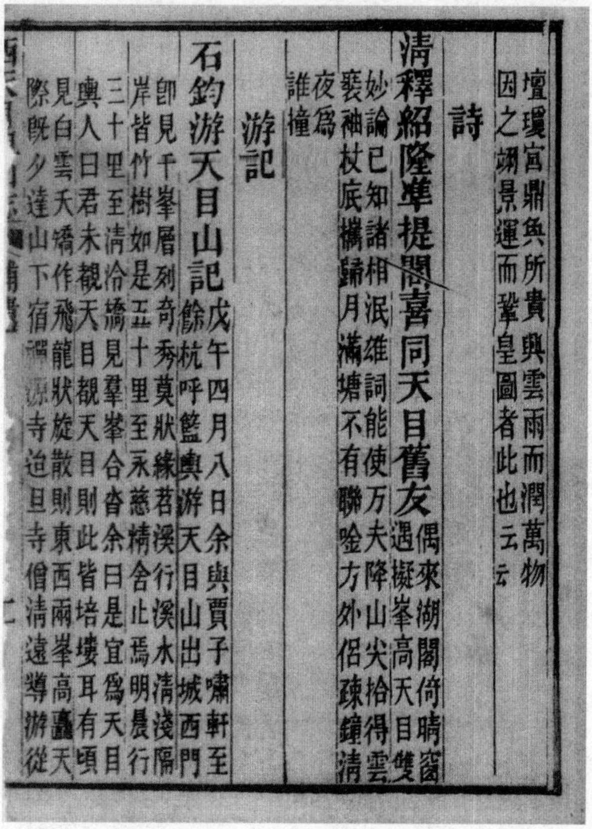

壇環宮鼎彝所貴與雲雨而潤萬物
因之翊景運而肇皇圖者此也云云

詩

清釋紹隆準提閣喜同天目舊友偶來湖閣倚晴窗遇擬峯高天目雙
妙論已知諸相泯雄詞能使万夫降山尖拾得雲
褏袖杖底攜歸月滿塘不有聯唫方外侶疎鐘清
夜爲誰撞

游記

石鈎游天目山記戊午四月八日余與賈子嘯軒至餘杭呼籃輿游天目山出城西門
即見千峯層列奇秀莫狀緣苕溪行溪水清淺隔
岸皆竹樹如是五十里至永慈精舍止焉明晨行
三十里至清冷橋見羣峯合沓余曰是宜爲天目
輿人曰君未覩天目覩天目則此皆培塿耳有頃
見白雲夭矯作飛龍狀旋散則東西兩峯高矗天
際既夕達山下宿禪源寺迨旦寺僧清遠導游從

图 1. 2. 132 《西天目山祖山志》“游记 · 石钩游天目山记”条目

杭，称苕溪流域为“苕霅”，再一次证实“苕霅”即余杭别称。见图 1. 2. 133。

古籍中的余杭“苕溪图” 第一节中许多古籍和清嘉庆《余杭县志》，都记载陆羽“隐于苕溪”，“结庐于苕溪之湄”，“隐于苕上”，“更隐苕溪”，那么古籍上是如何记载“余杭苕溪”的呢？

早在汉、唐，古籍就有余杭苕溪的记载。《余杭县志》卷十，山水四，水之引言和水之总叙，一开始就写道：

余邑诸山之水皆汇于苕溪，而苕溪之水又注于南湖。

说明自古以来，苕溪是余杭的主要河流，而南湖是自汉代余杭县令陈浑为“杀水”而首创的调蓄大湖。

苕溪作为余杭县的主要河流，在《咸淳临安志》之“九县山川总图”中可以一览无余，此图上临安县治、径山、能仁禅寺（径山禅寺）、洞霄宫、苕溪，作为南宋临安县的主要标示物一一列出。

而到了清代，径山划归余杭县。苕溪作为余杭县的主要河流，清嘉庆《余杭县志》

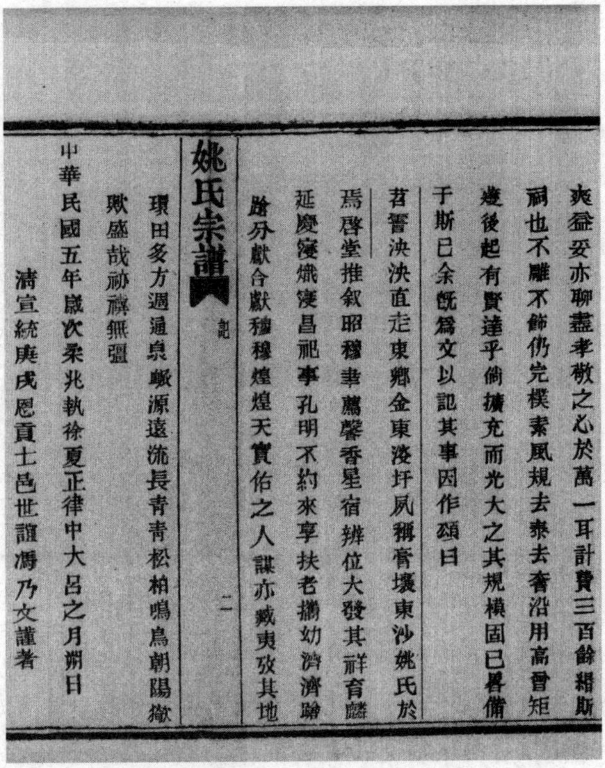
爽愆妥亦聊盡孝敬之心於萬一耳計費三百餘緡斯
祠也不離不飾仍完樸素風規去泰去奢沿用高曾矩
矱後起有賢達乎倘擴充而光大之其規模固已略備
于斯已余既爲文以記其事因作頌曰
苕霅泱泱直走東鄉金東淩圩夙稱膏壤東沙姚氏於
焉啓堂推叙昭穆聿薦馨香星宿辨位大發其祥育麟
延慶寖熾寖昌祀事孔明不約來享扶老攜幼濟濟蹌
蹌分獻合獻穆穆煌煌天實佑之人謀亦臧夷攷其地

姚氏宗譜 記 二

環田多方週通泉脈源遠流長青青松柏鳴鳥朝陽徹
瞅盛哉祕禱無疆
中華民國五年歲次柔兆執徐夏正律中大呂之月朔日
清宣統庚戌恩貢士邑世誼溥乃文謹著

图 1. 2. 133 余杭《姚氏宗谱·姚氏修造宗祠记并颂》其中有：“苕霅泱泱”之句，民国时期，余杭人称余杭为苕霅。

还专门在卷一图考中绘有一幅“苕溪图”。图中的苕溪横贯整个余杭县，又分成北苕溪、中苕溪、南苕溪。陆羽著《茶记》一卷的“苎山”，大致在中苕溪流域。而著《茶经》三卷的“双溪陆羽泉”，则在北苕溪流域。北苕溪从百丈坞和大禄山发育形成的二条河流的交汇处，也即陆羽著《茶经》之双溪。图中的“潘板桥”是今天长乐、双溪、潘板桥镇三镇合并后，今径山镇政府的所在地。

这一节，我们从余杭县治所在地，其下游塘栖、海宁，其上游临安以及直至民国时期本地人的家谱，上、中、下三种方位，以证据讲话，“余杭”，即可称“苕霅”。

（五）湖州、余杭典籍记载武康至德清之“余不溪”，亦称“霅溪”。说明余杭一带亦可称“苕霅”

《浙江全省舆图并水陆道里记》之“苕溪”和“霅溪”

清光绪癸巳年（1893 年）《浙江全省舆图并水陆道里记·浙江湖州府总图》，首为“湖州府图说”文如下：

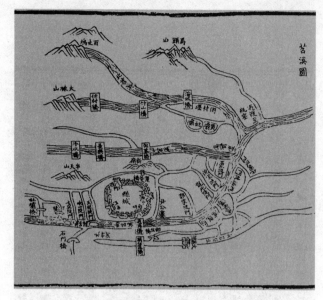

图 1. 2. 134　清嘉庆《余杭县志》之"苕溪图"

湖州府图说　湖郡北滨太湖，众流奔注，津渠交错，舟楫四通，其流之大者为苕溪。苕溪有二，一由武康受钱塘之水，北流为余不溪。会后，溪又东北流历德清为雪溪。又西北至归安埭溪，自西来会之；又西北汇为钱山漾，漾跨归安、乌程两县界。有西塘河南承武康之前溪与埭溪，乱流而北来会之，复北流贯府城，折而东北出大钱口入太湖，是为东苕水。

一出孝丰西南天目山阴，东北流过安吉折东流经长兴县南，又东入府城合雪溪，是为西苕水。

清末《浙江全省舆图并水陆道里记》运用近代测绘技术，动员百名技术人员，耗时三年。绘制的地图非常精确、实用。前有对省、府、县的图说、中有绘制精致的地图，地图上有当时的河流、道路、村庄、桥梁，比其后的民国地图，甚至航测地图还要详尽、细致。最后还有"水陆道里记"及"陆路道里记"，沿水陆两路一一记载桥、村名称，各节点的路程，观之深感古人留给我们如此翔实的史料，来诠释今人有所争议的史实。

"湖州府图说"非常清晰地表述了湖州的苕溪。苕溪有两条。一条由源自武康，是由余杭流至钱塘县北流为余不溪，会后又东北流历德清为"雪溪"。

这一段非常明确武康的水源除本县的源流外，主要由余杭流域钱塘之水，称为"余不溪"。"余不溪"与本县的水流会合后又东北流历德清为"雪溪"。这是"湖州府图说"中首次出现的"雪溪"地理名词。此"雪溪"不仅与余杭、钱塘、武康，即天目来水有关。与余杭、钱塘也是上游、下游关系，即你在源头我在源尾的关系。

接下去写道，又西北至归安埭溪，而来会之，又西北汇为钱山漾，漾跨归安、乌程两县界，有西塘河南承武康之前溪与埭溪乱流而北来会之，复北流贯府城，折而东北出大钱口入太湖，是为东苕水。

湖州府圖説
湖郡北濱太湖衆流奔注津渠交錯舟楫四通其流之大者為苕溪苕溪有二一由武康受錢塘之水北流為餘不溪會溪又東北流歷德清為雪溪又西北至歸安埭溪自西會之又西北匯為錢山漾漾跨歸安烏程兩縣界有西塘河南承武康之前溪與埭溪亂流而北來會之復北流貫府城折而東北出大錢口入太湖是為東苕水一出孝豐西南天目山陰東北流過安吉折而東流經長興縣南又東入府城合於雪溪是為西苕水東苕之初入境也流曰弱其

图1.2.135　《浙江全省舆图并水陆道里记》之"湖州府图说"

这一段非常明白表述了从德清"雪溪"至归安入太湖河流的流向、名称。西北至归安，与埭溪相会。两股水流回合后，西北汇为著名的钱山漾。钱山漾漾面广阔跨归安、乌程两县，又有另一股南承武康前溪的西塘河及埭溪的乱流北来，诸流汇合，浩浩荡荡流贯湖州府城，折而东北出大钱口入太湖，是为东苕水，也即湖州之东苕溪的来龙去脉。

这一段表述，不仅清楚，而且没有同样的河流，每一段河流都有名称、流向。湖州东苕水（东苕溪）源自余杭、钱塘、武康、德清，武康余不溪流至德清一段称"雪溪"，出了德清再没有"雪溪"的称谓。流入太湖前称"东苕水"，即"东苕溪"。因此，余杭的诸多典籍称"天目苕雪诸流之水"。余杭、武康、德清、塘栖一带既有苕溪（余杭有北苕溪、中溪、南苕溪）流入武康，到德清又有"雪溪"，因此这一范围，古往今来皆称"苕霅"，南宋修史专家洪、嘉庆皇帝称余杭为"苕霅"，余杭县志将双溪陆羽著《茶经》其他称"苕霅"也是世代应用，合情合理。沿袭习俗，也不足怪了。

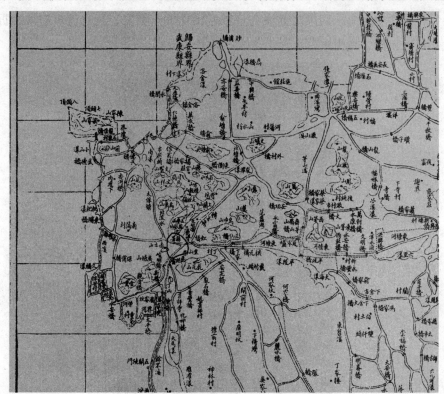

图 1. 2. 136　清《德清县百里方图》（局部）武康流入德清的余不溪清楚表明，会合后溪流经德清为"霅溪"。

　　"湖州府图说"还记载表述了"西苕水"，源自孝丰西南天目山阴，东北流过安吉，折而东流，经长兴县南，又东入府城，合霅溪是为西苕水，即湖州西苕溪。这一段的来水也是源自天目山，但是山背阴处，源自孝丰，流经安吉、长兴，进入府城，会合霅溪，是为西苕水。这是第二次出现"霅溪"。此府城之"霅溪"，非德清之"霅溪"，二处"霅溪"地点不同，源流不同，不能相提并论。故湖州称"苕霅"，与余杭称"苕霅"，指的是完全不同的二处地域概念。"湖州府图说"清晰明白的诠释，也给明清《余杭县志》之"唐陆鸿渐隐居苕霅著《茶经》其地"，其"苕霅"，明确是余杭，而非湖州，找到了新的确凿依据。

　　清嘉庆《余杭县志》诠释之"余不溪"，亦曰"霅溪"与《湖州府图说》完全一致

　　清嘉庆《余杭县志》卷十山水·水载齐召南《水道提纲》曰：苕溪，源出孝丰县南境之天目山，最高处曰金石山。其南叠嶂，即於潜北境之柳渔源、白鹅溪所出，东南流。入浙者北流，折而东北，俗曰龙溪河，七十余里，合南来一水，水出东天目山，其南阳岭即临安县西北之北溪，为东苕水，称余不溪之上源也。**至余杭、钱塘，为安溪。至德清，合武康前、后二溪，为余不溪，亦曰霅溪，至府治与苕溪会。……**

齊召南水道提綱曰苕溪源出孝豐縣南境之天目山最
高處曰金石山其南疊嶂卽於潛北境之柳漁源白鶩溪
所出東南流入浙者北流折而東北俗曰龍溪河七十餘
里合南來一水水出東天目山其南陽嶺卽臨安縣西北

餘杭縣志　卷十　山水四　水

之北溪爲東苕水稱餘不溪之上源也至餘杭錢塘爲安
溪至德清合武康前後二溪爲餘不溪亦曰霅溪至府治
與苕溪會臨安南溪出臨安縣西與於潛界之化龍鎮東
南流合西南一水東流經臨安縣城內又東流折東北與
北溪會經青山鎮南又東北經餘杭縣城內稍東分爲二
派一北流經城東又東北至安溪鎮東又北會東南來夫
津又北有一水自西來會水出武康縣西南境山東南流
數十里經餘杭北境之雙溪鎮北又東經平窑鎮南又東
北流入安溪南溪又北而小山河東南自錢塘北界西北
流來會卽安溪一派東流者也自餘杭城南南一派東流
稍北七十餘里至杭州府治錢塘縣北境之武林驛西與
運河通折而北流經北新關而西北流曰小山河凡七十
里與安
溪會

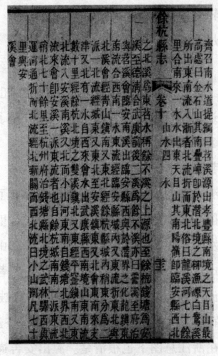

图 1. 2. 137　清嘉庆《余杭县志》之齐召南《水道提纲》

清嘉庆《余杭县志》齐召南《水道提纲》中对临安天目来水写道“至余杭、钱塘，为安溪。至德清，合武康前、后二溪，为余不溪，亦曰霅溪，至府治与苕溪会。”清嘉庆《余杭县志》的记载，与《湖州府图说》几乎字字相同，论述完全一致。即“余不溪，亦日霅溪。”

齐召南，字次风，号琼台，晚号息园。颖悟博识，幼有神童之目，年二十二，新城何公世璂拔充选贡，称于众，曰：“此我朝奇士，当以天姚江一辈相待也。”乾隆丙辰（1736 年），举博学鸿词科，改庶吉士，历官至礼部侍郎，曾修《一统志》《明鉴纲目》，校勘经史，纂修《会典》，充《续通考》副总裁，是乾隆朝知名的修史专家，其《余杭县志·水道提纲》视野广阔，用词精准到位，阐述“余不溪”，即“霅溪”，一目了然。应是权威诠释。

清《余杭县志》之“县志举正”对余杭苕溪的表述

清嘉庆《余杭县志》载：国朝严启煓《县志举正》曰：山川内叙述余杭大川凡四支，一支出紫藤山，一支发大陆山，一支发蛇山岭，三只虽发源各异，而皆归入苕溪。是三溪，乃四旁来会之水，而苕溪则正支也。今县前之溪，入德清，抵震泽，正苕溪也，乃不标出苕溪之名，又不著其源之所发，且置之于前三水之后。苕溪为一邑巨川，系三吴之利害，讵宜如此轻重不分，潦草倒置也？

有说者认为陆羽在湖州著《茶经》，源自《陆文学自传》隐居苕溪。《余杭县志》记载"唐陆羽隐居苕霅著《茶经》其地"披露后，不仅否认苕霅指的是余杭，认为是湖州，还否认余杭有苕溪。这种谬论不仅现代有，清代之前也有；清代严启煓《县志举正》的论述完整全面表述了余杭苕溪的源出与流贯，驳斥了缺乏研究，仅凭一些诗句中有"苕霅"说者的不正确说法。

清代古地图中的余杭苕溪

光以文字表述是说不清问题的，感谢古人还为我们留下了非常精确又说明问题的地图册。从《浙江全省舆图并水陆道里记》中"浙江全省百里方图"北面局部图，可以非常清晰地看到西苕溪发源于孝丰境内的广苕山，东面即山海经记载之浮玉山。而苕溪则发育于临安东天目山。正如严启瑞县志举正所云：广苕山而浮玉山，并非天目山，源头混同，所以会有流经武康之"余不溪"，张冠李戴被误认为是余杭之"余不溪"。流贯余杭县境的北苕溪、中苕溪、南苕溪，陆羽著《茶经》其地的"双溪"，在北苕溪和中苕溪交会中，在浙江总图下也很清楚。源出安吉递铺到武康的余不溪，在图上被标为余英溪，而武康到德清的一段大概太短，被称为"霅溪"的河流未示出名称，德清西南的塘栖很醒目。

"欲穷千里目，更上一层楼"，居高临下，纵览浙江省古地图，我们是否可以发现，苕溪溪之源头近在咫尺，就像黄河和长江一样，所以在苕溪和霅溪的源头，余杭、武康一带古时可被统称"苕霅"，也是很自然之事。

现代人很少会尝试从湖州乘船到陆羽著《茶经》的双溪，再登径山游览。因此有说者称"余杭根本无苕溪"。其实宋代吴兴与双溪水道相通，《径山志》卷七，游记有太仓人，尚书王在晋从《游径山记》论述了他乘舟到双溪，上径山：苕溪一带，天目诸山，众流环合，溯流可达。乃从吴兴泛舟、过德清、渡双溪。双溪之流一出天目山，一出高陆，至双溪桥会流入径山港。舟不得通，舍舟登陆一过化城接待寺。吴兴可乘舟达双溪，也给我们提供了陆羽来湖州、杭州的水路途径。

"苕霅即余杭"的历史原因

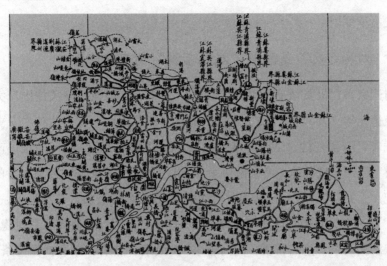

图 1. 2. 138 《浙江全省舆图并永陆道里记》中"浙江全省百里方图"（局部）

我们在考证"苕霅即余杭"时会想到，为什么"霅溪"是湖州的河流，而在《余杭县志》记载"陆羽著《茶经》其地"会有"隐居苕霅"的出现，还有一个重要原因，是在隋唐以前，余杭曾一度为"吴郡"一县，为"吴兴郡"一县。夏商时，余杭、乌程同属扬州。战国时，吴亡入越，越灭入楚。余杭、吴兴也同入越，入楚。秦始皇二十五年（公元前 222 年），秦灭楚，天下为三十六郡，以吴越地置会稽郡，领县二十四，余杭、乌程等均为会稽郡所属。永建元年（167 年），分会稽浙江以西为吴郡，余杭其时归为吴郡。宝鼎元年（266 年），吴主皓诏曰：今吴郡、阳羡、永安、余杭、临水及丹阳、故鄣、安吉、原乡、於潜诸县地势水流之便悉注乌程，既宜立郡，以镇山越，且以藩卫明陵，奉承大祭不亦可乎，其亟分此九县为吴兴郡的初衷是苕溪流域统一治理。临水即临安县。其时现今杭州的余杭、临安、於潜三县均隶属于湖州。到了隋朝，隋文帝开皇九年（589 年）废钱塘郡，置杭州，是有"杭州"二字的开端。隋炀帝大业三年（607 年）改杭州为余杭郡，隶钱唐、富阳、余杭、於潜、盐官、武康六县。唐高祖武德四年（621 年）改余杭郡复杭州，武康县改隶湖州。

从上面的一系列古籍记载看，"陆羽著《茶经》其地"的"苎山"和"双溪"所在地余杭县，在公元 760 年前的数百年间，与乌程（今湖州）同属于扬州越国，同为会稽郡。分会稽浙江以西为吴郡时又同为吴郡。三国吴王分九县为吴兴郡时，又同为吴兴郡。隋炀帝改杭州为余杭郡时，湖州的武康又划为余杭郡。在陆羽唐上元初来余杭隐居前的一百余年间，余杭和湖州还同属一郡，再加上苕溪和霅溪的源头又都在临安，从远古到唐、宋、明、清很自然会把余杭称作苕霅，这也是为什么余杭会有苕霅别称的历史沿革原因。

（六）"刘展之反"是陆羽"更隐苕溪"的直接原因

陆羽对国家兴亡极具敏感　陆羽为诗人，为学者，但他始终关注国家大事、民族兴亡。唐至德元年（756 年），安史之乱，他赋《四悲诗》一首表达对"安史之乱"的愤慨，寄托着对国家兴亡、民族苦难的忧患。为避安史之乱，陆羽随难民南下，遍历长江中下游和淮河流域各地，考察游历了 32 州，为写作《茶经》搜集大量的资料，记下许多笔记。上元初，即公元 760 年上半年陆羽隐居余杭苎山，整理笔记，思考茶事，写成《茶记》一卷，并同时计划写《茶经》。是什么原因，迫使陆羽"更隐苕溪"，到余杭吴山双溪陆羽泉"隐居苕溪，阖门著书"，汲泉、烹茶、评泉、著《茶经》三卷，公元 760 年，唐上元元年下半年的"刘展之反"是直接原因。

"刘展之反"波及江南　"钦定四库全书"中《通鉴纪事本末》卷三十二上记载有宋袁枢撰写的"刘展之反"。《杭县志稿》卷二，三十四，亦有"刘展之反"的简略记载。"杭县志稿"记载的同于《通鉴纪事本末》，按这二处史书的记载，唐肃宗上元初年，即公元 760 年冬十一月，都统淮东南、江西、浙西三道节度使刘展举兵反。先陷扬州，甲午（十一月十八）陷润州，丙申（十一月二十）陷升州。副使李藏用与展将张景超、孙待封战败，奔杭州，使其将温升屯余杭。景超遂据苏州，待封进陷湖州。二年，即公元 761 年春正月，张景超引兵攻杭州，败藏用将李疆于石夷门。孙待封自武康南出，将会景超攻杭州，温升驰据狗头岭击败之，待封脱身奔乌程。乙卯（正月初四），平卢兵马使神功讨展，斩之。待封诣藏用降，景超聚兵至七千余人，闻展死，悉以兵援张法雷使攻杭州，景超逃入海，法雷至杭州，藏用击破之，余党皆平，平卢军大掠十余日。安史之乱，乱兵不及江淮，至是其民始罹毒矣。

按《咸淳临安志》，刘展之反，大战之"狗头岭"，在钱塘、余杭、武康三县交界处。

这二处史书的记载，"刘展之反"起自上元年十一月，即公元 760 年 11 月，平至上元二年正月，即公元 761 年 1 月；波及江苏、安徽、浙江数省，以及扬州、苏州、南京、湖州、武康、杭州等城市，这一带在此期间均有战事，叙述得非常明白。茶圣陆羽既然是诗人、学者，对事物尤其敏锐，又生活在"刘展之反"的地域，身临其中，他在《陆文学自传》中写道："刘展窥江淮，作《天之未明赋》。"也就是说，陆羽在刘展窥视江淮未起兵时，即公元 760 年底前，就深有感受，写就了《天之未明赋》。陆

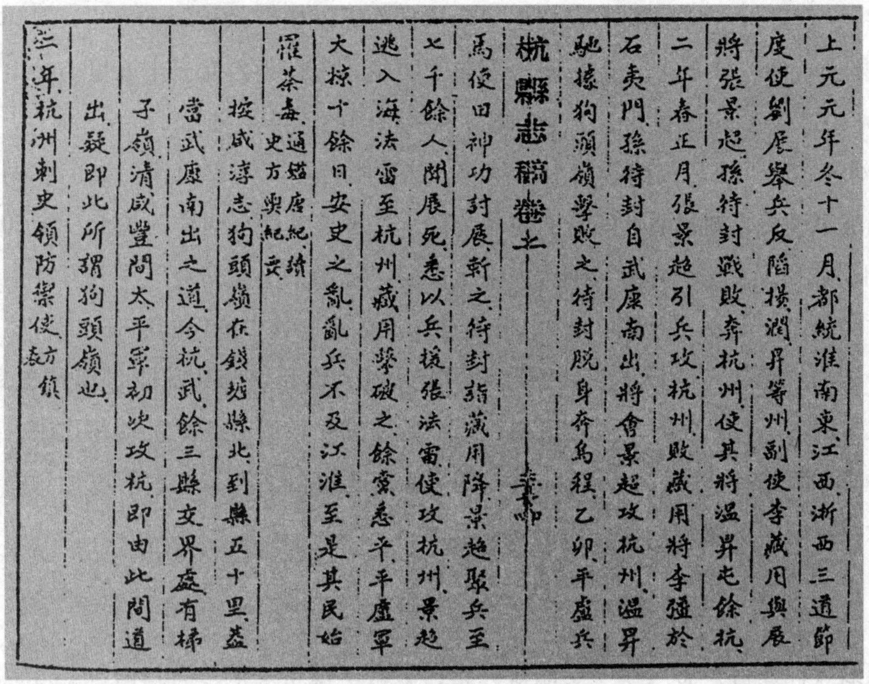

上元元年冬十一月，都統淮南東、江西、浙西三道節
度使劉展舉兵反，陷揚、潤、昇等州，副使李藏用與展
將張景超、孫待封戰敗，奔杭州，使其將溫晁屯餘杭。
二年春正月，張景超引兵攻杭州，敗藏用將李強於
石夷門，孫待封自武康南出，將會景超攻杭州，溫晁
馳據狗頭嶺，擊敗之，待封脫身奔烏程，乙卯，平盧兵

杭縣志稿 卷七　大事

馬使田神功討展，斬之，待封詣藏用降，景超聚兵至
七千餘人，聞展死，悉以兵授張法雷，使攻杭州，景超
逃入海，法雷至杭州，藏用擊破之，餘黨悉平，平盧軍
大掠十餘日，安史之亂，亂兵不及江淮，至是其民始
罹荼毒。通鑑唐紀、續史方輿紀要
按咸淳志狗頭嶺在錢塘縣北，到縣五十里，蓋
當武康南出之道，今杭、武、餘三縣交界處有梯
子嶺，清咸豐間太平軍初次攻杭，即由此間道
出，疑即此所謂狗頭嶺也。
三年，杭州刺史領防禦使。方鎮表

图 1. 2. 139　《杭县志稿》之“刘展之反”

羽身受“安史之乱”“刘展之反”其害，都写下了不少名篇，但惜均未传世。

“刘展之反”是陆羽“更隐苕溪”，从余杭苎山隐居双溪陆羽泉的直接原因 据此，笔者认为，“刘展之反”是陆羽在上元初隐居苎山，写出《茶记》一卷之后，“更隐苕溪”去双溪陆羽泉的直接原因。上元元年十一月，即公元 760 年 11 月，陆羽原想在写作《茶记》基础上再写就《茶经》，却发生了“刘展之反”的动乱。苎山距余杭县治仅七里八分，在唐时又是古驿通道，陆羽为避“安史之乱”来到余杭苎山。湖州、长兴，整个西苕溪流域，均有战事，杭州攻不进，余杭又屯兵，只能隐居到在唐时还相对隐蔽的余杭吴山双溪路侧陆羽泉。外面战事频繁，陆羽积累了大量笔记已写出《茶记》一卷，“阖门著书”写出《茶经》三卷，这才应是史称的“更隐苕溪”。

余杭吴山双溪路侧陆羽泉无论是从广义的地域环境，还是“更隐苕溪”，“隐苕溪”，“隐”的地理位置、地貌环境，还是“刘展之反”，湖州、杭州、余杭都有战事，相对隐蔽的避难环境都是非常恰当的。这也解答了“初隐于苎山”和“更隐苕溪”，“初”和“更”用词上的差距和隐居的具体地点。解答了同样是一部《余杭县志》、“陆羽”条目中为“隐苕上”，“陆羽泉”则为“隐居苕霅”。“苕上”与“苕霅”的用词差距，“苕上”当指《嘉泰吴兴志》中“桑苎翁”条目中的“苎山”，是余杭中苕溪

的上游。"苕霅",在这里即是洪咨夔"余杭县治记"中"余杭"的意思,具体地点在《余杭县志》的"陆羽泉"条目中写得非常明确,为在县西北三十五里,吴山界双溪路侧,广二尺许,深不盈尺,大旱不竭,味极清冽的"陆羽泉"。

"刘展之反"也从侧面说明上元年间,陆羽不可能"更隐苕溪"结庐在湖州。因为湖州战事频繁,湖州不具备陆羽隐居条件,许多学者都有同样的观点。如2002年3月"湖州陆羽茶文化研究会"编印的第十二期"陆羽茶文化研究"中刊登有上海学者陈金林的论文《陆羽"茶论"考》。陈金林的文章第三节中论述陆羽著"茶论"背景,也认为陆羽"更隐"苕溪的直接原因是为避兵乱,而且认为兵乱即"刘展之反"。陈文第三节的末尾有:此后至展亡下蜀,陆羽所在湖州始终处于兵乱动荡之中,客观上不具备静心著述的条件……因为陈金林先生没有更多的古籍资料,所以他只能在时间上考虑,推断"更隐"的时间为上元二年。

(七)陆羽《四悲诗》及《天之未明赋》

陆羽《四悲诗》及《天之未明赋》是与余杭关键重大的二首诗赋。《四悲诗》描绘了安史之乱悲民失所,湖山蒙羞的社会动乱。因为安史之乱陆羽随难民南下,来到江南,来往于湖州、杭州、浙东寻泉问茶,后隐居余杭苎山。因刘展之反,兵屯余杭。陆羽逃出狼窝,哪能再入虎穴。写下《天之未明赋》,再隐至相对安全的双溪陆羽泉,外面兵乱马乱,陆羽潜心著述《茶经》三卷。

源出

因为编著《径山茶业图史》,笔者多次登门拜访求教于望九老人,原市农业局特产科干部,14岁就在吴觉农创办嵊县(今嵊州市)三界茶叶改良短训班学习的马森科先生。马先生不仅终身从事茶业技术推广工作,对茶文化、茶史考证也非常关注,点滴搜索,认真考证。余杭民间学者孙绍祖《晚窗余韵钞略》的发现,证实陆羽在余杭双溪陆羽泉著《茶经》,是他最先于1981年在《杭州市茶叶学会资料》予以刊登,广为传播。马森科先生还珍藏专门托广州中科院能源研究所刘鹤守先生于1988年从香港购得一册32K本、近300页、10余万字香港张轸先(振楞)先生编著出版的《茶圣陆羽传》。张轸先生在其"前言"中写道:"这本《茶圣陆羽传》是作者遵照茶叶专家钱樑教授指示而写,……唯此书既以小说体裁写出,……必然有作者想象虚构之处,藉以增加阅读兴趣……"张轸先先生广征博引,也收集了大量史料,有板有眼,有依据刊登了许多真实史料。张轸先《茶圣陆羽传》书中引用的《四悲诗》及《天之未明赋》,

是作为陆羽著作引用的。

陆羽《四悲诗》与《天之未明赋》

陆羽《四悲诗》

欲悲天失纲，胡尘蔽上苍。欲悲地失常，烽烟纵虎狼。

欲悲民失所，被驱若犬羊。悲盈五湖山失色，梦魂和泪绕西江。

《天之未明赋》

此年何日，阴阳无别；今夕何夕，长此更深！天鸡何在，曷不引吭？上苍何故，如此混沌？苍穹一何怨兮，东君失常，既日失常兮，曷不见宵汉斗柄？乃风伯常逍遥九垓，未扫冻云，由是日月蒙蔽，星汉沉沦，夜枭肆虐，豺虎横行，磨牙吮血，戕残生灵。大道由兹潜象，周天因以匿形。今明者作聋，聪者闭听；吟者吞声，歌者寒噤。健者临渊壑而不觉；羸者处蛇虺而无惊。徒知一己，不知万物；已不见已如梦魇缠身。忧何至殷，悲何至极，惟天之未明！

图 1. 2. 140　张轸先著《茶圣陆羽传》书影

陆羽《四悲诗》与《天之未明赋》写作的时代背景

张轸先先生《茶圣陆羽传》在引用《四悲诗》时，认为是安史之乱途中，目睹难民"人声嘈杂，形影拥簇，颠沛流离，尸体僵卧"，触景生情，欲哭无泪，而写出的。这和大多数陆羽研究者的观点是一致的，但人们只知陆羽在安史之乱后，写下了《四悲诗》，但只有张轸先先生拿出了《四悲诗》。张轸先先生的陆羽《四悲诗》引自何处，尚不得而知，可能他在香港能看到，我们却没能看到。

张轸先《茶圣陆羽传》中认为《天之未明赋》是在隐居苕溪时写下的，应该也是正确的。作为小说，张轸先先生追求的是艺术感染力，遗憾的是没有深究在何时何地，因何原因写就《天之未明赋》。

陆羽生于唐玄宗开元二十一年（733 年），中间经肃宗至德、上元、宝应年间，代宗广德、永泰、大历年间，德宗建中，兴元年间，逝世于德宗贞元十九年（804 年）。

陆羽的一生经历了由盛唐进入衰退的晚唐混乱政局。安史之乱导致长期的藩镇割据，也促使陆羽从湖北天门家乡随秦人南下来到江南。

《通鉴纪事本末》载，唐上元十一月，都统淮东南、江西、浙西三道节度使刘展之反。先陷扬州，甲午（十一月十八日）陷润州，丙申（十一月二十日）陷升州。副使李藏用与展将张景超、孙待封战败，奔杭州使其将温升屯余杭。景超遂据苏州，待封进陷湖州。

刘展之反，是陆羽一生中遭遇到的第二次兵灾，史载，唐上元元年，陆羽先隐于余杭苎山，整理遍访沿途32州茶事，撰写《茶记》一书。苎山离余杭县城仅七里八分路程。四年前的至德元年（756年）陆羽刚遭遇到安史之乱，亲眼目睹战乱之悲凉，犹如惊弓之鸟，那能出了狼窝，再入虎穴。于是，感慨地写出《天之未明赋》，并再隐于相对隐蔽安全的余杭县西北三十五里吴山界双溪路侧陆羽泉，外面兵荒马乱，陆羽"阖门著书"，写出《茶经》三卷。笔者研究了"刘展之反"的全过程，以及余杭县志的记载，我们可以得出，陆羽《天之未明赋》应是陆羽先隐居苎山，刘展之反余杭县城屯兵时写就的，也即上元元年（760年）十一月。

图1.2.141　1986年5月马森科先生（左1）在湖北天门陆羽纪念馆与欧阳勋（左2）、钱时霖（左3）、湖州寇丹（左4）合影

《全唐诗》及各种地方志记载陆羽著作甚多，但传世至今仅《茶经》三卷，其他著作，大多佚传。只能在典籍的字里行间寻找出陆羽著作之片段，如南宋《咸淳临安志》中就有"陆羽记"，描述唐代辉煌的灵隐寺219字。张轸先《茶圣陆羽传》中引用的《四悲诗》和《天之未明赋》如确系陆羽所作，对研究陆羽意义重大，弥足珍

贵，陆羽《四悲诗》和《天之未明赋》还在于其不是一般的记述文章，是一位学者对混乱政局，对民不聊生的悲愤，展现出陆羽悲悯人民的情怀。所以，他会不就"太子文学"职。

陆羽《四悲诗》与《天之未明赋》，源出于钱樑作序、张轸先著《茶圣陆羽传》，今钱樑、张轸先先生均已作古，有必要介绍钱樑、张轸先其人其事，以增加陆羽这两部著作源出的真实性。

钱樑、张轸先其人其事

钱樑（1917 年—1993 年），字梦得，著名的茶业专家、学者和高级工程师。中国茶叶流通协会顾问，中国茶叶学会名誉理事，民盟上海外经贸委总支主任。1935 年，在有"当代茶圣"之誉的我国现代茶业奠基人吴觉农先生推荐下，开始从事茶业工作。

图 1. 2. 142　钱樑（中）、冯和法、张剑平 1940 年 7 月 23 日在香港大东酒店合影

此后数十年如一日，献身茶叶事业。抗战时期，在制茶、审评、检验、贸易等方面均颇有建树，先后发表茶叶产制、贸易论著百余篇，并译作《制茶工艺》等书，出色地签订和执行与苏联专家谈判、签订我国与苏联第一个茶叶贸易合同。新中国成立后，协同各省市策划筹建大批机制茶厂，参与制定产区各类各级茶叶收购加工样，使茶厂收购加工纳入规范化、标准化，至今仍继续沿用；创议和主持制定的出口绿茶的标准茶号，已沿用至今、成为国际茶号。1980 年代初期，创建上海市茶叶学会，为开展学会工作殚精竭虑，撰写有价值的论文 20 余篇，参与编撰《吴觉农选集》《茶经述评》等重要茶书，大力推广茶文化和茶事活动，为上海茶文化兴盛奠定基础，以身许茶，盛名远播。

1917年1月17日，钱樑在浙江省上虞县东门外黄浦村出生。祖父钱益一生在外省做幕僚，但晚年景况不佳，于1918年凄惨去世。父亲钱嵘承担一家九口生活负荷及各种债务，被迫辍学，教书为生，多年后为维持生计，租借族中的一批山地，雇工垦荒办农场。母亲陈调香出身农家，克勤克俭，租二亩八分田耕作家用。

家道衰败，父母劳作艰辛，使钱樑从小勤奋刻苦，课余时间帮母亲挑水、做家务。在免费读完族中办的锦树小学初小后，1927年考入城中县立第一高等小学（后改为中山公学）。1929年又以优异成绩考入上虞白马湖春晖中学，并享受免去教学、膳杂费的优待。时春晖中学因延揽李叔同、夏丏尊、丰子恺等一批社会名流任教而驰誉海外，钱樑从中受到良好教育。1931年由父亲带到上海考入惠灵英文专科学校读完高一课程，继而跳级入中国中学读高三课程。在这期间，他刻苦自励并开始对社会学科、革命文艺发生兴趣，阅读大量瞿秋白、蒋光慈、鲁迅、郭沫若等知名作家的作品和苏联文学作品，不时议论时政，向往苏维埃式社会革命，被推为校学生会主要负责人。1932年"一·二八"淞沪抗日战争爆发之后，钱樑痛恨国民党政府"丧权辱国"，带头组织校友参加抗日宣传和集会，遭到校方阻挠，愤而组织罢课并包围校长室，因此引来当时社会局巡捕的捕捉。逃跑后，学校以"不特有犯校规，且干国法"之罪名将其开除。1934年改名分别在"上海""国华"读外高中，其间结识正在搞中共地下党工作的许道琦（新中国成立后历任中共武汉市委书记、湖北省委书记等职），接受革命道理，偷阅不少进步书籍。但父母怕他继续"闯祸"，领他回乡成亲，孝敬父母的他只得从命。

1935年，钱樑失业在家，恰逢时任上海商品检验局茶叶出口检验负责人的吴觉农回乡过春节。吴觉农是钱樑父亲的少年同学、好友。作为杰出的茶学家、农学家、民主爱国人士和社会活动家的吴觉农，当时还担任中国农村经济研究委员会副理事长等职，与陈翰笙、薛暮桥、孙晓村等社会知名人士创办了《中国农村》月刊。回乡在探访钱樑家时，吴觉农非常赞赏钱樑的学识人品，就引导他进上海商品检验局工作。从此，钱樑开始以身许茶、为"振兴华茶"而献身的人生之旅。1935年至1937年，他刻苦研习茶学知识、译作《制茶工艺学》等书，还在沪江大学商学院夜校读完大学课程。1937年"八·一三"淞沪抗战爆发后，正在福建担任福州商检处技佐兼茶叶产地检验办事处副主任的钱樑，听到吴觉农已带领一批人撤退到浙江嵊县三界处的茶叶改良场、准备组织武装抗日救国活动的消息后，立即水陆兼程赶到三界，受吴觉农先生委派又赶往上海，通过胡愈之、夏衍等熟人联系军事、政治教官事宜。待他带领教官张朴君

（即著名东北籍作家骆宾基）从海路转道三界时，国民党16师已驻扎三界，强迫接管了地方武装。他即折回上海办理善后，于次年3月绕道去武汉，协助先期到武汉的吴觉农开展贸易委员会工作，参与商定中苏贸易协定，即以统购统销的茶叶换取苏联军工物质，支持抗日。1938年4月，钱樑受命去香港筹备负责全国进出口贸易的富华公司茶叶业务，担任贸易组长、制茶组长等职，负责浙、皖、闽三省茶区的视察、收购、产制工作，并专与苏联专家代表接洽交货事宜，为抗战物质的换取做出很大贡献。在港工作期间，他积极与国民党政府官僚贪污腐败、中间盘剥等恶习开展斗争，受到排斥打击。抗战胜利后，鉴于对官场贪污舞弊的厌恶，深感茶业改良、振兴华茶的愿望难以实现，遂到兴华制茶公司任襄理，一年后转中国农业银行等处工作，参与民主、进步的社会活动。

　　新中国成立后，钱樑在几次更名的上海茶叶进出口公司历任技术科科长、出口科科长等职。根据中央要迅速恢复生产、发展茶叶生产和出口的要求，他倾注全部心血，夜以继日地工作。他协同华东各省策划筹建大批机制茶厂，主持制定茶区各类茶叶收购加工样；他倡议和主持制订出口绿茶茶号，主持制订与主要茶叶合同国苏联的交苏茶样及双方审评、定级、交货办法；积极恢复与开拓对资市场和小包装茶出口业务。所有这些开创性的工作，对迅速恢复、发展茶叶生产与出口贸易做出了重大贡献，至今仍起着借鉴或沿用的作用。

　　1960年，钱樑遭到"极左"路线的迫害，以后受到长达18年的不公正待遇，但他拥护党和社会主义的信念不变。1977年退休，1978年冤案彻底平反。1981年，他出面筹备上海市茶叶学会。1983年茶叶学会正式成立后，历任副理事长、理事长。他以学会为依托，不顾年事已高，积极参议茶事，开展专题研究，亲自撰写有价值的论文和调查报告达20多篇，其中，《论茶叶对外贸易的战略问题》《茶政议》《整顿茶叶流通领域秩序议》等，有很高的学术价值和参政水平。他同何耀曾先生等深入茶乡考察后写出的《宜兴茶乡纪行》受到农业部有关部门领导重视。他坚持以弘扬茶文化、倡导"国饮"为己任，致力茶文化宣传，积极组织海内外茶文化交流活动，指导上海茶艺馆和茶艺表演队的建设，为形成和发展都市茶文化做出贡献，撰写的《漫谈茶人和茶人精神》《茶之魅》等文，大力倡导茶人精神，已成为现代都市茶文化指导性文献。他还担任浙江农业大学茶学系和皖南农学院茶叶系兼职教授，孜孜不倦地培育一代又一代茶业人才。1993年4月16日，钱樑因患癌症医治无效而与世长辞。

　　张轸先，字振楞，也即"楞严阁主"。1913年生，江苏镇江人，毕业于上海沪江大学商学院专修科、本科以及香港中文大学校外诗学课程。

历任沪港商机构经理、英文知识旬刊编辑、抗日时在渝的东吴、沪江、三江大学联合学院教授。长期从事创作与学术研究工作，为已故戏曲大师赵景深教授的学术挚友，曾为北京的东方文化馆研究员。

三、陆羽及《茶经》的讨论与观点

（一）陆羽的成材与《茶经·八之出》初探

陆羽《茶经》是一部伟大的著作，是陆羽第一次全面论述了茶之源、茶具、造茶、茶器、煮茶、饮茶、茶事、茶产地等，共十章，七千余字，首创了世界上第一部茶叶专著。陆羽《茶经》是陆羽成材的标志物。陆羽成材有其特定的社会环境。陆羽虽是孤儿，却受到竟陵大师积公的呵护和历练。九岁学文，"授孔圣之书"，对其磨砺"历试贱务，扫寺地，洁僧厕，践泥污墙，负瓦施屋，牧牛一百二十蹄"。陆羽相当勤奋上进，"无纸学书，以竹画地为字"。陆羽成材有其自身的勤奋，也有贵人相助。河南省级大官李齐物黜守天门"亲授诗集"，不光是得到高手授课的机会，也拓展了陆羽的眼光，开始树立起远大志向；负书于火门山邹夫子，使陆羽知晓了诸多知识和中华历史。礼部郎中崔国辅赠其白驴，使19岁的陆羽有了坐骑，可以开始他遍访32州，寻茶问泉著作《茶记》的行旅。安史之乱，又促使他来到江南茶区，得以在湖州与长他13岁的皎然结为"淄素忘年之交"，有了访江浙苏徽赣湘茶区的机会。陆羽搜集了大量素材，先隐居余杭苎山，梳理、整理写成《茶记》一卷。刘展之反，再隐于相对安全的双溪陆羽泉，外面兵荒马乱，陆羽闭门著《茶经》三卷。

陆羽青少年时代的苦难经历、历练，有了文学功底修养，与高人的接触，使其既有深厚功力，又有远大志向，更有坚韧不拔的意志，最终方能著成《茶经》。陆羽《茶经》的每一章，每一器具，分开来看，有人会说也不怎么的。君不知，以本人庋藏的唐宋茶碾为例，陆羽《茶经》没有浮华辞藻，而是写出了材质、种种尺寸，这就有了与人不同最早的科学数据。又以"八之出"为例，陆羽写出了他品评茶的上、中、下，写出了地名。说明在1200多年前，他是亲临产地，品过其茶。其时其地陆羽品茗的茶叶并非最好的茶，也没有现今的品评程序、专家、人数、产地、规则，这自然不能苛求。即使亲临品评，可能也不够全面，难怪皎然批评"楚人《茶经》虚得名"。皎然的话也不错，但却证实陆羽的确因著《茶经》到过实地。以今天的眼光来看，一个人跑遍这么许多茶区，再检测、化验，写出专著，也并非易事，何况 1200 年前的唐代，交通不便，信息不通，兵荒马乱。所以，我认为要学习陆羽，首先是要学习他的远大志向，坚韧不拔的意志，始终不渝的毅力，方能使您脚踏实地点滴积累，最终成材。

南北朝戴凯之的《竹谱》，其书不分篇章，5000 余字，略少于陆羽《茶经》。可能是文人著作，着墨侧重品评，鉴赏，文学色彩浓厚，影响则远逊于陆羽《茶经》。吴越国"两浙僧统"，杭州城内最大寺院祥符寺住持、陪吴越国王钱弘俶去开封，纳土归宋的赞宁，其编撰的《宋高僧传》中就有《唐余杭宜丰寺灵一传》。其《笋谱》，分一之名，二之出，三之食，四之事、五之杂说。其书援据奥博，多引古书，极具史料价值。但和陆羽《茶经》相比，因未到现场，实地体验，也无科学数据，影响小于《茶经》。如此比较，更彰显出了陆羽《茶经》受到世界茶人的推崇，绝非偶然。

与南北朝戴凯之《竹谱》、北宋赞宁《笋谱》相比，唐代陆羽《茶经》非常全面，以《八之出》为例，在陆羽余杭著《茶经》其时，他已遍访天下 32 州。或听人介绍，或友人带来远方佳茶，陆羽《茶经·八之出》最后也对唐时除 32 州外，其他产茶州县的茶叶记述：

黔中生思州、播州、费州、夷州，江南生鄂州、袁州、吉州。岭南生福州、建州、韶州、象州，福州生闽县，方山之阴也。其思、播、费、夷、鄂、袁、吉、福、建、泉、韶、象十一州，未详。往往得之，其味极佳。

陆羽《茶经·八之出》的最后一段说明陆羽为了著《茶经》遍访天下 32 州，当他在余杭著《茶经》其时，还有 11 处产茶州虽未亲临，却品其茶味，也写入了其《茶经》。"往往得之，其味极佳"，也是以科学态度，亲身体味写入的。当今许多人士如苏轼埋怨"当年陆羽空收拾，遗却安平一片泉"一样，纷纷著文埋怨陆羽没有把当地的上佳茶叶写入《茶经》，并不尽然，细看陆羽《茶经》，云贵茶、两湖茶、福建武夷建州茶，桩桩件件不是都在吗？因此陆羽《茶经·八之出》的产茶范围涵盖唐时 43 州。陆羽《茶经·一之源》起首写到"茶者南方之嘉木"，指的是云南高大的茶树。最后还写及上党（治今山西长治市）中者，百济、新罗、高丽之茶，足见茶圣陆羽视野之广，学识之渊博。还有泽州（今山西晋城东北）、易州（治今河北易县）、幽州（治蓟县今北京西南）、檀州（治燕乐，今北京市密云区东北）者，认为"为药无效"。

陆羽《茶经》涵盖了唐代的 48 州，并云南、高丽、新罗、百济之茶，共 52 处。

陆羽《茶经》传承千年，字字珠玑，用词精准到位，至今还很正确。

陆羽《茶经》面世的唐代，就有不少评论，其"淄素之友"皎然因著《茶诀》，写茶诗，早已出名，对陆羽《茶经》也有微词。皎然为名门之后，谢灵运十世孙，虽已出家，但潇洒浪漫，品茗赏花，弄琴玩月，写词、作诗、图画，灵气十足，能写出传颂千古的美妙茶诗，却没有陆羽的毅力和坚守，没有此等志向，时间大多耗费到陪同高官吟诗赋词，品茗喝酒，当然也写不出陆羽般的《茶经》。不同经历的人都能成材，但其材不同矣。

1920 年亚新地学社邀集当代历史地理专家，编撰出版《中国历代疆域战争合图附说》之"唐代图"，陆羽《茶经》中涵盖的 52 州（处）尽在其中。

此书参阅采纳了大量清代以前的历史地理典籍计 119 种，许多典籍、地图今已不复存在。书中"唐代图"，比较接近唐代状态。

（二）讨论与观点

关于古籍中陆羽在上元年间活动　本章前几部分都以古籍原著进行分析论断，每部分的论点最终是支持总的主题：茶圣陆羽在余杭苎山著《茶记》一卷，在余杭双溪陆羽泉著《茶经》三卷。

古籍记载陆羽上元元年（760）活动

序号	出处	地点	表述
1	《文苑英华》卷七百九十三《陆文学自传》	上元初，结庐于苕溪之湄	闭关读书
2	《新唐书》卷一百九十六列传《陆羽》	上元初，更隐苕溪	阖门著书
3	《钦定全唐文·陆文学自传》	上元初，结庐于苕溪之滨	闭关对书
4	《唐书本传·隐逸传·陆羽》	上元初，隐苕溪	阖门著书
5	《唐才子传》卷八《陆羽》	上元初，结庐隐苕溪上	闭门著书
6	《嘉泰吴志兴》谈志十八《桑苎翁》	初隐居苎山	闭门著书
7	清《湖州府志》卷九十寓贤《陆羽》	上元初，隐苕溪	阖门著书
8	清嘉庆《余杭县志》卷二十八《陆羽》	上元初，隐苕上	阖门著书
9	宋《吕祖谦卧游录》	上元初，隐居苕溪	阖门著书
10	明万历《余杭县志》	至今有陆羽泉，在吴山界双溪路侧	已有陆羽泉
11	清嘉庆《余杭县志》卷十山水《陆羽泉》	隐居苕苕雪	《茶经》其地
12	宋《太平广记》卷二十一才名类《陆鸿渐》		著《茶经》二卷
13	清宣统《杭州府志·寓贤陆羽》	上元初，隐居苕溪	作二寺诗
14	清宣统《杭州府志·山水·陆羽泉》	双溪陆羽泉	著《茶经》其他

中国古代在修志研史上是非常慎重的，用词非常确切，有的朝代修史官员父传子袭，为什么史籍上对陆羽在上元初的活动的记载会有差异？

古籍的记载白纸黑字传承千年，任何人绝不能更改只字，今人的责任只能是挖掘更多的古籍，互相印证，进行考证鉴辨得出正确的结论。就像殷墟甲骨的发现，以不容辩驳的事实填补我们古史空白一样。在十九世纪末，国外著名学者德摩根在其《史前人类》中断言中国文明只能上溯至公元前七至八世纪，与国内提出的"东周以上无史"论相合。仅发现一百年的甲骨文和殷墟发掘，一下子以事实依据讲话，恢复了中国一千多年的古史。考证历史只能以史实为依据讲话。

《陆文学自传》中"结庐于苕溪之湄，闭关读书"；《唐才子传》中"结庐苕溪上，闭门读书"；以及《嘉泰吴兴志》谈志十八"桑苎翁"中"初隐居苎山，闭户著书"，讲的地方都是在一个地方"苎山"，即陆羽在苕溪上游苎山旁，水和草交接的地方，做的事即是"闭关、闭户、阖门"读书，再著书，即写作《茶记》。陆羽要整理笔记，思考茶事，写出《茶记》，当然要"闭关"或"闭户"读书，以著成《茶记》。

而《新唐书》中"更隐苕溪，阖门著书"；《唐书本传》中"隐苕溪，阖门著书"；《湖州府志》中"隐苕溪，阖门著书"；清嘉庆《余杭县志》中"隐苕上，阖门著书"，"隐居苕霅，著《茶经》其地"；宋《吕祖谦卧游录》中"隐居苕溪，阖门著书"，讲的都是一回事。在《余杭县志》中更明确是隐居在苕霅（余杭）的双溪陆羽泉著《茶经》。《新唐书》中"更隐苕溪"之"更"字，《嘉泰吴兴志》中"初隐居苎山"的"初"字，运用都是非常妥帖的，因为是先在苕溪上游的苎山，第二次再"隐居苕溪"到双溪陆羽泉的。

从表中，我们还想到，国家一级的史籍由于照顾全国，叙述整个朝代条目较为简略，但基本一致。而地方志都非常详尽，朝代之间，根据史实略有修改。像《嘉泰吴兴志》中的"桑苎翁"和嘉庆《余杭县志》的"陆羽"和"陆羽泉"，都非常具体，有时间、有地点、有描述。但为什么到了清代《湖州府志》没有了"桑苎翁"的条目？而《余杭县志》，从明代的"嘉靖""万历"到清朝的"康熙"，直至"嘉庆""光绪""民国"，编修七八次之多，都是补充当朝，但对茶圣陆羽在余杭双溪陆羽泉著《茶经》的"陆羽"和"陆羽泉"两个条目，执着地都予以保留，只字未改。可能湖州的修史者也考虑到湖州并无"苎山"，"苎山"是在杭州府余杭县，不是湖州应保留的条目。而余杭的修志者执着地保留"陆羽"和"陆羽泉"的条目，则在于陆羽在余杭双溪著《茶经》的确是史实，一直到民国的20世纪20年代末著名的杭州西湖博览会前后，陆羽泉还是当地一大胜迹，是人们缅怀先贤著"茶经"的胜迹，修志者当然也核实考察过。清《上饶县志》和其他一些地方志，也有关于陆羽活动的记载，涉及陆羽《茶经》的，都是论述讲解传播《茶经》，而非著作《茶经》。

对于茶圣陆羽在余杭径山双溪著《茶经》的史实，从明嘉靖至清康熙、嘉庆、光绪的《余杭县志》均一直延续记载，几乎只字无遗。清宣统二年（1910年）《杭州府志》"陆羽"和"陆羽泉"的两个条目，将《余杭县志》的条目纳入，则将地方志等级又上升至府级，说明晚清史学家也很认可这一史实，而20世纪80年代浙江省、杭州市、余杭县，省、市、县三级农业部门都将这一茶史重大史实列入，说明至少在1990年以前浙江茶学界也是确认陆羽是于大唐上元元年（760年）在余杭径山双溪陆羽泉著《茶经》的。当时，至少在浙江省并无异议。

《径山志》载后唐同光三年（925年），吴越国钱镠时代之有"径山双溪陆羽泉"，《全唐诗》《宋高僧传·余杭宜丰寺灵一传》明确名僧为灵一大师，山寺即余杭宜丰寺，高士为天台道士潘士清、襄阳朱放、南阳张继、安定皇甫曾、范阳张南史、吴郡陆迅、东海徐嶷、景陵陆鸿渐为尘外友。诠释了《陆文学自传》中之名僧、山寺、高士，无可争辩地使陆羽隐居余杭著《茶经》史料更翔实，这些都是任何一处其他地方史上没有的。

这一章的考证，还有许多是迄今为止在全国陆羽研究中具有唯一性的论证，列举几点。明万历《余杭县志》是最早将陆羽生平及陆羽泉载入地方志的；清嘉庆《余杭县志》是有时间、有地点、有情节记述陆羽著《茶经》的记载，《宋高僧传·余杭宜丰寺灵一传》，是唯一记载《陆文学自传》中"名僧、山寺、高士"的。余杭陆羽泉，是唯一市级文物单位。还有很多唯一，不能一一列举。

许多学者在研究陆羽隐居余杭双溪陆羽泉著作《茶经》时，对"隐居苕霅"总有异议，而赞同陆羽在湖州苕溪著《茶经》的同志更说苕霅即是湖州，其他地方不能称"苕霅"，南宋洪咨夔的《余杭县治记》文："余杭苕霅之津会……亲行雪上诸山上，扁舟循苕溪而下……"嘉庆帝"苕霅农桑"诗，廓清了这一疑虑。孙绍祖先生的诗作和记载表明，至少在1933年，陆羽泉还是双溪十景中首景，为游人缅怀陆羽著《茶经》之胜迹。《浙江全省舆图并水陆道里记》之"湖州府图说"，嘉兴《余杭县志》之齐召南《水道提纲》，称"余不溪"，亦曰"霅溪"。很明确以图文诠释武康至德清余不溪下的一小段河流亦称"霅溪"，与湖州府中的"霅溪"，是同一名称、不同地域的二条河流。因此，余杭、武康、德清一带既有苕溪，又有霅溪。南宋以降，元、明、清直至民国方称该地域为"苕霅"。"苕霅"，从广义上看，应是苕溪流域的概念，应也包括湖州，问题是陆羽究在何处，在什么地点著《茶经》，此处指的"苕霅"，是

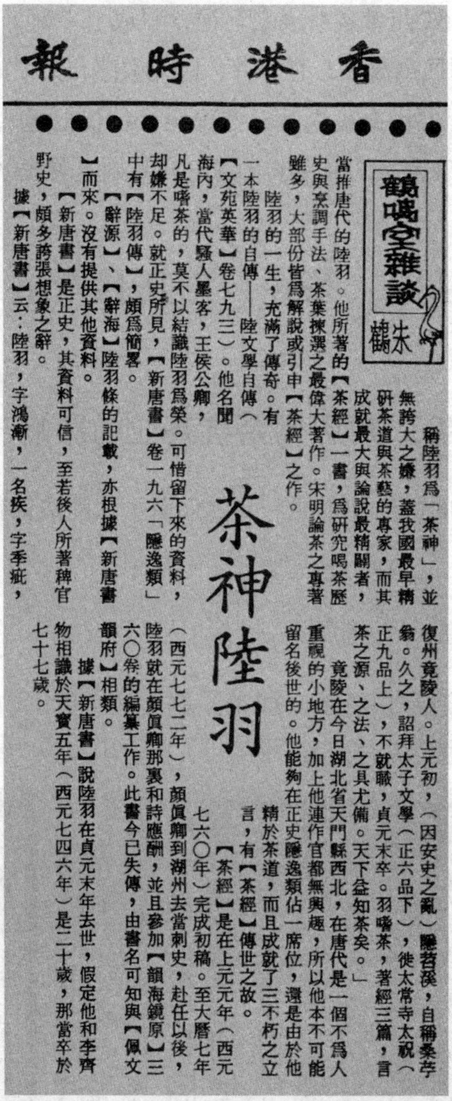

香港時報

鶴鳴軒雜談　朱鶴

茶神陸羽

稱陸羽爲「茶神」，並無誇大的嫌，蓋我國最早精研茶道與茶藝的專家，而其成就最大與論說最精闢者，當推唐代的陸羽。他所著的【茶經】一書，爲研究喝茶歷史與烹調手法、茶葉採源之最偉大著作。宋論論茶之專著雖多，大部份皆爲解說或引申【茶經】之作。

陸羽的一生，充滿了傳奇。有一本陸羽的自傳（【文苑英華】卷七九三）。他名聞海內，當代騷人墨客，王侯公卿，莫不以結識陸羽爲榮。【新唐書】卷一九六「隱逸類」。

凡是喝茶的，莫不以結識陸羽爲榮。可惜留下來的資料，卻嫌不足。就正史所見，史中有【陸羽傳】，頗爲簡略。【辭源】、【辭海】陸羽條的記載，亦根據【新唐書】而來。沒有提供其他資料。

而宋【新唐書】是正史，其資料可信，至若後人所著稗官野史，頗多誇張想象之辭。據【新唐書】云：陸羽，字鴻漸，一名疾，字季疵，

復州竟陵人。上元初，（因安史之亂）隱若溪，自稱桑苧翁。久之，詔拜太子文學（正六品下）徙太常寺太祝（正九品上）不就職，貞元末卒。羽嗜茶，著經三篇，言茶之源、之法、之具尤備。天下益知飲茶矣。」

竟陵在今日湖北省天門縣西北，在唐代是一個不爲人重視的小地方，加上他連作謫官都無興趣，所以對他本不可能留名後世的。他能夠在正史隱逸類佔一席位，還是由於他精於茶道，而且成就了三不朽之立言，有【茶經】傳之故。

【茶經】是在上元元年（西元七六〇年）完成初稿，至大曆七年（西元七七二年），顏眞卿到湖州去當刺史，赴任以後，陸羽就在顏眞卿那裏和詩應酬，並且參加【韻海鏡原】三六〇卷的編纂工作。此書今已失傳，由書名可知與【佩文韻府】相類。

據【新唐書】說陸羽在貞元末年去世，假定他和李齊物相識於天寶五年（西元七四六年）是二十歲，那當卒於七十七歲。

图1.2.143　《香港时报·茶神陆羽》

《余杭县志》记载的"余杭双溪陆羽泉"，非其他地方。从《径山茶图考》出版到《径山茶业图史》等出版的十年间，有许多学者翻出了更多的唐宋湖州古诗中有"苕雪"二字，以此证实"苕雪即湖州"。其实，我们的考证中从来没有否认湖州是可称"苕雪"的，关键在明清《余杭县志》中的"苕雪"指的是余杭双溪，并非湖州。就像湖州人可称浙江人，但杭州人也是浙江人一样。天下有三十六个西湖，苏东坡"欲把西子比西湖，淡妆浓抹总相宜"，指的是杭州西湖，并非其他西湖。

　　据此，归纳的观点是，上元初，即公元760年的上半年，陆羽初隐居余杭苎山，

"闭关读书",整理遍历32州考察茶事之笔记,写成《茶记》一卷。上元元年十一月,即公元760年11月,刘展窥江淮,有学者、诗人敏感和义愤的陆羽大约在760年的10月,作"天之未明赋",并因余杭屯兵,苎山距余杭仅七里八分,"更隐苕溪",隐居至余杭双溪陆羽泉,阖门著书,在写作《茶记》基础上著成《茶经》三卷。

第三节 陆羽《茶经》对历代余杭茶业的影响

一、陆羽《茶经》对历代余杭茶业的影响

陆羽《茶经》记述的饼茶(团茶)与唐代国一大师法钦首创的径山茶是两种截然不同类型的茶叶。

（一）陆羽《茶经》之饼茶

陆羽《茶经·三之造》中饼茶(团茶)制造法,曰:"……采之,蒸之,捣之,拍之,焙之,穿之,封之,茶之干矣"

图1.3.1 陆羽《茶经·三之造》

陆羽《茶经》中的饼茶(团茶),以蒸杀青,之后的工序为"捣之",即以茶臼略

捣茶叶，使之便于"拍之"，可以装模和紧压，以便成型。再进行烘焙。烘焙后将中间有空的一个一个小茶饼"穿之"，干燥的茶叶以竹织之高一尺二寸，径阔七寸，或藤作木楦的"笪篓"储藏。

陆羽《茶经·七之事》引三国魏张揖《广雅》对早期饼茶制造是这样记述的：

邢巴间采叶作饼，叶老者，饼成以末膏出之。欲煮茗饮，先炙令赤色，捣末置瓷器中，以汤浇，复之，用葱、姜、橘子芼之。

芼，音 mào，是说以葱、姜、橘子杂茶为羹。

张揖《广雅》中的"捣末"，是指将饼茶以茶臼捣碎成末。

陆羽《茶经》记述唐代的饼茶（团茶）是主流，一直延续至北宋、南宋、元代，到了明代散茶成为主流。

明太祖朱元璋第十七子朱权（1378—1448 年），号涵虚子，又号丹丘先生。洪武二十四年（1391 年）封宁王。朱权对茶道研究精深，著述丰富，其中有《茶谱》，《茶谱》写道：

图 1.3.2　吴觉农《茶经述评之》杵臼图

茶磨　磨以青礞石为之，取其化痰去热故也。其他石则无益于茶。

茶碾　古以金银铜铁为之皆能钍，今以青礞石最佳。

茶罗　径五寸，以纱为之。细则茶浮，粗则水浮。

朱权《茶谱》言简意赅对饼茶（团茶）的品饮总结为：

然后碾茶为末，置于磨令细，以罗罗之，候汤将如蟹眼。

茶磨、茶碾、茶罗是品饮饼茶（团茶）有别于散茶的主要茶具。

图1. 3. 3　宋刘松年《撵茶图·磨茶》（局部）

图1. 3. 4，是宋苏汉臣《罗汉图》之茶磨磨茶，还可以看到茶磨有出口，可用茶拂将茶末扫出。

图1. 3. 4　宋苏汉臣《罗汉图》之茶磨磨茶

图1. 3. 5，是1944年日本晃文社发行《茶器目录·茶磨》，书中还标有茶磨尺寸：上端直径五寸四分，高四寸五分，下部盘高一寸，台底部高二寸五分，直径一尺

图1. 3. 5　日本《茶器图录·茶磨》

一寸。茶磨还有牡丹狮子图。书中所称"唐狮子"，应是中国传入。

唐代品茗，饼茶（团茶）是主流，但是也有散茶、茶末，陆羽《茶经》也有记载。

陆羽《茶经·六之饮》有：

饮有觕茶、散茶、末茶、饼茶者。"觕"，粗的古写法。

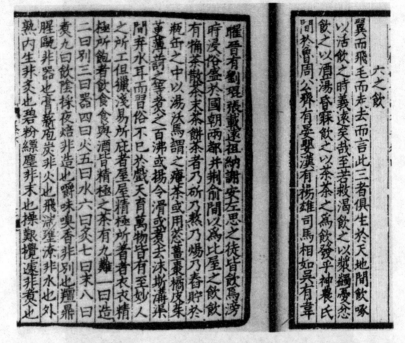

图1.3.6 陆羽《茶经·六之饮》之"饮有粗茶，散茶、末茶、饼茶者"

（二）国一大师法钦开山之初手植"径山茶"

法钦（714—792年），俗姓朱，吴郡昆山（今江苏昆山）人。自幼学儒，勤读经史，早中乡举。唐开元二十四年（736年），28岁时上京赴试，途经丹徒，闻鹤林寺玄素禅师（668—752年）之名，前往拜谒，从之出家，修"牛头禅"法。

法钦在径山开山的记载，颇具传奇色彩。《径山寺》载，唐天宝元年（742年），法钦游至临安东北山下，不知山名，向樵夫问讯。樵夫答道："此天目山之径路，谓之径山，亦名径坞。"法钦听说"径"字，猛悟玄素师相嘱之言，即登山四顾，选峰结茅舍而居。适逢大雪，断粮一旬，安然不动。天晴雪融，山下农户斋粮接济。时有猎人进山捕猎，法钦对其规劝从禅，猎人毁弓矢相投。时过数日，有白衣老人至前而拜，法钦问其何人，至此何事？白衣老人答道："吾龙也，属五百应真。师到此山，吾不自安，将挈其属而归天目，愿舍所居为师卓锡之所。"龙又引法钦于五峰间观龙渊，并说："此吾家，吾去后，大湫当涸。"言毕不见，即时风雨大作，通宵达旦。次日天晴，法钦复去探视龙湫，果见大湫尽涸，涨沙为平地，仅有一穴，水清如镜，即今所见的"龙井"。又见北峰之阳有新成的庵舍，知是龙神所赐。即来居住，遂开堂说法。

图1.3.7 南宋《晴峦萧寺图》，画中峰峦突起，似径山险峻，萧寺坐落山中，犹径山禅寺。

信息传开，震惊四面八方。远近乡邻送粮米油盐，从禅之士四方而来，助资建庵。从此，人迹罕至的径山，门庭若市，名震天下。

法钦不仅精于佛法，对"茶禅一味"的茶叶种植和茶道也很推崇，史载"佛供茶"就是国一禅师法钦亲手栽种传承至今的。

清嘉庆《余杭县志》延续康熙《余杭县志》的记载，有"径山茶"的条目刊登。前加有"径山寺僧采谷雨前者，以小缶赠送人"。其后有"旧县志"，说明是延续康熙《余杭县志》而编撰，还增添了许多径山茶的产地，说明径山茶已在径山区广为种植。

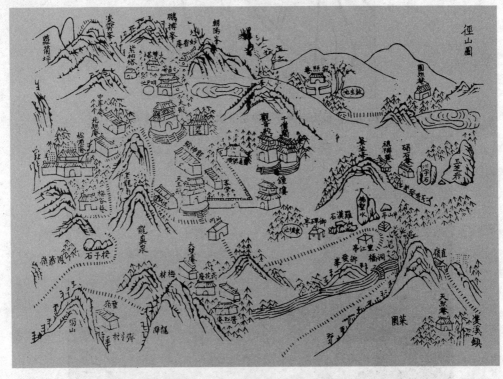

图 1.3.8　清嘉庆《余杭县志》之"径山图"，图中宴座、朝阳、鹏抟、凌霄、御爱、天显、堆珠七峰和二岩、诸坞、诸泉及径山禅寺都有绘出。

此两段记载，非常明确地指出径山茶源于径山野生茶树，径山寺僧采谷雨前茶，以小罐贮藏送人。国一禅师法钦曾亲手种植茶树数株，采摘后用以供佛待客。没有几年，茶叶蔓延整个山谷，味道鲜芳，特异于其他所产，即今之径山茶。由此证实，种植径山茶的历史至少已有 1200 年以上。康熙《余杭县志》之"佛供茶"条目，非常切题地将钦师植茶、供佛、待客的主题凸现了出来。

图 1. 3. 9 径山禅寺开山鼻祖法钦像（714—792 年）

图 1. 3. 10 南宋夏圭《云峰远眺图》。图中二长者登山远眺峻山寺
院。苏东坡曾三上径山，有"众峰来自天目山，势若骏马奔平川"之句，
是对径山最形象的刻画。

图 1. 3. 11 是清康熙《余杭县志》和清嘉庆《余杭县志》之“径山茶”条目。说明法钦在唐天宝元年（742 年）开山结庵之初就植茶供佛待客。

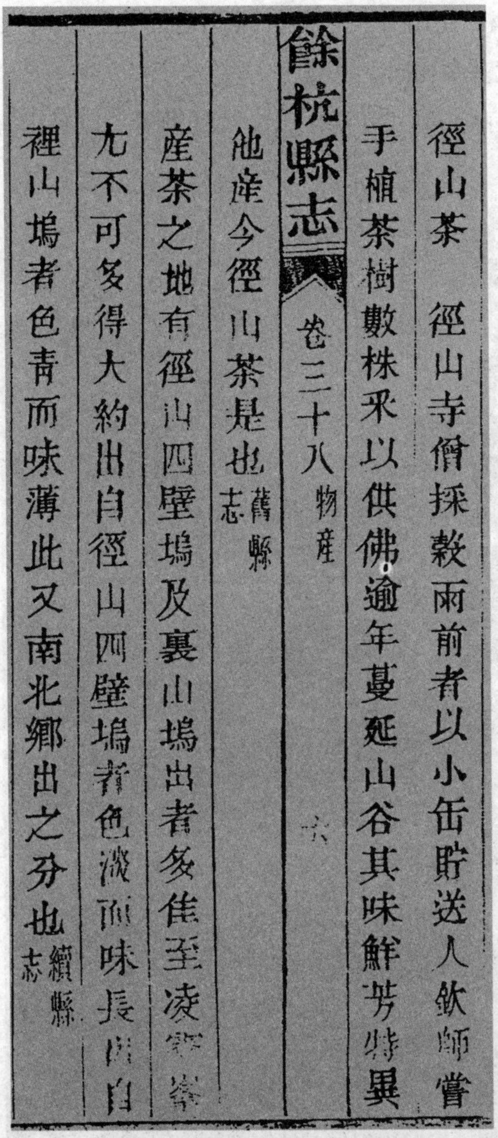

徑山茶　徑山寺僧採穀雨前者以小缶貯送人欽師嘗
手植茶樹數株采以供佛逾年蔓延山谷其味鮮芳特異

餘杭縣志　卷三十八　物產　六

他產今徑山茶是也舊縣志
產茶之地有徑山四壁塢及裏山塢出者多佳至凌霄
尤不可多得大約出自徑山四壁塢者色淡而味長自
裡山塢者色青而味薄此又南北鄉出之分也續縣志

图 1. 3. 11　清嘉庆《余杭县志》之“径山茶”条目

（三）唐代径山茶为采后即炒之茶

历代记载唐宋径山茶的古籍有：

南宋《咸淳临安志·货之品·茶》，其最后有：近日径山寺僧采谷雨前者，以小缶贮送。缶，为小口大腹的陶罐，上有盖，也有铜制。因为是小口大腹的陶罐，只能贮放条索状的茶叶。饼茶形态大，很难放进，从贮放的器皿推断，唐代径山茶为条索状茶叶。

南宋《梦粱录》载：径山谷雨前茗，用小缶贮之，以馈人。与南宋《咸淳临安志·货之品·茶》记载基本相同。

明田艺蘅《煮泉小品》载：叶清臣云，茂钱塘者，以径山稀。说明明代径山茶已非常珍罕。

图 1.3.12 俞萃然《大唐国一大师法钦径山开山植茶奉佛待客》

清康熙《余杭县志》之"佛供茶"条目：

钦师尝手植茶树数株，采以供佛，逾年蔓延山谷，其味鲜芳，特异他产，今径山茶是。（见图1. 3. 64）

短短的30余字，说了几层意思，一是径山本无茶，是国一大师法钦首先栽种的；二是采以供佛，是鲜茶叶供佛？还是炒制好的茶叶供佛？还是泡制好的茶汤供佛？没有讲清楚，只能推断是炒制好的茶叶，或泡制好的茶汤供佛；三是因钦师率先植茶，径山茶"逾年蔓延山谷"；四是"其味鲜芳、特异他产，今径山茶是"，既然是康熙《余杭县志》，那么此处"今径山茶是"，应与清代康熙径山茶相似，其时，杭州、余杭径山饼茶已绝迹，应为"炒烘青"，即今天径山茶样式。

清嘉庆《余杭县志·卷三十八·物产》之"径山茶"条目：

径山寺僧采谷雨前者，以小岳贮送人。钦师尝手植茶树数株，采以供佛，逾年蔓延山谷，其味鲜芳、特异他产，今径山茶是也。（旧县志）

清嘉庆《余杭县志》之"径山茶"条目，近50字，涵盖了南宋《咸淳临安志》和清康熙《余杭县志》的全部内容，几乎是只字不拉，字字相同，形成了嘉庆《余杭县志》的条目。只是"今径山茶是"，加一字"也"，成为"今径山茶是也"。清嘉庆杭州、余杭制茶工艺也已是炒烘青天下，因此"今径山茶是也"，应是炒烘青的径山茶。说明白唐至宋，再延续至明、清，径山茶均是炒烘青的条索状茶叶。

综合自南宋和清康熙、嘉庆"径山茶"的三个条目，我们可以认定：

径山茶首创为唐代国一大师法钦，时间为国一大师法钦开山之初，即唐天宝元年（742年）；初始阶段，径山茶的规模仅是在寺旁"手植茶数株"的小规模；制成茶叶为散茶，可装入小口大腹的小缸之中；形态类似清代的径山茶，其时，杭州一带，包括余杭径山已无饼茶，因此应为炒烘青式茶叶，即今径山条索状茶。

（四）唐代《西山兰若试茶歌》对炒青茶的记述

上面的论述，只是按古籍的记述推论而已，唐代的造茶主流是陆羽《茶经》的饼茶制造法，唐代到底有没有炒制的茶叶，至关重要。因为，这是与唐代主流造茶方法不同的另一种造茶方法，也是与茶圣陆羽《茶经》中制造饼茶截然不同的，不经蒸、捣、拍、焙、穿、封等工艺，而由炒烘青制造的另一种造茶法，是与今径山茶相似的造茶方法。

唐代究竟有无炒青法，其实早就为无数茶人关注，当代茶圣吴觉农《茶经述评》

之"第三章茶的制造，制茶工艺和茶类的发展"，就写及唐代的炒青法。还应用了唐代大诗人刘禹锡《西山兰若试茶歌》中"自傍芳丛摘鹰嘴""斯须炒成满室香"诗句，来证实唐代就有"炒青法"。

著名茶史学者钱时霖选注，1989 年出版的《中国古代茶诗选》也选录了唐代文学家刘禹锡这首诗。

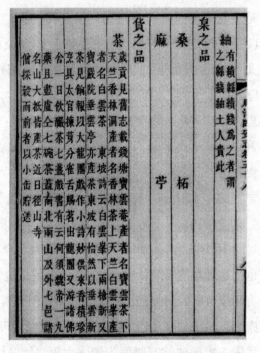

图 1. 3. 13 南宋《咸淳临安志·货之品·茶》

西山兰若试茶歌

山僧后檐茶数丛，春来映竹抽新茸。宛然为客振衣起，自傍芳丛摘鹰嘴。斯须炒成满室香，便酌砌下金沙水。骤雨松声入鼎来，白云满碗花徘徊。悠扬喷鼻宿酲散，清峭彻骨烦襟开。阳崖阴岭各殊气，未若竹下莓苔地。炎帝虽尝未解煮，桐君有录那知味。新芽连拳半未舒，自摘至煎俄顷馀。木兰沾（一作坠）露香微似，瑶草临波色不如。僧言灵味宜幽寂，采采翘英为嘉客。不辞缄封寄郡斋，砖井铜炉损标格。何况蒙山顾渚春，白泥赤印走风尘。欲知花乳清泠味，须是眠云跂石人。

刘禹锡（772—842 年），唐代文学家、哲学家。字梦得，洛阳人。贞元进士，登博学鸿词科，授监察御史，参加王叔文革新集团，反对宦官和藩镇割据势力。王叔文失败后，贬朗州司马，迁连州刺史。后以裴度力荐，任太子宾客，加检校礼部尚书，世称"刘宾客"。和柳宗元交往很深，人称"刘柳"，后与白居易唱和往还，也称"刘

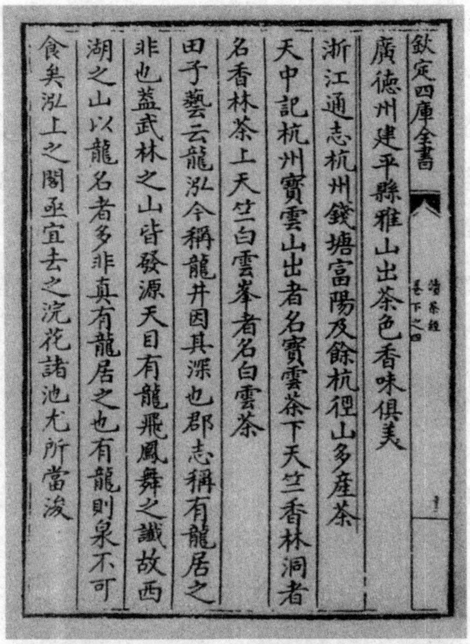
欽定四庫全書　續茶經　卷下之四

廣德州建平縣雅山出茶色香味俱美

浙江通志杭州錢塘富陽及餘杭徑山多產茶

天中記杭州寶雲山出者名寶雲茶下天竺香林洞者名香林茶上天竺白雲峯者名白雲茶

田子藝云龍泓今稱龍井因其深也郡志稱有龍居之非也蓋武林之山皆發源天目有龍飛鳳舞之讖故西湖之山以龍名者多非真有龍居之也有龍則泉不可食矣泓上之閣亟宜去之浣花諸池尤所當浚

图 1. 3. 14　清《钦定四库全书·浙江通志·余杭径山茶》

白”。有《刘梦得文集》。

通观刘禹锡《西山兰若试茶歌》，活脱是一幅高山峻岭间唐代国一大师法钦的径山造茶品茗图画。

诗题为《西山兰若试茶歌》，其“兰若”，即寺庙，梵文“阿兰若”的略称。首四句：“山僧后檐茶数丛，春来映竹抽新茸。宛然为客振衣起，自傍芳丛摘鹰嘴。”说的是寺院后面不多的几株茶树，春天到来，茶树在翠竹映照下初发茶芽。就好像客人到来抖擞起衣服，僧人们从寺旁茶丛中采摘下鹰嘴般鲜嫩的茶芽。这里的芳丛，指的是茶树。“山僧后檐”，是寺院后面的意思。

接下去的四句：“斯须炒成满室香，便酌砌下金沙水。骤雨松声入鼎来，白云满碗花徘徊。”是至关重要的四句。僧人们将鹰嘴般的茶芽，须臾炒成新茶，寺院中顿时满庭茶香。从寺庙台阶下汲取犹如皇帝品茗金沙泉般的泉水，在茶鼎中就像骤雨松风吱吱声响。茶碗倾入沸水后，顿时白云腾飞，茶叶上下翻滚。“砌”，台阶。还应着重提出的是，炒好的新茶即可撮泡品茗，而无须经过碾磨等程行。

诗中的“金沙水”，将上好泉水比喻为皇帝品茗用的长兴金沙泉水。“鼎”，古代炊器，圆形，三足两耳，多用铜器，也有陶制，用以烧水烹茶。

下面的八句：悠扬喷鼻宿酲散，清峭彻骨烦襟开。阳崖阴岭各殊气，未若竹下莓苔地。炎帝虽尝未解煮，桐君有录那知味。新芽连拳半未舒，自摘至煎俄顷馀。进一步描绘了品茗时的精神气爽。茶香扑鼻，酒醒后的困惫马上散去，香至透骨；胸中的烦躁顿时扫除。阳崖阴岭不同气候造就了不同的茶叶，最好的是竹林下莓苔地的茶叶。炎帝尝百草虽然发现了茶叶益智明目功能，但并不知晓煮茶的方法；东汉桐君收录有茶叶，却并不真正知道佳茶的羊妙味道。高山上的茶芽卷曲如抱拳正待舒展，自摘到炒，泡成新茶只是俄顷间。诗中"醒"，酒醒后所感到的困惫如病状。最后 句非常重要，又一次重复了唐代炒茶，从采摘、炒制，至迅速烹煮品饮的过程，这里的"煎"，是指烹煮泉水，而非煎茶。

图 1. 3. 15　清乾隆版本《御制全唐诗》书影

最后的一段，更深一层描绘了便捷快速"炒茶法"的妙处所在：木兰沾露香微似，瑶草临波色不如。僧言灵味宜幽寂，采采翘英为嘉客。不辞缄封郡斋，砖井铜炉损标格。何况蒙山顾渚春，白泥赤印走风尘。欲知花乳清泠味，须是眠云跂石人。如以白话表达：清新的茶味恰似木兰沾到露水般的清香，碧绿的茶汁胜过瑶草临波。高僧道，只有幽寂的禅院才能品茗出佳茶之灵味，最好的茶叶是为高贵的客人准备的。不远千里寄到郡守住宅的佳茶，但用砖井的水和铜炉来烹煮，其味其香早已损了几个等级。就算皇帝品饮的四川蒙顶茶、长兴顾渚贡茶，因为严密封口，加盖朱印，万里风尘走京城，也没有现采现炒茶叶的真味真香。真正能品尝到茶盏上飘着乳花白云，具有高山清和味道的新茶，只有那些能登临高山与白云相伴的人们。

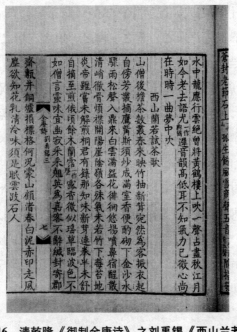

图1. 3. 16　清乾隆《御制全唐诗》之刘禹锡《西山兰若试茶歌》

唐代大文人刘禹锡的《西山兰若试茶歌》，首次出现了"炒"字，而且"斯须炒成满室香""自摘至煎俄顷余"，无论是造茶、品茗，均无陆羽《茶经》中繁琐的程序，而与千年后乾隆皇帝在灵隐观看茶农现场采摘，现场炒制，当场品茗龙井茶如出一辙。

刘禹锡《西山兰若试茶歌》记述的唐代炒茶法，不同于陆羽《茶经》中的饼茶造法，以及经过蒸青的不发酵法。在全唐诗的许多诗作中，字里行间还可以看到"炒茶法"的痕迹。

（五）《杭县志稿》之唐顾况《焙茶坞》

《杭县志稿》卷二十五"诗记"，有唐至德二载（757年）进士、苏州人顾况《临平坞杂题·焙茶坞》诗：

新茶已上焙，旧架忧生醭。

旋旋续新烟，呼儿劈寒木。

顾况这首诗《全唐文》及其他典籍都有记载。至德二载（757年）进士，顾况的《临平坞杂题·焙茶坞》茶诗，形象地描绘了余杭径山农家焙茶情景：但见农夫采茶归来，在锅中慢慢焙茶，远处可见农舍屋外缕缕炊烟，灶中木柴快烧完了，赶紧呼唤小儿快劈冬天积贮的松木。这首诗难能可贵处有二：一是诗作是与国一大师法钦开山首创径山“佛供茶”同时代的名人顾况所作；二是《焙茶坞》的“焙”字，有别于陆羽《茶经·三之造》中饼茶制造：采之、蒸之、捣之、拍之、焙之、穿之、封之、茶之干矣，而是直接焙炒，与当今径山茶制作方法十分相似。

顾况的许多诗《全唐诗》中都有，《杭县志稿》载有顾况《临平坞杂题》共16首，除了《焙茶坞》外，还有山迳柳、石上藤、薜荔庵、芙蓉榭、欹松漪、弹琴谷、白鹭汀、千松岭、黄菊湾、临平湖、山春洞、石窦泉、古仙坛、访邱员外丹、郤到浙江等15首诗，均是描绘临平、余杭一带景色的古代诗作。

顾况，字逋翁，号华阳山人，又号悲翁，苏州（今江苏苏州）人。至德二载（757年）登进士第，大历后期（约779年）历任杭州新亭监、温州永嘉监盐官。建中二年（781年）任韩之滉海军节度判官，贞元三年（787年）入朝，历官校书郎、著作佐郎。五年（789年）贬饶州司户、九年（793年）后隐居茅山，卒于元和中（约812年）。善画山水。存有《华阳集》三卷。

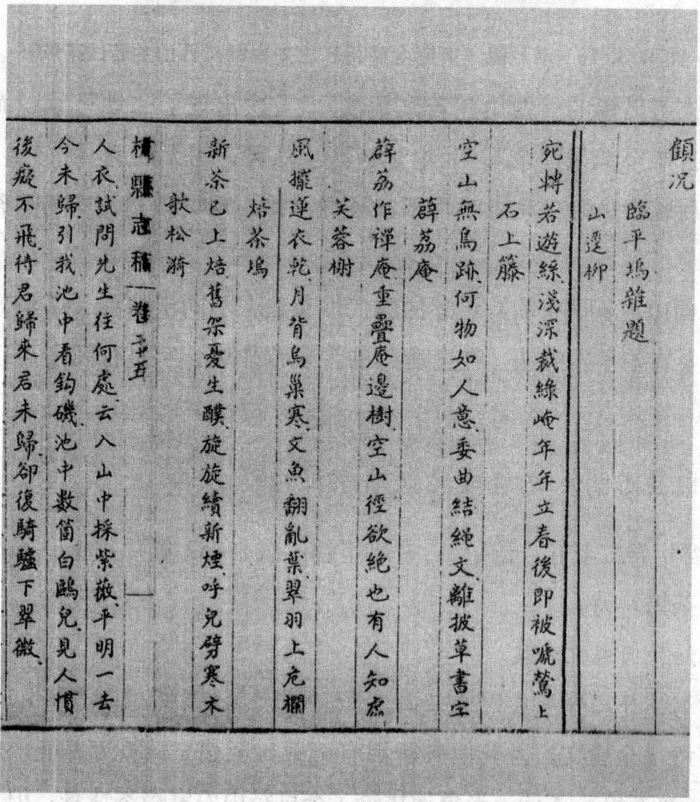
顧況
臨平塢雜題
山逕柳
宛轉若遊絲淺深栽綠崦年年立春後即被啼鶯上
石上藤
空山無鳥跡何物如人意委曲結繩文離披草書字
薜荔庵
薜荔作禪庵重疊庵邊樹空山徑欲絕也有人知處
芙蓉榭
風擺蓮衣乾月背鳥巢寒文魚翻亂葉翠羽上危欄
焙茶塢
新茶已上焙舊架憂生醭旋旋續新煙呼兒劈寒木
欹松漪
杭縣志稿 卷二十五
人衣試問先生住何處云入山中採紫薇平明一去
今未歸引我池中看釣磯池中數箇白鷗兒見人慣
後癡不飛待君歸來君未歸卻復騎驢下翠微

图 1. 3. 17　《杭县志稿·卷二十五》顾况《临平坞杂题·焙茶坞》

从顾况的简历看，顾况是江南人，在杭州周边为官，熟悉知杭州茶俗，其《焙茶坞》犹如一幅古代造茶图。

唐代高僧皎然之《皎然集》中有多首顾况于大历年间参与皎然、陆羽为首的浙西大联唱。因此，顾况和皎然、陆羽也是好友。

（六）宋代朱翌《猗觉寮记》记载的唐代炒茶法

吴觉农《茶经述评》注意到：宋代朱翌《猗觉寮记》（约12世纪）的记载，称唐造茶与今不同，今采茶者，得芽即蒸熟、焙干，唐则旋摘旋炒，说的是"炒"，接着也引用了刘禹锡的诗作来说明唐代即有"炒茶法"。可见唐代除蒸青饼茶的制法外，已有炒青制法，不过炒青方法，并未在唐宋两朝广为流行。朱翌称唐时制茶旋摘旋炒，是指现采现制，当场饮用，唐宋时期并非主流。

图1.3.18 清《钦定四库全书》之宋代朱翌《猗觉寮记·炒茶法》

朱翌之"旋摘旋炒"与沈仲昌"旋旋续新烟"颇有异曲同工之美，旋摘旋炒，方会"旋旋续新烟"。

自北宋后期到元代，制茶技术又有发展，吴觉农《茶经述评》经多方考证后，第

85 页写道：

宋徽宗宣和年间（1119—1125 年），为保持茶叶的固有香味，改蒸青团茶为蒸青叶茶（也称蒸青散茶）。宣和庚子年（1120 年）所制作的"银钱水芽"，则是当时叶茶之极品。到了元代，蒸青团茶已逐渐淘汰，而蒸青叶茶大为发展，又以鲜叶的老嫩不同，分为芽茶（如探春、紫笋、拣芽）、叶茶（如雨前等）。

（七）明代余杭人田艺蘅《煮泉小品·生晒法》

明代余杭人田艺蘅《煮泉小品》：芽茶以火作者为次，生晒者为上，亦更近自然，且断烟火气耳。况作人手，器不洁，火候失真，皆能损其香、色也。生晒茶瀹之瓯中，则旗枪舒畅，清翠鲜明，香洁胜于火炒，尤为可爱。

田艺蘅，字子艺，为明代著作《西湖游览志》《西湖游览志余》田汝成之子。田艺蘅之《白鹤诸山记》收录在《杭县志稿》，文中记述的田艺蘅之宝林别业就在良渚大观山西南的白鹤山，明时有巨刹宝林寺。笔者 1959 年高中毕业，赴浙江省大观山农场时，曾在宝林寺养过一年猪，当地也有不少茶山。

田艺蘅的"生晒法"，是古籍记载的第四种造茶法，虽更近自然，但采茶时节，时晴时雨，少有大太阳，易使茶发酵，成为红茶。因此，也得不到发展，只有"炒青法"传承千年矣。

图 1. 3. 19　田艺蘅画像及其《煮泉小品·生晒法》

（八）明《万历杭州府志》记载的"茶芽"为炒青茶

明《万历杭州府志·土贡》记载杭州府和各县土贡：杭州府：洪武（1368—1398年）、永乐（1403—1425年）至成化十年（1474年），茶芽四十斤；仁和县、钱塘县：茶芽无；富阳县：成化十年（1474年），茶芽二十斤；余杭县：茶芽无；临安县：成化十年（1474年），茶芽二十斤；新城县：於潜县、昌化县：茶芽无。此处杭州府、富阳县、临安县朝贡之茶芽名称和均以斤论，已是炒青法制作的茶叶了。

（九）《文献通考》对散茶的论述

《钦定四库全书》续《茶经》卷上之三载：

《文献通考》：宋人造茶有二类：曰片，曰散。片者，即龙团，旧法；散者，则不蒸而乾之，如今时之茶也，始知南渡之后，茶渐以不蒸为贵矣。

但蒸青饼茶、蒸青绿茶，均有"蒸"的工序。饼茶，即团茶，为片者；而蒸青茶，为散茶。"散者，不蒸而乾之"，即炒青也。非常明确，散茶是不经蒸青者。"南渡"，宋高宗"南渡"定杭州（临安）为国都，开创南宋中兴。按此段记载，真正的炒青，径山茶、杭州宝云茶、香林茶，皆盛于南宋。北宋徽宗撰《大观茶论》，造茶、品茗、器具繁琐，无真色、真香、真味，至南宋渐崇尚真色、真香、真味为贵矣。

（十）余杭茶税

余杭区（县、市）现域，清代以前为杭州府所属钱塘县、仁和县、余杭县。辛亥革命，肇建共和，民国元年（1912年）析钱塘、仁和两县为杭县，仍保留余杭县。

南宋余杭茶税
南宋《咸淳临安志》卷五一及嘉庆《余杭县志》记载有余杭茶税：
钱塘县：茶租钱八百九贯二十九文。
仁和县：无茶租钱。
余杭县：茶租钱八百七十二贯一百六十文。
明代余杭茶税
茶税征收
据明《万历杭州府志》，明代杭州府县在河流要道设置关卡征收税收，其中有茶税。
仁和县：洪武十年（1377年），茶株课程钱钞六千三百六十二文，茶引由六百道，

图1.3.20　南宋"京销铤银"六戳记，十二两半银铤，可用于交纳茶税。

工墨钱钞六十万文。永乐十年（1412年），茶株课钞三锭一贯二百六十文，茶引由工墨钞六十五锭。

钱塘县：洪武十年（1377年），茶株课程钱钞四千二百六十三文；茶引由五百五十五道，工墨钱钞五十五万文。

余杭县：洪武十年（1377年），茶株课程钱钞三万二千九百三十六文，茶引由五百七十五道，工墨钱钞五十七万五千文。永乐十年（1412年），茶株课钞四十四锭八百文。

征收茶银

明代"凡民十六成丁，六十免"。凡丁要征役。凡用人力者，名力差；入银者，名银差。茶叶运送纳银，名"茶银"。

仁和县：茶银，年例三十四两八钱一分九厘三毫，加派银二百一十九两五钱三厘六毫二丝七忽三微五尘四渺二漠。

明代钱塘县、余杭县、城还有"蜡茶银"，应为运输福建过境的福建蜡茶运费也。

钱塘县：蜡茶银，年例一十五两四钱五分九厘九毫，加派银一百四十三两九钱五分五厘九毫八丝六忽六微四尘。

余杭县：蜡茶银，年例八两二钱九分八厘五毫，加派银一百三十六两八钱五分二毫六丝五忽。

嘉庆《余杭县志》载：

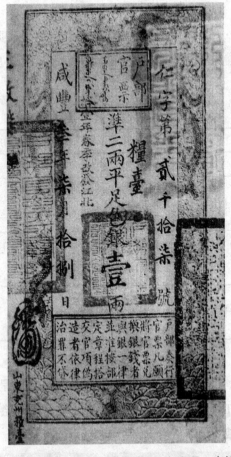

图1. 3. 21　《万历杭州府志》之钱塘县、仁和县、余杭县"茶税"

户部

本色腊茶银一十两八钱九分二厘。折色腊茶银四十二两六钱七分五厘。

清代余杭茶税

"加蜡茶新加银"

据宣统二年（1910）《杭州府志》，杭州府县加腊茶新加银如下：

府县	加蜡茶新加银
仁和县	一十二两四钱三分八厘一毫三丝七忽三微一七尘五渺
钱塘县	七两七钱七分八厘二毫二丝二忽六微二尘五渺
余杭县	七两九分八厘九毫九丝九忽六微二尘五渺

“起运户部本色银”

清康熙《杭州府志·田赋》中还有“起运户口本色”一项税收，其中有黄蜡及茶芽零价银、茶芽折色银、茶芽加增时价银的路费及评估费用。所谓“芽茶”，应是如径山茶般的散茶。

列表如下：

府县	茶芽	茶芽零价银、折色银、加增时价银	
		地丁银	新加银
仁和县	五十斤	七十九两二分九厘二毫八丝七忽四微九尘	一十二两四钱三分八厘一毫三丝七忽三微七尘五渺
钱塘县	三十一斤	四十九两五钱三分六厘四毫四丝六忽一微四尘九渺五漠	七两七钱九分八厘二毫三丝二忽六微二尘五渺
余杭县	二十九斤	四十五两一钱四厘九毫五丝一忽二渺五漠	七两九分八厘九毫九丝九忽六微二尘五渺

民国余杭茶税

据 1912 年 7 月 2 日《政府公报》，旅欧茶商给茂昌等电呈北京政府，要求废除苛政，振兴出口土货，浙江省财政司电复财政部，经临时省议会议决并奉都督核准，将茶捐中的附捐三成一项裁去。

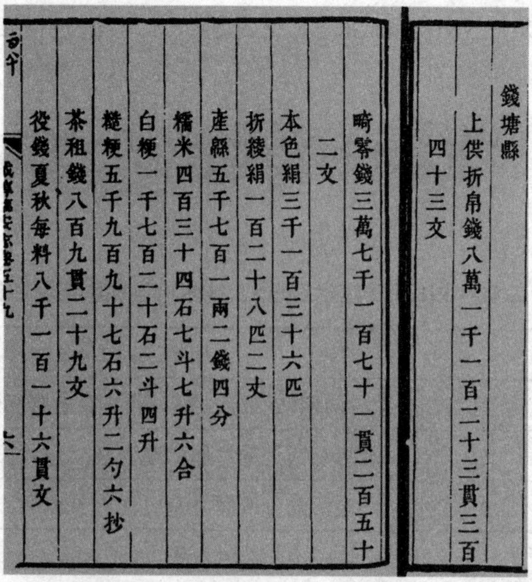
錢塘縣
上供折帛錢八萬一千一百二十三貫三百
四十三文
畸零錢三萬七千一百七十一貫二百五十
二文
本色絹三千一百三十六匹
折稅絹一百二十八匹二丈
産鹽五千七百一兩二錢四分
糯米四百三十四石七斗七升六合
白粳一千七百二十石二斗四升
糙粳五千九百九十七石六升二勺六抄
茶租錢八百九貫二十九文
役錢夏秋每料八千一百一十六貫文

图 1. 3. 22　南宋《咸淳临安志·钱塘县·茶租钱》

1914年4月1日，浙江省实行财政部核准的《浙江征收货物附加税暂行章程》，其中茶捐按统捐捐率附加20%。1914年7月，浙江省财政厅颁布《浙江省征收茶税章程》，在清光绪元年《酌定茶引办法》的基础上修改：

茶捐税率为：

一、箱茶每百斤一元七角，二、江西、安徽已捐入境箱茶，每百斤六角（在减捐期内每百斤捐限四角六分）；三、篓袋袋茶每百斤一元三角；四、拣剩黄片，每百斤三角五分；五、茶梗茶末每百斤三角八分；六、浙西塘工捐每百斤四角。

……

第六条，茶捐捐数各款除去箱篓袋皮斤数核实征收：

一、箱茶应除去斤数，方箱十五斤，长箱十二斤；二、篓茶应除去斤数，大篓除七斤，双篓除十斤；三、袋茶，每袋除五斤。

……

第十条，茶捐捐票及茶件用统捐捐票及统捐分运单；

第十一条，茶塘工捐应另票征收，其捐票用三联式，第一联由收捐之局填给纳捐者，第二联由收捐之局按旬缴财政厅，第三联由收捐之局存查。

塘工捐票由财政厅制成，编号盖印颁发。

……

1919年10月，浙江省财政厅奉财政部令，将浙江出口茶捐核减五成，每百斤征捐0.85元。

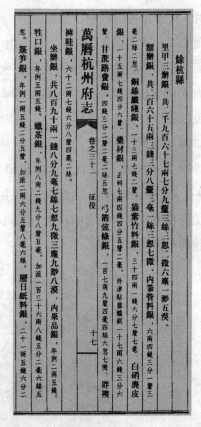

图1.3.23　《万历杭州府志·余杭县蜡茶银》

据《浙江财政纪略》，1928年浙江省茶捐比额为39.4万元，为各种捐项的7%。其中江西、安徽进入浙江钱塘江上游的淳安威坪、浙东运河的曹娥两局均在七万之以上；闸口、萧山、龙山、绍兴、兰溪、鄞县六局在一万之以上，余杭余东关、武关、海门在五千之以上，杭县、清湖、青田在三千之以上，丽水、碛石在一千之以上，唐、宋、元盛产紫笋茶的长兴雪水不满七百元。

茶捐多寡，从一个侧面反映了民国时期各地茶业的兴旺程度。

新中国余杭茶税

1971 年至 1972 年余杭茶税

21 世纪初，伴随着国家富强，中央决定让利于民，豁免征收包括茶叶税收在内的所有农业税收。但四五十年前，茶叶税收则是农业税收中的重头，代表了茶农对国家的贡献。2012 年 9 月 27 日，笔者专赴茶叶试验场，在满是霉变灰尘的财务档案中挑拣几小时，终于觅得六枚纳税凭证。

图 1. 3. 24 至图 1. 3. 28，是一组 1966 年至 1972 年茶叶试验场不同品种的茶叶税收凭证，非常巧合的是，四张凭证，税证的茶叶品种和税率不尽相同，其时，低档茶税率为 8.05%，精制茶等高档茶为 40%，图 1. 3. 24 为大观山农场出售茶叶缴纳农村特产税的收据，税率为 7%。

1979 年茶税

1979 年 4 月 23 日（79）余财税第 2 号《关于加强茶叶税收管理的通知》中有：

一、农村人民公社、生产大队、生产队和社员，将自产茶叶投售给国家收购单位的，工商税由收购单位交纳。社、队只就收购金额计算交纳百分之八的特产税，并由国家收购单位代征汇交。

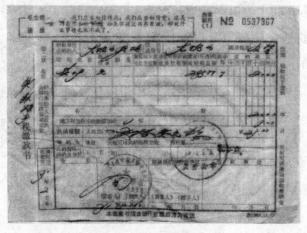

图 1. 3. 24　1971 年 8 月 10 日，大观山农场出售
茶叶 285.77 元，税率 7%，交税额 20 元的凭证。

二、社、队和社员在保证完成国家收购计划的前提下，如有少量茶叶（包括茶末）

直接出售给消费者，社、队应按出售价格计算交纳百分之四十的工商税和百分之八的特产税，即是茶税款，社、队应按月向国家交纳。

图 1. 3. 25　1972 年 12 月 11 日农特税，初制茶、龙井茶计税

总值 2073. 51 元，税额 8. 05%，税额 166. 92 元。

图 1. 3. 26　1972 年 12 月 11 日农特税，初制茶 400 担，计税总值

43827. 75 元，税率 8. 05%，税额 3528. 13 元。

（十一）1925 年吴觉农在余杭杭北林牧公司试制日本蒸青绿茶

吴觉农（1897—1989 年），上虞人。1916 年在浙江省立杭州农业学校（浙江农业大学前身）农学研究生毕业，是新中国刚刚成立时的农业部副部长兼中国茶叶公司经理。他对中国茶业贡献巨大，研著丰富，被喻为"现代茶圣"。吴觉农与余杭茶业有不解之缘。

吴觉农在杭州农业学校研究生毕业后，曾担任学校助教。

图 1. 3. 27　1972 年 12 月 11 日农特税，干毛茶 330. 14（担），计税总值 42918. 70 元，税率 8.05%，税额 3454. 92 元。

图 1. 3. 28　1972 年 12 月 11 日工商税，精制茶 400 担，计税总值 43827. 75 元，税率 40%，税额 17531. 10 元。

1928 年《工商部中华国货展览会实录》第三编 256 页《审查委员会委员·吴觉农》载：1919 年至 1922 年，吴觉农在日本静冈茶叶试验场研究制茶四年以上。1922 年，吴觉农学成回国，当年的《申报》曾有吴觉农想在余杭从事茶业但并未成行的报道。1923 年，他赴芜湖第二农校任教员。1987 年 5 月农业出版社出版吴觉农著《茶经述评》，第 64 页有一段吴觉农的自述：

1925 年前后，笔者为了试制日本蒸青绿茶，曾在浙江余杭林牧公司由日本输入了用于绿茶初制的揉捻机和粗揉机。

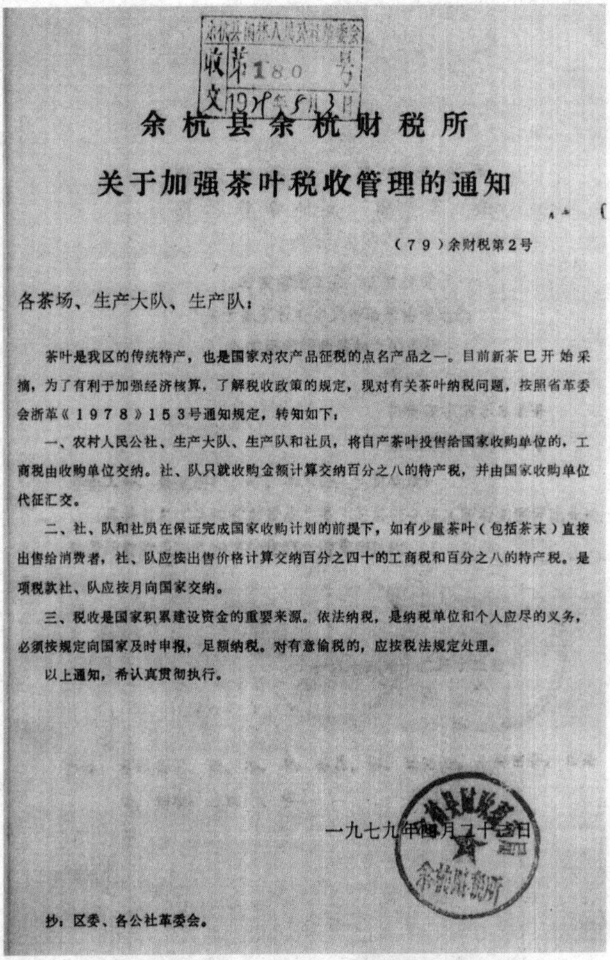

余杭县余杭财税所

关于加强茶叶税收管理的通知

（79）余财税第2号

各茶场、生产大队、生产队：

茶叶是我区的传统特产，也是国家对农产品征税的点名产品之一。目前新茶已开始采摘，为了有利于加强经济核算，了解税收政策的规定，现将有关茶叶纳税问题，按照省革委会浙革《1978》153号通知规定，转知如下：

一、农村人民公社、生产大队、生产队和社员，将自产茶叶投售给国家收购单位的，工商税由收购单位交纳。社、队只就收购金额计算交纳百分之八的特产税，并由国家收购单位代征汇交。

二、社、队和社员在保证完成国家收购计划的前提下，如有少量茶叶（包括茶末）直接出售给消费者，社、队应按出售价格计算交纳百分之四十的工商税和百分之八的特产税。是项税款社、队应按月向国家交纳。

三、税收是国家积累建设资金的重要来源。依法纳税，是纳税单位和个人应尽的义务，必须按规定向国家及时申报，足额纳税。对有意偷税的，应按税法规定处理。

以上通知，希认真贯彻执行。

一九七九年四月二十五日

抄：区委、各公社革委会。

图 1. 3. 29 1979 年余杭《关于加强茶叶税收管理的通知》

据 1933 年 11 月出版，实业部国际贸易编纂《中国实业志（浙江省）》载，杭北林牧公司成立于 1918 年，设于余杭北乡，造林 3160 亩。余杭杭北乡，即在径山脚下。据现参与编撰《余杭林业志》之余杭长乐林场老场长营建实考证，杭北林牧公司则成立于宣统二年（1910 年）。

这一段简单的记述，揭示了余杭一段重要的茶史。这里的余杭林牧公司，应为余杭杭北林牧公司，是在余杭盛产径山茶的径山脚下，清末宣统年间由辛亥革命名人庄嵩甫创建。1925 年，吴觉农由日本输入用于绿茶初制的揉捻机和粗揉机，试制蒸青绿茶之地，是至今还尚存的余杭长乐林场。吴觉农自述明确记述"为了试制日本蒸青绿茶"，"由日本输入了用于绿茶初制的揉捻机和粗揉机"。1977 年，杭州茶叶试验场和浙江茶叶公司、日本三明茶叶有限公司引进日本机械和技术，试制成功日本蒸青绿茶

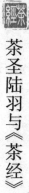

图 1. 3. 30　20 世纪 30 年代的吴觉农

图 1. 3. 31　《省立农校十周年纪念册》载吴觉农为 1916 年
（丙辰年）毕业农学研究生第一名

远销日本，当年即生产 3000 市担。现蒸青茶已成为余杭茶叶的一个主要外销品种，并成立有余杭蒸青茶行业协会，在全国具龙头地位。殊不知，现代引进日本机械在余杭试制日本蒸青绿茶第一人是吴觉农。

清咸丰年间(1851—1861年)，湖北羊楼洞茶厂曾最早使用人力螺旋压力机制造砖茶；同治年间(1862—1874年)，汉口砖茶厂也曾使用蒸汽压力机压制青砖茶；台湾省则于光绪二十八年(1902年)曾使用揉捻机、筛分机、烘干机等机械制造红茶。清光绪三十一年(1905年)，清政府曾派一浙江籍的道台郑世璜到印度和锡兰考察茶叶，随同前往的有一个名叫陆溁的书记，他是江苏武进人，回国后，曾写了一本《制造红茶日记》的小册子，1915年，北洋政府农商部把他派往安徽祁门，创建了我国最初的茶叶试验场。1916年，该场自造了小型揉捻机，用以制造红茶。1925年前后，笔者为了试制日本蒸青绿茶，曾在浙江余杭林牧公司由日本输入了用于绿茶初制的揉捻机和粗揉机。1933年，祁门茶叶试验场又输入了制造红茶的机具数种(包括克虏伯式揉捻机、大成式揉捻机和印度的烘干机等)。1936年，浙江平水茶叶改良场又由日本输入了整套的绿茶制造机具。1938年，福建示范茶场仿制了多种制茶机具(后来，前茶叶研究所接办该场时，仍应用了这些机具)，抗日战争胜利后的1946年，笔者在浙江杭州之江机制茶

· 64 ·

图 1. 3. 32　吴觉农《茶经述评》对在余杭试制蒸青绿茶的记述

　　图 1. 3. 33 至图 1. 3. 36，是一组吴觉农《茶经述评》对在余杭试制蒸青茶的自述，以及那个时代吴觉农、吴觉农和夫人陈宣昭、吴觉农和夏衍夫妇，以及当年的杭北林牧公司即现今的余杭长乐林场茶园照片。

图 1. 3. 33　1926 年吴觉农、陈宣昭在上海三德里寓中

图1.3.34 杭州市余杭区长乐林场（2011）

图1.3.35 吴觉农和夏衍夫妇在上海公园

图 1. 3. 36　中学生在长乐林场茶园学农（21 世纪初）

吴觉农校阅的《浙江省杭湖两区茶业概况》

　　1929 年，浙江省筹建农民银行合作事业管理室，浙江省建设厅厅长程振钧借调吴觉农任浙江省建设厅视察兼合作事业室主任。其间，适逢杭州举办西湖博览会，吴觉农负责茶叶展品的评审，并获"西湖博览会感谢章"，这些在《西湖博览会总报告书》中都有记载。其时，由俞海清编著、吴觉农校阅、浙江省政府农矿处印行、1930 年 12 月出版的《浙江省杭湖两区茶业概况》一书，详尽地记载了杭州、湖州的茶业概况，其中杭州部分对杭县、余杭县茶叶的开垦、种苗、种植、鲜叶价值、租税、各项支出调查细致详尽。前已述。

图 1. 3. 37　1930 年浙江省政府农矿处印行《浙江
省杭湖两区茶业概况》书影

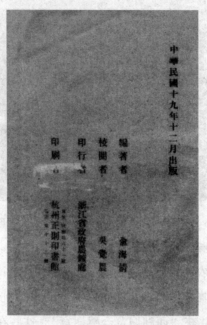

图 1. 3. 38　《浙江省杭湖两区茶业概况》封底，编著者：俞海清，校阅者：吴觉农。

（十二）1935 年《浙江商报》载有"余杭径山茶"

民国时期，余杭径山是否还产茶？一直是维系余杭茶人心头的大事。如果有了民国径山茶的记载，即使是片言只语，也使创于唐代国一大师法钦的径山茶，从唐代至两宋、明代……径山茶的历史始终延续，如同径山寺一样屡毁屡建。直至改革开放以来，恢复、创新，径山茶力压群芳，次次夺冠。

持续的史海钩沉，深度挖掘历史文化内涵，终于有了斩获。今年以来，为了追寻"九曲红梅"的前世今生曾赴上海图书馆、浙江图书馆，乃至私人收藏，在 1935 年 3 月 17 日，第三版《浙江商报》找到记载。

《浙江商报·浙江茶业》由（隆）编写，文章不长，但分十期刊登，有三期记录了民国余杭茶业。

1935 年 3 月 17 日、3 月 18 日《浙江商报·浙江之茶业·茶之产地》对杭县和余杭县径山茶产地记载如下：

杭县之产地，以龙泓、虎跑、狮子峰、五云山诸处为佳，翁家山及南北诸山次之。余杭之产地，以径山四壁坞、凌霄峰等处为最佳。

（以上 1935 年 3 月 17 日《浙江商报·浙江之茶业》）其他各山如里山、天柱、伏

虎诸山次之。

（一这段为 1935 年 3 月 18 日《浙江商报·浙江之茶业》）。

图 1. 3. 39　1935 年 3 月 17 日、3 月 18 日《浙江商报·浙江之茶业》记载的"余杭径山茶"

这两天《浙江商报·浙江之茶业》，明确记载 1935 年余杭径山四壁坞、凌霄峰还产茶，且质量最佳，而横湖里山、洞霄宫一带之天柱、伏虎山也产茶，则稍次。

1935 年 3 月 22 日《浙江商报·浙江之茶业》开始刊登"茶之栽植与采叶"。1935年 3 月 25 日《浙江商报·浙江之茶业》还专门写及余杭的机械制茶。文如下：

图 1. 3. 40　1935 年 3 月 25 日《浙江商报·浙江之茶业》记载的"余杭机械制茶"

然后入锅焙干，蒸发其水气，故制绿茶者，时间极短。制红茶者，约需十余日而始成，故俗有"工夫茶"之称。近年浙省改良制茶方法，正拟逐渐进行，如余杭设有振华制茶厂，用新法机械制造，有采茶机、蒸气发动机、蒸茶机、筛茶、焙茶等机，盖其普通手续，均以蒸、揉、筛、焙为制茶之要件，而机制红茶手续，则略不同，亦须经过发酵之作用，故时间亦不得不较为延长。

这一段文字非常明确记载了 1935 年余杭设有振华制茶厂，用机械新法制茶，从采茶到蒸茶、筛茶、焙茶，全部用机器。这些机器也可制红茶，这也是浙江省首次对机器制红茶的记载。上述的机器制绿茶工序，因有"蒸茶"，则应是延续唐宋的"蒸青茶"，也就是吴觉农在《茶经评述》中写及1925年引进日本机器制造"蒸青茶"的延续，其地点即是径山脚下的长乐林场，吴觉农记为"浙江余杭林牧公司"。这则新闻为浙江省乃至全国从采茶、蒸青、筛茶、焙茶使用机器制绿茶、红茶最早的记载，此事又在余杭，"茶为国饮，杭为茶都"再一次得到印证，使我们余杭在茶史上又创下一项记录。

（十三）临平山植茶

图1.3.41，是1923年浙江省长张载阳题字浙江省立农业学校《十周纪念刊》书影。图1.3.42，是1925年《浙江公立农业专门学校一览》书影。这二本书中写及的浙江省农业学校前身是清宣统二年（1910）夏浙江巡抚增韫上奏，设立于杭城马坡巷的农业教员养成所。因校舍不敷，迁横河桥南河下。浙江光复，民国元年（1912）改名浙江中等农业学校。"民国"二年（1913）1月21日，迁笕桥。新校舍落成，全校迁至笕桥时4月21日，故定是日为校庆纪念日。

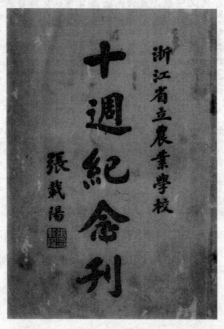

图1.3.41 1923年《浙江省立农业学校十周纪念刊》书影

《浙江省农业学校十周纪念刊》载："民国"二年（1913）春，……并开垦临平山演习林林场 300 亩。七年（1918 年）春，……并推广临平山演习林至 1500 亩……

图 1. 3. 42　1925 年《浙江公立农业专门学校一览》书影

《浙江公立农业专门学校一览·本校教育方针》载：本校为浙江省农业教育最高机关，负精研农学改善农业之重任。……要在增进产物之质量，而米麦棉麻丝茶尤为重要产品，首当注重于此数者而改进之……

图 1. 3. 43　《浙江公立农业专门学校一览·本校教育方针》

《浙江公立农业专门学校一览》又载：设备：教授研究，端赖设备之完善。今既提高程度，设备自应相与俱进，第受经济之限制，有难以任意扩张者，按照现状，权其缓急，……测候所、农具院、制茶场，……

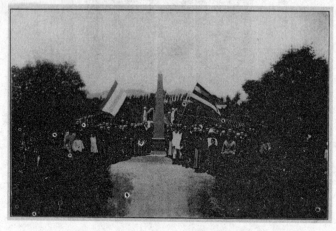

图1. 3. 44　十周年纪念柱落成摄影

图1. 3. 45　《浙江公立农业专门学校·设备》

图 1. 3. 46 校门

图 1. 3. 47 临平山演习林（其一）

按上述两册书中的记载和书中的照片，我们可以得知，1918 年前，浙江农业学校在临平山开垦有 1500 亩演习林，即今实习农场。演习林中有各种作物。主要为各种林木，桃、李、枇杷、桑树，以及茶树，笕桥农校中有农产制造厂，其中有制茶厂。还有农艺化学研究室、用以通过测试提高茶叶品质。还有植物病理研究室，通过病理化验，研究包括茶叶在内的植物病害。

图 1. 3. 48，是浙江农校二本书中的记载和百年老照片，证实百年前的临平山曾是浙江农校的实习林场，也种植有茶叶，这些茶叶还送到笕桥农场农产制造厂的制茶厂，由老师教授学生以先进技术制茶，并进行科学测试，提高茶叶品质。

（十四）余杭民国茶店、茶馆、茶行

偌大的余杭，民国时期分为杭县、余杭县两县。其时，还有五大镇：临平、余杭、塘栖、三墩、瓶窑，还有诸如闲林埠、潘板桥、仓前、良渚、双溪、安溪、獐山、乔司……无数水乡小镇。这些大小镇，都有许多茶店卖茶叶，这些乡镇毫无例外都有茶馆。清晨，农村乡民到茶馆喝茶、聊天、交友、打听消息、了解行情乃至谈判讲理，随后到集市买菜购物。旧时，茶馆是江南农村唯一的社交场所。

图 1. 3. 48　临平山演习林（其二），有茶树。

图 1. 3. 49　农产制造场

图 1. 3. 50　农艺化学研究室

图 1.3.51　植物病理研究室

　　由于水陆交通、历史沿革、经济状况不同，最终形成的五大镇，各有千秋。临平是古老运河的必经之地，茶圣陆羽莅临，苏东坡因此写下《安平泉》诗，千百年来，多少达官贵人写诗怀念坡公，共鸣安平泉。余杭镇历史悠久，两千年来一直是县治所在。瓶窑、三墩更踞杭城北部，抗战时期更兴旺，都有"小上海"之称。

　　塘栖茶业更因运河而兴。兴于元末张士诚为运漕粮拓宽杭州江涨桥（卖鱼桥）至拱宸桥、塘栖的南北大运河。盛于明、清两朝漕运、官盐、贡茶，那是运河最繁忙的时代，其间康熙、乾隆、嘉庆三帝都循京杭大运河经塘栖至杭州，因此也有了塘栖的乾隆行宫和广济桥。太平军入浙杭的 1860—1864 年，洪秀全定都南京，江南运河、浙东运河在太平军的管辖之下。长江以北及上海，仍由清廷控制，李鸿章任直隶总督时，漕粮由上海海运北京，从此江苏、山东运河某些河段年久失修，河道堵塞，京杭大运河已名存实亡。江南运河也成了江浙间的地区水运通道，此时塘栖的地位逐渐下降，但仍不失运河重镇。

　　囿于太平军入浙杭，民国军阀混战，日寇入侵以及"文革"对史料的销毁，人们对晚清民国的历史了解，还不如有大量典籍作依托的明清时期，几乎处于失忆状态，只能凭借零星历史碎片，拼凑起来找回些许失忆的历史。

　　民国余杭茶业有茶行、茶庄、茶叶店、茶栈、茶园、茶馆之分。其实，民国时期茶界对茶业各分类店家的称谓是严格区分的。只要一看招牌，一观广告名称，就知道厂家从事何等营生。

　　1931 年 12 月上海商业储蓄银行调查局编辑《茶》和其他专著均有论述，现简述之。

　　山户　茶叶最初的生产者称山户。

茶号　茶叶经山户采摘后，在内地的集散茶商将茶运回茶号，再由茶师分类二次制造，重新经过焙烘、拣选、分筛或运杭州、上海，或售茶栈。

茶栈　居茶商与出口洋行之间，专事介绍箱茶输出贸易，从中抽取相当佣金的客商。上海茶栈在杭州、安徽还设许多分栈。

茶行　茶行是介于茶客与茶厂、店庄与客帮之间，专门从事毛茶国内销售的茶商。晚清民国以来，收取 4% 的佣金，20 世纪 30 年代，物价腾飞，上海仿效浙江又增佣金 2%。

茶捎客　茶捎客性质与茶行相似，但无佣金规定。

茶厂　也名"土庄茶栈"。是设厂专精制各地运来毛茶者。

购茶洋行　海外洋商在上海、广州、厦门等地设庄采办茶叶者，汉口有俄国设厂自运自销者。

茶叶店　茶叶店以零售为主，间亦有兼营批发及洋庄往来者。茶叶店茶叶来源，多系毛茶制成。先将毛茶筛为上中下三种，用十三号不同之筛分成不同细目茶叶。筛分后，用簸箕去黄片与灰末，再拣去茶梗、茶子等，以焙笼焙之，干后即可售卖，有的还加茉莉花、珠兰、玫瑰制成各色花茶。

茶馆（园）　茶馆是旧时人们喝茶品茶、休闲消遣之处，传播信息、获取信息场所，谈生意、做买卖之地，甚至是讲道理、评是非的地方。许多稍大茶馆则可以一边听书、看戏，一面喝茶。《城乡导报》载，1935 年余杭县在城镇有茶馆 36 座。

茶室　茶室与茶馆功能相似，但似乎为高雅人士品茶的地方，较幽静整洁，可以读杂志、看报纸。

余杭各大镇茶业

据李晓亮、虞铭主编《余杭财贸老字号》，余杭各大镇茶业如下：

临平镇

吴永隆茶叶店　在临平镇北大街，1935 开业，独资，资本 3072 万元，负责人吴乐勤。

吴德茂茶叶店　在临平镇东市，1933 开业，独资，资本 873 万元，负责人吴鸿恕。

元大成茶叶店　在临平镇北大街，1949 开业，独资，资本 829 万元，负责人凌杏生。

得意楼茶店　在临平镇西大街，1912 年开业，独资，资本 10 万元，负责人祝凤彩。

同春园茶店　在临平西大街，1912 年开业，独资，资本 71 万元，负责人宋兴发，是茶店同业公会常务理事。

　　汇芳茶店　在临平镇西大街，1912 年开业，独资，资本 14 万元，负责人赵克昌。

　　复兴楼茶店　在临平镇陡门口，1912 年开业，独资，资本 120 万元，负责人傅有生。

　　漱芳茶店　在临平镇东市，1930 年开业，独资，资本 277 万元，负责人郭思敏，是茶店同业公会理事。

　　乐园茶店　在临平镇东市，1946 年开业，独资，资本 160 万元，负责人李口民，是茶店同业公会会员。

　　临香阁茶店　在临平镇东市，1912 年开业，独资，资本 50 万元，负责人王阿珍。

　　已乐茶店　在临平镇东市，1912 年开业，独资，资本 40 万元，负责人张瑞庭。

　　宓文园茶店　在临平镇东市，1938 年开业，独资，资本 25 万元，负责人宓文仙。

　　王春园茶店　在临平镇东市，1931 年开业，独资，资本 30 万元，负责人王子英。

　　顺芳茶店　在临平镇东市，1938 年开业，独资，资本 30 万元，负责人莫严氏。

　　莲馥居茶店　在临平镇东市，1949 年开业，独资，资本 30 万元，负责人徐有林。

　　金记茶店　在临平镇东市，1941 年开业，独资，资本 25 万元，负责人张玉宝。

　　莲香阁茶店　在临平镇北大街，1900 年开业，独资，资本 15 万元，负责人姜应祥，是茶店同业公会理事。

　　聚莲茶店　在临平镇北大街，1926 年开业，独资，资本 36 万元，负责人俞高琪。

　　永乐茶店　在临平镇北大街，1939 年开业，独资，资本 29 万元，负责人沈永福。

　　鸿记茶店　在临平镇北大街，1941 年开业，独资，资本 21 万元，负责人沈鸿寿。

　　戚万兴茶店　在临平镇北大街，1925 年开业，独资，资本 43 万元，负责人戚关云。

　　惠芳茶店　在临平镇北大街，同治年间开业，独资，资本 25 万元，负责人沈掌发。

　　赵财森茶店　在临平镇北庙桥埭，1941 年开业，独资，资本 40 万元，负责人赵阿康。

　　顺和茶店　在临平镇水车河，同治年间开业，独资，资本 72 万元，负责人陈连坤。

　　民乐茶店　在临平镇，1902 年开业。

福兴楼茶店　在临平镇，民国年间营业。

吴永隆茶店　在临平镇大陡门，负责人吴勤，资本 500 万元。

万福居茶店　在临平镇西大街，1912 年开业，独资，资本 100 万元，负责人黄志仁是茶店同业公会理事。

吴德茂茶店　在临平镇东大街，负责人吴秉璋，资本 120 万元。

塘栖镇

王久大茶叶店　在塘栖镇西石塘水沟弄口，资金 2000 万元，经理安徽王成锡，1950 年 10 月火烧。

吴日新茶叶店　在塘栖镇市西街，三间面市，资金 2000 万元，塘栖吴氏产业，原籍徽州，经理安徽张进才，1947 年息业。

周德丰茶叶店　在塘栖镇市西街皮匠弄口，余杭周彭年产业，资金 2000 万元，经理安徽吴福泰。

图 1. 3. 52　浙杭塘栖周德丰号茶庄包装广告

周德顺茶叶店　在塘柄镇，余杭周彭年产业。

方正泰茶叶店　在塘栖镇市西街，资金 2000 万元，经理安徽方伯平。

永茂昌茶叶店　在塘栖镇市西街，资金 1000 万元，经理吴华稳。

吴元隆茶叶店　在塘栖镇西石街，资金 2000 万元，店主安徽吴乐勤。

栖园茶店　在塘栖镇广济路，姚韵秋产业，是塘栖规模最大的茶店，租与他人

图1.3.53 浙杭塘栖镇方正泰栈包装纸

经营。

碧天楼茶店 在塘柄镇广济路双塔弄口，店主劳英、劳吉士。

得意楼茶店 在塘栖镇西大街角，店主屠炳南，是塘柄镇商会茶店商同业公会理事。

兴发茶店 在塘栖镇南大街，民国年间营业。

谦记茶店 在塘栖镇东石街，民国年间营业。

康财园茶店 在塘栖镇晚步弄西侧，民国年间营业。

顺风园茶店 在塘栖镇西横头长桥堍，民国年间营业。

刘师父茶店 在塘柄镇东小河，民国年间营业。

一乐园茶店 在塘栖镇市东街三元居弄，民国年间营业。

西河茶店 在塘栖镇，民国年间营业。

和尚茶店 在塘栖镇，民国年间营业。

会馆书场 在塘栖镇，民国年间营业。

吉祥书场 在塘栖镇西石塘水沟弄口。

幸福书场 在塘栖镇水沟弄，民国年间营业。

和平书场 在塘栖镇祠堂弄，民国年间营业。

大众书场 在塘栖镇市东街，民国年间营业。

塘栖周德顺茶庄清南洋劝业会得邀奏奖

2007 年，杭州二百大收藏品市场惊现一件彩色的"浙杭塘栖周德顺茶庄"茶叶包装广告纸。包装纸分四幅，自右至左，第一幅为广告词，上首为"周德顺茶庄"，下为广告词：

本庄开设杭州塘栖市心大街，历百余年。缘地属杭州，并以杭州所产龙井名茶为本庄之专办品。其余如武夷红梅、六安香片、北源松萝及黄白杭菊，拣选亦求精美，力图扩张名誉，尤著营业，更形发达。本庄尚以前次装潢未能尽美，兹特大加改革以副雅爱。各界光顾，无任感盼。远者邮寄请开明详细地址，原班回件不误。塘栖周德顺谨启。

图 1. 3. 54　运河边的听水楼茶室（20 世纪 30 年代），杭县和余杭县的茶室众多，消费着大量的径山茶。

第二幅为乡村牧童图，第三幅为西湖并雷峰塔图，上首为"浙杭塘栖周德顺茶庄"之茶庄名。第四幅为《龙井名茶说明书》有：

此茶之产地，在浙杭西湖之南龙井山，得山川灵秀之气，产此佳茗，天然青色，奇隽可贵。

此茶之特点，色绿、味甘、叶细而香。故龙井名茶为世界茶类中之无上珍品。

此茶之效用，解渴、释烦、明目、益智，饮之能振精神。

此茶之名誉，本庄前赴南洋劝业会比赛得邀奏奖，给予头等商勋。又在北京国货展览会得二等奖凭，足见此茶之特色也。

此茶之饮法，宜用极清洁之淡水或沙滤净，将水煮沸。用有盖之壶碗先置茶叶二三钱，以煮沸之水冲满，将盖复上片时，方再开饮。以后复冲，宜留原汁二三成，沧至五六次，庶不致淡而无味。

此件塘栖周德顺茶庄广告包装纸，是一件弥足珍贵的余杭茶文化遗存。在此之前，人们只知道杭州鼎兴茶庄送展的龙井茶曾在 1910 年南京举办南洋劝业会上得过金奖，此为第二件，而且是杭州塘栖本地茶庄。周德顺茶庄的茶叶包装纸还记载在 1915 年北京国货展览会得二等奖。这些都没有任何文字记载。按其茶叶包装纸上的文字和图画样式，因有雷峰塔图案，应是 1925 年以前杭州雷峰塔还未倒塌的文化遗存。

图 1. 3. 55 清《南洋劝业会奏奖·茶叶》

余杭地方史研究者虞铭考证，余杭镇公懋牲茶行塘栖周德顺、周德丰茶庄老板是徽州人周彭年。

据《二十六年度（1937 年）杭州市公司行号年刊·茶漆业》，鼎兴茶庄，老板周彭年，主要营业茶漆，地址：保佑坊八五号，电话 3620。浙江省总商会会长金百顺 1946 年领衔主编《浙江工商年鉴·杭州市茶业一览》，鼎兴茶庄，老板周连甲，地址：中山路 297 号。

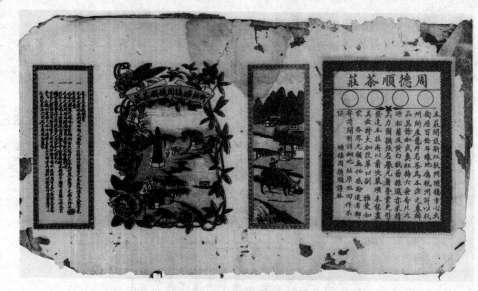

图 1. 3. 56　浙杭塘栖周德顺茶庄包装广告纸

据此，1937 年，杭州鼎兴茶庄老板与余杭公懋牲茶行、塘栖周德顺、周德丰茶庄老板为同一人周彭年，到 1946 年杭州鼎兴茶庄老板已易为周连甲，应为周家后人。

余杭公懋牲茶行老板，在杭州创设"鼎兴""大成"（据查杭州无"大成"，有"成大茶行"）两家茶行，又在塘栖开设周德丰、周德顺茶庄。总行鼎兴茶庄在南洋劝业会得奏奖特等奖，作为分支机构的塘栖周德顺茶庄打出获奖广告词，也是合理合情之事。

余杭镇

正茂友记茶行　在余杭镇南渠街，民国年间营业。

公懋茶行　在余杭镇弯弄口，1861 年开业，是余杭镇规模最大的茶行。

老永顺茶行　在余杭镇，抗战以前已开业。笋干收购逾万元。

元泰茶行　在余杭镇，抗战以前已开业。

公裕茶行　在余杭镇，抗战以前已开业。

正裕茶行　在余杭镇，抗战以前已开业。

志大茶行　在余杭镇，抗战以前已开业。

正昌茶行　在余杭镇，抗战以前已开业。

公顺茶行　在余杭镇，抗战以前已开业。

余祥兴茶行　在余杭镇，抗战以前已开业。

公大茶行　在余杭镇，抗战以前已开业。

天成茶行　在余杭镇，抗战以前已开业，笋干收购逾万元。

徐同泰茶叶店　在余杭镇，抗战以前已开业。

瑞泰茶叶店　在余杭镇，抗战以前已开业。

吴泰昌茶叶店　在余杭镇，抗战以前已开业。

公同昌茶叶店　在余杭镇，抗战以前已开业。

同昌协茶叶店　在余杭镇，抗战以前已开业。

陈隆昌茶叶店　在余杭镇，抗战以前已开业。

正茂茶叶店　在余杭镇，抗战以前已开业。

恒茂茶叶店　在余杭镇，抗战以前已开业。

黄亨泰茶叶店　在余杭镇，抗战以前已开业。

启茂祥茶叶店　在余杭镇，抗战以前已开业。

黄镇源茶叶店　在余杭镇，抗战以前已开业。

金同源茶叶店　在余杭镇，抗战以前已开业。

洪源茶叶店　在余杭镇，抗战以前已开业。

周永丰茶叶店　在余杭镇，抗战以前已开业。

图 1. 3. 57　余杭瑞泰茶庄茶叶包装纸

宏大茶叶店　在余杭镇，抗战胜利以后开业。

保和茶店　在余杭镇，清代末年开业。

云来茶店　在余杭镇，清代末年开业。

得兴楼茶店　在余杭镇葫芦桥东南，1869 年开业，创始人石裘，1956 年并入余杭合作商店。

明月楼茶店　在余杭镇南门头，民国年间营业。

迎宾阁茶店　在余杭镇苕溪北，民国年间营业。

聚贤茶店　在余杭镇通济街，民国年间营业。有三间店面，百余个座位。

聚福茶店　在余杭镇新民街，民国年间营业。有三间店面，百余个座位。

民众茶园　在余杭镇严家牌楼，抗战胜利前开业，负责人谈彬。

聚贤楼茶店　在余杭镇观音弄口，抗战胜利前开业，负责人顾专琳。

得胜楼茶店　在余杭镇葫芦桥，抗战胜利前开业，负责人董阿昭。

叙宝楼茶店　在余杭镇混堂弄口，抗战胜利前开业，负责人朱荣贵。

叙福楼茶店　在余杭镇白家弄下，抗战胜利前开业，负责人陈维荣。

永乐园茶店　在余杭镇严家牌楼，抗战胜利前开业，负责人王大荣。

得意楼茶店　在余杭镇油车桥上，抗战胜利前开业，负责人杜鹏林。

复兴园茶店　在余杭镇小珠弄口，抗战胜利前开业，负责人谈久仁。

东南楼茶店　在余杭镇小珠桥，抗战胜利前开业，负责人谢五九。

第一楼茶店　在余杭镇油车桥，抗战胜利前开业，负责人施惠丰。

聚兴楼茶店　在余杭镇刘仙阁，抗战胜利前开业，负责人吴金宝。

图 1. 3. 58　南洋劝业会开幕式户外场景，人头攒动，俱是清代装束。

图 1. 3. 59　南洋劝业会农业馆，其中展出了许多获奖茶叶。

图1. 3. 60　浙江杭州鼎兴茶庄广告包装纸，上有"得邀奏奖头等"字样。

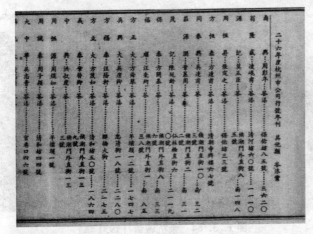

图1. 3. 61　《二十六度（1937年）杭州市公司年号》之"茶漆业名录"，鼎兴茶庄老板为周彭年。

图1. 3. 62　1946年《浙江工商年鉴·杭州市茶业一览》，鼎兴茶号老板为周连甲。

图1.3.63 余杭通济桥（1930年），桥边多茶行、茶庄。

图1.3.64 余杭城镇（1931年）

金福楼茶店 在余杭镇严家牌楼，抗战胜利前开业，负责人陈阿彩。

胜利园茶店 在余杭镇大桥塆，抗战胜利前开业，负责人叶枝青。

春园茶店 在余杭镇盘竹弄口，抗战胜利前开业，负责人孙金木。

据1933年《中国实业志（浙江省）》：1933年，杭县县内消费茶叶3150担、县外销量2050担，经销东三省、河北、河南、山东、广东；余杭县县内销量500担，县外销量39300担，主销杭州市。余杭专门营销茶叶的牙行有4家，著名的有泰昌永、王正茂、徐同泰。杭县出口茶叶价值100余万元，余杭为242680元。

朱美予著，1937年1月上海中华书局出版《中国茶业》刊登余杭贸易资料，与1933年《中国实业志（浙江省）》数据同2007年。

图 1. 3. 65 《中国茶业》书影

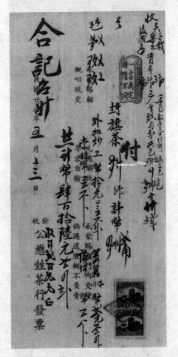

图 1. 3. 66 1937 年 5 月 13 日余杭公懋姓茶行发票（韩一飞提供）

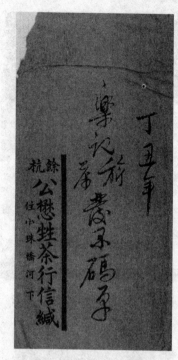

图1.3.67　小珠桥河下余杭公懋甡茶行信封（韩一飞提供）

图1.3.68　余杭泳丰仁记老栈茶漆发兑广告（韩一飞提供）

闲林镇、良渚、安溪茶行

来成茶行　在闲林镇，民国年间营业。

生茂茶行　在闲林镇，民国年间营业。

祥记茶行　在闲林镇，民国年间营业。

衡生茶行　在闲林镇，民国年间营业。

志才茶行　在闲林镇，民国年间营业。

伊和茶行　在闲林镇，民国年间营业。

缪生茶行　在闲林镇，民国年间营业。

寿生茶店　在良渚镇，民国年间营业。

洪全茶店　在良渚镇，民国年间营业。

杜长泰茶馆　在安溪上纤埠（今属良渚镇），民国年间营业。

梧灵茶馆　在安溪上纤埠（今属良渚镇），民国年间营业。

新叶茶馆　在安溪上纤埠（今属良渚镇），民同年间营业。

1922 年、1925 年《浙江商报》之余杭茶业

1922 年 6 月 15 日《浙江商报》有一则"王吉甫捲（卷）款潜逃"新闻：

杭县留下镇有新创保大茶行司账王吉甫（绍兴人），性喜嫖赌，前日被人絷（扎）局输去四百余元后，自知亏累，难以弥补，……私自携款潜逃。……

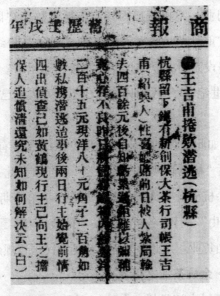

图 1. 3. 69　1922 年 6 月 15 日《浙江商报》之"王吉甫捲款潜逃"

这则旧闻展示了一段九十余年前的茶业往事，也使我们记下留下镇当时有“保大茶行”。

1925 年 4 月 29 日《浙江商报》又载“闲林茶行盘剥茶户，拟请官厅法办”，文如下：

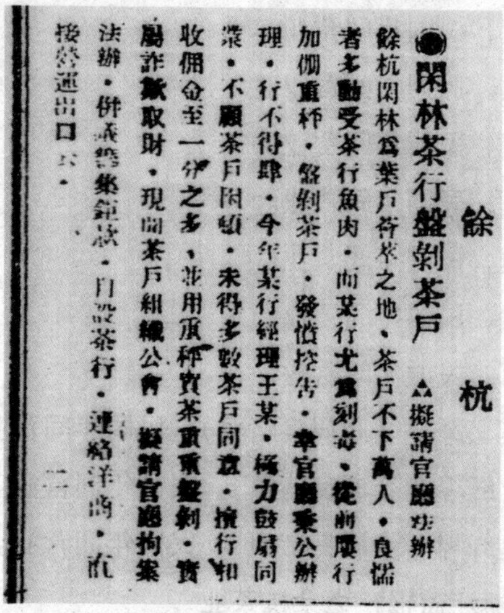
餘杭

閑林茶行盤剝茶戶

△擬請官廳法辦

餘杭閑林爲茶戶薈萃之地、茶戶不下萬人、良懦者多黜受茶行魚肉、而某行尤爲刻毒、從前屢行加佣重秤、盤剝茶戶、發憤控告、幸官廳秉公辦理、行不得肆、今年某行經理王某、極力鼓扇同業、不顧茶戶困頓、未得多數茶戶同意、擅行扣收佣金至一分之多、並用重秤賣茶重重盤剝、實屬詐欺取財、現聞茶戶組織公會、擬請官廳拘案法辦、併議籌集巨款、自設茶行、聯絡洋商、直接運出口云、

图 1. 3. 70　1925 年 4 月 29 日《浙江商报》之“闲林茶行盘剥茶户、拟请官厅法办”

余杭闲林为茶户荟萃之地，茶户不下万人。良懦者多黜受茶行鱼肉，而某行尤为刻毒。从前屡行加伽重秤，盘剥茶户。发愤控告，幸官厅秉公办理，行不得肆。今年某行经理王某极力鼓扇同业，不顾茶户困顿。未得多数茶户同意，擅行扣收佣金至一分之多，并用重秤卖茶重重盘剥，实属诈欺取财。现闻茶户组织公会，拟请官厅拘案法办。并议筹集巨款，自设茶行，联络详商，直接营运出口。

这则旧闻，证实 20 世纪 20 年代闲林埠茶户不下万人，已具相当规模。

茶业同业公会

民同杭县、余杭县有如此众多的茶行茶叶店，谅应成立有同业公会，但资料匮乏，缺乏依据可考。旧藏一枚“杭县塘栖镇茶业公会”，可知有此茶业公会。另有 1952 年 3 月 10 日，中国人民银行余杭支行“为清办理一九五〇年第一期人民胜利折实公债，第二次还本付息预收验券手续由”，行文各行业。其文件最后有：预收各界公债本息日程表，其中 3 月 22 日，有茶漆山货业。由此可知解放初延续民国行规余杭镇有茶漆山货业。

1925 年《之江日报·余杭茶业之福音》

1925 年 5 月 4 日浙江《之江日报·余杭》刊登“余杭茶业之福音”，记载了 90 年前余杭闲林成立茶户同业公会，闲林茶市旺季，希冀军警保护，鲜为人知的一段往事。

文如下：

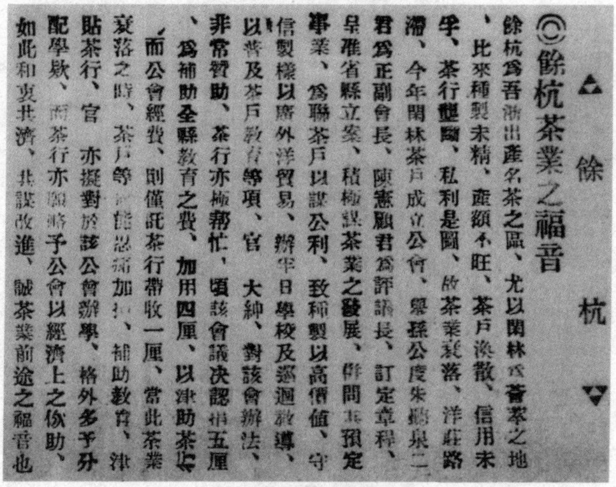

△餘　杭▽

◎餘杭茶業之福音

餘杭爲吾浙出產名茶之區、尤以閑林爲薈萃之地、比來種製未精、產額不旺、茶戶渙散、信用未孚、茶行壟斷、私利是圖、故茶業衰落、洋莊路滯、今年閑林茶戶成立公會、舉孫公度朱聽泉二君爲正副會長、陳憲顧君爲評議長、訂定章程、呈准省縣立案、積極謀茶業之發展、併問其預定事業、爲聯茶戶以謀公利、致種製以高價值、守信製樣以廣外洋貿易、辦半日學校及巡迴教導、以普及茶戶教育等項、官　大紳、對該會辦法、非常贊助、茶行亦極幫忙、頃該會議決認捐五厘、爲補助全縣教育之費、加用四厘、以津助茶行、而公會經費、則僅此茶行帶收一厘、當此茶業衰落之時、茶戶等[illegible]能忍痛加捐、補助教育、津貼茶行、官　亦擬對於該公會辦學、格外多予分配學欵、而茶行亦願給予公會以經濟上之[illegible]助、如此和衷共濟、共謀改進、誠茶業前途之福音也

图 1. 3. 71　1925 年 5 月 4 日《之江日报 · 余杭茶业之福音》

余杭为吾浙出产名茶之区，尤以闲林为荟萃之地，比来种制未精，产额不旺，茶户涣散，信用未孚，茶行垄断，唯利是图，故茶业衰落，洋庄路滞。今年闲林茶户成立公会，举孙公度，朱听泉二君为正副会长，陈宪顾君为评议长。订立章程，呈准省县立案，积极谋茶业之发展，并问其预定事业，为联茶户以谋公利，致种制以高价值、守信制样以广外洋贸易，办半日学校及巡回教导，以普及茶户教育等项。官宦大绅对该会办法，非常赞助，茶行亦极帮忙，顷该会议决认捐五厘，为补助全县教育之费；加用四厘以津助茶行；而公会经费，则仅此茶行带收一厘。当此茶业衰落之时，茶户等能忍痛加捐；补助教育，津贴茶行，官亦拟对该公会办学，格外多于分配学款。而各茶行亦愿给予公会以经济上资助，如此和衷共济，共谋改进，诚茶业前途福音也。

又有“警察亟应保护茶市”

闲林茶市现正当旺，该处后备军队，警力又单，地方商民深感戒惧，望宋所长严饬巡缉，庶保安宁于万一。

这则新闻披露了闲林埠曾成立有茶户公会，孙公度、朱听泉二人为正副会长，陈宪顾为评议长，订立章程，省县备案，积极谋求茶业发展，而且举办半日学校及巡回指导，以普及茶户教育，该会还议决认捐五厘，补助全县教育之费，加用四厘，以津助茶行等种种余杭县闲林埠茶业史实。

60 年前发票展现塘栖茶业同业公会

笔者耗极大精力收集到一批 20 世纪 50 年代杭县塘栖的商业遗存，其中有十余件是

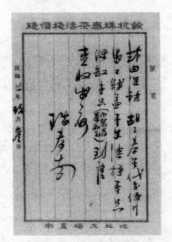

图 1. 3. 72　1932 年 9 月 3 日余杭瑞泰茶漆栈公函

图 1. 3. 73　杭县塘栖镇茶业公会证章

图 1. 3. 74　余杭瑞泰茶庄茶叶包装广告纸

茶馆发票。通过这些实物，可以知晓，20 世纪 50 年代，杭县塘栖茶叶消费有两个同业公会，一是杭县塘栖镇茶漆业公会，由经营茶叶和生漆的商家组成；二是杭县塘栖镇茶店业公会，由经营茶馆和茶店业的商家组成。

那时，运河边沿廊街的塘栖茶楼、茶店，不仅是当地居民凌晨喝茶聊天的场所，沿途的船户、纤夫也是常客，形成了一道别具韵味的风景线，在店内泡茶待客兼卖开水。

这些发票列表如下：

塘栖茶漆业

店名	同业公会号码	地址	售茶日期
吴日新协记	2	市西街	1952 年 8 月 10 日
王久大号	6	西石塘	1952 年 8 月 14 日
方正泰号	5	市新街	1956 年 3 月 2 日
公私合营新中茶漆商店		西石塘 126 号 市新街 131 号	1959 年 4 月 20 日
周德丰茶漆号	1	市西街 12 号	1951 年 10 月 7 日

塘栖茶店业

店名	地址	同业公会号码	日期
春乐园		17	1955 年 10 月 15 日
得意楼			1956 年 3 月 29 日
栖园		30	1956 年 7 月 27 日

塘栖茶店价格表

店名	同业公会号码	价格（元/壶·旧人民币）
长林	20	壹仟元
裕兴园	23	壹仟元
春乐		开水贰佰元
裕兴园	23	开水贰佰元
顺风园		贰佰元
得意楼		贰佰元

从以上所列的三张表中，可从"工商会员号码"推断，20 世纪 50 年代，塘栖茶漆业同业公会至少有 8 个会员单位，即有 8 家茶漆业。茶店业工商会员号码为 45，可推断至少有 45 家茶店。

图 1. 3. 75　20 世纪 50 年代塘栖长林裕兴园、顺风园、春乐园茶店开水票

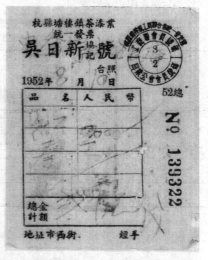
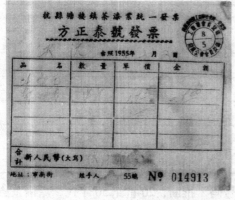
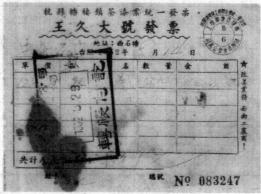

图 1. 3. 76　1951 年至 1955 年塘栖周德丰、吴日新、方正泰、王久大茶漆号发票

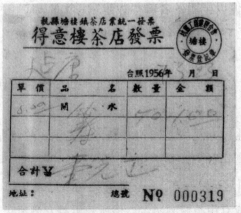
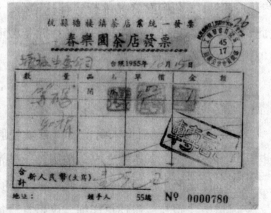
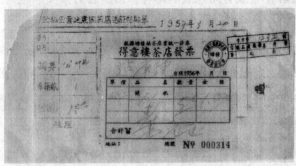

图 1. 3. 77　1952 年至 1957 年塘栖得意楼、春乐园、栖园茶店发票

（十五）《杭县志稿》之"茶俗"

婚礼

一、定亲：

议婚由媒氏之得吉，报诸女家。允则选期定亲，男家用首饰及红绿彩纳，佐以茶枣。女家报以花果。今惟两家各用糕、蛋互相给还己耳。

二、道期，略；

三、担上头盘，略；

四、发匮；

五、亲迎：婿至女家会亲拜帖，坐茶参见诸尊长、宴讫即行。亦有不行亲迎，当日夫妇同回门者。

六、结婚，略；

七、行相见礼，略；

八、杂项：结婚下一日，祭祖。新妇见亲族，谓之"开全口"。新郎至女家，谓之

"望冷房"。三朝则女之兄弟行送鞋袜等事，佐以半团，名曰"饭缘"，今亦从简。过此，即接婿同妇归宁，男家送茶饼、折银八元至十数元不等，俟返男家时，多具粉饵，以馈其亲族交好者殆遍。

婚礼八项、定亲要送茶枣、亲迎须坐茶，杂项男家送茶饼。此处茶饼应是古代饼茶的延续，到了现代折银八元至十数元。

《杭县志稿》还引南宋耐得翁《都城纪胜》办礼席之四司六局，到民国，故筵席排当，凡事整齐，今县境之内，惟厨师、茶酒司如旧。余多由此二司分办，或另雇佣工为之。惟瓶窑礼席，凡茶蔬果子，油烛等项延至亲专管。……犹有四司六局之遗意。

风俗中"婚礼"叙述更详细，议婚有"或有用茶瓶酒罍者，俗所云男茶女酒也"。

四时俗尚

元旦　先一日，洒扫庭除，鸡初鸣，罗列花綵糕果等物于各神家庙影堂前，先以米团糖豆礼灶台，名曰"接灶"。礼毕，以米团饷众，谓之"欢喜团"。次返岁神，次拜各神暨祖先、前偏香烛。夕惟影堂前，则兼供茶饭，至灯后始罢。……

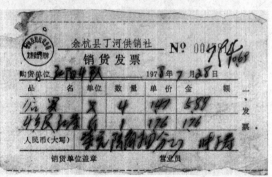

图 1.3.78　1978、1980 余杭县丁河供销社售红茶发票

正月初五，烧五纸。茶酒蔬供皆五数（《杭俗遗风》）……

灯夜祀床公床母。荐鸡子（鸡蛋）、粉团、寸金糖、兼设茶酒，俗传母嗜酒，公癖茶。谓："男茶女酒。"

立夏有新茶、新笋、朱樱、青梅等物，杂以桂圆、枣核诸果，镂刻花卉人物，极其工巧、各家传送，谓之"立夏茶"。民间所食腊肉火酒海狮烧饼之属。（《图书集成风俗考》）。

六月二十三日，谢灶司土地、用馅豆麦糕（《杭俗遗风》）、祭供茗饮。（《江乡节物诗题讫》）

十月　立冬日各以菊花、金银花煎汤澡俗，谓之"埽疥"。曝茶菊以为茗碗之需

要。(《图书集成风俗者》)

除夕，……或于深夜，用茶酒果饼，祀床神，以祈儿女安寝。元旦先夕用糖豆米团祀灶，谓之接灶。(《万历府志》)

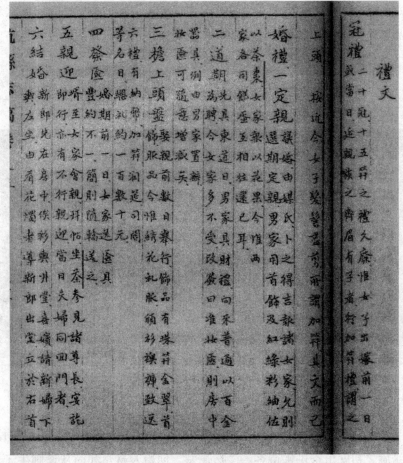

图 1.3.79　《杭县志稿·定亲·佐以茶枣》

谚语

《辍耕录》言，杭州人好为隐语，以欺外方，如物不坚致，曰"憨大"，暗换易物。……以茶为汕考，以酒为海老。以没有为埋梦，以莫言为稀调。又有讳本语。

"汕"，捕鱼的用具。"汕老"，似乎做渔具之人。

二、余杭禅茶

唐天宝元年（742年）国一大师法钦开山之初，首创"佛供茶"，植茶、奉佛、待客，比赵州和尚"吃茶去"口头禅还要早许多年。法钦"佛供茶"江南禅茶源头也。

《宋高僧传·唐余杭宜丰寺灵一传》记载上元元年（760）灵一大师和七名士及景陵陆鸿渐为尘外之友，汲泉品茗，讲德味道，朗咏终日。何尝不是禅茶历史。

南宋爱国爱教的大慧宗杲为禅茶一味创始人圆悟克勤嫡传弟子，临济正宗第一人。圆尔辨圆、南浦绍明将"径山茶宴"传播日本。余杭、临平、塘栖寺庙庵堂众多，善男信女，品茶谈禅，源远流长。凡此种种，余杭禅茶在神州禅茶地位举足轻重，但皆源自陆羽《茶经》。

图1.3.80，是明代杭籍宫廷画家戴进《达摩图》，图中二位高僧在山峦修禅、论法，一边二位童子汲泉烹茶，恰似一幅径山禅茶图。

图1.3.80　明戴进《达摩图》

（一）法钦"佛供茶"——江南禅茶源头

图1.3.81是清康熙《余杭县志》"佛供茶"条目。说明法钦在唐天宝元年（742年）开山结庵之初就植茶供佛待客。"吃茶去"创始人赵州和尚从谂则生于公元778年，其时法钦不仅名扬江南，还应诏赴长安，代宗赐号"国一法师"。径山法钦为江南禅茶第一人，径山是"江南禅茶源头"，当是名副其实的。

杭州城内最大的寺院龙兴寺住持国一大师法钦

大历三年（768年），法钦弟子崇惠长安竞法获胜，径山寺名声大振。代宗亲书御诏，礼请法钦进京，赐"国一大师"。大历四年（769年），法钦上奏，南回径山。

法钦奉诏返回径山后，德宗贞元五年（789年），遣使赍玺书至径山慰劳法钦，庆贺他重建径山，恩赐厚礼。六年（790年），杭州州牧王颜礼请法钦出任州治龙兴寺住持。法钦从请而往，但仍兼径山法席。

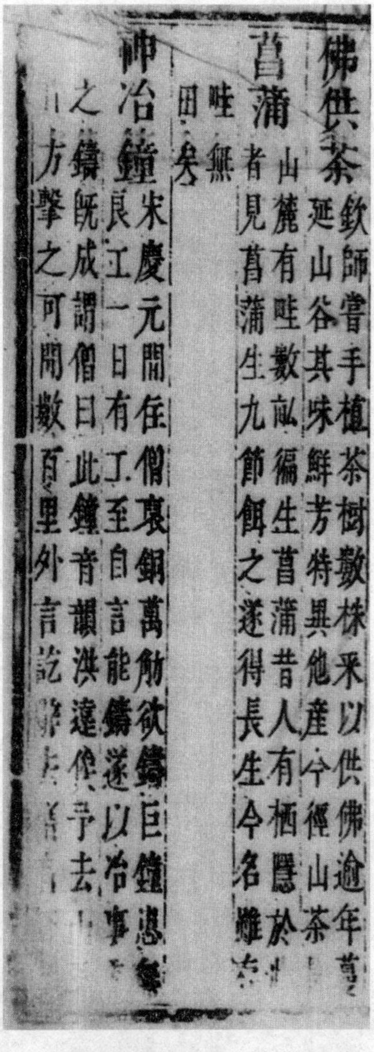

图 1. 3. 81　清康熙《余杭县志》之"佛供茶"条目

　　贞元壬申八年（792 年）十二月二十八日，法钦长逝于龙兴寺，世寿 79 岁，僧腊 50 年。所度弟子有径山崇惠禅师、大绿山颜禅师、参学范阳杏山悟禅师、清阳广敷禅师。法钦葬于龙兴寺，按照法钦生前所嘱，葬于寺院南庭隙地，勿封，勿树，恐妨僧徒菜地。德宗追谥"贞元大觉禅师"，赐其塔名"天中"。想当年法钦在径山开山结庵，驯伏山中猛兽鸷鸟，弟子雕刻两只白兔，跪于塔前。

　　贞元十年（794 年），郎中崔元翰撰文，书写唐代经幢的湖州处士胡季良以八分书篆额，宝历二年（826 年）十一月立"大觉禅师碑"。大中八年（854 年），丞相李吉甫又为法钦撰文立碑。

《龙兴祥符戒坛寺志》记载有《宜丰灵一禅师传》，与《宋高僧传·唐余杭宜丰寺灵一传》字字相符，应源自《宋高僧传》。此二篇灵一传都写道："灵一，宝应元年（762 年）冬十月十六日，寂灭于杭州龙兴寺。"其时，法钦弟子崇惠尚未赴长安竞法，代宗也未诏请法钦。《龙兴寺志》之灵一传，前冠以宜丰、灵一应曾任龙兴寺住持。法钦之前的杭州城内最大寺院住持是谁？无志书可考。

国一大师法钦的天中塔，传承千年，成为杭城文人墨客凭吊之地。北宋李洪还有"国一禅师塔"诗，曰：

蓬径安禅五百年，

六时钟呗震诸天。

我来不问安心否，

露柱风林说炽然。

清末有杭人张世荣"九月十九日偕黄相圃、丁敬身游龙兴寺观开成二年胡季良书石幢，因礼径山国一禅师塔，寺僧出、顾月、田厉、樊榭留题"诗，其中有：

图 1. 3. 82　清末《点石斋画报》之"举舍利会"图画，描绘了晚清杭城龙兴寺往事。

图1. 3. 83 龙兴寺唐代经幢上部

我闻国一师，径山辟莲宇。龙神供甘泉，香美胜牛乳。邮书马什邡（马祖什邡人），元解超训诂。……合十瞻遗像，金容肃青古。

按其诗，清末龙兴祥符戒坛寺还有国一大师的遗像传承千古。杭州城内，有两件唐代文物，一为龙兴寺经幢，二为法钦天中塔。唐代经幢历经浩劫，今还屹立于延龄路灯芯巷口，惜法钦天中塔现已不复存在。

清末的龙兴寺是文人品茗读书的好去处。

高锡思有《龙兴寺观唐尊胜幢并访国一禅师墓》诗，其中有：

径山长老况有塔，微言往往符世尊。肉身不变志所载，定相可见非留痕。

南庭隙地此闲是，白兔驯伏犹时蹲。与幢相对两无极，大千起灭同蛙喧。

我生好古虽有癖，未离尘网终迷昏。拟从寺僧借一榻，捡取贝叶朝朝翻。

"径山长老，肉身不变"，杭人尽知，写入文人诗中。咸丰初年墓前还有两只驯服的白兔，国一禅师与高高耸立的尊胜经幢一起任杭人凭吊。

（二）首创"禅茶一味"圆晤克勤弟子大慧宗杲——临济正宗第一人

临济正宗源流

佛学源远流长，博大精深。汉代佛教从印度传入中国后，和中国本土儒、道文化交融，演变成很多宗派。笔者有一册1935年北平京城印书局印刷、黎锦熙编著发行的

《佛教十宗概要》，列十宗为：成实宗、俱舍宗、禅宗（一名心宗）、律宗（一名南山宗）、天台宗（一名法华宗，亦称性宗）、华严宗（一名贤首宗，一名法界宗）、法相宗（一名慈恩宗、一名唯识宗）、三论宗（一名空宗、一名破相宗）、密宗（一名真言宗）、净土宗（一名莲宗）。《佛教十宗概要》还刊登胡适之于 1934 年 12 月在北平师大文学院以《中国禅学的发展》为题的讲读稿，深入浅出讲解佛教禅宗，其中有这样的叙述：

禅宗本是佛教一小宗，后来附庸蔚为大国，竟替代了中国整个佛。

可知胡适之研究中禅宗的地位。

黎锦熙在书中"叙例"中写道：以上十宗的成立，成实、三论、净土在东晋，禅、俱舍在南北朝，天台在隋，而法相、律宗、华严、密宗在唐。中唐以后，禅宗南派，取得正统，派下五家，披靡全国，宗密博学，兼祖华严。从此，中国便成了禅宗的世界了。黎锦熙作为民国时期的佛学大家，其论断与胡适之基本相同。

径山禅寺原为"牛头派"，唐代称盛，然数传而绝。日本佛教书籍仍尊法钦为径山临济宗鼻祖。进入宋代，佛教禅宗又演变成临济、曹洞、沩仰、云门、法眼五个宗派。

图 1. 3. 84　龙兴寺唐代经幢（2000 年）

临济宗的始祖为临济义玄（815—866 年）。义玄于河北镇州（今河北正定）滹沱

图 1. 3. 85　1935 年黎锦熙编《佛教十宗栅要》书影

河建临济院传播其教旨，称"临济宗"，尊其师黄檗希运为"临济宗"始祖。临济宗传至宋，分黄龙、杨岐两派。杨岐派传于白云守端，守端传于五祖法演，法演传于圆悟克勤。径山寺第十三代住持大慧宗杲，十七岁落发受具，后云游四方，初参曹洞宗名僧，后谒宝峰湛堂文准禅师，湛堂临终，嘱宗杲投天宁寺，依临济宗再传弟子"三佛"之一的佛果圆悟克勤为师，宗杲以"酬对无滞"受克勤禅师赏识，克勤师著《临济正宗》付之。此为"临济正宗"之始，因之，大慧宗杲为临济正宗第一人。

"茶禅一味"法语源自临济宗传人圆悟克勤

"茶禅一味"源自赵州和尚"吃茶去"的口头禅，品茗谈禅间达到禅修开悟的境界。无怪乎，中国佛教协会主席赵朴初先生 1989 年 9 月 9 日为《茶与中国文化展示图》题诗曰：七碗爱至味，一壶得真趣。空持千百偈，不如吃茶去。著名书法家启功也有诗：赵州法语吃茶去，三字千金百世夸。现今大多中国茶文化辞典都称"茶禅一味"之法语源自圆悟克勤，出自藏于日本东京国立博物馆圆悟克勤给弟子虎丘绍隆的"印可状"前半部，也是现存最古的禅僧墨迹。日本茶道家村田珠光（1422—1502年），曾从一休大师处继承了珍藏圆悟克勤"印可状"墨宝，挂在自家茶室外壁龛上，终日仰怀禅意，专心茶道，终悟出佛禅存于茶汤之理，达到"禅茶一味"之境地。因之，珠光从一休处接受的这张"印可证书"，至今仍被日本茶道界奉为禅茶至宝。但要说明的是这份墨宝中并无茶字，更无"茶禅一味"之法语，并非直接之"四言真诀"。

图 1. 3. 86　临济正宗传人圆悟克勤

大慧宗杲是"临济正宗"第一人

南宋定都临安（杭州），疆土流失，佛门中人爱国爱教者首推大慧宗杲。

宗杲（1089—1163 年），俗姓奚，号妙喜，宣州宁国（今属安徽）人，十二岁投东山慧云院出家，十七岁落发受具足戒，后云游四方，初参曹洞宗名僧，后谒宝峰湛堂文准禅师，湛堂临终，嘱宗杲投开封天宁寺，依临济宗杨岐派再传弟子"三佛"之一的佛果圆悟克勤为师，宗杲以"酬对无滞"受克勤禅师赏识，圆悟遂著《临济正宗》付之，成为该宗第十一传，不久，名震京师。北宋靖康元年（1126 年），右丞相李舜奏请赐紫衣和"佛日"封号。南宋绍兴七年（1137 年），大臣张浚奏请宋高宗诏宗杲出主径山，顿时上山求法者蜂拥而至，"坐夏衲子去集千七百有奇"。礼部侍郎张九成、状元汪应辰等也常登山问道。

张九成（1092—1159 年），字子韶，钱塘（今杭州）人，官至著作郎、宗正少卿权礼部侍郎，一直反对朝廷与金国议和，开罪于秦桧。张九成虔信佛，自号无垢居士，并在径山建无垢轩，与宗杲朝夕相处，穷究事物原理，谈论"格物"知识，而宗杲根据《礼记·大学》："致知在格物，格物而后致知"的原理，认为张九成"只知有格物，而不知有物格"，并题偈语相赠，偈云：

子韶格物，昙晦物格。欲识一贯，两个五百。

图1.3.87 南宋丞相张浚像。张浚力荐大慧宗杲主径山。

为此，张九成十分推崇宗杲，认为"每闻径山老人所举因缘，豁然四达，如千门万户，不消一跳而开"。然而就在研究哲学原理谈论"临济因缘"时，难免涉及朝廷，其中有"朝廷除一大帅"之议。次年，张九成因父病，请宗杲升座说法，他以"神臂弓"为题作偈曰：

神臂弓一发，透过千重甲。仔细拈来看，当甚臭皮袜。

把反对议和主张抗金的张九成等人比作"神臂弓"，把屈膝投降主张议和的秦桧比作"臭皮袜"。秦桧得悉此事后，将张九成定罪贬守邵州（今湖南邵阳市），未几又割职谪居南安军（今江西大余）。绍兴十一年（1141年），宗杲因此被诬与张九成结党。绍兴十四年（1144年），宗杲则被褫夺衣牒，充军衡阳，此事震惊全国，衡阳途中有人作偈曰：

小庵庵主放憨痴，爱向人前说是非。只因一句臭皮袜，几乎断送老头皮。

然宗杲所到之处，"四方衲子云会景从，庵无以容"。他一路讲经说法，并收集先师语录公案为《正法眼藏》六卷，朝廷发觉后，又改迁梅州（今属广东）。绍兴二十五年（1155年）秦桧死，次年遇赦，恢复僧服住灵隐寺，当时一些文人为宗杲不平，称宗杲之受贬放逐，"如疾儿搏空捕影，只堪一笑"；盛赞他"高风绝尘，已出世外"。明州（今宁波）阿育王寺虚席，在天童主持法席的宏智正觉推荐宗杲主阿育王寺，宋高宗允准，下诏命宗杲主阿育王寺，为第十九代住持。绍兴二十八年（1158年）仍由张浚举荐，宗杲已年逾古稀，奉诏再主径山，深受道俗钦慕。于是，径山坐夏之人又达千余，宗风继而大振。接着，宗杲着手大修龙王殿、云堂、东坡祠等殿宇楼阁，并对佛像进行表金，使径山更加辉煌。他一面"引接后进"，不少名僧上山升座讲法，互相切磋；一面提炼先德机语首倡"看话禅"法，从此禅众多以"看话禅"为入门，盛极一时，而"径山宗杲"

图 1.3.88 中兴径山的大慧宗杲像

也名闻遐迩。隆兴元年（1163年）三月，明进士黄汝亨《径山游记》中记：妙喜庵中有大慧宗杲画像。宗杲闻王闻师凯旋，欣喜作偈：

氛埃一扫荡然空，百二山河在掌中。世出世间俱了了，当阳不昧主人公。

并取出衣盂，命合山僧众诵《华严经》，祝愿朝廷"保国康民"，然后回故里宁国扫墓。此时孝宗即位，宗杲作偈曰：大根大器大力量，荷担大事不寻常。一毛头上通消息，偏界明明不更茂。赞扬孝宗力挽狂澜，期盼国泰平安。一日下诏宗杲问佛法大意，宗杲卧病作答，孝宗遂赐号"大慧禅师"，并亲书"妙喜庵"三字，是年八月十日，宗杲临终前亲遗奏并致函丞相张浚等，请求他们"外护吾宗"。宗杲逝后，孝宗闻之嗟叹不已，赞曰：

生灭不灭，常住不住。圆觉空明，随物现处。

并下诏将宗杲晚年所住明月堂改为妙喜庵，赐谥"普觉禅师"。其著《语录》《临济正宗记》《正法眼藏》《法语》《普说》《指源集》《辩正邪说》《宗门武库》等共八十卷均收入《大藏》。

宗杲为宋时一代临济宗师，声望很高。宋代吴自牧评宗杲时说："此僧虽林下人，而意笃君亲，谈及时事，忧形于色而垂涕。其时，名公巨卿，皆称其才。"宗杲嗣法弟子有八十四人，外有参政李邴等十八位公卿，其中多为名僧，有大禅了明者，自幼投依宗杲，继承法统，宗杲流放时，了明一直相随护持，成为宗杲的供养随从弟子，行乞化斋十七年如一日；后去游舒州（今安徽庐江），时逢牛瘟，了明为民解忧，外出化

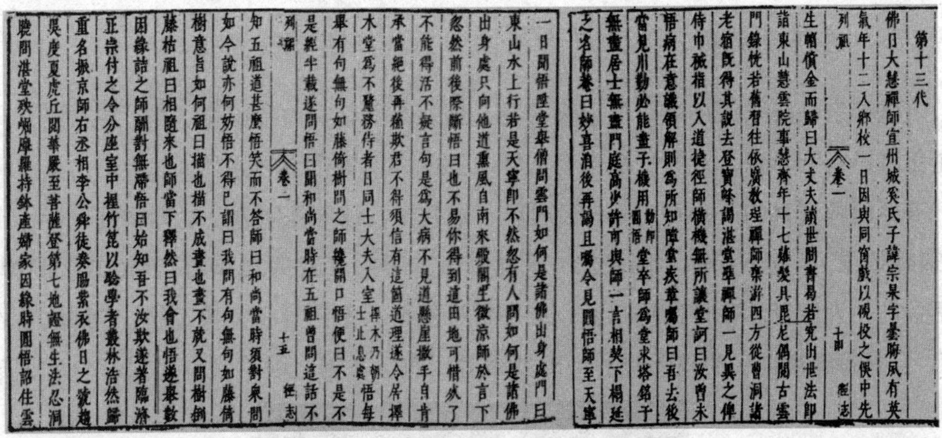

第十三代
佛日大慧禪師宣州城奚氏子諱宗杲字曇晦夙有英
氣年十二入鄉校一日因與同窗戲以硯投之俁中先
列祖 卷一 十四 徑志
生償金而歸曰大丈夫讀世間書曷若究出世法即
詣東山慧雲院事慧齊年十七落髮具毘尼偶閱古雲
門錄恍若舊習往依廣教珵禪師棄游四方從曹洞諸
老宿既得其說去登寶峰謁湛堂準禪師一見異之俾
侍巾瓶指以入道捷徑師横機無所讓堂訶曰汝曾未
悟病在意識領解則為所知障堂疾革囑師曰吾去後
當見川勤必能盡子機用（勤即圜悟）堂卒師為堂求塔銘于
無盡居士無盡門庭高少許可與師一言相契下榻延
之名師菴曰妙喜洎後再謁且囑令見圜悟師至天寧
一日聞悟陞堂舉僧問雲門如何是諸佛出身處門曰
東山水上行若是天寧即不然忽有人問如何是諸佛
出身處只向他道薰風自南來殿閣生微凉師於言下
忽然前後際斷悟曰也不易你得到這田地可惜死了
不能得活不疑言句是爲大病不見道懸崖撒手自肯
承當絕後再穌欺君不得須信有這箇道理遂令居擇
木堂爲不釐務侍者日同士大夫入室（擇木乃朝士止息處）悟每
舉有句無句如藤倚樹問之師纔開口悟便曰不是不
是越半載遂問悟曰聞和尚當時在五祖曾問這話不
列祖 卷一 十五 徑志
知五祖道甚麼悟笑而不答師曰和尚當時須對衆問
如今說亦何妨悟不得已謂曰我問有句無句如藤倚
樹意旨如何祖曰描也描不成畫也畫不就又問樹倒
藤枯祖曰相隨來也師當下釋然曰我會也悟遂舉數
因緣詰之師酬對無滯悟曰始知吾不汝欺遂著臨濟
正宗付之令分座室中握竹篦以驗學者叢林浩然歸
重名振京師右丞相李公彌徒奏賜紫衣佛日之號越
冥度夏虎丘閱華嚴至菩薩登第七地證無生法忍洞
曉開湛堂殃崛摩羅持鉢產婦家因緣時圜悟部住雲

图 1. 3. 89　《径山志·第十三代佛日大慧禅师》中有："酬对无带"，"遂著《临济正宗》传之"。

缘耕牛二百头，帮助农民恢复生产。宗杲回径山后缺粮，了明得知后化缘送粮接济。宗杲圆寂后，宋孝宗诏了明为二十一代住持，他道誉很高，常杖履外出化缘，修建寺宇，人称“布袋和尚再世”。此外，如被宋孝宗赐号“佛照”的德光禅师，从者众多，也追随宗杲多年，终得要领，宗杲勉励他：

有德必有先，有光无间隔。名实要相符，非青黄赤白。

后亦应诏主径山，据日本《云游之足迹》称德光法嗣达一百十四人。宗杲后继有人，名传东南。

径山宗杲，广引缁素，一生弘扬临济，远播四方，为径山成为“东南第一禅院”奠定了基础，被后人奉为“划时代宗匠”。明代“四大高僧”之一的憨山德清在紫柏塔铭中称：

曹洞则专主少林，沩仰圆相久隐，云门则难见其人，法眼大盛于永明则流入高丽，独临济一派流布寰区，至宋大慧中兴其道。

当时，曹洞、沩仰、云门、法眼、临济为禅宗之“五家”，即五个流派。在宗杲的创领下，独临济派一派传布天下。派中有派，临济宗中又有临济正宗，临济正宗第一人大慧宗杲也。

寰区，是寰宇、天下的意思。如此，实际上自宋以来佛教禅宗为临济宗之天下也。

改革开放后，中日恢复宗教交流。1985 年 9 月 4 日，日本圆觉寺组成“中国史迹旅行团”，一行 25 人上径山祭拜临济正宗祖师。据此，日本也尊径山为“临济正宗”祖庭。

（三）临济正派第三十五世大清国师玉林通琇登临径山

余杭禅宗临济正派还有一位顶级人物，他就是登临径山寺山巅、《杭县志稿》记载曾仕良渚崇福寺卓锡，对顺治皇帝有法乳之恩的大清国师玉林通琇。

玉林国师（1614—1675 年），名通琇。俗姓杨，江苏江阴人。幼即敏捷，年十五读《天琦瑞语录》，立下参禅学佛之志。十九岁直造磬山（武康金车山），依修天隐禅师。难发受具，为侍者。一日泛舟江上，似乎瞥见佛祖，不觉身心大快，说："佛法落吾手矣！"自是每遇勘向，当机不让。一晚偶乘月泛舟，举首之顷，顿忘迷误，急就证于金

图1. 3. 90　大慧宗杲禅师像（引自《径山万寿禅寺》）

车山报恩寺天隐。师徒对答，叩击之次，迎刃不留，天隐叹曰："吾宗师子儿也"。越四年，通琇23岁，明崇祯九年（1636 年）天隐圆修示寂，遗命玉林主寺事。玉林通琇不从，避之常登临的余杭径山寺凌霄峰顶。众复坚请，不得已起就。临济宗为佛教禅

宗五大宗派之一，镇州临济院玄义禅师为该派鼻祖。其传承按已掌握的古籍分析，应为师传徒。师父临终前当众人嘱托徒弟，徒弟受托，则为传人。武康报恩寺住持天隐圆修为临济宗三十四世，天隐圆修圆寂前，玉林通琇受嘱继报恩寺法席，成为临济宗三十五世。

南宋范成大有《题径山凌霄庵》诗，云：

峰头非尘寰，一舍谁所芳。轩眉玉霄丘，按指沙界豁。万山纷累块，众水眇聚沫。来云触石回，去鸟堕烟没。向无超俗像，兹路讵可越。偕行本上坐，同我证解脱。

说明南宋时径山顶峰凌霄有寺庵，玉林通琇驻锡有所。

《杭县志稿》记载大清国师玉林通琇为临济正派，卓锡于余杭良渚崇福寺。韩一飞先生所藏六角石柱之"临济正宗四十四世"，上标为"大夏民国拾年"，即1921年，大约近300年，传九世。白玉林通琇上溯至"临济正宗"第十一世大慧宗杲（1089—1163年），近500年，传24世，每一世代大约25年至30年，应是合乎情理的。临济宗的传承，不同于径山寺或其他寺院的住持传灯。住持传灯法席生前可以进行，而宗派传承需圆寂前口嘱。一位高僧可曾为几座寺院住持，也可曾兼任另外寺院住持，但佛教禅宗传承，一位高僧一生中只能传承一次。寺院住持换高僧要朝廷官府推荐认可，而佛教禅宗传世则是佛教内部事情，由传承人认定。

道光《武康县志》载，雍正十三年四月初八日，内阁学士兼礼部侍郎臣励宗万奉敕敬书《敕赐报恩寺碑文》，碑文写道：

（那一年，玉林通琇23岁）即开堂于吴兴报恩寺，提倡宗乘（宗史），唯以本分事激发学者。无一虚字舞弄狂机，疑误后学，实参实悟，真修真行。

清顺治丙戌年（1646年），玉林游大雄山（在钱塘县大观山麓，有崇福寺），乐其幽寂，以茅草搭屋居之。顺治戊戌年（1658年），顺治帝于玉林通琇，盖不胜仰止（敬慕），叹焉绍法（继承佛法）磬山，派遣司吏院张嘉谟赍敕书至武康金车山报恩寺。顺治己亥年（1659年）春，玉林应诏赴京，皇帝慕其名德，延入内廷，对御敷陈（细说），赐号"大觉禅师"。不久，留弟子茚溪、行森在京，玉林以葬母恳请还山。庚子年（1660年）秋，复诏至京，受封"大觉普济"禅师，并赐紫衣，成为名扬朝野之禅门显要。帝建坛选僧受菩萨戒，特请玉林为本师，进号"普济能仁国师"。玉林选择佛祖世尊释迦成道日，在阜成门外慈寿寺，为千五百人说菩萨大戒。还去内庭说法撰《客问》，帝命大学士金之俊附"评论"，作序刊行。次年（1661年）顺治皇帝入遐（逝帝位，入丛林），玉林国师领诸弟子作佛事七日。

图1. 3. 91 《杭县志稿》记载大清国师玉林通琇为临济正派，卓锡于崇福寺。

图1. 3. 92 《天目山·玉林国师塔院》

康熙乙巳年（1665年），玉林奉诏回山。浙江直宰官护法，岵瞻戴君与诸绅信，敦请玉林住持天目山狮子正宗禅寺，以重振元代高峰原妙法师所创寺院。时颓垣败壁之中，禅堂寮舍所剩无几。位居"大清国师"的玉林通琇，地位显赫，名重朝野，移建殿宇，渐复丛林（寺院）。仅年余，弹指间焕然金碧，令人叹为观止。

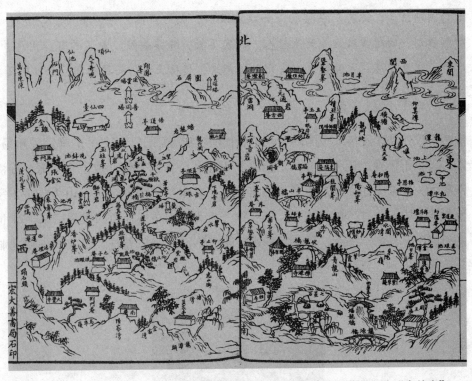

图1. 3. 93 《西天目祖山志·西天目山图》，图中有玉林国师塔所在地"东坞庵"。

康熙乙卯年（1675年），"因乐安祖塔所在，勉为一赴，未尝久留。每叹曰：'赵州八十行脚，彼何人哉'"。玉林通琇以"保护祖塔"名义飘然北游。触热止于清江浦慈云庵，八月初十，澡身趺坐，书偈而逝。享年62岁，僧腊四十三年。其弟子迎龛归天目，塔全身于东坞坪。

1935年《艺林月刊》刊登有绍兴朱杰精心绘制的《清玉林国师像》，称康熙甲戌（1694年）冬，得诸于北京市场。画像顶额还有宛平相国松鹤老人陈梦雷题文：秋水为瞳面满月，相好威仪无欠阙。想见龙犀说法时，天花如雨天心悦。画像上的玉林师广颡丰颐，平顶大耳，面白玉色，双目炯炯有光。人们说，看到这幅画像，真的相信玉林国师天人也。《行峰辑行年谱》谓：（玉林师）胁有朱痣七粒，足有二轮，胸有柱心骨。阴作马藏相、方纲相，都是佛祖症相。

题写眉额颂者陈梦雷，福建人，康熙进士，授翰林院编修。以耿精忠叛乱，被诬下狱，谪当阳堡，十余年释还。雍正初，复录事遣戍而卒。著有《松鹤山房集》，故自称松鹤老人，当是画绘成后题写。

1935年《艺林月刊》第七十期刊登《清玉林国师像》，并有无畏居士绍兴周肇祥著文，日期为民国乙亥年（1935年）观音成道日。周肇祥还写道：

余读国师语录，见其应机接物，如疾雷破山，太阿出匣，每为击节。今夏漫游天目，睹师规划，回越常流，盖天生哲人。恢宏圣教，殊非偶然。重装敬题，用志景仰。末法时代，道衰魔盛，人欲横流，安得如国师者，提持正令，而挽狂澜，余日望之矣。

（四）余杭发现多处"临济正宗"石柱

佛教自汉代从印度传入中国内地，至唐代演变成十宗。十宗之一的禅宗简单易行，直指人心，易于传播，遂一派独大。自唐代至宋代，禅宗又演变成五个宗派，临济宗又一派独大，逐渐又在临济宗中形成临济正宗。日本临济宗尊余杭径山为临济正宗祖庭。佛教典籍中记载有"临济正宗"四字第一人为南宋中兴径山的大慧宗杲。21世纪初，余杭临平、良渚崇福寺、径山寺多处发现"临济正宗"石柱，以实物说明"临济正宗"在余杭开创、延续的史实。

图 1. 3. 94 　《艺林月刊·清玉林国师像》

临平的"临济正宗"石柱

2009 年 2 月 9 日，应余杭著名收藏家韩一飞之邀，笔者考察鉴定他收藏的几块石碑，其中一块为六角形石柱。石柱高 130 厘米，六角形外圆直径为 22 厘米，其中三面有字，右侧为：大夏民国拾年清和月敬立；中为：西蜀传临济正宗华严堂上第四十四世寄居浙江省月塘禅宗寺仁寿聪禅师之塔；左侧为：六和堂慧心庵祭祀。华严堂是禅苑宣讲《华严经》之堂所。《华严经》从印度传入中国后，东晋（约 5 世纪初）开始有中译六十卷本。《华严经》是佛教禅宗大部头的经典，先有短篇宗教故事或长诗（偈颂），经过大德高僧多年讲授完善和补充而成。

图 1. 3. 95 韩一飞所藏临济正宗四十四世传六角石柱

良渚崇福寺的"临济正宗"石柱

2009 年 2 月 10 日，应《良渚镇志》主编康烈华之邀，笔者等一行五人考察了良渚镇范围内的崇福寺、大雄寺、柏树庙、东莲寺、宝林寺、黄杜庙六座寺庙遗址。六座寺庙中，崇福寺最大。当年是浙江省军区通信营驻地，当地人称"413"部队。20 世纪五六十年代，朱德元帅曾视察过该部。考察中，实地察看了保存相当完好的两座塔座。其中一座六角形的塔基，高约 1 米，直径在 50 至 60 厘米，上镌刻的文字为"临济正宗第四十四世本寺堂上重兴上慧下"，其下应还有字，因埋入土中不能看清。临平发现的六角形石柱是否是崇福寺塔基的上端？"临济正宗四十四世"与崇福寺有何关系？与径山寺又有何渊源？引起笔者极大兴趣。

图 1. 3. 96 韩一飞所藏临济正宗四十四世寄居浙江省月

塘禅寺仁寿聪禅师之塔六角石柱拓片

崇福寺是良渚最大的寺院，但历代《钱塘县志》《仁和县志》《杭州府志》竟无记载。笔者旧藏有一册元代人撰写的清末版本《松乡先生文集》第二册，为南宋末元初学者任松乡先生所撰，其中首篇就记述"崇福院在杭州城北门之北，良渚之南"，称其是南宋淳熙己亥年（1179年）所建（原书乙亥，应为己亥）。笔者还藏有一幅1908年7月《时事报图画》的崇福寺图画，证实崇福寺在晚清民国是一家禅房百余间、规模相当宏大的寺院。

图1.3.97 元代《松乡先生文集卷之二·杭州路崇福院藏经阁记》

图1.3.98 1908年7月《时事报图画·秃僧渔利》，描绘清末良渚崇福寺往事。

径山寺的"临济正宗"石柱

21 世纪初临平、良渚崇福寺，甚至萧山等地发现多处"临济正宗"石柱后，与径山禅寺监院戒兴法师、张涛居士电话联系，他们说径山上也有很多石柱。笔者想，不知内中"临济正宗"石柱有否？

图 1. 3. 99　崇福寺"临济正宗四十四世"六角石柱

2009 年 8 月 19 日，笔者去径山寺，张涛居士带笔者至院厨房门口，只见一大堆石碑、石柱，每块都有一二百斤。勉力翻开，仔细观看，有许多据说是南宋石碑，但字迹漫漶看不清楚，其中三块石柱是有"临济正宗"字迹，赶紧逐块洗净，并把带来的宣纸摊在石碑后，取清水洒宣纸上，靠水的黏着力使宣纸紧贴石碑。待水干至八九分，用棕刷轻轻敲打宣纸，薄软的宣纸随着棕刷的敲打，紧紧咬在了石碑上，字迹很快显现出来。待宣纸全干，泛出洁白的纸质原貌时，用沾着上等墨汁的墨拓，轻轻地一遍遍在宣纸上敲打。随着墨拓一遍遍的敲打，原来看不清楚的字迹，清晰地显现出来。三块"临济正宗"石碑拓片，依次如下：

"前住真如堂上传临济正宗第三十二世什鉴照老和尚塔"，六角石柱，高 76 厘米，边宽 21 厘米。

"传临济正宗第三十二世公衡仁和尚塔"，六角石柱，高 72 厘米，边宽 22 厘米。

"前住香云堂上第一百代传临济正宗三十四传周辂和尚塔"六角石柱，高 73 厘米，宽 20 厘米。

图 1. 3. 111，是径山发现的"前往香云堂上第一百代传临济正宗三十四传周辂和

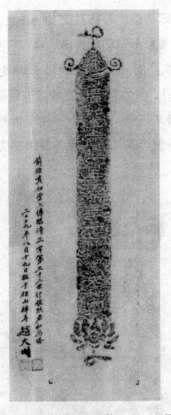

图 1. 3. 100　"前住真如堂上传临济正宗第三十二世什鉴照老和尚塔"拓片

尚塔"的 25 字碑拓，传递给我们的信息很多，试作一解读。"前住香云堂上"之"香云堂"，指的是大清康熙帝登临径山赐径山的第一百代住持，"传临济正宗三十四传周辂和尚塔"，指的是其僧为临济正宗三十四传周辂和尚。这一碑刻清楚说明"香云堂上（径山禅寺）第一百代传"和"传临济正宗三十四传"是两码事。需要指出的是大清国师玉林通琇的师父武康报恩寺住持天圆修也是临济正宗三十四世。

宁波七塔寺的"临济正宗"匾

"临济正宗"不仅在余杭周边发现多处实物遗存，在萧山，甚至宁波都有发现，2010 年、2012 年笔者赴宁波参加茶文化学术研讨会，受邀参观宁波城内古刹七塔禅寺，就发现有"临济正宗"石刻匾额。在七塔禅寺的画册中也记载宋元七塔禅寺住持为"临济正宗"。

七塔禅寺位于浙江省宁波市鄞州区，历史上是浙东佛教四大丛林（天童寺、阿育王寺、七塔寺、延庆观宗寺）之一。1983 年被国务院批准为全国首批重点开放寺院。

七塔寺初建于唐大中十二年（858 年），距今已有 1150 余年历史。天童寺退居方丈心镜藏奂禅师为开山始祖，《宋高僧传》称其"凡一动止，禅者必集，环堂拥榻，堵立云会。（藏）奂学识泉涌，指鉴歧分。诘难排纵之众，攻坚索隐之士，皆立寨苦雾，坐泮坚冰，一言入禅，永破沉惑。"宋大中禅符元年（1008 年）真宗敕改为"崇寿寺"。南宋乾道三年（1167 年）三月，日本国派遣使者致书四明郡庭问佛法大意，郡庭太守召集众僧研读使函，无人敢出来应命。惟崇寿寺维那忻然而出，条分缕析，并指出日本来书的 7 处错误，使日本来使惭惧而退。崇寿寺维那为国争光，太守尊称为"天下维那"。

图 1. 3. 101 "传临济正宗第三十二世公衡仁和尚之塔"拓片

明末清初，天童密云圆悟法孙、浮石通贤法子拳石沃禅师及其弟子先后住持寺院，弘扬圆悟克勤临济宗禅法。康熙二十一年（1682 年）重修寺院，因寺前建有七座佛塔

（喻示过去七佛，为禅宗法脉源头表征），故俗称"七塔寺"。1861年，七塔寺毁于太平军入甬。光绪十六年（1890年）天童寺退居方丈慈运长老应地方绅董之请，出任七塔寺住持。广集净资，大兴土木，梵宇一新，衲僧云集。慈老为禅门"临济正宗"第39世传人，故门庭镌刻有"临济正宗"四字。其住寺期间，大弘临济禅法，一时法门龙象。民国时期、新中国成立后著名的大德高僧圆瑛、道阶、溥常均为其弟子。

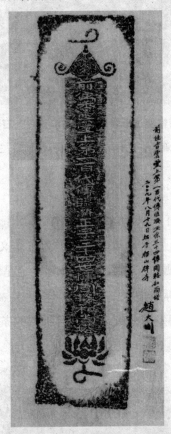

图1.3.102 "前住香云堂上第一百代传临济正宗三十四传周辂和尚塔"拓片

临济正宗荪溪森开山仁和天开河图照寺

1948年《杭县志稿·寺观·圆照寺》载：

圆照寺在天开河，清顺治间临济正宗荪溪森开山，世祖（顺治）赐名圆照。雍正十一年（1733年）奉旨重修，御书"法轮宏转"匾额。（《浙江通志》）

天开河在临平崇贤附近。这是又一处余杭临济正宗寺院。

图 1. 3. 103　考察良渚崇福寺在"临济正宗"石柱留影。前排右座者
为指导员，左座者为连长，后排右 2 为《良渚镇志》主编康烈堡。

（五）余杭大云寺宋代茶碾

余杭江南水乡博物馆藏有一只余杭上纤埠大云寺出土的茶碾，登记册上记载为：大云寺遗址出土。陶制涂釉，弥足珍贵。一则因为它是文物部门通过科学考古发掘出土的，是余杭本土出土的茶碾；二则经文物部门鉴定是宋代茶碾，刚好能作为南宋"宫廷茶宴""径山茶宴"的标本借鉴。遍问杭州市、县、区博物馆，这竟是唯一一件有时间、有地点，经文物部门发掘，由文物部门所藏的茶碾。但余杭江南水乡博物馆并不知晓出土地点大云寺在那里。

图 1. 3. 104　七塔禅寺西侧标有"临济正宗"匾额的寺门（2012 年 5 月）

2012 年 1 月 4 日上午，我先去临平办事，中餐后乘 309 公交车至杭州。友人祝小林先生接我驱车去良渚，由《良渚镇志》主编康烈华陪同前去苕溪上纤埠寻觅大云寺。康烈华又邀一老者陪同前去。老者说解放初大云寺还有残庙，四周古樟遮天。并指一位于上纤埠闸门边庙宇式"老年活动中心"称："这就是大云寺遗址。"我们拍下了"老年活动中心"，也即当年大云寺遗址。

圆照寺　在天閒河清順治間臨濟正宗苕溪森開

山世祖賜名圓照雍正十一年奉旨重修御書法

杭縣志稿卷八　　土生

輪宏蟠扁額浙江河志

图 1. 3. 105　1948 年《杭县志稿·寺观·圆照寺》

图 1. 3. 106　余杭江南水乡博物馆藏上纤埠大云寺湾出土宋代瓷茶碾，侧面顶长 30. 4 厘米，底长 29. 5 厘米，中高 5 厘米，边高 5. 6 厘米。

图 1. 3. 107　茶碾侧面

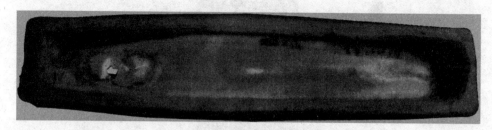

图 1. 3. 108　瓷茶碾底部有一小洞

图 1. 3. 109　从上向下拍摄的余杭茶碾

　　图 1. 3. 110，是 20 世纪 50 年代拍摄的大云寺南 10 千米之良渚大陆宋代古刹东莲寺，也是古樟蔽天，可想见大云寺当年雄姿。图 1. 3. 112 至图 1. 3. 113 的古籍和旧图很清楚地标明了大云寺的近代历史。图 1. 3. 111，是《万历钱塘县志》书影。图 1. 3. 113 表明，1934 年杭县地图上还有"大云古圩"田地地名。图 1. 3. 114，是《钱塘县志·纪制》，其中有：大云寺，在奉口，唐贞观间建。贞观年间（627—649 年），是唐太宗李世民在位时的年号。因此，大云寺肇建比国一大师法钦开山的天宝元年（742年）还要早 100 年左右。图 1. 3. 112 大云寺旧址远处为新建白色拱桥，桥下面即苕溪。

　　《钦定全唐诗》卷八百五十八有吕岩《大云寺茶诗》，曰：

　　王蕊一枪称绝品，僧家造法极功夫。

　　兔毛瓯浅香云白，虾眼汤翻细浪俱。

图 1. 3. 110 良渚大陆宋代古庙东莲寺（20世纪50年代）

断送睡魔离几席，增添清气入肌肤。

幽丛自落溪岩外，不肯移根入上都。

吕岩（约公元八七四年前后在世），即吕洞宾。唐末进士，号纯阳子。相传为京兆（今西安市）人。会昌中，两举进士不第，浪游江湖，遇钟离权得道，时年64岁。曾隐居终南山等地修道，后游历各地，不知所往。传说他曾在江淮斩蛟，岳阳骑鹤，客店醉酒。元代封为"纯阳演政警化孚佑帝君"。通称吕祖，又称道仙八仙之一。吕洞宾存有诗四卷，《全唐诗》载两卷，《大云寺茶诗》是其中的一首。按时间推算，钱塘大云寺其时已建造150余年，按吕洞宾经历看，他到过江淮江南一带。去过会稽（今绍兴）天台山，一路撰写茶诗，循茶圣陆羽行迹浪游天涯也在情理之中。其详，不可考。

吕洞宾《大云山茶诗》，"玉蕊"指的是茶芽；"枪"，即"叶"，一芽一叶。吕洞宾观察可谓细致，一芽一叶即是最佳茶品。"僧家造法极功夫"，茶叶当然是寺院制作的，道士懂茶、品茶，僧道爱茶。"兔毛瓯"，即建窑兔毫盏，晚唐钱塘已有。"香云白""虾眼汤翻细浪俱"，均是陆羽《茶经》点茶中的一些描述，吕洞宾也熟知《茶经》。"断送睡魔离几席，增添清气人肌肤"，形象地描绘了品茗饮茶后提神、精神气爽的茶叶功能，想必吕洞宾也常喝茶。"幽丛自落溪岩外，不肯移根入上都"，写的是大云寺的茶，是植在大云寺苕溪北岸安溪岩下。

这首诗时代为唐代，题为"大云寺茶诗"，既有"大云寺"，又为"茶诗"，时间、作诗人的经历，皆有可能是为钱塘大云寺而作，故列入。图1.3.117，是民国《群仙聚会》图，捕绘了传说中的八仙。图中左4长发飘逸，右手执拂，左肩背宝剑道貌岸然者即为吕岩。

唐代典籍中还有一些片段记载有杭州大云寺，《宋高僧传·唐天目山千倾院明觉传》写道：

释明觉，俗姓猷，（越南）河内人也。祖为官岭南，后徙居为建阳人也。觉儒家之子，风流蕴藉，好问求知。……天台、四明遍尝法味，复于径山留心请决数，夏负薪，面皯手胝，下山至杭州大云寺，禁足院门，续移止湖畔，青山顶结庵而止属。范阳卢中丞响风躬谒召归州治大云寺主持。元和十五年避嫌远置隐天目山。……太和五年七月十九日示疾而亡。

和尚明觉，俗姓猷，（越南）河内人。祖上在岭南为官，后迁居为福建建阳。明觉出身儒家，熟知典籍，孤傲不倦，好问求知。……朝天台，礼四明，拜偈名寺高僧，又登临余杭径山留心求教，希望得到难题的解决。夏天，明觉背着柴薪，面色枯焦黝黑，手上都磨出了老茧。后明觉下山至杭州大云寺，足不出寺院，闭关自省，续移至湖畔，在丛林峻山峰顶结庵修行。杭州刺史范阳人卢中丞亲自躬请其为大云寺住持。元和十五年（820年）远避尘嚣隐居天目山。……太和五年（831年）七月十九日因病逝世。

图1.3.111 《万历钱塘县志》书影

图1. 3. 112　大云寺遗址，现为老年活动中心。

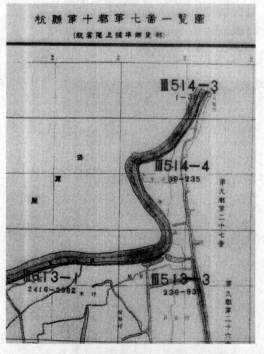

图1. 3. 113　1934年《杭州第十都第七图一览图》，图中奉口有"大云古圩"。

《宋高僧传·唐天目山千倾院明觉传》二次记述了径山下有大云寺。文中提及的唐代杭州刺史范阳卢中丞，即清宣统《杭州府志·卷九十九·职官一》之"卢元辅"，元和八年（813年）任杭州刺史。南此，良渚上纤埠溪边有大云寺应是"州治大云寺"可以认定的。

图1. 3. 114　《钱塘县志·纪制》载有大云寺、荀山寺、宝林寺、东莲寺等古代庙寺

图1. 3. 115　《全唐诗·吕岩·大云寺茶诗》

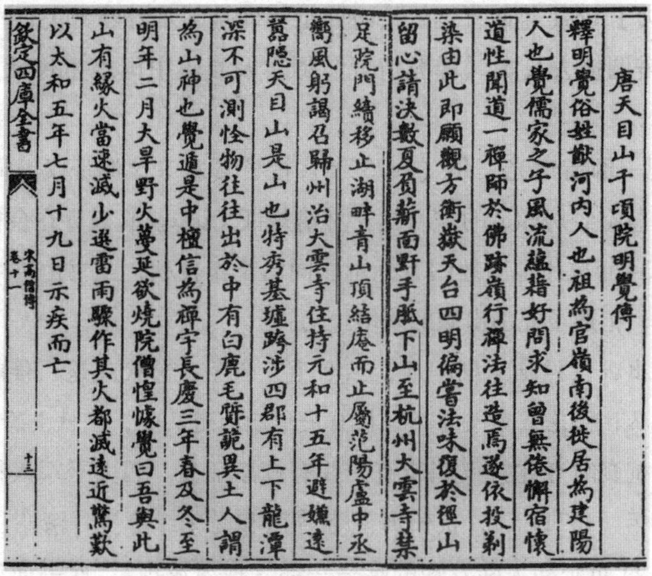

唐天目山千顷院明觉传

释明觉姓獦獠河内人也祖为官岭南後徙居为建阳
人也觉儒家之子风流蕴藉好问求知曾无倦懒宿怀
道性闻道一禅师於佛陇岭行禅法往造高邈依投剃
染由此即顾瞻方衡嶽天台四明偏尝法味復於径山
留心请决数夏新面手胝下山至杭州大雲寺葺
葛隐天目山是山也特秀基墟路涉四郡有上下龍潭
深不可测怪物往往出於中有白虎毛骭诡異上人謂
鹧风豺调匄歸州治大雲寺住持元和十五年避遷遂
为山神也覺遍是中橱信為禅字長慶三年春及冬至
明年二月大旱野火蔓延欲烧院僧惶慄覺曰吾與此
山有缘火當速滅少选雷雨驟作其火都滅遠近驚歎
以太和五年七月十九日示疾而亡

钦定四库全书　宋高僧传　卷十一　十三

图1.3.116　　《宋高僧传·唐天目山千顷院明觉传》

1915 年 4 月 13 日杭州《寅报·里巷琐闻》有《逃的多，提的少》一文，写的是上纤埠有青帮匪首沈阿文者，邀同党董某等 10 余人，到该处内借做寿为名，开堂放票。一般乡寓被其引诱入帮者达百五十余人，为该管警察所悉，即整队兜拿，各匪闻警面头而遁，当将从匪董某一人擒获，带署惩办。百年前的旧闻所载，此土地庙即前大云寺也。

图1.3.117　　民国《群仙聚会》图，图中左四为吕岩。

（六）惊现余杭真寂寺道光三年《百丈丛林清规证义记》

现今中国各地研究的《禅苑清规》，均为日本或中国台湾根据日本《大藏经》之"禅院清规"传入的版本，甚至是网上摘抄的版本，其标示年代均为嘉泰三年（1203

年），因圆尔辩圆于 1241 年回日本，按时间推算即是圆尔辩圆带去日本的那一部《禅苑清规》。圆尔辩圆携去日本《禅苑清规》原本及真正中国本土传承的《禅苑清规》却谁都没见过。

21 世纪发现一部清道光三年（1823 年）古杭真寂寺仪润证义，同治十年（1871年）杭州昭庆寺慧空经房印造的《百丈丛林清规证义记》。真寂寺在余杭良渚西，今良渚博物馆南，1934 年杭州都图地图有标示。同治十年仲秋，此书由杭州海潮寺住持和尚清道普照作序，记述了此书出版的坎坷经历：

> 自宋代数次出版《禅苑清规》后，至今千百余年，时代既遥，传闻非一，得源洪大师之证义……丛林轨范益莫大焉。吾杭自庚中后两遭兵燹，经帙全沦……

原版书为古杭真寂寺住持仪润所有，并有校勘证义。因太平军入杭，已刻好的印版被毁。同治十年（1871 年），杭州海潮寺普照和尚化缘募资，清昭庆寺慧空经房刻版印造，方有了 21 世纪初大陆发现的唯一一部《禅苑清规》。此书面世时，还发现有一部日本享保庚子年（1720 年）中文版本、日文圈点的《敕修百丈清规》。杭州昭庆寺慧空经房印造的《禅苑清规》刻印有一幅怀海禅师撰写《百丈清规》图，弥足珍贵。

图 1. 3. 118　良渚真寂寺版本，昭庆寺慧空经房印造《百丈丛林清规证义记》书影。

余杭良渚原版杭州海潮寺募资昭庆寺慧空经房印造出版的《禅苑清规》和中文版

图 1. 3. 119　怀海禅师撰写《百丈清规》画像

日文圈点的《敕修百丈清规》面世，至少说明两点：一是唐宋以来直至明、清，中国大陆始终是"禅茶一味"的祖庭，囿于战乱频仍，以致《禅苑清规》原版湮没，还要从日本、中国台湾重新引入。如今重新面世的清末版本《百丈丛林清规证义记》和中文印刷日文圈点《敕修百丈清规》，则以实物说明大陆始终没有间断过《禅苑清规》，无非现今人不知晓，以致对神州禅茶的历史竟处于失忆状态。二是此书为杭州余杭区良渚真寂寺拥有原版本，说明余杭禅茶历史悠久。

仅仅悠悠百余年，而今杭城人只知道有海潮橡胶厂，而海潮寺却鲜有人知，其实望江门外里许的海潮寺曾是旧时杭城内八大名寺之一，宣统二年（1910 年）《杭州府志·寺观三》有"海潮寺"条目，以近千余字记载了海潮寺屡毁屡建的历史：

在望江门外，明万历间建寺赐额（《康熙县志》），旋废。

国朝嘉庆初重兴，道光九年增建钟楼、观音殿，咸丰十一年（1861 年）寺毁。同治三年（1864 年）复建，光绪七年（1881 年），僧普照至京师请。……

图 1. 3. 120，是《百丈丛林清规证义记·序》，由海潮寺住持普照撰写，说明印造经费由海潮寺住持普照募集。

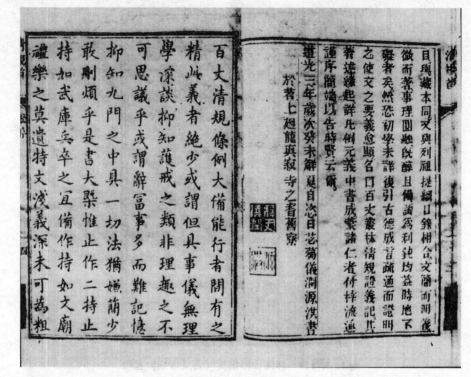

图 1. 3. 120 《百丈丛林清规证义记·序》，表明原版本为良渚真寂寺苾仪润所有。

（七）径山茶宴初探

2008 年杭州茶产业被列为杭州市十大特色产业之一。为进一步开发、拓展杭州茶产业，杭州市茶楼协会承担了杭州市政府《西湖茶宴》课题，由胡剑光、赵大川、陈宏研究编撰的图文并茂《径山茶宴》作为子课题列入。2010 年杭州市余杭区科学技术局下达的科技计划项目，其中有杭州市陆羽与径山茶文化研究会与浙江老茶缘茶叶研究中心联合承担的《径山茶宴原型研究》，课题组人员为王家斌、吴茂棋、赵大川、刘祖生、庞英华、呈步畅：

《径山茶宴研究》在以上二课题基础上修改完善形成，其时代定位为南宋。本文力求拿出依据，突出余杭特色，为余杭旅游文化服务。

《径山茶宴》源自陆羽《茶经》

图 1. 3. 121，茶圣陆羽《茶经·一之源》载："茶之为用，味至寒。为饮，最宜精行俭德之人。"明确地把饮茶与修身养性，与贤德之士的"精行""俭德"相联系。陆羽《茶经·六之饮》载："茶之为饮，发乎神农氏，闻于鲁周公"，说明中国茶的饮用源于神农时代。陆羽《茶经·七之事》载："神农《食经》：茶茗久服，人有力悦志。"陆羽

《茶经·七之事》又载："华佗《食论》：苦茶久食，益意思。"陆羽《茶经》全面论述了饮茶"精行检德"的精神和饮茶提神益智的功能，是《径山茶宴》的基础。

图1. 3. 121　陆羽《茶经·一之源》之"为饮，最宜精行俭德之人"。

"茶宴"一词唐代已有，源自茶圣陆羽好友钱起《与赵莒茶宴》诗。

图1. 3. 122　陆羽《茶经·七之事》之"神农《食经》：茶苦久服，人有力悦志。"

图 1. 3. 123　陆羽《茶经·七之事》之
"华佗《食论》，苦茶久食，益意思。"

"禅茶一味"与"径山茶宴"

　　由于茶有提神益智之功效，所以一开始便与佛教有不解之缘。特别是中唐以后，随着佛教禅宗的盛行，茶与禅的关系就更密切了，认为茶理与禅理是相通的，茶能助禅，茶中带禅，即所谓"茶禅一味"。于是各寺院都盛行"茶礼""茶宴"，并就被怀海禅师（702—814 年）撰入《百丈清规》。

　　径山寺开山鼻祖法钦唐天宝元年（742 年）开山之初，精通佛法，植茶、奉佛、待客，为江南禅茶源头。

《禅苑清规》与南宋径山茶宴

　　南宋建炎四年（公元 1130 年）"尊表五山"，余杭径山被列为江南五山十刹之首（即当时的径山、灵隐、净慈、天童、阿育王五大禅寺），"径山茶宴"更是名扬天下。吴茂棋考证径山寺第二十五代住持释咸杰，于淳熙四年（公元 1177 年）曾有诗两首，题为"径山茶汤会首求颂二首"（诗载《密庵禅师语录》），诗曰：

　　　　径山大施门开，长者悭贪俱破。

　　　　烹煎凤髓龙团，供养千个万个。

　　　　若作佛法商量，知我一状领过。

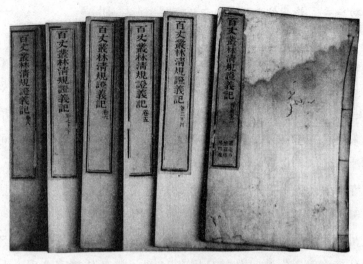

图1.3.124 《百丈丛林清规证义记》书影

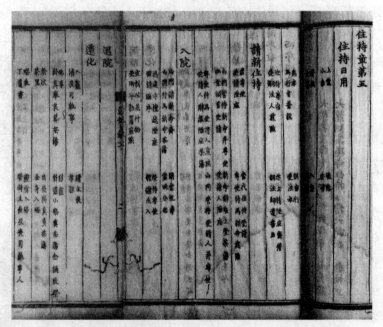

图1.3.125 《百丈丛林清规证义记·住持章第五》之目录

第二首是：

有智大丈夫，发心贵真实。

心真万法空，处处无踪迹。

所谓大空王，显不思议力。

况复念世间，来者正疲极。

一茶一汤功德香，普令信者从兹入。

咸杰的《径山茶汤会首求颂二首》，是有文字记载最早的"径山茶宴。"《百丈清规》今已失传，《宋高僧传》卷十《百丈怀海传》《景德传灯录》卷六《怀海传》均载，怀海著有《禅门规式》；日本《大正藏》《续藏经》载有《百丈规绳颂》《古清规序》，传递着失传《百丈清规》的大量信息。迄今为止，现藏于日本，最早、最完整的清规，则是南宋嘉泰二年（1202 年）宋宗赜慈觉的《禅苑清规》。按时间推算，应是圆尔辨圆南宋淳祐元年（1241 年）从大宋请去日本的那一部《禅苑清规》。21 世纪初，发现余杭真寂寺传承，杭州昭庆寺慧空经房印造的《百丈丛林清规证义记》，源自北宋崇宁二年（1103 年）宗颐《禅苑清规》。仅据其目录，就可知宋代各种寺院迎宾、送客、日常事宜，种种程式，"茶禅一味"的无处不在。茶礼、茶会、茶汤名目众多，程式严谨。如"住持章第五"中，住持日用有 16 项，请新住持有 9 项，入院有 10 项，退院 1 项，迁化有 16 项，议举住持有 12 项，住持 1 人，就有 53 项，项项有茶禅，也即小型茶宴。"两序章第六"，中有："方丈特为新旧两序汤，堂司特为新旧侍者汤茶，库司特为新旧两序汤（药石）。方丈特为新首座茶，新首座特为后堂大众茶，住持垂访头首点茶，两序交代茶，入寮出寮茶，头首就僧堂点茶。""大众章第七"中："方丈特为新挂搭茶赴茶汤；""节腊章第八"中有："新挂搭人点入寮茶，众寮结解特为众汤、方丈小座汤，库司四节特为首座大众汤，方丈四节特为首座大众汤，库司四节特为首座大众茶，前堂四节特为后堂大众茶，且望巡堂茶，方丈点行堂茶，库司头首点行堂茶。"等很明确的茶禅仪式，也即茶礼、茶宴。《径山茶宴》作为南宋五山十刹之顶级的茶宴，应较一般寺院更盛大更完善。余杭真寂寺版本的

图 1. 3. 126　径山寺大雄宝殿细部（日本摄·20 世纪 20 年代）[徐正国提供]

《百丈丛林清规证义记》中，对各种茶礼、茶宴，用词不尽相同，仅就上面而言，同样身份的僧人，如"库司四节特为首座"，就有大众汤，大众茶之别，还出现了汤、汤茶，药石，茶、点茶等名称，就《径山茶宴》

的现实研究，本书不进入深入探究。

图 1. 3. 127　余杭径山明永乐元年大钟（日本摄·20 世纪 20 年代）［徐正国提供］

图 1. 3. 128　浙江余杭径山大雄宝殿（20 世纪 20 年代）［徐正国提供］

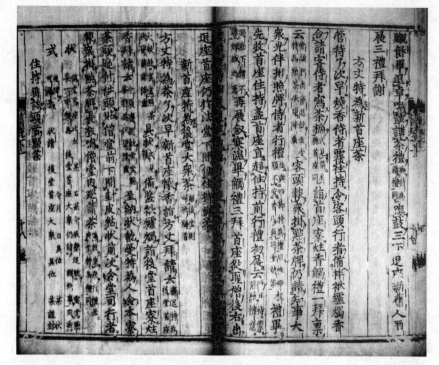

图1.3.129　《百丈丛林清规证义记·方丈特为新首茶座》中有"挂点茶牌"

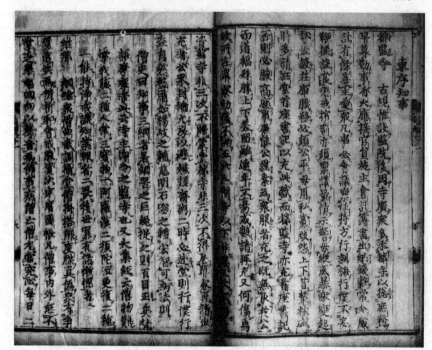

图1.3.130　《百丈丛林清规证义记·东序知事·都监寺》

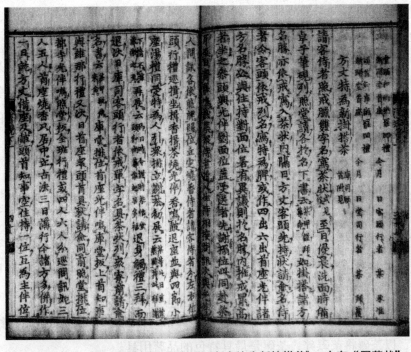

图1.3.131　《百丈丛林清规证义记·方丈特为新挂搭茶》，中有"写茶状"。

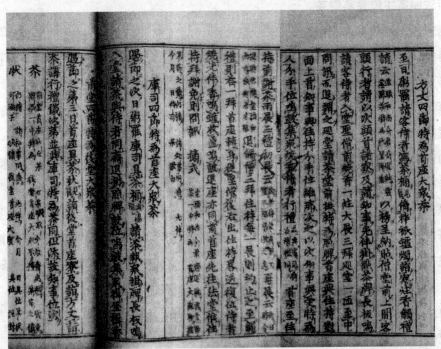

图1.3.132　《百丈丛林清规证义记·方丈四节特为首座大众茶·库司四节特为首府大众茶》

径山茶宴之用茶

南宋时径山茶的茶类

径山茶始于唐，盛于宋，与寺齐名。南宋，径山茶名气益盛。宋代大品茶家叶清臣在他的《述煮茶泉品》中记述："大率右于武夷者为白乳，甲于吴兴者为紫笋，产禹穴者以天章显，茂钱塘者以径山稀。"可见当时的径山茶是南宋时期我国少有的几种名茶之一。

抹茶源自陆羽《茶经》

陆羽《茶经·六之饮》有：

饮有觕茶、散茶、末茶、饼茶者。

"觕"，粗的古写法。"末"，即抹茶。

吴觉农《茶经述评》论述认为："但这四种茶，只有原料老嫩，外形整碎和松紧的差别，其制造方法基本相同，都属于经过'蒸青'的不发酵茶叶。"

需要着重提出的是，这四种粗、散、末、饼茶，指的是饮之前的形态，饮时都要先炙后末，以茶碾将茶碾碎，茶碾是最具特色的品茗用具。

两宋制茶主流是蒸青茶

据宋徽宗赵佶《大观茶论》、宋·赵汝砺《北苑别录》，并通过余杭庞英华等人的试制研究，南宋时径山茶宴蒸青团茶的制造工艺可分为：拣芽→蒸芽→研茶→造茶→过黄等五道工序。

蒸青团茶，即陆羽《茶经》之饼茶是主流，但逐渐被蒸青散茶所替代。蒸青团茶、蒸青散茶，经过碾、磨、罗，均可成为抹茶，用于"径山茶宴"。

两宋前期茶的制作延续陆羽《茶经》的唐代，主流茶类是蒸青团茶，但南宋以后，就逐步改制成蒸青散茶为主了。从南宋径山寺释咸杰"径山茶汤会首求颂二首"诗中的"烹煎凤髓龙团"句，证明当时的"径山茶宴"用茶是用龙凤团茶碾磨的。吴茂棋先生研究，起源于"径山茶宴"的"日本茶道"，其所用抹茶则一直是用蒸青散茶研磨而成，因此，当年圆尔辨圆、南浦昭明从径山学去的制茶技术应该是蒸青散茶。《宋史·食货志》亦载："茶有两类，曰片茶，曰散茶。"片茶即团茶。

由此，"径山茶宴"所用的茶叶，应是蒸青团茶（即龙凤团茶），或蒸青散茶经碾磨而成的抹茶。

"径山茶宴"用茶的外观

径山为南宋五山十刹之首，"径山茶宴"应为国家禅宗盛宴。贵比"宫廷茶宴"。"径山

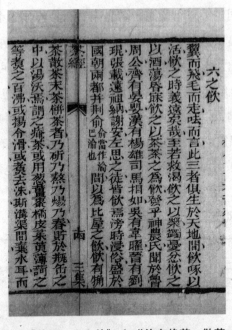

图 1. 3. 133 陆羽《茶经·六之饮》之"饮有觕茶、散茶、末茶、饼茶。"

茶宴"用茶外观应为"龙凤团茶",视觉美观,也有助于现代对"径山茶宴"开发。

　　图 1. 3. 134,是明嘉靖二十六年(1547 年),田汝成撰《西湖游览志余》卷三、二十九,"福建漕司进第一纲腊茶"的记载,文如下:

图 1. 3. 134 明田汝成《西湖游览志余》卷三、二十九,"福建漕司进第一纲腊茶"的记载。

仲春上旬，福建漕司进第一纲腊茶，名北苑试新。皆方寸小夸，进御止百夸。护以黄罗软盝，藉以青篛，裹以黄罗夹，复臣封朱印。外用朱漆小匣，镀金锁。又以细竹篾丝织笈贮之，凡数重。此乃雀舌水芽所造，一夸值四十万，仅可供数瓯之啜耳。或以一二赐外邸，则以生线，分解转遣，好事以为奇玩，茶之初进御也。翰林司例有品尝之费，皆漕司邸吏略之。间不满欲，则入盐少许，茗花为之散漫，而味亦漓矣。禁中大庆贺，则用大镀金瓮以五色韵果簇龙凤，谓之"绣茶"，不过悦目，亦有专工者，外人罕知。

各种古籍上记载贡茶数量、品种颇多，但详尽描绘贡茶包装、价值和朝廷、外邸、禁中大庆贺，如何分茶、品茶，颇鲜见，福建漕司进贡腊茶，可能为首例。而所谓腊茶，是以腊纸包装的龙凤团茶。

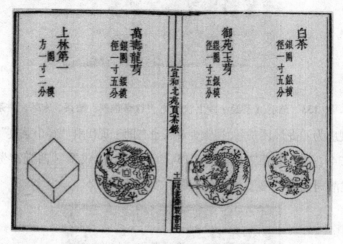

图1.3.135　上林第一。方一寸二分（3.7厘米），宣和二年造

万寿龙芽。银圈、银模，径一寸五分（4.61厘米），大观二年

造御苑玉芽。银圈、银模，径一寸五分（4.61厘米），大观二年造

白茶。银圈、银模，径一寸五分（4.61厘米），政和三年造。

"径山茶宴"用茶外观，是视觉上的感观，用茶外观包装的龙凤饼茶使"径山茶宴"变得高雅古气。

北宋宣和七年（1125年）福建人熊蕃著成《宣和北苑贡茶录》，记述了福建建宁茶园采焙入贡的沿革。熊蕃之子熊克，于南宋绍兴戊寅年（1158年）摄事北苑，添绘贡茶模板尺寸图形三十八种。《宣和北苑贡茶录》所附三十八种团饼茶模型，以银模、银圈、铜圈、竹圈为材，压制成方、圆、椭圆花式，造型多姿多彩，饰面用龙凤图案，祥云氤氲，寄托翱翔水天的意气，其茶名有"乙夜清供""承平雅玩""龙凤英华""龙园胜雪""玉除清赏"，品茗观茶间，将人带入神仙意境；还有"瑞云翔龙""无疆寿龙""太平嘉瑞""大龙""小龙""大凤""小凤"等，无不展示太平盛世宋代龙凤团茶的华贵神奇。时人有"一朝团焙成，价与黄金逗"，言其价贵如金。其实黄金有价，贡茶无价。

图 1.3.136 至图 1.3.143 为《宣和北苑贡茶录》贡茶三十八图中的一部分，其外形美观，"径山茶宴"如进行演示，带有龙凤图案的茶叶包装，反复在布景变幻，可吸引观众眼球。

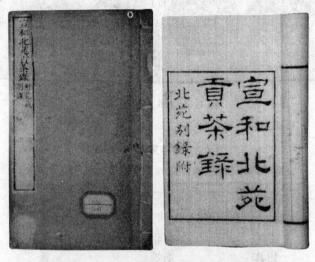

图 1.3.136　《宣和北苑贡茶录》书影

图 1.3.137　新收拣芽

银模、铜圈，径二寸五分（7.68 厘米）

上品拣芽。

银圈、铜圈，径二寸五分（768 厘米），绍圣二年造

图 1. 3. 138　玉清庆云

银模，银圈，方一寸八分

宜年宝玉

银模，银圈，直长三寸（9.216 厘米），宣和二年造

图 1. 3. 139　大凤。银模，银圈（91216 厘米），宣和二年造。

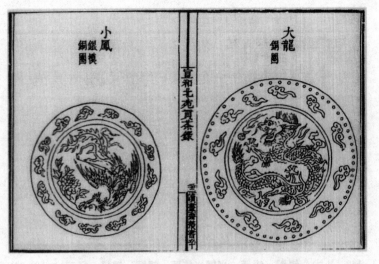

图 1. 3. 140　小凤。银模，银圈　大龙，铜圈。

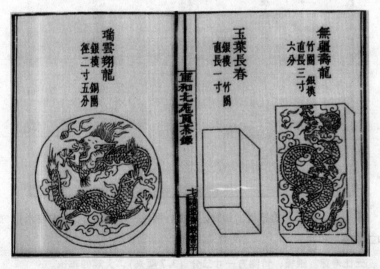

图 1. 3. 141　瑞云翔龙

银模，铜圈，径二寸五分（7.68 厘米），绍翠二年造

玉叶长春

银模，竹圈，直长一寸（3.072 厘米），宣和四年造

无疆寿龙

竹圈，银模，直长三寸六分（11.06 厘米），宣和二年造

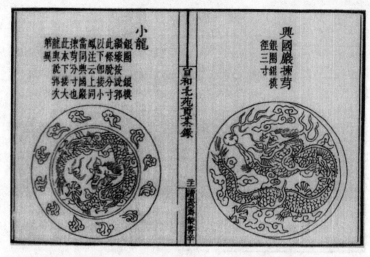

图1.3.142　小龙。银圈，银模　兴国岩拣芽。银圈、银模，径三寸（9.216厘米）。

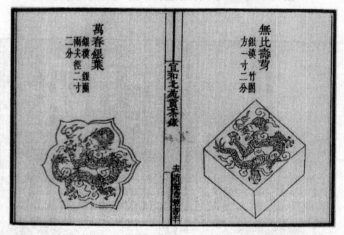

图1.3.143　万春银叶。银模，银圈，两尖径二寸二分（6.8厘米），宣和二年造

无比寿芽。银模，竹圈方一寸二分（3.7厘米），大观四年选。

"径山茶宴"的茶具

从陆羽在余杭著《茶经》的唐代至咸杰"径山茶汤会首求颂二首"的南宋"径山茶宴"，也有400来年，神州变化极大。北宋100多年，经济总量是唐代的7.5倍。钱氏吴越国90余年，纳土归宋，免遭兵燹之灾，杭州一跃越过南京、苏州、广州、开封，整个北宋100余年上交的商税，始终为神州首位。南宋高、孝、光、宁中兴四帝，励精图治，仅仅数十年，半壁江山经济总量超过北宋，因此有了江山重光，盛大的"径山茶宴"。21世纪初，杭州大量出土的两宋茶具，为我们恢复、开发南宋"径山茶宴"提供依据。大量典籍反复重复的文字和图片，许多文章、书籍已载，限于篇幅，我们不再累赘，择其精要写入。也期望未来的"径山茶宴"应有鲜活、生动、真实的道具再现。

余杭大云寺出土宋代茶碾

《万历钱塘县志》载，余杭大云寺建于唐贞观年间，比法钦开山的径山寺还早。图1.3.106至1.3.109，这是迄今为止唯一博物馆藏科学考古的宋代精美茶碾。杭州出土的"天圣三年（1025年）七月六日沈记款"茶碾，和其他茶具，这些茶具见证了南宋经济繁茶，茶业兴旺，"径山茶宴"的盛大。遗憾的是，如此夺人眼球的余杭宝贝，还一直躺在库房，也未通过电视、报刊、媒体与老百姓见面。

茶碾是"径山茶宴"最重要的道具，展示茶碾有别于乏味的论述，枯燥的说教，毫无依据的表演。

茶磨

上面的研究我们得知，南宋已是蒸青茶的天下。明太祖朱元璋第十七子朱权（1378—1448年），号涵虚子，又号丹丘先生。洪武二十四年（1391年）封宁王。朱权著述丰富，研究精深，其《茶谱》总结宋元茶道：然后碾茶为未，置于磨令细，以罗罗之，候汤将如蟹眼。

图1.3.144　辽大安九年（1093年）河北宣化张匡正墓前室东壁壁画《备茶图》

　　蒸青团茶，蒸青散茶，只是形态，都是经过"蒸青"的不发酵茶，必须通过茶碾，茶磨，茶罗，方成为抹茶。

　　茶磨也是"径山茶宴"最重要的道具。遗憾的是迄今未见杭州出土，或其他城市出土有唐宋茶磨。吴茂棋先生为了再现"径山茶宴"，从日本进口一具茶磨竟达2万人民币。

　　朱权《茶谱》对茶碾、茶磨、茶罗也有研究。

　　茶磨　磨以青礞石为之，取其化痰去热故也。其他石则无益于茶。

　　茶碾　古以金银铜铁为之皆能铨，以青礞石最佳。

　　茶罗　径五寸，以纱为之。细则茶浮，粗则水浮。

　　图1.3.145，是日本磨茶图之茶磨磨茶。

　　图1.3.146至图1.3.158，是一组1944年日本《茶器图说》刊登的茶具，这些茶具大多在两宋时期从中国传入日本。

图1.3.145　京都三时知恩寺日本磨茶图（引自《图说日本文化史大系》）

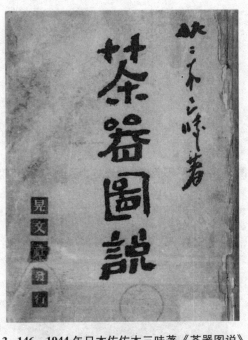

图 1. 3. 146　1944 年日本佐佐木三昧著《茶器图说》书影

图 1. 3. 147　日本民间茶道旧影（20 世纪 40 年代）

图1.3.148 石青瓷袴腰香炉，用作茶道焚香用

图1.3.149 初风炉，为中国传入之铜风炉，水指，也是搁置茶器、茶碗之器具。

图1.3.150 明万历水指，饰以龙图，似为皇家之物。水指是指盛水器物，此处用以茶人洗手用。

图1.3.151 唐物文琳茶入，由中国传入盛放茶叶的瓷瓶。

图1.3.152 赤壁瓷碗，当为宋代传入日本。

图1.3.153 堆黄漆盆，直径七寸，为万历时中国传入。

图1.3.154 水指棚，中国传入。用铁犁木、紫檀、缟柿木制作，盛放水指、风炉的木器。

图1.3.159，引自2014年总第33期《茶韵》周衍平"唐宋时期的碾茶器"，此文中"南京南唐皇宫遗址出土葵花型茶碾"，直径33厘米，高7厘米。文中还引用了北宋诗人梅尧臣的茶磨诗：

盆是荷花磨是莲，谁砻麻石洞中天。

图1.3.155 风炉置棚，相传由入唐到过杭州灵隐寺的弘法大师传入。

欲将雀舌成云末，三尺蛮童一臂旋。

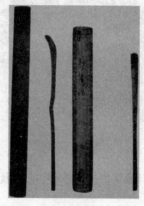

图1.3.156 利休茶勺，有竹勺、木勺。

图1.3.157 茶笼，也有用金、银制作。

图 1. 3. 158　铜锣、日本茶道中迎送客人有敲铜锣之程式

图 1. 3. 159　南宋南唐皇宫遗址出土铜鎏金葵花型茶磨底盘，直径 33 厘米，高 7 厘米。

南唐是五代十国吴的国号，938—975 年，相当于吴越国钱弘佐，钱弘倧、钱弘俶当权时代，一直延续至北宋开宝八年（975 年）。梅尧臣的诗句形象地描绘了茶碾的形态和使用。

图 1. 3. 160 是 2011 年 4 月 20 日《钱江晚报》刊登采访中国茶叶博物馆馆长王建荣后撰文《日本"抹茶"源自宋代》，文中展示了茶臼。以及用茶臼将蒸过的茶叶捣成抹茶的图片，并说抹茶的"抹"和"末"相通。

茶臼

陆羽《茶经·三之造》中有："采之，蒸之，捣之，拍之，焙之，穿之，封之，茶之干矣。"捣之，则是用茶臼完成的，吴觉农《茶经述评》还专门绘了"杵臼图"，许多专家认为将蒸青茶加工成抹茶，主要的工具是茶臼。

茶筅

唐代陆羽《茶经》煮茶法称：薄的沫，厚的饽，细轻的花，总成"华"，这是在

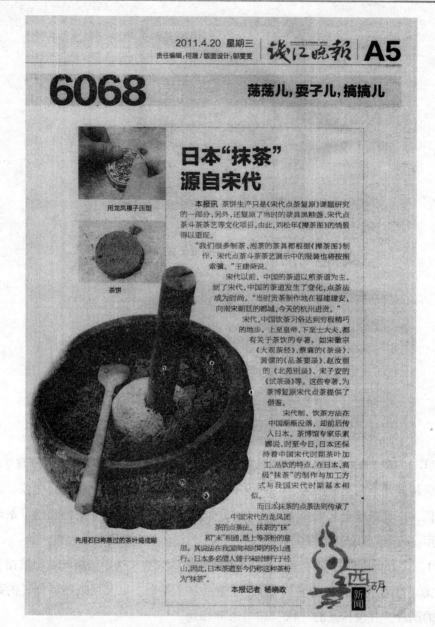

2011.4.20 星期三
责任编辑:何晟/版面设计:郑雯雯　钱江晚报　A5

6068　荡荡儿,耍子儿,搞搞儿

用龙凤模子压型

茶饼

先用石臼将蒸过的茶叶捣成糊

日本"抹茶"源自宋代

本报讯　茶饼生产只是《宋代点茶复原》课题研究的一部分,另外,还复原了当时的茶具黑釉盏、宋代点茶斗茶茶艺等文化项目,由此,刘松年《撵茶图》的情景得以重现。

"我们很多制茶、泡茶的茶具都根据《撵茶图》制作,宋代点茶斗茶茶艺展示中的服装也将按图索骥。"王建荣说。

宋代以前,中国的茶道以煎茶道为主。到了宋代,中国的茶道发生了变化,点茶法成为时尚。"当时贡茶制作地在福建建安,向南宋朝廷的都城,今天的杭州进贡。"

宋代,中国饮茶习俗达到穷极精巧的地步。上至皇帝,下至士大夫,都有关于茶饮的专著。如宋徽宗《大观茶经》、蔡襄的《茶录》、黄儒的《品茶要录》、赵汝砺的《北苑别录》、宋子安的《试茶录》等。这些专著,为茶博馆复原宋代点茶提供了借鉴。

宋代制、饮茶方法在中国渐渐没落,却前后传入日本。茶博馆专家乐素娜说,时至今日,日本还保持着中国宋代时期茶叶加工、品饮的特点。在日本,高级"抹茶"的制作与加工方式与我国宋代时期基本相似。

而日本抹茶的点茶法则传承了中国宋代的龙凤团茶的点茶法。抹茶的"抹"和"末"相通,是上等茶粉的意思。其说法为我国南宋时期的径山通行。日本多名僧人曾于宋时修行于径山,因此,日本茶道至今仍称这种茶粉为"抹茶"。

本报记者 杨晓政

图1.3.160　2011年4月20日《钱江晚报·日本"抹茶"源自宋代》

茶锅（鍑）内用银裹两头的竹笺搅动击拂显现出的。

　　用汤瓶内的沸水冲注碗盏立的茶末（先调成茶膏），用笺搅动击拂就是所谓的点茶。

　　宋代斗茶斗的就是茶汤表面的沫饽，比较沫饽的色泽，较量沫饽咬盏（不消失）的时间谁长，而茶笺就是点茶的重要工具之一。

茶笼得到茶人的公认是宋徽宗《大观茶论》问世之时，徽宗为此总结出了茶笼的制作材料、手柄和笼丝的形态要求。

宋徽宗《大观茶论》曰：茶笼以等箸（筷）竹老者为之，身欲厚重，笼欲疏劲，本欲壮而未必眇（徽），当如剑脊之状。盖身厚重，则操之有力而易于运用。笼疏劲如剑脊，则击拂虽过而浮沫不生。

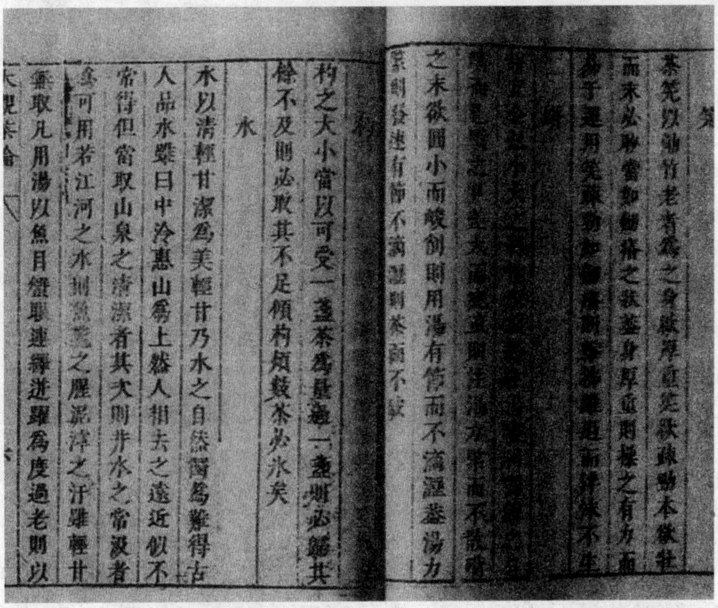

图 1.3.162 至图 1.3.165，是一组展示茶笼的图片。

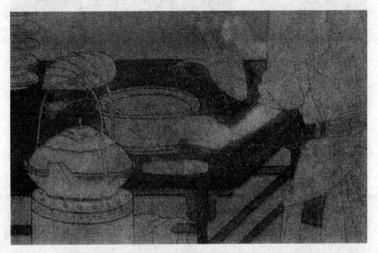

图 1.3.161　刘松年《撵茶图》局部，下为茶笼。

图 1.3.162　宋徽宗《大观茶论》关于笼、瓶、勺、水的论述

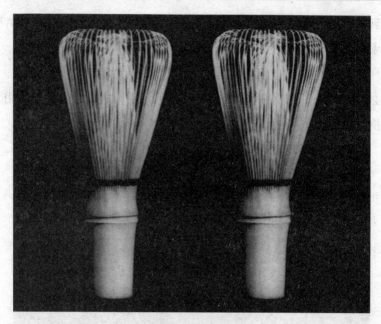

图 1. 3. 163　搅拌器，日本人称为"茶筅"。

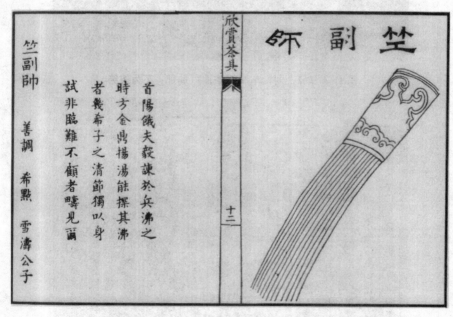

图 1. 3. 164　《茶具图赞》"十二先生"之"竺副帅"，即茶筅。

茶盏

　　宋徽宗《大观茶论》有对茶盏的论述，曰：盏色贵青黑，玉毫条达者为上，取其焕发茶采色也。底必差深而微宽。底深则茶宜立而易以取乳（即斗茶输赢为凭的碗面汤花）；宽则运筅旋彻，不碍击拂。然须度茶之多少，用盏之大小。盏高茶少，则掩蔽茶色；茶多盏小，则受汤不尽。盏惟热（即应盏），则茶发立耐久。

"径山茶宴"使用的茶盏具体可参照第三章陆羽茶文化从径山传播海外。天目茶碗的见证，以及圆尔辨圆带去日本的"箔押朱漆玺天目台"。

图 1.3.165　宋徽宗《大观茶论·盏》

"径山茶宴"人物阶层定位

历代《余杭县志》记载南宋高、孝二宗及显仁皇后驾临径山，杭州太守苏东坡、蔡襄也屡上径山，南宋丞相张浚与径山住持大慧宗杲交往甚深，常率大员上径山谈禅论道；还有历代的径山住持、大德高僧都是可在"径山茶宴"，出现的人物。"径山茶宴"不只是文字论述，是在考证的前提下，再现的活生动的场景，画面。一些古画可用以"径山茶宴"设计参考。见图 1.3.166 至图 1.3.170。

"径山茶宴"与书道、香道

许多典籍记载茶道不是单一的品茗，其背景场景，还应张持字画，也可当场写字绘画。棋道、花道、香道，琴棋书画均可入景。书画上可将无准师范等书法绘画入景。所谓"香道"，并非"径山茶宴"、《禅苑清规》上写的茶院上香，而是以沉香等香料搁置在熏香炉中慢慢焚香。21 世纪杭州出土的茶具中有许多精美的熏香炉残片可以借鉴州劳动路一带已兴起许多馆，也以借鉴。

图 1. 3. 166　宋赵佶《文会图》细部，可以观察到宋代点茶的具体操作和各种茶具。

图 1. 3. 167　十八学士图卷（局部）之备茶国

图 1. 3. 168　十八学士图轴（局部）童子倒茶图

图 1. 3. 169　宋仁宗皇后像、无款

图 1. 3. 170　宋无款春宴图（局部）

径山茶宴之程式

这一节以"径山茶宴原型研究"为主，略做修改。

径山茶宴是中国禅门清规和茶会礼仪结合的典范，其程序与规范在各种版本的宋·宗赜《禅苑清规》中都有长篇阐述。今以《禅苑清规》卷第一之"赴茶汤"节为主线，综合卷第四之"堂头侍者"、卷第五之"堂头煎点""僧堂内煎点""知事头首

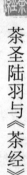

点茶""入室弟子特为堂头煎点""通众煎点烧香法""谢茶"等章节，概括起来大致是：写茶状—张茶榜—击茶鼓—恭请入堂—上香礼佛—煎点茶汤—行盏分茶—烧香敬茶—说偈吃茶—谢茶退堂等十道仪式程序。

写茶状

《百丈丛林清规证义记》大众章五之"方丈特为新挂茶"中有："写茶状，备桌子，笔砚列照堂，请各于名下……写入茶状。"每次茶宴名目不同，邀请人员也不尽相同，先由方丈"写茶状"。

张茶榜

张茶榜就是"茶宴告示"，或"请柬"。《禅苑清规》卷第一之"赴茶汤""院门特为茶汤，礼数殷重，受请之人，不宜慢易。既受请已，须知先赴某处，次赴某处，后赴某处。闻鼓板声，及时先到。明记座位照牌，免致仓遑错乱"。由此可见，当时佛门茶宴礼仪之殷重，而且受请认还必须事先懂得许多"赴宴"之规矩，《百丈丛林清规证义记》节腊章第八之"方丈四节特为首座大众茶"等节也有称"挂点牌"，意思是一样的。

击茶鼓

《禅苑清规》卷第五之"堂头煎点"云："侍者夜参或粥前，禀覆堂头：来日或斋后，合为某人特为煎点。斋前，提举行者准备汤瓶（换水烧汤）。盏橐盘（打洗光洁）、香花、座位、茶药、照牌。煞茶诸事已辨，仔细请客。于所请客，躬身向讯云：堂头斋后特为某人点茶，闻鼓声请赴。问讯而退。礼须矜庄，不得与人戏笑（或特为煎汤，亦于隔夜或斋前禀覆认讫后提举行者准备盏橐煎点，并同前式。请辞云：今晚放参后，堂头特为某人煎汤）。斋罢，侍者先上方丈，照管香炉位次。如汤瓶衮橐辨，行者齐布茶艺（香台只安香炉、香合，茶药、茶盏各安一处）。报覆住持人，然后打茶鼓（若茶未辨而先打鼓，则众人久坐生恼。若库司打鼓诣寮打版，并详此意，不宜太早）。众客集。侍者揖入（方可煞鼓）。"总的意思是说，击鼓前必须把茶宴诸事都准备完妥，然后才能请示击鼓，昭示受请人可以入堂赴宴了。同时强调，击茶鼓要连续地击，直击到受请人都入场了才能停止。

恭请入堂

《禅苑清规》卷第一之"赴茶汤"节有云："如赴堂头茶汤，大众集，侍者问讯请人，随首座依位而立。住持人揖，乃收袈裟，安详就座。弃鞋不得参差，收足不得令椅子作声，正身端坐，不得背靠椅子。袈裟覆膝，坐具垂面前，俨然叉手，朝揖主人。常以偏衫覆衣袖及不得露腕。热即叉手在外，寒即叉手在内。仍以右大指压左衫袖，左第二指压右衫袖。侍者问讯烧香，所以代住持人法事，常宜恭谨待之。安祥取盏橐，两手当胸执之，不得放手近下，亦不得太高。若上下相看一样齐等，则为大妙。当须特为之人，专看主人顾揖，然后揖上下间。"由此可见，受请之人的"赴宴须知"，可谓多也。

上香礼佛

《禅苑清规》卷第六之"通众煎点烧香法"有云："堂中大座煎点，斋前入堂礼请，唯上香一炷，斋后点茶（或临晚问汤）第一翻上香两炷，第二翻上香一炷（堂头、库下、诸寮就本处特为并准此，唯无请礼）。非泛茶汤唯上香一炷。"不难理解，这是佛门必须之规矩。

图 1. 3. 171　《百丈丛林清规证义记》之"赴茶汤"

煎点茶汤

煎点茶汤就是"点茶"，在"茶台子"上进行，技术性特强，关键是要点出"沫饽"，其方法步骤在前节中已有详述。

行盏分茶

茶汤煎点好后，就要用"茶杓"均匀地把茶汤分勺到各位（宾客）的茶盏里。分茶也是一门要求很高的技术活，要分得匀，不能厚此薄彼，特别是要有"沫饽"，而且每一盏茶的"沫饽"都一样才好。

烧香敬茶

《禅苑清规》卷第五之"堂头煎点"云："烧香之法，于香台东望住持人问讯，然后开合上香（两手捧香合起。以右手拈合安左手内。以右手捏香合盖放香台上。右手上香向特为人焚之。却右手盖香合。两手捧安香台上。并须款曲细勿令敲磕或坠地）。更不问讯，但整坐具，叉手行诣特为人前问讯（有处众坐定，侍者先在住持人边立，请坐具及请香，以表殷重之礼。今香台边向住持人问讯，乃表请香之礼意者也）。转身叉手依位立。次请先吃茶，次问讯劝茶，次烧香再请，次药遍请吃药，次又请先吃茶，次又问讯劝茶。"可见茶宴礼数之重，规范之细，归纳起来是要茶（敬茶）过三巡，而且主客之间皆有礼数之讲究。（注：此处"药"，即茶药，一种丸状茶。）

说偈吃茶

如上所述，要茶过三巡后，才开始评品茶之色、香、味，盛赞主人的道德品行，最后才是论佛诵经，说偈（注：一种具有哲理又不明说的佛家诗文或话语）吃茶，谈事叙谊。

与此同时，径山茶宴也是十分注重吃茶文雅的，《禅苑清规》卷第一之"赴茶汤"节有云"吃茶不得吹茶，不得掉盏，不得呼呻作声。取放盏橐，不得敲磕。如先放盏者，盘后安之，以次挨排，不得错乱：右手请茶药擎之，候行遍相揖罢方吃。不得张口掷入，亦不得咬令作声"，可见禅门清规戒律之多。

谢茶退堂

《禅苑清规》卷第一之"赴茶汤"节有云："茶罢离位，安详下足问讯讫，随大众出。特为之人，须当略进前一两步问讯主人，以表谢茶之礼。行须威仪庠序，不得急行大步及拖鞋踏地作声。主人若送，回身问讯，致恭而退，然后次第赴库下及诸寮茶汤。如堂头特为茶汤，受而不赴（如卒然病患，及大小便所逼，即托同赴人说与侍者）。礼当退位。如令出院，尽法无民，住持人亦不宜对众作色嗔怒（寮中客位并诸处特为茶汤，并不得语笑）。"《禅苑清规》卷第六还专有"谢茶"一节云："堂头置食点茶特为罢，如系卑行之人，即时于住持人前大展三拜。如不容，即触礼三拜。如平交

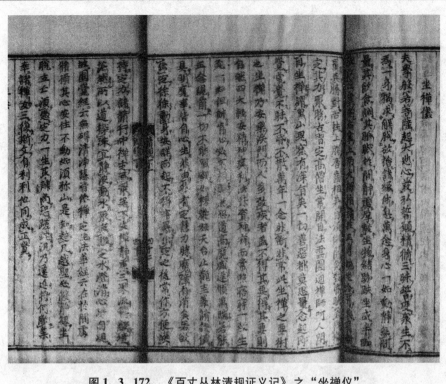

图 1. 3. 172 《百丈丛林清规证义记》之"坐禅仪"

已上，即晚间诣堂头陈谢。词云：此日伏蒙管待，特为煎点，下情无任不胜感激之至。古人云，谢茶不谢食也……拜礼临时，知事、头首特为茶汤，并不须诣寮陈谢。如众中平交特为煎点，须当放参前后诣寮谢之。"把个中言谈举止，以及碰到特殊情况该如何处置，都规定得细之又细。

茶宴的程序听从都监寺安排，有序进行，都监寺则是茶宴的主持人。《知事·都监寺》载：

古规惟设监院，因寺广众多，添都寺以捻庶名。……

茶宴筹办，程序操作也由都监寺一手运作。都监寺以下还有副寺，古规曰"库头"，职掌金钱帛米麦出入，如同财务总监。典座，职掌一切供养，即今之后勤部长。直岁，职掌一切作务，如茶宴用碾磨罗、盏、筅等茶具。副寺、典座、直岁，都是辅助都监寺运作茶宴的高僧。

南宋咸淳甲戌年（1274 年），钱塘吴自牧撰二十卷《梦粱录》。《梦粱录》卷三"皇帝初九日圣节"，记载了南宋"宫廷茶宴"，许多程式与南宋"径山茶宴"也有相同之处。文中有"翰林司"，也称"茶酒司"。是专门筹办宫廷茶宴、御酒宴的班子。余杭真寂寺《百丈丛林清规证义记》的字里行间，也有"径山茶宴"的"茶酒司"之类的班子。其

中华传世藏书

茶 经

茶圣陆羽与《茶经》

二八六

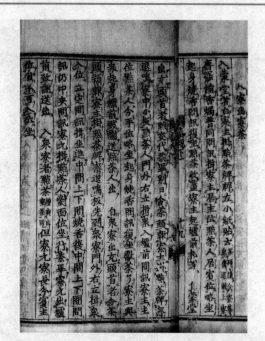

图1.3.173 《百丈丛林清规证义记》之"入寮出寮茶"

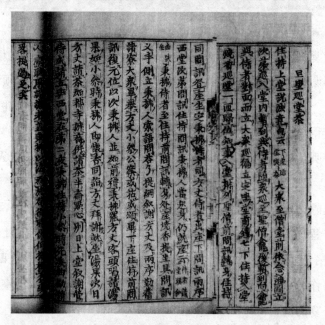

图1.3.174 《百丈丛林清规证义记》之"旦望巡堂茶"

中有"寮元",掌众寮之经文、什物、茶汤、柴炭，……。今茶头，行者门外候众至，鸣板三下，大众归寮。"寮主副寮"，……提调香灯、茶汤……。"净头"……烧汤添水。寮元为首，还有寮主副寮、净头、磨主、水头等应是寺院与茶宴有关的筹办操作班子。

径山茶宴之禅理真谛

本节以"径山茶宴原型研究"为主，校勘修正完善。

茶之性

茶圣陆羽认为茶性"俭"，《茶经》"一之源"中的"为饮，最宜精行俭德之人"之说，是陆羽对茶的特性和茶人品行的高度概括。除此以外，陆羽在《茶经》"七之事"中还列举齐相晏婴（？—前700年）之"以茶为廉"、韦曜（三国）之"以茶代酒"、陆纳（晋）之"茶为素业"、刘琨（270—318年）之"常仰真茶"、左思（约250—305年）之"心为茶荈剧"、张孟阳（西晋）之"芳茶冠六情"、齐武帝萧赜之"以茶为祭"、王肃（464—501年）之"茗不堪与酪为奴"等典故，以进一步加强对茶性的理解和褒扬。

历代文人雅士则多以茶性之"清白"自喻自律，品茶如品人生。这种意境在宋代大文豪苏轼的《叶嘉传》中最为体现，文中苏轼将茶人格化，姓叶名嘉，现略抄数句于下：

"吾（指茶）当为天下英武之精，一枪一旗，岂吾事哉"。这是喻茶芽叶的外形之美，不仅"一枪一旗"秀美超群，而且更有植功种德，等待人去及时采摘的奉献精神。

"臣（茶）山薮猥士，幸为陛下采择至此，可以利生，虽粉身碎骨，臣不辞也"。这是喻茶之只要有利于人的健康，粉身碎骨也心甘的牺牲精神。为什么要"粉身碎骨"呢？这是因为宋时团茶要经过斫、捣、碾、磨、罗等工序，成粉末后才能煎点和供人品尝。

"叶嘉真清白之士也，其气飘然若浮云矣（宋时茶汤以色白和"沫饽咬盏"为贵，故有飘然若浮云之说）……鼓舌欣然……久味之，殊令人爱……不觉洒然而醒……不可一日无也……风味德馨，为世所贵……正色苦谏，竭力许国，不为身计"。这是赞茶色、香、味之内质美，以及甘于奉献，不求回报的高尚品德。

以上所述，虽多为我国儒家文化之意涵，但后来就逐渐被中国化后的佛教——禅宗所融合，并使禅宗佛教进一步被中国的伦理道德所接受。

佛门之"茶禅一味"

在佛教界，"茶禅一味"一直是一个很玄的哲学命题。个中原因，从现有资料分析，主要有三：

首先是因茶有助于"坐禅"入定。《禅苑清规》卷第八之"坐禅仪"云："夫禅定一门最为急务，若不安禅静虑，到这里总须茫然。所以探珠宜静浪，动水取应难。定水澄清，心珠自现，故《圆觉经》云：无碍清净慧，皆依禅定生。《法华经》云：在于闲处，修摄其心，安住不动，如须弥山。是知超凡越圣，必假静缘；坐脱立亡，须凭定力。一生取辨，尚恐蹉跎，况乃迁延，将何敌业？故古人云：若无定力，甘伏死门，掩目空归，宛然流浪。"

综上云云，总之一句话，"禅定"是参禅之大要，若无定力，还参什么禅呢？而茶之真味也是要定下心来用心去品的，与参禅有异曲同工之妙，并可以消除坐禅带来的疲劳，提神醒脑，排除杂念，进入"禅定"境界。所以，唐代刘贞亮（？—813年）曾概括茶有十德："以茶散郁气；以茶驱睡气；以茶养生气；以茶除病气；以茶利礼仁；以茶表敬意；以茶尝滋味；以茶养身体；以茶可行道；以茶可雅志。"

其次是出于"吃茶去"这一禅门公案。说的是唐朝有两位僧人从远方来到赵州，向赵州禅师请教什么是禅。

赵州禅师问其中的一个僧人："你以前来过吗？"

那个僧人回答："没有来过。"

赵州禅师说："吃茶去！"

赵州禅师转向另一个僧人问："你来过吗？"

这个僧人说："我曾经来过。"

赵州禅师说："吃茶去！"

这时引领那两位僧人到赵州禅师身边来的监院好奇地问："禅师，怎么来过的你让他吃茶去，未曾来过的你也让吃茶去呢？"

赵州禅师说："吃茶去！"

一句"吃茶去"，实质是代表着赵州禅师的禅心，是说悟禅在于体验和实证，语言表达无法与体验相比，和吃茶一样，是冷是暖，是苦是甜，都要靠自身去体验。禅的滋味，别人说出的，终究不是自己的体悟。所以，万语与千言，不如"吃茶去"三个字。

赵州禅师"吃茶去"的公案，开启了"茶禅一味"之先河。从此，"茶禅一味"之道逐渐深深融入中国乃至东南亚各国人民的日常生活中，至今在韩国、日本等国家的一些茶馆里，大多乐意悬挂"吃茶去"的书法，和供奉赵州禅师的画像。所以，赵朴初曾有诗云：

七碗爱至味，一壶得真趣。

空持百千偈，不如吃茶去。

就是说：如果你是引经据典获得的口头禅，还不如回观心性，对照修持，自得自悟。就和吃茶一样，茶中的真味不是靠说出来写出来的，而是要靠一次次地品味、体验出来的，是要在人闲、心灵、思飞的意境中品啜出来的。短短四句诗，就把茶理升华至佛理，道出了茶助禅，禅助茶，相辅相成，"茶禅一味"之真谛，实乃令人寻味。

最后，茶道界还盛传"茶禅一味"还与禅门巨匠圆悟克勤（1063—1135 年），及其弟子——中兴径山的大慧宗杲（1089—1163 年）有关。据说，被后世称为日本茶道"开山之祖"的村田珠光（1423—1502 年），30 岁的时候投靠禅宗一休宗纯。一休将自己珍藏的圆悟禅师墨迹《许可状》传给了珠光。珠光将其挂在自家茶室外的壁龛上，终日仰怀禅意，专心"点茶"，终于悟出"佛法存于茶汤"之理，进入"茶禅一味"境界。从此，茶与禅之间就成立了正式的法嗣关系，而圆悟克勤就成了"茶禅一味"法语形成的一个关键性人物，继承其法的弟子大慧宗杲与"茶禅一味"法语也有了联系。尽管《许可状》中并无"茶禅一味"之语，但自古以来圆悟克勤都被日本茶道界视为禅僧书迹之首和"茶禅一味"的创始人。

与此一致的是，径山寺是禅门临济正宗的祖庭，并一直秉承"茶禅一味"之风，所以，当你一进径山寺大雄宝殿，就会看见由浙江省诗词学会会长、著名茶诗人戴盟先生所书的一幅长联，此联笔力苍劲，对仗工整，联曰：

苦海驾慈航　听暮鼓晨钟　西土东瀛同登彼岸

紫灯悬宝座　悟心经慧典　禅机茶道共味真谛

把中国与日本、禅机与茶道、禅宗的终极目标与茶道的禅理真谛，都高度概括了。

径山茶宴之真谛——和敬清寂

众所周知，"和敬清寂"是日本茶道四规，据安徽农业大学丁以寿教授考证，这四字真谛其实也是从中国径山传去的。现将丁以寿教授《日本茶道草创与中日禅宗流派关系》一文中相关部分原文摘录如下：

"据日本的西部文净在其《禅与茶》一书中考证，在南浦绍明带回的七部茶典中有一部刘元甫作的《茶堂清规》，其中的《茶道轨章》《四谛义章》两部分被后世抄录为《茶道经》。从《茶道经》中知，刘元甫乃杨岐派二祖白云守端的弟子，与湖北黄梅五祖山法演（杨岐三祖）为同门。他以成都大慈寺的茶礼为基础，在五祖山开设茶禅道场，名为松涛庵，并确立了'和、敬、清、寂'的茶道宗旨"（吴茂棋注：与日本《本朝高僧传》记载相互对照，《茶堂清规》应该就是《茶道清规》）。

由此可见，南宋径山茶宴之真谛也是"和敬清寂"，而且是中国禅宗茶道之原创。

除此以外，"和敬清寂"原本就是佛教禅宗的基本精神，其中"和敬"出自《华严经·六和敬章》："六和敬者，谓身业口业意业同戒同见同学，同亦名同利，戒见利既同，身口业复悉同，无有乖诤故名和敬。"具体解释为：①身和敬——身和同住；②口和敬——口和无诤；③意和敬——意和同事；④戒和敬——戒和同修；⑤见和敬——见和同解；⑥利和敬——利和同均。至于"清"和"寂"那更是佛门中的一种至高境界，所以就更不必说了。所以，20世纪80年代，我国茶界泰斗庄晚芳先生曾有诗赞曰：

径山茶宴渡东洋，和敬清寂道德扬。

古迹创新景色异，一杯四美八仙仰。

图1.3.175 戴盟先生为径山寺大雄宝殿撰写之对联

结论与观点

南宋时的径山茶宴是南宋的国家级的茶禅演示。

南宋径山茶宴用茶是抹茶，这种抹茶是由蒸青团茶或散茶研磨而成，其冲泡方法叫"点茶"，茶汤以白为贵，尤重"沫饽"咬盏而久。抹茶源自陆羽《茶经》。径山是近现代蒸青茶，也即抹茶的发源地。

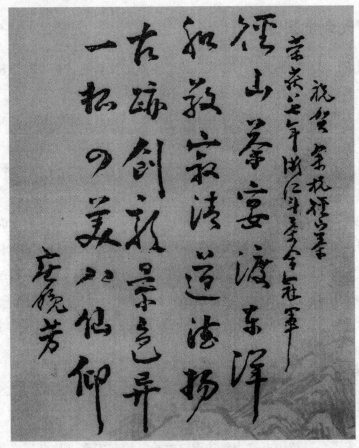

图 1. 3. 176　中国茶界泰斗庄晚芳先生诗赞径山茶宴

南宋时径山茶宴最重要的特色茶具为茶碾、茶磨、茶臼、茶筅、茶盏、茶托，均与径山有关、与余杭有关，应予展示。

南宋时径山茶宴之程序主要有：写茶状、张茶榜、击茶鼓、恭请入堂、上香礼佛、煎点茶汤、行盏分茶、烧香敬茶、说偈吃茶和谢茶退堂等。

径山茶宴之真谛是"和敬清寂"，而且是径山原创的。

研究茶宴的基础书籍，一部为现藏于日本的南宋嘉泰二年（1202 年）《禅苑清规》，是圆尔辨圆于南宋淳祐元年（1241 年）从径山请去日本的。另一部为清同治十年（1871 年）余杭真寂寺伂持芯苈仪润禅寺传承的。现存研究茶宴的两部典籍均源自余杭。

以上，都于南宋时期，由留学径山的日僧传到日本，后发展成"日本茶道"。其中最为关键的人物是师从径山无准师范禅师的圆尔辨圆，以及师从径山虚堂智愚禅师的南浦昭明。

三、历代余杭茶诗

唐宋元明清，余杭种种典籍、篇篇古诗，屡屡提及陆羽《茶经》余杭汲泉品茗之道，其他地方典籍极少刊登，彰显余杭乃陆羽《茶经》故里也。

乾道《临安志》载：临平镇，端拱元年（988年）置，隶仁和县。乾隆《杭州府志》载：临平镇，端拱元年置，在仁和县东五十七里。《梦粱录》载：临平、汤村诸镇市，因南渡以来，杭为行都二百余年，户口蕃盛，商贾买卖者十倍于昔，往来辐辏，非他郡比也。

北宋太宗端拱元年（988年）始置临平镇。迄今已一千余年。北宋时期，经济总量为唐代十倍。经济发达，市场繁荣，茶事兴旺也。《宋会要》载，北宋初年至苏东坡任杭州通判熙宁年间的一百多年间，杭州商税超过南京、苏州总和，超过广州，超过开封，始终为神州第一位。杭州人口也超过南京、苏州，号称"东南第一州"。临平作为杭州东大门，南宋定都临安府（今杭州），临平镇户口繁盛，商贾买卖十倍于昔，往来辐辏，非他郡比也。

种种典籍记录了唐代以降临平茶事。

（一）陆羽好友临平茶诗

苏东坡《安平泉》诗中有"当年陆羽空收拾，遗却安平一片泉"之句，或许会有人要问，陆羽到底有没有到过临平，到过临平有没有到过安隐寺，汲安平泉水品饮佳茗。

沈谦纂修之清《临平记》曰：按安隐寺在唐宣宗（847—859年）时名"永兴院"，吴越时名"安平院"，至宋治平二年（1065年），始赐今名耳。

沈谦的考证，说明唐宣宗时代安隐寺已有，时称"永兴院"，但没有永兴院始建于何时的记载。为慎重起见，我们可以认为陆羽逝世时（804年），尚无永兴院（安隐寺）。但寺未建，并不等于溪水长流的安平泉不存在，故苏东坡写下"当年陆羽空收拾，遗却安平一片泉"。如果陆羽到过临平，虽寺院未建，到处访茶品泉的陆羽，也应寻访到它，记下"安平泉"。苏东坡的立意是可以成立的，苏东坡的诗没有错。因此，陆羽可能到过临平，即使其时尚无安隐寺，也可能到过安平泉。泉虽有，但并不一定称"安平泉"。

唐代的大量典籍旁证，却可证实陆羽应到过临平。理由一是史载，陆羽五六次莅临杭州，也到过苏州、无锡。陆羽好友皎然《同李司直纵题武丘寺兼留诸公与陆羽之无锡》诗曰：

陵寝成香阜，禅杖出白杨。

剑池留故事，月树即他方。

应世缘须别，栖心趣不忘。

还将陆居士，晨发泛归航。

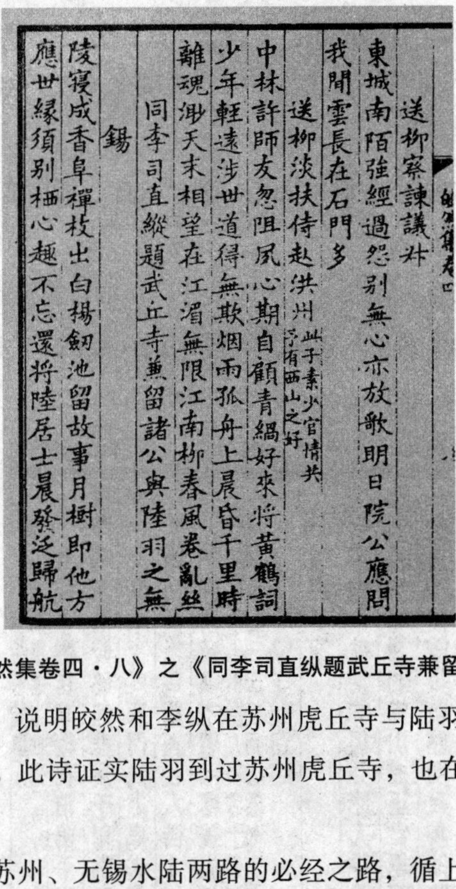

图 1. 3. 177　《皎然集卷四·八》之《同李司直纵题武丘寺兼留诸公与陆羽之无锡》

此诗的诗题和诗句，说明皎然和李纵在苏州虎丘寺与陆羽等名士相聚，第二天一早，陆羽还将返回无锡。此诗证实陆羽到过苏州虎丘寺，也在无锡居住。武丘寺，即虎丘寺，唐人避讳改。

临平是唐代杭州去苏州、无锡水陆两路的必经之路，循上塘河从杭州至苏州、无锡犹如今天的高速铁路、高速公路，当为出行之首选。《临平记》记载下陆羽好友皎然、权德舆、顾况、皇甫冉等人，从运河往返于上塘河，留下的诗篇，记载了他们往返于杭州、苏州、无锡间，途经临平的行迹。

《临平记》载有唐人皎然、张祐、权德舆、皇甫冉、韦应物从水路抵临平时写下的诗篇。

释皎然，谢灵运十世孙，吴兴人。诗才俊法，卓有祖风。其《自义亭驿送李纵夜泊临平东湖》，曰：

长亭宾驭散，岐路起悲风。千里勤王事，驱车明月中。寒生洞庭水，夜度塞门鸿。处处堪伤别，归来山更空。

张祐，南阳人。以处土侨居丹阳。其《过临平湖》诗，曰：

三月平湖草欲齐，绿杨分影入长堤。田家起处乌犹吠，酒客醒时谢豹啼。山槛正当莲叶渚，水塍新筑稻秧畦。人间漫说多歧路，咫尺神仙路欲迷。

权德舆，天水略阳人，官至宰相，字载之。权德舆《临平湖夜泛》诗，曰：

素彩皓通津，孤舟入青旷。已爱隔帘看，还宜卷帘望。隔帘卷帘当此时，惆怅思君君不知。

《临平记补遗》载顾况《临平坞专题》诗十四首，其中有“焙茶坞”诗作，真实地记载唐代临平焙茶情景。

《临平记再续》还载有一首顾况《访邱员外丹》的诗篇。诗曰：

五月五日日亭午，独自骑驴入山坞。来到君家不见君，下驴倚杖叩君户。惊起山童开山扉，黄犬摇尾衔人衣。试问先生往何处？云入山中采紫薇。平明一去今未归，引我池中看钓矶。池中数个白鸥儿，见人惯后痴不飞。待君归来君未归，却复骑驴下翠微。

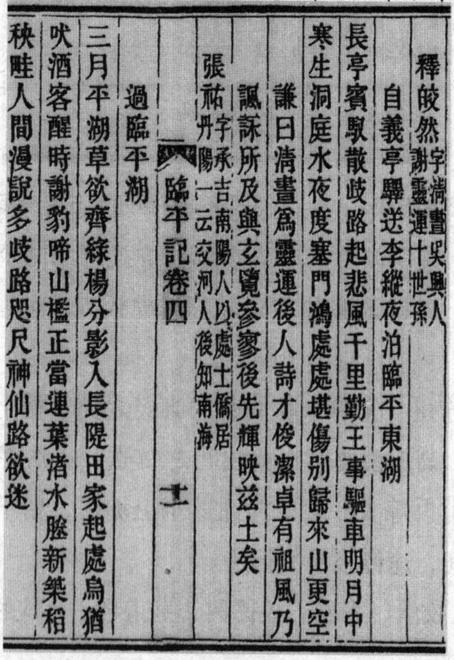
釋皎然 字清晝吳興人 謝靈運十世孫
自義亭驛送李縱夜泊臨平東湖
長亭賓馭散歧路起悲風千里勤王事驅車明月中
寒生洞庭水夜度塞門鴻處處堪傷别歸來山更空
謙曰清晝爲靈運後人詩才俊潔卓有祖風乃
諷詠所及與玄覽參寥後先輝映兹土矣
張祜 字承吉南陽人以處士僑居丹陽一云交河人後知南海
臨平記卷四 十一
過臨平湖
三月平湖草欲齊綠楊分影入長隄田家起處烏猶
吠酒客醒時謝豹啼山檻正當蓮葉渚水塍新築稻
秧畦人間漫説多歧路咫尺神仙路欲迷

图 1. 3. 178 《临平记》之释皎然《自义亭驿送李纵夜泊临平东湖》、张祐过《过临平湖》

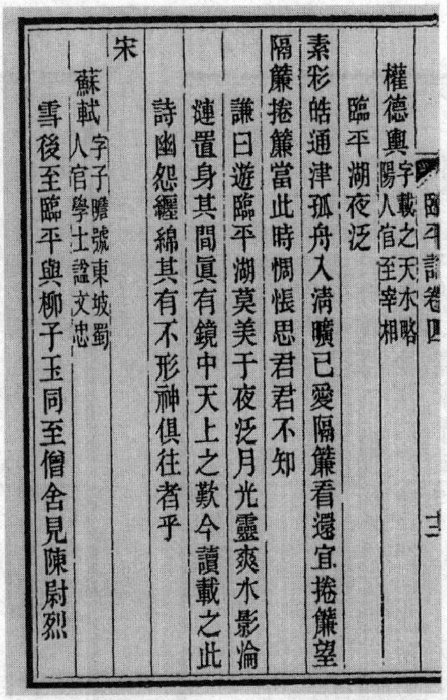
臨平詩卷四

權德輿 字載之天水略陽人官至宰相

臨平湖夜泛

素彩皓通津孤舟入清曠已愛隔簾看還宜捲簾望

隔簾捲簾當此時惆悵思君君不知

謙曰遊臨平湖莫美于夜泛月光靈爽水影淪

漣置身其間眞有鏡中天上之歎今讀載之此

詩幽怨纏綿其有不形神俱往者乎

宋

蘇軾 字子瞻號東坡蜀人官學士諡文忠

雪後至臨平與柳子玉同至僧舍見陳尉烈

图 1. 3. 179 《临平记》之权德舆《临平湖夜泛》

顾况访邱丹，邱丹外出均骑驴而行，当年崔国辅送陆羽白驴，骑驴寻茶问泉，骑驴可能也是陆羽出行的一种选择。童开竹扉，黄犬摇尾，池中欢鱼、白鸥，描绘了唐代临平一幅怡静的乡村画面，俞樾在品评《临平记补遗》这首诗时称，沈《记》失录此诗，此诗见宋陈郁《藏一话腴》。

皇甫冉，字茂政，丹阳人。官右补阙。其《临平道中赠同舟人》诗曰：远山谁辨江南北，长路空随树浅深。流荡飘飘此何极？惟应行客共知心。陆羽好友皇甫冉，也乘舟过临平。

韦应物，京兆人。官左司郎中、苏州刺史。其《送邱员外还临平山居》诗，曰：

长栖白云表，暂访高斋宿。迁辞郡邑喧，归泛松江绿。结茅隐苍岭，伐薪响深谷。同是山中人，不知往来躅。灵芝非庭草，辽鹤委池鹜。终当署里门，一表高阳族。

《临平记》中有对多首涉及邱员外的诗作。崔峒，官补阙。其《送邱二十二之苏州》诗，曰：积水与寒烟，嘉禾路几千。孤猿啼海岛，群雁起湖田。曾寄长沙什，尝闻大雅篇。却将封事去，知尔爱闲眠。

《临平记》撰修者沈谦曰：邱丹虽列隐沦，实多文誉，其所友善者，有韦应物、李端、刘长乡、顾况、秦系、皎然、严维、鲍防、谢良辅、贾介、范灯、沈仲昌、杜奕、

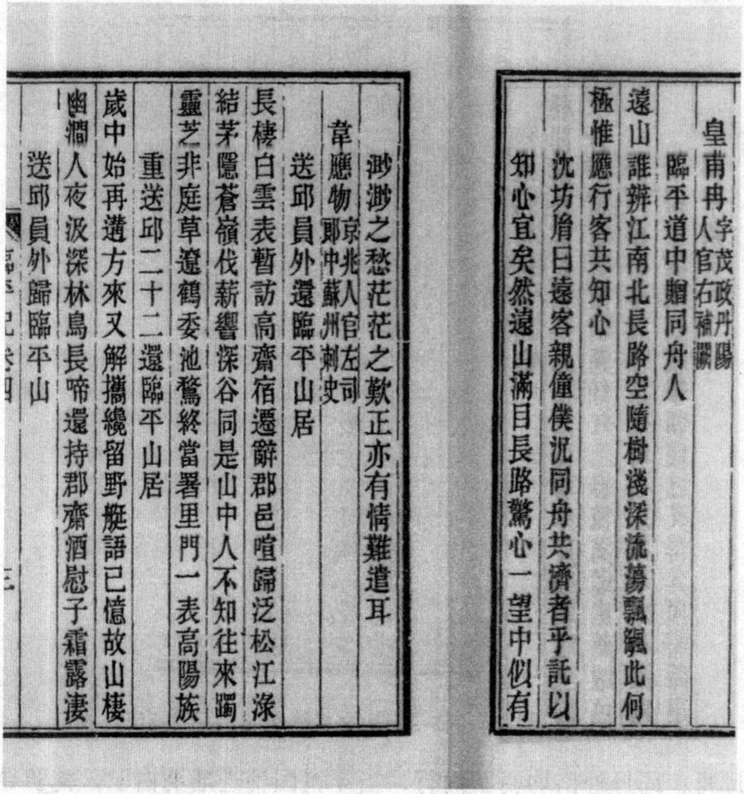

皇甫冉字茂政丹陽人官右補闕

臨平道中贈同舟人

遠山誰辨江南北長路空隨樹淺深流蕩飄颻此何
極惟應行客共知心
沈坊脅日遠客親僮僕況同舟共濟者平託以
知心宜矣然遠山滿目長路驚心一望中似有

渺渺之愁茫茫之歎正亦有情難遣耳

韋應物鄗中蘇州刺史

送邱員外還臨平山居

長樓白雲表暫訪高齋宿遷辭郡邑喧歸泛松江淥
結茅隱蒼嶺伐薪響深谷同是山中人不知往來躅
靈芝非庭草遙鶴委池鶩終當署里門一表高陽族

重送邱二十二還臨平山居

歲中始再遘方來又解攜繞留野艇語已憶故山樓
幽澗人夜汲深林鳥長啼還持郡齋酒慰子霜露凄

送邱員外歸臨平山

图 1.3.180 《临平记》之皇甫冉《临平道中赠同舟人》、韦应物《送邱员外还临平山居》

李清、刘蕃、郑概、陈元初、樊珣、吕渭、范卷、吴筠及峒，俱一时之彦，相与酬唱，流声至今，过于簪组之荣远矣。

《临平记》引《唐诗记事》，邱员外，即邱丹，临平人。《临平记》纂修者沈谦的编者按语所列与邱丹友善者，都有诗文往来，也即浙西大联唱的人士，其中有陆羽。

根据皎然的诗题，以及《吴郡志》《全唐文·陆羽游慧山寺记》，陆羽到过苏州、无锡，按陆羽好友皎然、权德舆、顾况、皇甫冉、韦应物来往于杭州、苏州、无锡的行迹，可以推断，陆羽到杭州五六次，又去苏州、无锡、丹阳、扬州多次，应和其好友的行迹一样，到过临平，也品饮过唐代可能还未命名的"安平泉"。

诸君可能不会想到以颜真卿牵头，陆羽、皎然有五六十人参与的湖州浙西大联唱，也有权德舆、李纵、皇甫冉、韦应物以及邱丹诸人，那轰轰烈烈的文化盛事闭幕已千年，但而今临平的"邱山""邱山大街"仍在，这却是以陆羽好友邱丹命名而传承的。

（二）安平泉共鸣

北宋杭州太守苏东坡游览临平安平泉，吟诗传世。这是苏轼三度上径山，熟知陆羽在余杭陆羽泉著《茶经》三卷，有感而吟，也引来无数后代文人墨客的共鸣，其中有声名显赫的朱熹、陆游，游安隐寺，品安平泉之余，体味苏轼诗作，写下诸多诗篇，共鸣苏轼"当年陆羽空收拾，遗却安平一片泉"，为其他地方志少见。

图1. 3. 181　《临平记附录》之孙颖枝《安平泉》

《临平记·临平三十咏》首为仁和人孙颖枝。《安平泉》诗，曰：

在镇西二里安隐寺前，宋苏轼有诗。其东为檀泉，又东为孟姜泉。

礼佛遵幽径，寻僧探古源。水花交夜静，山雨入秋喧。浩影澄双树，流光布独园。一泓堪洗耳，终日听潺湲。

孙颖枝先生是看到苏轼诗有感而发写下《安平泉》诗的，《临平记再续》载苏轼《寄汤村水陆寺清顺禅师》诗，曰：

草没河堤雨暗村，寺藏修竹不知门。拾薪煮药怜僧病，扫地烧茶净客魂。农事未休侵小雪，佛灯初上报黄昏。年来渐识闲居味，思与高人对榻论。

茶能净心。"思与高人对榻论"，想必和高僧喝茶论道，佛灯初上直至通宵达旦。僧俗品茗说禅，味道十足。

尹廷高，字仲明。元代，浙江遂昌人。著《王井樵唱正绩稿》。《临平记再续》载其《题大慈寺僧房》诗，曰：

老禅相见具袈裟，旋汲新泉自煮茶。

笑问世间春几许，东风开遍碧岩花。

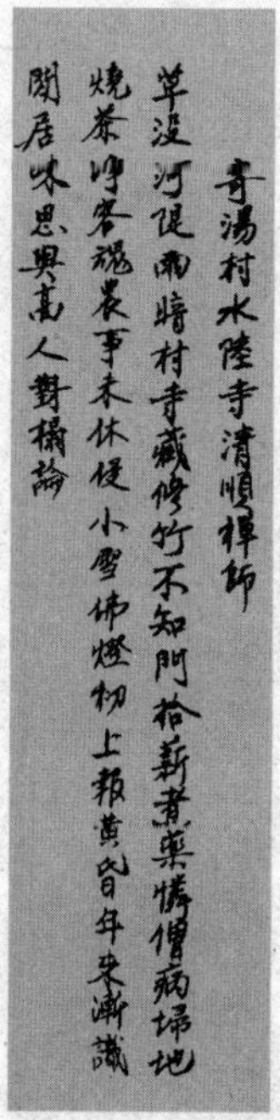

图 1.3.182 《临平记再续》之苏轼《寄汤村水陆寺清顺禅师》

尹廷高的诗作，题为《题大慈寺僧房》，说的是禅院的事情。诗开头二句"老禅相见具袈裟，旋汲新泉自煮茶。"身着袈裟的老僧们相见，首要的事是汲泉煮茶。一切免谈，"吃茶去"，禅茶一味也。元代还是以饼茶（团茶）为主流，所以用了"煮茶"二字。后二句"笑问世间春几许，东风开遍碧岩花"。高僧相见，抛弃世间尘俗，品茗说禅间，冷看人世间，就像僧房外满山遍野开放的鲜花。

丁养浩，字西轩，仁和人，成化丁未年（1487年）进士。官云南布政使。有《效唐集》。《临平记补遗》载其《游临平山》，曰：

一声山鸟催人起，几处佳宾作队行。

直上山头瞻北阙，更于天际问苍瀛。

云拖宿雨孤峰暝，柳挟青烟两岸清。

欲共坡仙吹玉笛，还从陆羽问安平。

丁善浩的诗作，描绘了明代临平山佳宾作队，柳挟崖清，如同丁善浩这样的朝廷命官络绎登山的景象。游了临平山，少不得要瞻仰苏东坡题诗的安平泉，而"还从陆羽问安平"，则赞同苏轼的诗句，认为安平泉的名气大，源头在"还从陆羽问安平"，

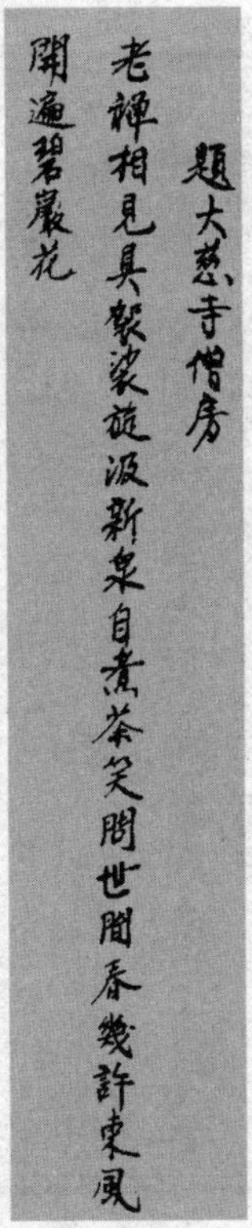

图 1. 3. 183　《临平记再续》之尹廷高《题大慈寺僧房》

著《茶经》的茶圣陆羽到过安平泉，却没有把安平泉写入《茶经》。

卓明卿，字徵父，仁和人，官光禄寺珍馐署正。有《卓光禄集》。《临平记补遗》载其《游安平泉》诗，曰：

结契忻兹游，寻山惬夙慕。拔棹溯洄溪，拄策纵遐步。沿径入窅窕，忽见石幢路。泉当废寺门，猱饮元灵露。寥寥异代流，脉脉空岩赴。爽气临清秋，凉飔发高树。寒螀吟荒壁，乱筱荇回互。畴昔作者谁，欷歔黯四顾。余生本靡营，触目辄成趣。白日既不停，金丹信多误。禽尚性所惬，元谈托衷素。愿言还故区，去来了无住。

卓明卿为塘栖卓氏望族。熟读典籍，仰慕苏东坡而游安平泉。清代安平泉已是"泉当废寺门"，安隐寺荒院空岩，安平泉已在寺门外，但还是有诸多名人慕名造访，写下诗篇。

《临平记补遗》载：卓明卿瞻礼安平院宝幢石刻《陀罗尼经》。卓明卿《光禄集·安平泉记》：安平泉，在临平山麓安平院之前院，自齐、梁间创舍利宝幢，高揭云表，上勒《陀罗尼经》一藏，翩翩右军书法。幢上悉纪唐大中十四年，迄宋元祐、绍兴，诸人重建。本始祝延，字画逼真欧、虞，即雨蚀藓侵，尚手磨可读。东坡苏公来守杭

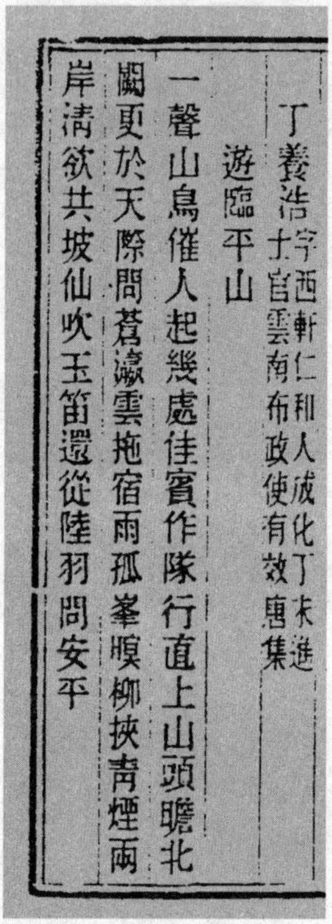

丁養浩字西軒仁和人成化丁未進士官雲南布政使有惠集

遊臨平山

一聲山鳥催人起幾處佳賓作隊行直上山頭瞻北

闌更於天際問蒼涼雲拖宿雨孤峯暝柳挾青煙兩

岸清欲共坡仙吹玉笛還從陸羽問安平

图1. 3. 184　《临平记补遗》之丁养浩《游临平山》

州，过斯泉，勺而咨曰：“甘哉！岂陆羽遗之耶？”题诗院中。国初，白刺史爱厥墨迹，以赝书易去，院僧珍藏弗知也。余髫弱诵苏公诗，知有此泉，尝梦寐其间，以近忽之。乃今来上泉，上泉湮蔓，惟淡烟孤云相容与耳。嗟夫！方壶、蓬岛探奇，上慕之不可即也。至若寰中名胜，按籍可考，复艰遍历。兹泉僻在一隅，苏公临赏，垂三百余禩罔遇，余实嗣焉。高人幽讨不世觏，可慨已。漫踵韵构亭浚源，集所谓东坡遗笔，锲诸贞珉，苏公与泉映照。千古哉！

卓明卿《光禄集·安平泉记》一文中：东坡苏公来守杭州，过斯泉，勺而咨曰“甘哉！岂陆羽遗之耶？”再一次对苏轼“当年陆羽空收拾，遗却安平一片泉”发出共鸣。接下的一段，“余髫弱诵苏公诗，知有此泉。尝梦寐其间。以近忽之”说的是作为临平本地人的名门望族，梳着下垂头发的童年时代，诵读苏东坡《安平泉》诗时，就知道有安平泉。梦境中都见到东坡笔下的安平泉，就近触摸古代石刻。这一段临平名人笔下回忆垂髫孩童对安平泉的热恋，展现了东坡《安平泉》及陆羽在临平人心中的地位。

《临平记补遗》载杨咏嘉以安平泉与沈谦诗，为东江二绝。《东江集钞·与杨咏嘉书》：足下以安平泉及去矜之诗，为东江二绝。嗟乎！仆诗何足当此泉哉？水味甘香胜乳，故里人嗜之。吾所作诗，皆辛且苦，宜世之挢舌而摇手也。足下入国问禁，酌其泉可矣。

大昌曰：曹师鲁称为曹晏婴，具见沈《记》。然则东江二绝，洵亦足以脍炙人口也矣。

《东江集钞·与杨咏嘉书》：足下以安平泉及去矜之诗，为东江二绝。去矜，即《临平记》的作者沈谦，沈谦著有《东江集钞》。临平名士杨咏嘉以临平安平泉和著名临平地方志《临平记》相提并论，贵为二绝，彰显安平泉在临平有识之士心中的地位。

许瑶光，字雪门，善化人。道光己酉（1849 年）优贡，官嘉兴知府。著《雪门诗草》。《临平记再续》载其《舟泊临平汲安平泉煮茶》诗，曰：

泉在安隐寺之前，寺有经幢，杭人呼为宝幢泉。东坡有诗云："凿开海眼知何代，种出菱花不记年。"尚列出门忆昔绾绶仁和年，杭州初次经烽烟。大官怕饮西湖水，（防有沉骸）向我索取宝幢泉。嘉禾崇德已连陷，长安镇上罢市廛。将军严守九城钥，艮山启闭多周璇。买舟出城五十里，三千六百青铜钱。可怜满载百斛水，不敷一日厨灶煎。材官浣衣仆濯足，烹茶转竭招尤怨。在山本清出山浊，廉泉竟与贪泉连。我思武林出天目，龙井虎跑饶清涟。胡为山灵不克保疆宇，封蛇毒虺腥风延。三竺六桥竟无一片干净土，坐使权豪杯水之嗜亦变迁。我时供张为人苦，十四年来犹梦牵。今日维舟汲泉饮，山门诗石瞻坡仙。菱花海眼净尘态，老树间云续旧缘。楼台胜国已灰烬（寺重建于崇祯年），文章北宋犹流传。古鼎虬蟠草莱里，残碑龟负颓垣边。世间万事有兴废，唯有泉石长清妍。山僧破屋强客坐，新秋岩翠飘吟肩。不须怀古更感旧，归时呼童将火燃。一瓯冰雪涤残暑，沧江坐对晚霞天。

许瑶光的诗作，应是 1865 年太平军退离临平后写下的，这首诗为我们记述了一段鲜为人知的史实。

"忆昔绾绶仁和年，杭州初次经烽烟"指的是 1861 年太平军首度围攻杭城。"大官怕饮西湖水，（防有沉骸）向我索取宝幢泉"，杭城内大官不敢饮西湖水，因为西湖中常有投湖自尽之人，沉骸颇多，难以入口。要官居嘉兴知府的许瑶光提供临平宝幢泉水，也即安平泉水。其时，嘉兴、崇德已被太平军占领，海宁长安镇已无集市。杭州九城严守，只有艮山门时有启闭。以钱雇舟沿上塘河去五十里路外的临平山，以三千六百青铜钱，只买到可怜的"百斛水"。一枚青铜钱，即一文钱。一千文为一贯。三千六百文，平时几乎可买一处房产。斛，为计量单位。十斗为一斛。一船水"不敷一日厨灶煎"，高官还可浣衣，仆人尚能洗脚。烹水品茗已至枯竭，围城之时，高级享受也。想不到，清澈的宝幢泉水，运出山后竟染上俗（浊）气。大难当头，"廉"与"贪"竟与宝幢（安平）泉水连在了一起。

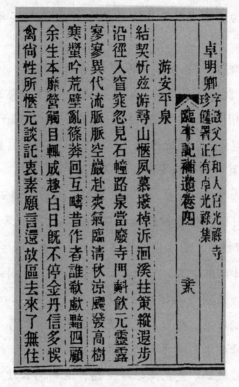

图1.3.185 《临平记补遗》之卓明卿《游安平泉》

太平军撤离浙江，浙杭慢慢恢复太平，许瑶光舟泊临平，"今日维舟汲泉饮，山门诗石瞻坡仙"，系舟上山汲泉品茗，抬头望见山门苏轼"安平泉"诗作，瞻仰之余，不由忆起苏东坡"文章北宋犹流传"之句，写的是"陆羽当年空收拾，遗却安平一片泉"。

诗的末尾，又回到现实，"不须怀古更感旧，归时呼童将火燃。一瓯冰雪涤残暑，沧江坐对晚霞天"。

登山一天，怀古忆坡仙，感慨万千。回到舟上，虽已不触景生情，但旧事连连忆上脑海。呼唤伴童将灶火烧旺烹茶品茗，杯杯佳茶犹如冰雪，一扫残剩的暑气。此时，上塘河、临平湖，晚霞映照河湖千顷琉璃，江山多美好。

吴俊琪，字半耕，仁和人。居翁埠。著有《至乐斋诗钞》。《临平记再续》载其《安隐寺题壁》诗，曰：

春深泉绿柔，舣棹探幽景。荒凉劫火余，兰若未休整。到寺风萧萧，庭空粥鱼静。……读碑扪古苔，汲水试新茗。禅塌坐移时，夕阳照峰顶。……

诗题《安隐寺题壁》，即是读了刻在石壁上苏东坡《安平泉》诗，而写下的诗作。诗中"汲泉试新茗"，当然也是实地品味泉水佳茗，怀念东坡先生、陆羽茶圣。"荒凉劫火余"，应也是太平军撤退后写下的。

吴俊琪《游邱山》诗，曰：

叙梓藕花洲，言游景星观。……悠悠云外心，吊古发长叹。

临平山之麓，有泉长不枯。孤壑湛寒碧，水底金泥铺。肥翠浸石发，瘦红濯花跗。疑有骊龙睡，灵珠随嗡呼。其声滴玉滴，其色映冰壶。掬处冷似雪，漱时甘于酥。何当分一担（俗呼一担泉），省舌煎竹炉。味与安平同，题诗效髯苏。

吴俊琪的《游邱山》，汲邱山一担泉，"味与安平同，题诗效髯苏"，更是直截了当说邱山一担泉也不比安平泉差，效仿苏东坡写下赞美邱山一担泉的诗作。

金志章，字绘卣，钱唐人。著《江声草堂诗集》。《临平记再续》载其《安隐寺》诗，曰：

初地云岚隐，香门竹翠交。磐闲僧入定，松老鹤归巢。好句书留壁，名泉酌用匏。到来尘虑净，浑效谢喧呶。

金志章为钱塘名士，也学苏东坡写诗留壁，汲名泉品佳茶。赞美安平泉"名泉酌用匏"，文中"匏"，是指葫芦制成的瓢，用来汲取泉水。

明嘉靖二年（1523年）三月，里人丁养浩游临平山。丁养浩《效唐集诗序》，文中有：嘉靖癸未年（1523年）三月下澣，偕子婿沈廷信、兄子公祚、儿男之乔，同游临平邱山，至晚舣舟北庙，信步入明因寺，询其建置之由。遂遵官塘谒曹将军祠，由山路至安隐寺，观坡公板刻。已乃爽斗安平泉瀹茗而饮之。

1523年，里人丁善浩游临平山安隐寺，观苏东坡诗，汲安平泉瀹茗品饮。

周元瑞，字紫筠，别号澹斋。光绪丙子年（1876年）科举人。著有《三莲堂诗钞》八卷。

《临平记再续》载其《偕高筱珊自夕照庵至许庄观红叶，遂游安平泉》诗，曰：

青山寒彻骨，浓艳补霜枫。路窄妨游屐，峰回露绮丛。晴霞秋树里，人影夕阳中。待试安平水，寻幽曲径通。

周元瑞的诗作中"待试安平水"，凡来游安隐寺的文人，无不仿效苏轼品饮安平泉。

李进，丰城人，官德安知府。《临平记再续》载其《和东坡诗韵寄题安隐泉上》

诗，曰：

三载不游安隐寺，梦中山色尚苍然。
松根煮茗延春昼，壁上题诗记昔年。
已信东坡为五祖，还疑太白是神仙。
清风两腋难飞去，槐火何时试石泉。

李进的诗说明李进三年前游过安隐寺，也品过安平泉，三年间苍茫山色尽在梦中。松根的火焰不断烹煮安平泉水，一边喝着春茶，慢慢度过美好的春宵。望着那安平泉石壁上的东坡题诗不由忆起他的诗句“当年陆羽空收拾，遗却安平一片泉”。苏轼犹如佛禅鼻祖，胜过诗仙李白。一切俱是幻境，即使腋下生风，也难飞天，还是等待下次再以松根燃火，汲石泉品佳茶。

李进的诗不愧又是一副名士汲泉品茗，不由思念陆羽、苏轼的佳作。

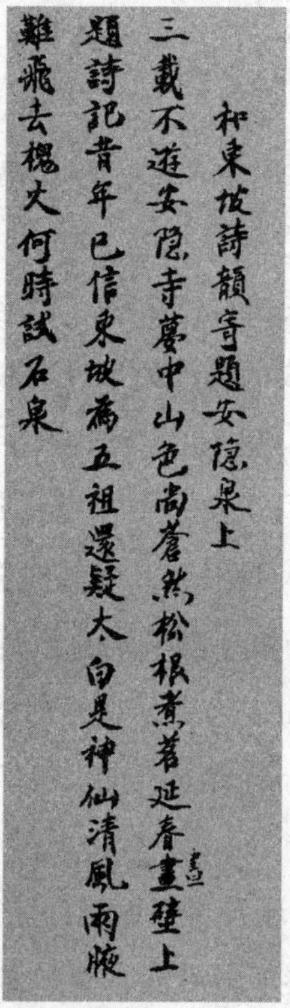
和東坡詩韻寄題安隱泉上
三載不遊安隱寺夢中山色尚蒼然松根煮茗延春晝壁上
題詩記昔年已信東坡爲五祖還疑太白是神仙清風兩腋
難飛去槐火何時試石泉

图 1. 3. 186 《临平记再续》之李进《和东坡诗韵寄题安隐泉上》

吴师澄，字晴绿，嘉兴廪生，著《静吉居稿》。《临平记再续》载其《安平泉》诗，曰：

山腰安隐寺，寺门跨山足。门前安平泉，泉脉孕山腹。方塘甃苔石，渊弥自洄洑。

松风岩际来，吹绉半池绿。泠泠泻跳珠，溅溅漱鸣玉。发蒙山下出，入坎地中伏。萦纡屈曲流，一泓倏淳蓄。伊昔开凿初，运化想亭毒。如何水高下，未入品泉录。倒影净若鉴，彻底淡可掬。圆庵结消夏，静对却烦溽。澄澈堪洗心，清泚亦悦目。大瓢贮月归，雅怀缅玉局。古壁诗尚存，残碑剔藓读。斜光冷树杪，疏钟度崖曲。候客楞枷僧，竹炉茗初熟。

嘉兴名士吴师澄的《安平泉》，可谓全面的清代《安平泉》纪实。安平泉的地点在临平山"山腰安隐寺"，"门前安平泉"。安平泉的形态为"方塘甃苔石"。方形，周边砌以石壁。甃，井壁。山风吹来，"吹绉半池绿"，写的是安平泉周边环境。最重要的是"如何水高下，未入品泉录"，是读了苏轼千古诗作的共鸣。为什么陆羽品评泉水高下，却未将安平泉水录入。

吴师澄的清代安平泉"古壁诗尚存，残碑剔藓读"，苏轼《安平泉》的石碑碣尚存，要读碑文需剔开苔藓方能看清。"候客楞枷僧，竹炉茗初熟"，安隐寺香火尚旺盛，香客尚多，寺里僧人汲泉煮水，等待客人来品茗。

"楞枷僧"，是信奉禅宗《楞枷经》的僧人，说明安隐寺为禅宗佛地。

图1. 3. 187　《临平记补遗》之卓明卿瞻礼安平院宝幢石刻《陀罗尼经》

丁庄，清代名士，字莅堂，号蝉身。钱唐监生，官吴江同里巡检。著《梅溪书屋稿》《吴越杂事诗》。《临平记再续》载其《题安平泉上二首》诗，曰：

自从两乳垂天目，中有神龙不测渊。直到临平山脉断，尚浮一眼在山泉。

我读咸淳潜守志，曾收元祐罗人诗。摩挲一片竹间石，好事僧稀问向谁？南宋潜说友《咸淳临安志》云：仁和县安隐院，地产曲竹，竹间有池，名安平泉，东坡题诗。云云：按：东坡题安平泉七律，《集》中失载，余曾采入补遗卷中，今至泉旁寻碑碣不得，故云。

丁庄《题安平泉》二首，赞叹"直到临平山脉断，尚浮一眼在山泉"，从临安、余杭以来，已无险峻大山，直至临平山，却有一眼山泉——安平泉。

图 1. 3. 188　《临平记补遗》之"安平泉与沈谦诗为东江二绝"

丁庄读潜学友《咸淳临安志》，知晓有临平安平泉，"今至泉旁寻碑碣不得"，记录下安平泉的一段历史。

施安，字竹田，号石友，又号南湖老渔。仁和监生。著《旧雨斋诗》。《临平记再续》载其《安隐斋小坐》诗，曰：

野寺何隐森，我来闻梵放。闻寻田水声，微径导孤杖。当门泉一眼，绿净喜无恙。

松声摇空潭，时作飞雨响。人影在其下，苔色溅衣上。石润被浅莎，沙明画纤浪。小坐试冰瓯，三漱灭尘想。当时玉局翁，于兹惬吟赏。谁为补《茶经》，幽事付吾党。

施安《安隐斋小坐》中"当门泉一眼，绿净喜无恙"，说的是安平泉在安隐寺当门前，进门眼睛一亮。绿树净泉，名士喜出望。"谁为补《茶经》，幽事付吾党"，道出了著《茶经》的陆羽"遗却安平一片泉"，应补写《茶经》，列入安平泉，此事可交付乡党同人。

图 1. 3. 189　安隐寺经幢（20世纪30年代）［余杭档案馆藏］

王树玉，字谢庭，号蕊珠，里人兰女，金楹室。《临平记再续》载其《安平泉》诗，曰：

香林翠拥云幢出，雪乳涓涓绕竹房。萝月冷涵冰镜净，松风清引玉琴长。拨云寻径诗犹在，飞鸟惊蛇迹已亡。（东坡诗碑失去已久，里人沈道传一先重摹，勒石嵌壁间）回首临平山石塔，数声牧笛下斜阳。

安平泉苏东坡的千古诗句，引来无数文人墨客的凭吊，当地里人更是家喻户晓、常来常往，也有不少才女吟诗赋词，王树玉是其中一人，她的诗中特别关注了苏东坡的诗碑失去已久。

康有为，南海人。光绪己未年（1895年）进士，弼德院院长。为清末戊戌年（1898年）变法与梁启超齐名的改革派人士，辛亥革命后又成为保皇派，曾在杭州西湖置产为"康庄"。《临平记再续》载其《己未秋九月重九，宿安隐寺，饮临平酒看月，步东坡之后矣，写付老僧国瑞》诗曰：

宝幢安平泉最清，东坡旧迹眼犹明。一瓢我饮临平酒，食罢离厨看月生。（临平酒用寺前宝幢安平制之，泉最清，东坡所饮也。）

图1.3.190　康有为

大名鼎鼎的康有为也到过临平，并写下两首诗。这是其中的一首，虽写的是安平泉水酿的酒，但前二句"宝幢安平泉最清，东坡旧迹眼犹明"，却道出了清末康有为亲见泉水清澈。后一句康有为看到石壁上苏东坡的诗句，眼睛一亮，充分理解苏东坡看到如此清澈甘美的泉水，方写出"当年陆羽空收拾，遗却安平一片泉"的诗句。

（三）班荆馆赐龙茶

南宋底定，建都临安府（杭州），临平成为杭州东大门，朝廷在临平赤岸设班荆馆。北使到阙，朝廷派内使赐御筵、龙茶，足见临平之地位。

临平班荆馆在赤岸。《临平记再续》载孙士毅《赤岸》诗，曰：

赤岸是宋皇华馆驿旧址，岸西至大岭可十里，而南五里至义桥，曰槎渡村，诗人陈槎村所居也。槎村为吾宗茨檐先生高弟，五七言称入室，今老矣。岁甲辰，槎村自岭外归，余过访焉，槎村为余谈北郭遗事，而赤岸则南宋皇华馆驿旧址，北使至，将迎于此。（槎村自云闻之茨檐，当有所据也。）

图 1. 3. 191　《临平记补遗》之《班荆馆在赤岸》

槎村谈往如弹指，赤岸经行感昔时。今日若教逢驿使，一枝为报岭头知。槎村重游岭外。

孙士毅的《赤岸》诗，前面引言，说得很清楚，赤岸是宋皇华馆驿旧址，在临平南五里"槎渡村"。

槎渡村，即郦道元《水经注》考证古钱塘江与临平湖，江湖合二为一时钱塘江的出海处。

临平赤岸班荆馆是北使至阙，赐御筵、赐龙茶之地。《临平记补遗》载：

班荆馆在赤岸。《建炎以来朝野杂记》：北使至阙，先遣伴使赐御筵于班荆馆。注：在赤岸，去府四十五里。《乾道志》：班荆馆在赤岸港。周密《南渡典仪》：北使到阙，先遣伴使赐御筵于赤岸之班荆馆。中使传宣抚问，赐龙茶一斤，银合三十两。次日，至北郭税亭茶酒，上马入余杭门，至都亭驲。

刘才邵《檆溪居士集》卷七注云：未定都临安之前，镇江、平江、盱眙皆迭行在，皆有茶药御筵之赐。定都以后，则以赤岸为止。嗟乎！小朝廷之自限偏隅，良可慨也！

《临平记补遗》引用《建炎以来朝野杂记》《乾道志》、周密《南渡典仪》、刘才邵

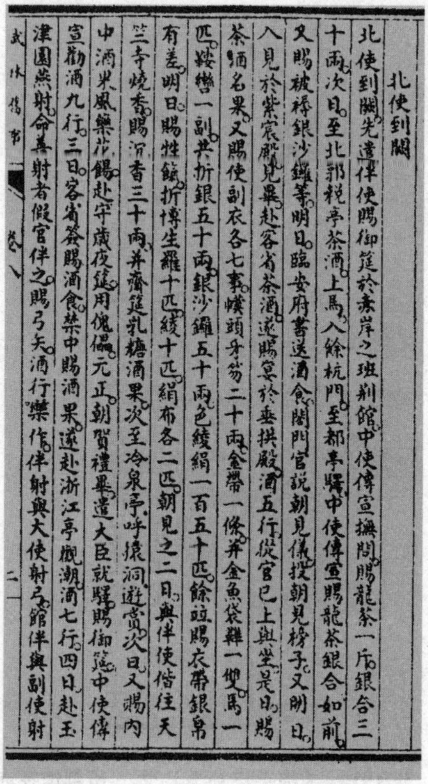
北使到闕
北使到闕先遣伴使賜御筵於赤岸之班荆館中使傳宣撫問賜龍茶一斤銀合三十兩次日至北郭稅亭茶酒上馬入餘杭門至都亭驛中使傳宣賜龍茶銀合如前又賜被褥銀沙鑼等明日臨安府書送酒食閤門官說朝見儀投朝見榜子又明日入見於紫宸殿見畢赴客省茶酒遂賜宴於垂拱殿酒五行從官已上與坐是日賜茶酒名果又賜使副衣各七事幞頭牙笏二十兩金帶一條并金魚袋鞍一副馬一匹鞍轡一副共折銀五十兩銀沙鑼五十兩色綾絹一百五十匹餘並賜衣帶銀帛有差明日賜牲餼折博生羅十匹綾十匹絹布各二匹朝見之二日與伴使偕往天竺寺燒香賜沉香三十兩并齋筵乳糖酒果次至冷泉亭呼猿洞遊賞次日又賜內中酒果風藥花餳赴守歲夜筵用傀儡元正朝賀禮畢遣大臣就驛賜御筵中使傳宣勸酒九行三日客省簽賜酒食禁中賜酒果遂赴浙江亭觀潮酒七行四日赴玉津園燕射命善射者假官伴之賜弓矢酒行樂作伴射與大使射弓館伴與副使射

武林舊事　卷八　二

图 1. 3. 192　《武林旧事·北使到阙》

《槲溪居士集》四部书来说明临平赤岸班荆馆的地点与功能。班荆馆在去府四十五里的赤岸港。班荆馆是接待北使（即金国使者）抵南宋京城，朝廷先遣伴使赐御筵的地方。中使传宣抚受朝廷委派赐以龙茶一斤，银合三十两。龙茶，即龙凤团茶。第二天，至北郭税亭再品茶饮酒，上马入京城余杭门，进入都亭驲。

宋廷南渡，在未定都之前，镇江、平江（苏州）、盱眙皆有“行在”功能，都有茶药御筵之赐。定都以后，则只有临平赤岸班荆馆成为接待金国使者的专用国宾馆。

其时，御赐主要就是“龙茶一斤”，其形态与陆羽《茶经》饼茶（团茶）一致。而茶药，则是丸状团茶，是在陆羽《茶经》上的发展与延续。

南宋定都临安，宋高宗驻跸定于镇江，《临平记补遗》载“径复至镇驻跸，凡七次”。是否驻跸余杭班荆馆，无史料记载。

《临平记补遗》载：

绍兴年间（1131—1162 年），金国贺天申节、贺正旦，人使来及回程，赐酒果御筵于临平赤岸。

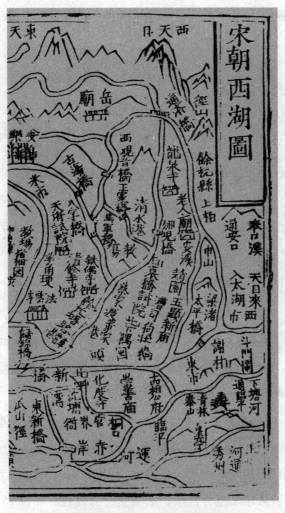

图 1. 3. 193　《宋朝西湖图》

又曰：临平镇赤岸，本至杭孔道，金国人使来及回程，宋时皆有赐酒果、赐御筵之典，固不仅此数次也，唯无征于载籍者，均不录焉。

按此记载，班荆馆为接待金国使者来回程，此御筵、龙茶自南宋绍兴年间（1131—1162 年）开始。

《临平记补遗》的这两段班荆馆的记载，表明了班荆馆设置的时间在绍兴年间（1131—1162 年）。其实，班荆馆的设置也代表了宋室南渡后政治、经济形势的一大转折，从金兵大军南下围攻，宋高宗退守舟山，到宋高宗定都临安，设置余杭班荆馆接待金国使者，表面看是与金国礼尚往来，善待使者。从内在分析，此即为史称南宋"高、孝、光、宁"为"中兴四帝"的开始。此四帝不贪权、不恋位。特别是高、孝

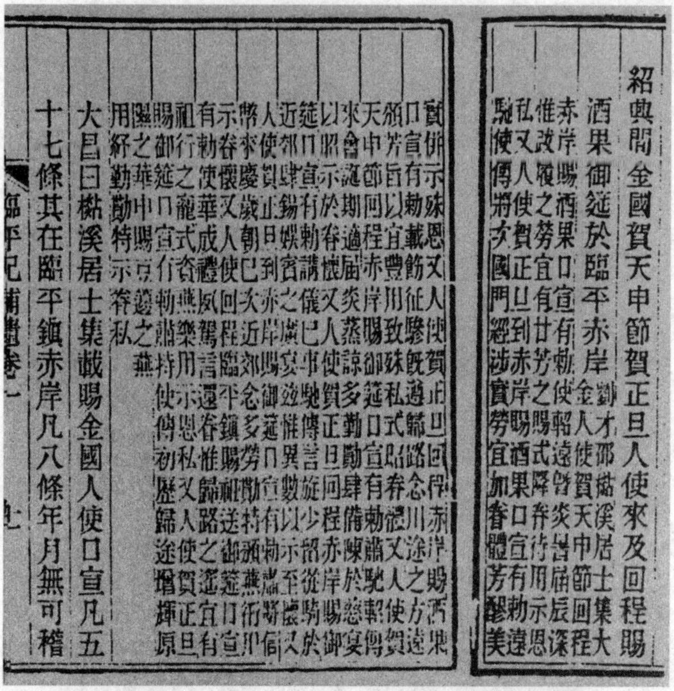
紹興間金國賀天申節賀正旦人使來及回程賜酒果御筵於臨平赤岸

大昌曰楙溪居士集載賜金國人使口宣凡五十七條其在臨平鎮赤岸凡八條年月無可稽

臨平記補遺卷一

图 1. 3. 194 《临平记补遗》之“绍兴间金国贺天申节贺正旦人使来及回程赐酒果御筵于临平赤岸”

二帝均是提前退位。四帝奋斗近百年（1127—1224 年），虽只有半壁江山，但经济总量超过北宋，迎来中兴局面，赢得杭城及整个南宋疆域的社会安定，经济繁荣。高、孝、光、宁的“中兴四帝”，应是好皇帝。宋高宗 20 岁，从“兵马大元帅”到登基为帝，年富力强 55 岁退位。从建茅屋为宫殿，定临安府为行在。在位 35 年，稳定了南宋局势，并非不加分析。一提南宋动辄“直把杭州作汴州”。南宋杭州搞得好，而皇帝却无贡献。宋高宗活到 80 岁。退位以后，宋孝宗接位，为岳飞平反，杀谥缪丑，纠正了宋高宗的一些错误。其时，宋高宗还健在。宋孝宗在位 29 年，62 岁退位，64 岁逝世。

《临平记补遗》又载：

乾道五年（1169 年）六月二日，陆游宿临平。陆游《入蜀记》：乾道五年六月二日，过赤岸班荆馆小休亭。班荆者，北使宿顿及赐燕之地，距临安三十六里。

南宋大诗人陆游《入蜀记》，记载了陆游于乾道五年（1169 年）六月二日入蜀经历，宿于临平班荆馆小休亭。按此记载，班荆馆另一功能是接待来往大臣，并非专为金国使者赐御筵、龙茶。

吴焯，字尺凫，钱唐人。著《药园诗稿》《陆渚鸿飞集》。《临平记再续》载其

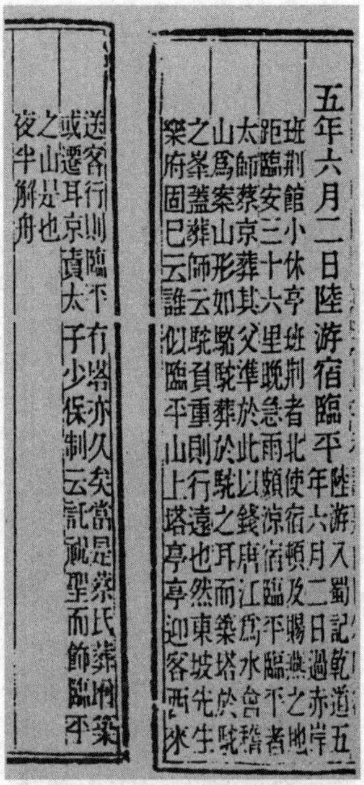
五年六月二日陸游宿臨平
陸游入蜀記乾道五年六月二日過赤岸
班荆館小休亭班荆者北使宿頓及賜燕之地
距臨安三十六里既急雨頗涼宿臨平臨平者
太師蔡京葬其父準於此以錢唐江爲水會稽
山爲案山形如駱駝葬於駝之耳而築塔於駝
之背蓋葬師云駝負重則行遠也然東坡先生
築府固已云誰似臨平山上塔亭亭迎客西來
送客行則臨平有塔亦久矣當是蔡氏葬增築
或遷耳京嘖太子少保制云託祕塋而飾臨平
之山是也
夜半解舟

图 1. 3. 195 《临平记补遗》之“陆游宿临平”（右）

《南宋杂事诗》，曰：

赤岸前头赤羽驱，平江供递五千夫。龙茶宣赐无笺表，蚤驾冰鞾过鼎湖。

《武林旧事》：“北使到阙，先遣中使至班荆馆，宣赐龙茶、香合并风药、花饧。”

吴焯诗中“龙茶宣赐”，《武林旧事》中“北使到阙，先遣中使至班荆馆，宣赐龙茶，”以诗、史，记录下临平班荆馆南宋时主要功能为接待北使，并赐龙茶（龙凤团茶）的史实。

赵信，字意林。仁和监生，乾隆丙辰年（1736 年）荐举博学鸿词。著有《秀砚斋吟稿》。

《临平记再续》载其《南宋杂事诗》，曰：

内使龙茶宣赐回，班荆馆为使臣开。湖山景物家乡地，几度迎风唤笔来。

孤峰西转水东流，风月临平动客愁。几处桑麻村舍外，渔姑多住藕花洲。

赵信的《南宋杂事诗》头二句“内使龙井宣赐回，班荆馆为使臣开”，明确班荆馆的功能是朝廷内使龙茶宣赐，班荆馆专为使臣设置。

《临平记补遗》还引用许多典籍，记载了临平赤岸班荆馆设御筵赐金国使者的史实。

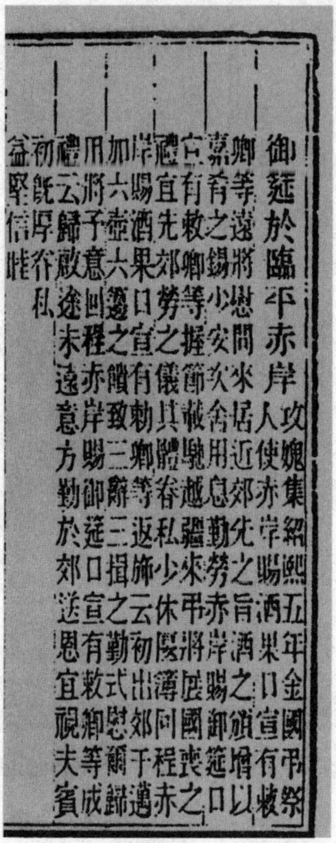

御筵於臨平赤岸攻媿集紹熙五年金國弔祭
人使赤岸賜酒果口宣有敕
卿等遠將慰問來居近郊先之旨酒之頒增以
嘉肴之錫少安款舍用息勤勞赤岸賜御筵口
宣有敕卿等握節載馳越疆來弔將厥國喪之
禮宜先郊勞之儀其體眷私少休陽薄同程赤
岸賜酒果口宣有勅卿等返旆云初出郊于邁
加六壺六籩之饋致三辭三揖之勤式慰爾歸
用將予意回程赤岸賜御筵口宣有敕卿等成
禮云歸敝途未遠意方勤於郊送恩宜視夫賓
初既厚矜私
益堅信睦

图 1. 3. 196　《临平记补遗》之“御筵于临平赤岸”

淳熙三年（1176 年）正月，周必大借尚书永宁侯押伴金国贺正旦人使，御筵于赤岸。(《周益公年谱》)

四年（1177 年）十月，周必大押伴金国人使，御筵于赤岸。《省斋文稿》卷六《诗序》：程泰之有“金带银章”之句，乃因十月二十八日，押伴北使赤岸御筵，服重金侍宴紫宸殿，坐间作数语为戏。《玉堂类稿》卷十三：赤岸赐御筵，……赐酒果。……

《临平记补遗》引《玉堂类稿》，则正旦使一为乾道七年（1171 年），一为淳熙三年（1176 年），一为淳熙四年（1177 年），一为淳熙五年（1178 年）；会庆节使则一为乾道七年，一为淳熙二年（1175 年），一为淳熙四年，今凡在赤岸口宣，皆附见于此。

仅孝宗乾道七年至淳熙四年，临平赤岸班荆馆接待金国正旦使、会庆节使七次。

《临平记补遗》载：绍熙五年（1194 年），金国吊祭人使来及回程，赐酒果御筵于临平赤岸（班荆馆）。

宁宗皇帝庆元元年（1195 年），金国贺登宝位、贺正旦人使来及回程，赐酒果御

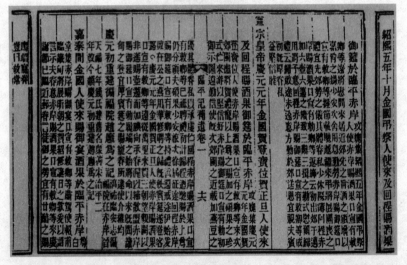

图1. 3. 197 　《临平记补遗》之"乾道、淳熙赤岸御筵"

图1. 3. 198 　《临平记补遗》之"绍熙、庆元、嘉泰赤岸御筵"

筵于临平赤岸。

　　嘉泰年间（1201—1204年），金国人使来，赐御宴酒果于临平赤岸。

　　嘉定元年（1208年）八月，金国谕成人使来，赐酒果御筵于临平赤岸。

　　按以上史籍记载、从淳熙三年至嘉定元年，三十二年间，临平赤岸接待金国使臣
11次，次次赐御筵、龙茶。

（四）临平茶诗

旧时，临平寺院众多，山泉清澈，市肆栉比，茶馆连连。上塘河东西连贯，穿城而过，运河两岸店家连片，南来北往的官宦、商家、旅客的舟楫都到此停泊。上岸或购物品茗，或登山吊古，或泊舟汲泉烹茶聊天……临平的大量典籍，无数文化名人，吟诗弄墨者留下了许多彰显临平与茶的历史片段，这也是陆羽在余杭著《茶经》的延续与发展。

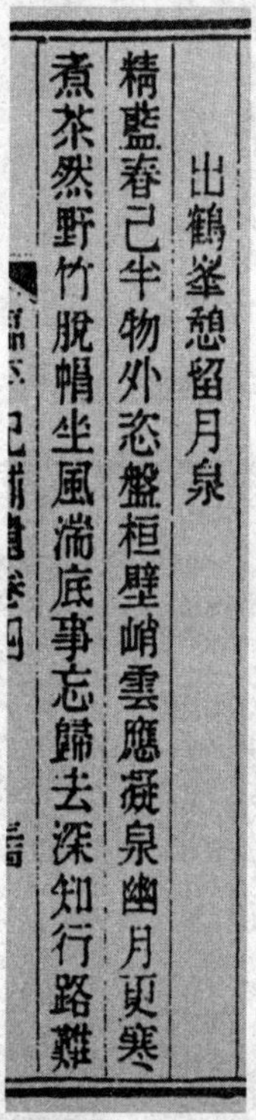
出鶴峯憩留月泉
精藍春已半物外恣盤桓壁峭雲應凝泉幽月更寒
煮茶然野竹脫帽坐風湍底事忘歸去深知行路難

图 1. 3. 199　《临平记补遗》之沈谦《出鹤峰憩留月泉》

《临平记补遗》载，《临平记》的作者沈谦《出鹤峰憩留月泉》诗，曰：

精兰春已半，物外恣盘桓。
壁峭云应凝，泉幽月更寒。
煮茶然野竹，脱帽坐风湍。
底事忘归去，深知行路难。

明代临平名人沈谦的这首诗描绘了鹤峰月泉，壁峭泉幽，要花费不少盘桓方能来到，应是较僻静的山中泉水，因此“煮茶然（燃）野竹”。拾些枯竹，烧水泡茶，走得很累了，浑身热气，脱帽坐在风口，慢慢喝茶。所有的烦心事都忘记了，想到归途茫茫，还是早点回去。是一首古代临平的野外汲泉煮茶诗。

王又曾，字受铭，号谷原，秀水人。乾隆甲戌年（1754 年）进士，官刑部主事。著《丁辛老屋集》。

《临平记再续》载其《临平道中》诗，曰：

暖翠围桐扣，新泉溜宝幢。苹香明浦江，竹粉落船窗。呼妇晴鸠午，将雏锦鸭双。钓竿间便斫，不必富春江。

乾隆进士，官居刑部主事的王又曾，来到临平，乘坐的是竹粉船窗的艚舫船，他登临平山汲宝幢新泉，回到船上烹泉水品佳茗，旅途疲劳顿时消失。

蒋承培，字器之，号味村，仁和人。

《临平记再续》载其《临平道中即景》诗，曰：

细雨临平道，东风二月天。人家桑柘小，春水市桥连。自信郊原乐，难忘泉石缘。携瓢就禅老，一试宝幢泉。

里人蒋承培的诗中，阳春二月，取道临平。细雨、春水、连连市桥，还有那"难忘泉石缘"，最忆是"携瓢就禅老，一试宝幢泉"。早就想一到临平就要上山汲泉品茗，连水瓢都是早已准备好的。

俞樾，国学大师，四岁随父俞鸿渐从德清迁临平东湖，在临平居住生活 22 年。

《临平记再续》载其《张君春岫以余旧寓临平，作临平图见增，披图感旧，如赋此篇》诗曰：

忆我生年四岁初，始从南埭徙东湖（余旧居在德清东门外南埭。临平湖有东湖之名）。老屋三间史埭租。（余初迁临平，僦屋史家埭，乃康熙戊翰林史尚书故居也。门前一小河，有潘家桥。）仙踪时访葛翁泉，（康熙《仁和县志》言临平山下有炼丹泉，为葛仙翁遗迹。沈东江《临平记》不载，殆失所在。今夕照庵前有一担泉，瀹茗极佳，余疑即此也。一担，盖固"炼丹"而误）

俞樾的诗比较长，仅其片段中有"今夕照庵前有一担泉，瀹茗极佳"之句，一担泉遐迩闻名，市民纷纷汲泉担回家中，瀹茗自饮待客。给我们留下 100 多年前的临平茶俗。

俞樾《临平杂诗》，中有：

算有青山总似前，景星观尚傍山边。更来夕照庵中坐，细品山中第一泉。（宋时，景星观旁有东岳庙，今则并而为一，与夕照庵均在临平山下。庵旁有一担泉，泉小，仅可容一石，而千夫汲之不竭，故得此名。）

俞樾《临平杂诗》中的山中第一泉，即夕照庵一担泉。"仅可容一石，而千夫汲之不竭，故得此名"，记载下清末临平山中第一泉。"千夫汲之不竭"，描绘了临平民众上山汲泉品茗的盛况。

祝德麟，号止堂，海宁人。著《悦亲楼集》。

《临平记再续》载其《临平晚饭放舟皋亭山下泊二首》诗，曰：

沽酒临平市，扬船紫翠旁。徽徽交远树，渺渺度危梁。簖近鱼虾贱，林深橘柚香。山僧卖泉水，先得一瓢尝。

祝德麟的诗作描绘了上塘河旁临平皋亭山一带，沽酒、远树、簖鱼虾（以竹簖捕鱼虾）、橘柚香，100 多年前的临平景色和生态环境。其时河中鱼虾多，岸上橘柚香。"山僧卖泉水，先得一瓢尝"。泉水上佳，需者众多，方能卖水。要买者先尝水，临平泉水已成宝贵商品。甘美泉水可即入口，特级"绿色"。烹煮品茗，其味更佳。

郑湘，字融川，号楚云。嘉兴诸生。著《得荫轩剩稿》。

《临平记再续》载其《次临平》诗，曰：

狭山青不尽，尽处见人家。宵市一溪火，归程八月搓。寒烟迷白屋，杖色到黄花。欲解相如渴，停舟问卖茶。

郑湘的诗作最后二句"欲解相如渴，停舟问卖茶"，卖茶水、卖茶叶，这是 100 多年前临平为来往船只的专项服务。

陈鳣，字仲鱼，号河庄。海宁诸生，举孝廉方正，嘉庆戊午年（1798 年）举人。著《河庄诗草》。

《临平记再续》载其《临平道中》诗，曰：

好作春山伴，斯游岂偶然。画桥杨柳外，江店杏花前。旅兴方开卷，吟怀欲试泉。因之怜旧事，谁与沈郎传？（原注：沈去矜《临平记》流传颇少。）

名士乘船临平道上，一路春山、画桥、杨柳、杏花，顿时旅兴盎然。捧着茶杯，想到临平就可汲泉品新茶。记载临平事记的上佳著作是沈谦（去矜）的《临平记》，但流传颇颇少。

史亮，字芸岩。诸生。

《临平记再续》载其《雪意》诗，曰：

彻骨阴寒入暮滋，晓看冻石皱方池。风驱众鸟归巢急，云压孤篷打桨迟。高士已怀烹茗兴，小轿未备跨驴诗。溪山似欲添图画，却费天工几日思。

史亮的《雪意》诗，是彻骨阴寒、冻石方池的寒冬写下的。"高士已怀烹茗兴"，说明是即使天寒地冻，安平泉上结冰，也阻挡不住高士跨驴上山烹茗的决心，也是少有的绝唱。

厉鹗，《临平记再续》载《晓次临平，风雪大作，晡至皋亭，始晴，三十里中桃花正盛，亦一奇也》诗，曰：

归舟火急趁花期，作冷开晴故弄姿。粉洒乱红飞雪里，金泥碎锦夕阳时。云山烟水如相护，酒幔茶樯任所之。万事豪华付公等，天公此段独吾私。

《临平记再续》引用了很多厉鹗的诗作。这一首诗，是风雪大作，天公放晴，皋亭三十里桃花正盛时节来到临平的。诗中"酒幔茶樯任所之"，描绘了临平酒店旗帜处处飘扬，茶楼悬旗的桅杆高高竖起，清代临平市场繁华，茶酒业兴旺景象。

毕发，字搞庵，桐乡人。国子生。善鉴别古法书名画，嗜图史，工诗。有《涤砚斋诗存》。

《临平记再续》载其《晚抵临平》诗，曰：

扁舟泛晴空，短棹疾于驶。朝发女阳亭，夕问临平市。落日生野烟，苍然莫山紫。中有安平泉，石潭清澈底。凤昔慕林峦，对之情何已。溪水淡蒙蒙，凉自中峰起。顾影长叹息，劳劳竟谁使？何时约素心，结茅来往此。

晴空扁舟，短棹疾驶。朝发女阳，夕问临平，毕发笔下的《晚抵临平》诗描述了犹如今日朝发杭州，午抵北京的高速铁路。舟泊临平，落日野烟，苍然山紫中，来到安隐寺。"中有安平泉，石潭清澈底"，汲泉品茗。劳累一生，"何时约素心，结茅来往此"是诗人毕生的愿望，因为那里有安平泉。

金农，字寿门，一字吉金，号冬心，又号司农。清代杭籍大画家。著《冬心集》。《临平记再续》载其两首诗，其一《重游安隐寺，独坐泉上，归时旧时松径，宿于舟中，晓起开行，临平山色历历在目，漫作七言长歌纪之》诗曰：

十年前曾泉上坐，松毛靃靃松盖大。泉喧松喧六月寒，热痱泉消无一个。今年重游泉上亭，长松拱揖如相迎。可怜我老松不老，我发已白松仍青。寺门砖塔影矗矗，抚松弄泉与僧熟。临平山下晚泊船，又共汀鸥沙鹭宿。侵晓纤回柔舻行，夜来浓霜变作晴。数峰有意露圭角，要试先生双眼明。

《安隐寺泉上》诗，曰：

扁舟五十里，到寺寺门清。突与老松遇，暗随孤磬行。鸟时来石案，苔欲上山盈。爱此池头水，汲之双玉罂。

金农的第一首诗记述了他重游安隐寺，独坐在安平泉上，还依稀记得十年前曾坐安平泉上，松径款款步行。住宿船上，第二天清晨渡船开行，遥望历历在目的临平山。

金农坐在泉上，亭上青松"拱揖如相迎"，他叹青松不老，自己白发满头。昔日的寺门塔幢依旧高矗，熟识的僧人弄泉煮茶，是他终身的记忆。

第二首诗题为"安隐寺泉上"，写的是与陆羽、苏轼二位古代名人相关的安平泉。最后二句"爱此池头水，汲之双玉罂"，喻水之珍贵。

梁增龄，《临平记再续》载《春暮偕同人游临平山寻一担泉煮茶歌》诗，曰：

临平山路平如底，星落中阿金阙峙。景星观。春社报赛灵旂招，士女喧阗纷似蚁。乘兴偶偕童冠来，花引游人间桃李。山行亭午苦道渴，挈榼提炉随逦迤。尘嚣杂沓颇惮烦，解俗寻幽性所喜。沿坡斜转数百步，山下出泉静而止。居人命居一担泉，源小则细可知矣。流从石蟆响涓涓，注出潭空盈弥弥。须眉影落淡可鉴，濯足濯缨非所拟。呼童煮泉茶具便，远接松风近竹里。一碗润喉清风生，沁人诗脾彻骨髓。君不见，安平名胜瀿山前，凿石题名匪今始。兹泉荒委难比伦，显晦从来判若此。长歌一阕韵泠泠，堪与此泉作知己。何当诛茅住溪上，瘿飘长酌此中水。

梁增龄的诗歌，描绘了前面已有很多人诗诵临平山的一担泉。清末的临平山，士女童冠，桃红李白间，游人络绎不绝。斜坡数百步，涓涓流出"一担泉"。呼童煮泉，茶具早已备齐，青松翠竹间，"一碗润喉清风生，沁人诗脾彻骨髓"。清末的"临平山品茶图"，如诗如画。诗人笔锋一转又写道凿石题名，泉荒委难的安平泉。看来清末临平山影响大的还是"安平泉"。

吴为楫，原名尔梅，字和甫，号啸云，仁和诸生。官四川大足县丞。著《大能寒轩诗钞》。《临平记再续》载其《临平》诗曰：

去岁临平路，行人见藕花。即今犹客棹，此地已天涯。细浪舟行稳，连村柳色赊。供吟茶亦好，无奈客思家。

吴为楫的《临平》，写了去岁的临平藕花，今朝细浪而进的客棹。关键的是后两句"供吟茶亦好，无奈客思家"，喝了临平茶，不觉吟诗赋词，客行千百里，总还是思念家中父母妻儿，还有那家乡佳茗。

查有新，字铭三。海宁诸生。著有《香园吟稿》。《临平记再续》载其《临平道中》诗，曰：

推篷知已近临平，树杪青山一株横。柳乍伸展桑著眼，江乡景物欲清明。品泉刚好瀹安平，桐扣村边艇暂横。几树红桃红尽处，黄金铺地照人明。

查有新的《临平道中》写的是临平景色：柳叶似眉，桑果如眼。葱葱青山，桃花红遍。清明时节乘乌篷船循上塘河赶赴临平，推开船篷，见到运河边的唐代经幢、高高的临平山，就知道临平已近。船艇暂泊桐扣村，上山汲安平泉，品上佳春茶，金色的阳光里，在满是柳树红花的尽处细细品茗，人生一绝也。

苏平，字秉衡，海宁人。有《雪溪渔唱集》。《临平记补遗》载其《渔乐为凌醉雪赋》，文云：

梅坡先生隐者流，万事不理心悠悠。扁舟一叶载孤兴，放浪形骸随所游。有时垂纶钓沧海，坐看桑田几回改。船头明月还自来，篷底清风不须买。有时扬舲鼎湖曲，一棹夷犹泛晴绿。荡漾玻璃万顷秋，独向中流濯吾足。有时棹入桃花溪，花红万树迷东西……绿蓑青笠芰荷衣，笔床茶灶相因依。……

苏平《渔乐为凌醉雪赋》，"扁舟一叶载孤兴，放浪形骸随所游"，展示了古代名人放浪形骸，扁舟一叶，令今人向往的世处桃源生活。"有时扬舲鼎湖曲"，指的是泛舟临平鼎湖，即临平湖。一棹晴绿，荡漾玻璃，流濯吾足，"有时棹入桃花溪，花红万树迷东西"。一二百年前的临平湖之美，是令人难以想象的。绿蓑青笠，笔床茶灶，如同陆羽身穿蓑衣，头戴竹笠，在船上品茶执笔著文，彰显了临平特有的茶史。

临平植茶、品茗历史悠久，与陆羽同时代的唐代诗人顾况《临平坞杂题·焙茶坞》记载了唐代焙茶的历史。

沈朝英，字铨飞，号约庵。清嘉兴府学生。著《晚香亭》五集。

《临平集再续》载其《宝幢》诗，曰：

荷锄田叟逢人话，担水山僧送客尝。好待春风焙茶候，松阴来试一旗香。

诗中"担水山僧送客尝"，是说安隐寺的和尚汲安平泉水担来烹煮佳茗待客。"好待春风焙茶候，松阴来试一旗香"，描绘了等待春风温暖焙茶时节，在高高的松树荫下，试品那一旗一芽的临平本山茶。记述了清代临平山的植茶、制茶史。

俞樾，字荫甫，鸿渐次子。道光庚戌年（1850 年）进士，官河南学政。著《春在堂集》。

《临平记再续》载其《佛日、龙居纪游各一首》诗，曰：

暮春天气佳，扁舟游佛日。水穷山逾深，村僻路更仄。苍髯百尺高，玉槊千株密。泉从乌下流，云向袖中出。有亭翼然起，招客于此息。四面罗巉岏，一泓湛明瑟。叠石成危桥，因山开净域。高登楞严台，小坐维摩室。雀舌茶初焙，猫头笋乍苗。且共饱伊蒲，无须参米汁。饭罢坐门前，披巾更岸帻。投石破清冷，摄衣走岝崿。黄鹤不复归（山下旧有黄鹤楼），白日俄已昃。遥指龙居山，游事固未毕。……

国学大师俞樾虽称德清人，但四岁随父母到临平，在临平湖畔居住了22年。为临平写有大量的诗文。他的文章观察细微，用词准确，颇有文学、史料价值。这首诗作

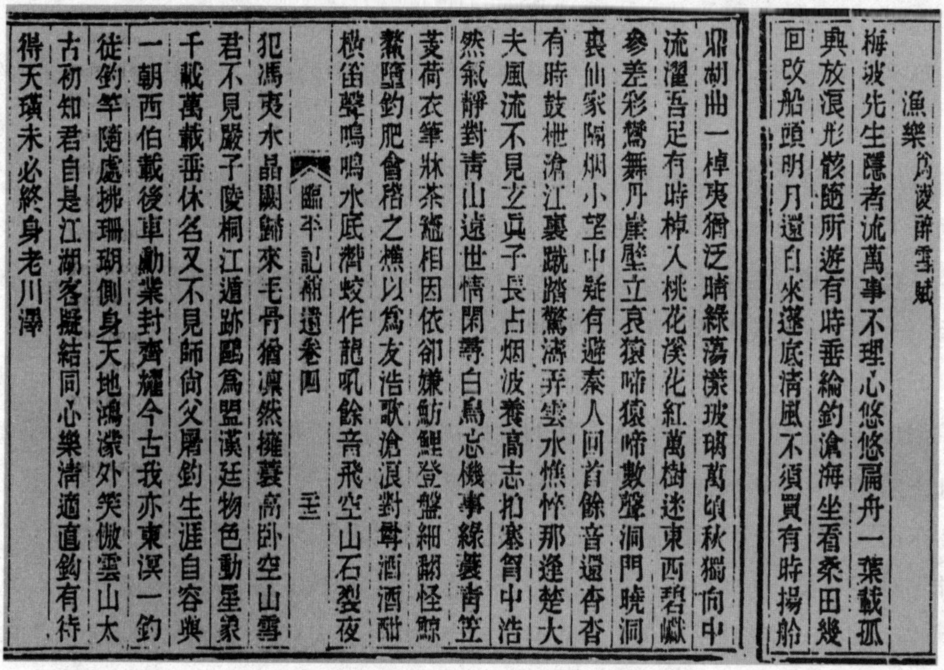
漁樂爲陵醉雪賦
梅坡先生隱者流萬事不理心悠悠扁舟一葉載孤
興放浪形骸隨所遊有時垂綸釣滄海坐看桑田幾
回改船頭明月還自來遂底清風不須買有時揚舲
鼎湖曲一棹爽猶泛晴綠蕩漾玻璃萬頃秋獨向中
流濯吾足有時棹入桃花溪花紅萬樹迷東西碧巘
參差彩鸞舞丹崖壁立哀猿啼猿啼數聲洞門曉洞
裏仙家隔烟小望中疑有避秦人回首餘音還杳杳
有時鼓枻滄江裏蹴踏驚濤弄雲水憔悴那逢楚大
夫風流不見玄真子長占烟波養高志扣寒胷中浩
然氣靜對青山遠世情閒尋白鳥忘機事綠蓑青笠
芰荷衣筆牀茶竈相因依卻嫌魴鯉登盤細翻怪鯨
鰲隨釣肥會稽之樵以爲友浩歌滄浪對尊酒酒酣
橫笛聲嗚嗚水底潛蛟作龍吼餘音飛空山石裂夜
臨平記補遺卷四　圭
犯馮夷水晶闕歸來毛骨猶凛然擁蓑高卧空山雪
君不見嚴子陵桐江遺跡鷗爲盟漢廷物色動星象
千載萬載垂休名又不見師尚父屠釣生涯自容與
一朝西伯載後車勳業封齊耀今古我亦東溟一釣
徒釣竿隨處拂珊瑚側身天地鴻濛外笑傲雲山太
古初知君自是江湖客擬結同心樂清適直鉤有待
得天璜未必終身老川澤

图 1. 3. 200《临平记补遗》之“渔乐”

中“雀舌茶初焙，猫头笋乍茁”，记载了每年四五月间临平开始烘焙“雀舌茶”，“猫头笋”茁壮从泥土中露出的景象。“雀舌”，描述茶芽似麻雀细小的舌尖般细嫩。龙井茶有“雀舌”等品牌，俞樾的诗作也记录下清末临平山的植茶制茶史。

丁立诚，字修甫，钱唐人。抢救修补《四库全书》丁丙、丁申的后人。光绪乙亥年（1875年）举人，官内阁中书。著《小槐移吟稿》

《临平记再续》载其《临平湖棹歌》诗，诗中有：

安平七字艳坡仙，摹勒贞珉又百年。且采本山茶叶好，一瓯雪沸宝幢泉。

清末杭人丁立诚游安平泉“安平七字艳坡仙”，应是感慨苏东坡“遗却安平一片泉”千古名句。最后“且采本山茶叶好，一瓯雪沸宝幢泉”之句。“本山茶”，似乎是龙井茶的专用名词，这里指的却是临平山、邱山的本山茶，以当地的宝幢泉烹煮品饮，人间一乐。丁立诚的诗作，不仅是对宝幢泉的赞美，也是对临平自产本山茶茶史的实录。

临平镇及周边寺庵众多。《临平记》《临平记再续》载有大量官宦文人诗篇，记录

了宋元明清临平禅茶诗作。

苏东坡《题佛日山荣长老方丈诗》有四首，其四曰：

食罢茶瓯未要深，清风一榻抵千金。腹摇鼻息庭花落，还尽平生未足心。

这首诗是苏东坡拜访临平佛日山荣长老方丈，餐后品茶写下的。"食罢茶瓯未要深，清风一榻抵千金"，长老斋饭清爽味道美，饭后细品佳茶更是好。在寺院的竹榻上睡觉，清风拂来，浮生偷闲直抵千金。"腹摇鼻息庭花落，还尽平生未足心"，说的是腹部起伏，鼻息连连，伴随着佛庭春花慢慢落下，苏东坡已进入深呼吸的睡眠状态，但还想着平生常系心头的事情。

高光烈，字筱珊。海宁诸生。著《挹爽庙诗抄》。

《临平记再续》载其《游夕照庵和妹婿周紫筠韵》诗曰：

免俗于今未，编茅且住家（时寓临平）。忽来名士屐，醉插傲霜花。径仄湾流水，山孤聚落霞。禅堂客小憩，涤虑试清茶。

片尘飞不到，石上泻清泉。扫叶迟烹茗，挥毫不待笺。暮云归去后，明日再来缘。倘得捧茅住，何虞俗虑牵。

图 1. 3. 201　俞樾与曾孙俞平伯

凡是香客来夕照庵。老尼必请到禅堂稍做休息。一进入静静的禅堂，凡世之人品着清茶，尘世杂念随着荡涤。庵内一尘不染，石上清泉流淌。小尼虽然清扫落叶烹茗稍迟，名士早就挥毫写下诗句。此夕照庵禅茶也。

著有《临平记》的沈谦《东江集钞》载《新晴同钟师夏过安隐寺》诗，曰：

西郊春雨歇，古寺况幽期。白发悲行乐，青山厌乱离。泉香僧茗熟，石立径花垂。不谓风尘里，悠悠共采芝。

沈谦笔下的安隐寺，"泉香僧茗熟"，甘甜的安平泉水，在僧人的烹煮下，泡以上佳的本地"本山茶"，禅茶一味也。

汪曾萼，字靴堂。仁和诸生。著《玉兰轩集》。

《临平记再续》载其《游宝幢寺》诗，曰：

放棹寻开士，煎茶到宝幢。绿荫交绀宇，白业论禅窗。秀抚盆花爱，清销俗虑降。山僧来往熟，跌坐对银红。

游宝幢寺，吟诗品茗，"煎茶到宝幢""山僧来往熟"，典型的"禅茶一味"。此处"煎茶"，实为烧水泡茶。

戴福谦，芬弟，原名芳，字贻仲，号琴庄。道光丁酉年（1837年）举人。著《种玉山房诗集》。

《临平记再续》载其《清明后六日，偕周立堂、慕陶、鹤亭、云笈临平山麓小步，至悲花庵小憩，以心清闻妙香，分韵得闻字》诗，曰：

踏遍长堤路，幽林日未曛。柳荫笼薄雾，菜陇簇黄云。寺古春难到，山深鸟不闻。持瓯品禅味，归路韵同分。

清明后六日，正是春茶应市时节，名士戴福谦偕友小步登临平山，一路幽林、柳荫，还有那黄色的菜花，一行至悲花庵小憩。山深寺古，持瓯品茶，体昧佛禅，思考人生，殊途同归也。

《临平记补遗》载：

元世祖皇帝至元二十六年（1289年）十一月，苏州提刑按察使王恽次临平赤岸。《秋涧集·长至日次赤岸》诗："扁舟下余杭，远客逢佳节。呼童起四更，理棹未明发。灯前一杯酒，持饮聊自悦。江行官有程，责重敢中辍。此身得安舒，行止听驱策。去冬一阳生，露寝乐良夕。饷茶虽草草，初不失家食。今年赤岸亭，野宿杂乱玷。乡关天一涯，云水几重隔。残年无定居，糊口走闽越。春焉不无情，念久意为恻。两舷暗浪喧，拍拍若鸣咽。寄声紫山翁，此怀多不别。"

七百多年前的初冬，元代苏州提刑按察使王恽，来到临平赤岸写下的诗作，中有"去冬一阳生，露寝乐良夕。饷茶虽草草，初不失家食"之句，表达了他"扁舟下余

图 1. 3. 202 《临平记补遗》之"饧茶虽草草"

杭"的船中行程。睡在船上，也不失良宵，半酣半睡，蒙眬中喝茶草草。但也不失为家中带来的佳茗。此处"饧"，形容眼半开半闭，睡意蒙眬。这首诗描绘乘船到临平，清晨睡意蒙眬间的喝茶，很少有人写及，且为元代，使临平茶事更完整。

陈洰，字柳堂。仁和诸生。著有《晚香斋吟草》。

《临平记再续》载其《重建夕照庵，次吴希哲明经韵》诗，曰：

天留净土避嚣尘，石室云龛次第新。一勺疑分廉让派，（庵旁有泉水常清洌，俗呼一檐泉。）重来也算葛怀民。苏碑欲抚摧残字，竹坞难寻化后身。（曲竹坞在庵之上，相传为邱真人炼丹处。）从此山僧常说法，讲坛花雨满园春。

庵额重题古刹名，拨云寻径晚溪晴。茶香小碾谈逾健，松倚悬崖势不平。塔剩坏棱逃劫火，钟催落叶隔山声。当年吟伴凋零尽，何处烟波吊贾生？（童时尝偕邹豸伯、俞申伯、康雨田联吟于此，今俱归道山矣。）

长明新爇佛前灯，茗话欣逢竹院僧。香积御冬三斛米，柴门立月一枝藤。云埋邃洞龙犹伏，寒沍空山鹤不禁。难得重阳风雨少，扪萝司踏石碞蹭。

陈洰的《重建夕照庵，次吴希哲明经韵》诗篇较长，其间许多诗句描绘的是禅茶。"一勺疑分廉让派"，说的是庵旁有泉水长流，清洌的"一担泉"，为烹茗上品泉水。

"苏碑欲抚摧残字，竹坞难寻化后身"，忆起苏轼碑刻，邱丹炼丹处。"茶香小碾谈逾健"之"小碾"，为碾碎茶饼的茶具，陆羽《茶经》已写得很多，清代应该已不使用，只是借用的一句诗而已。"长明新爇佛前灯，茗话欣逢竹院僧"，僧俗边喝飘满茶香的佳茗，边谈佛论教，禅茶味道十足。夜晚，在温暖的长明灯前，茶叶提神，高僧论道。僧俗都未感到时光流逝，沉浸在深深的哲理中，这似乎就是禅茶一味。

赵昱，字功千，原名殿昂，号谷林。仁和贡生，乾隆丙辰年（1736 年）荐举博学鸿词。著有《爱日堂吟稿》。

赵昱《南宋杂事诗》，曰：十里山堤散客襟，芹芽菇米趁幽寻。雪瓯初泛莲花院，第一香泉记小林。

乾隆年间的仁和名士赵昱的《南宋杂事诗》，虽仅四句，但后两句"雪瓯初泛莲花院，第一香泉记小林"，突出描写了小林莲花院"雪瓯初泛""第一香泉"，有茶、有茶瓯（茶碗）、有斗茶（初泛茶花）、有香泉的禅茶场景。

徐鉽　字彦常。杭郡诸生。著有《西涧画余稿》。

《临平记再续》载其《临平安隐寺试泉作》诗，曰：

野寺僧安隐，经幢客倚桡。泉清松雨霁，炉爇径烟飘。秋影半林淡，尘胸七碗浇。看山纷落翠，黄鹤近堪招。

徐鉽，《临平安隐寺试泉作》，八句四十字，却包含了众多禅茶的元素。"野寺僧安隐，经幢客倚桡"，远离尘世的临平安隐寺，却有高僧主持。高高矗立的唐代经幢，引来无数俗客膜拜。松间雨霁，安平清泉流淌。熟茶炉灶，轻烟飘荡。秋天的临平山树叶慢慢飘落，看上去已很稀疏。僧俗主客谈禅论佛，学那唐代卢仝"七碗茶"，香茶已浇满心间。

晚秋将到，昔日青翠的山色渐渐被黄色替代。远处的黄鹤山，因为种植茶叶，却还是一片葱绿。清代的临平山、黄鹤山，如诗如画，跃然纸上。

赵文照，字殿章。上虞诸生。著《抱朴山房诗集》。

《临平记再续》载其《夕照庵》诗，曰：

修竹倚云屏，禅关静不扃。钟声疏夕照，松影落闲庭。塔拥群峰翠，灯衔半壁青。山僧间煮茗，清座听读经。

赵文照《夕照庵》诗中"山僧间煮茗，清座听读经"，边烹茶，边品茗，边听高僧读经，寺院庵堂少不了茶。

王曾祥，字麟徵，号茨檐，仁和人。杭州府学诸生。有《静便斋集》。

《临平记再续》载其《将游临平，先寄其地主胡大为》诗，曰：

临平山下路，极目水沦连。夹岸桑阴直，过桥塔影圆。佛香安隐寺，茶梦宝幢泉。我昔乘幽兴，沿回籍短船。……

王曾祥的诗作中"佛香安隐寺，茶梦宝幢泉"，既有佛，又有寺，亦有塔，更有泉，还有那"茶梦宝幢泉"，禅茶一味元素俱在，茶梦幽兴，其意境深远也。

陆养和，字二娄。钱塘诸生。

《临平记再续》载其《宿佛日净慧寺》诗，曰：

三门悬夜锁，法鼓传中堂。晚饭供伊蒲，食罢循空廊。哦诗忆林月，明星艳微光。（星夜无月，因忆樊榭先生"雪滴林月小"之句。）登楼面前山，白云空茫茫。静坐领众妙，逆风闻华香。茶清人思隽，梦浅春宵长。灯昏侧残膏，照我小长床。仑听鸡三号，快历幽愿偿。

陆养和《宿佛日净慧寺》，高士在寺院吃完斋饭，空廊吟诗，静坐闻花香，清茶思人生，体味禅道也。

俞樾父俞鸿渐《偕汪蔗农、周藕航绍莲散步临平山之麓，次藕航韵》诗，曰：

屋角炊烟几缕横，为看红树且山行。路沿村落条条曲，天到初冬日日晴。刘稻农忙年尚稔，烹茶僧懒句偏清。（蔗农携佳茗，拟至夕照庵品一担泉，而寺僧诵经不顾，遂止。）归途一任斜阳晚，犹共回头听梵音。

"烹茶""僧懒""蔗农携佳茗""夕照庵一担泉""寺僧诵经不顾"，一幅清末的临平山"蔗农携佳茗民俗图""山僧禅茶图"。

吴瓒，字籀骖，号篆云。仁和廪生。

《临平记再续》载其《秋日陪东皋丈游白云寺登绝顶观音阁》诗，曰：

四千里外同为客，第一峰头别有天。地净顿开无意界，心清能悟上乘禅。云连海峤高秋净，炉沸龙泉活火煎。（中有龙泉。）拟取蒲团常学坐，怜余未递断尘缘。

秋日，游白云寺登绝顶观音阁，峰头别有洞天。心胸豁然开朗，似乎进入无我状态。心头清净，顿悟上禅。云海秋净间，汲龙泉煎香茗。蒲团学坐，杂念骤断，禅道自在心中。

曹斯栋，字先樗。仁和诸生。著有《饭颗山人诗》。

《临平记再续》载其《次亦庵临平归道游安隐寺饮安平泉诗韵》诗，曰：

旷达如君少，幽深健可师。逢村扶杖人，好鸟踏枝窥。寺僻苔痕古，林深日影迟。琤琮鸣一路，流水识钟期。

此地炎威绝，期参学窦泉。（原唱有"同人相约逭暑"之注。）云山诚极乐，鱼鸟亦安禅。茗饮凭僧瀹，诗吟向竹镌。藕花仍昔否，叶叶想如钱。

曹斯栋游安隐寺饮安平泉写下此诗。幽深、鸟好、林深、流水，安隐寺安平泉跃然纸上。"茗饮凭僧瀹"，则展示了禅茶文化。

《临平记附录》载，里人潘云赤《临平三十咏》，中有《安隐寺》《安平泉》诗，曰：

云里烛花红，安平启梵宫。

泠泠爱泉槛，独坐响松风。

白云敞风泉，袅袅俯天阙。

涟漪清我心，祇树摇晴月。

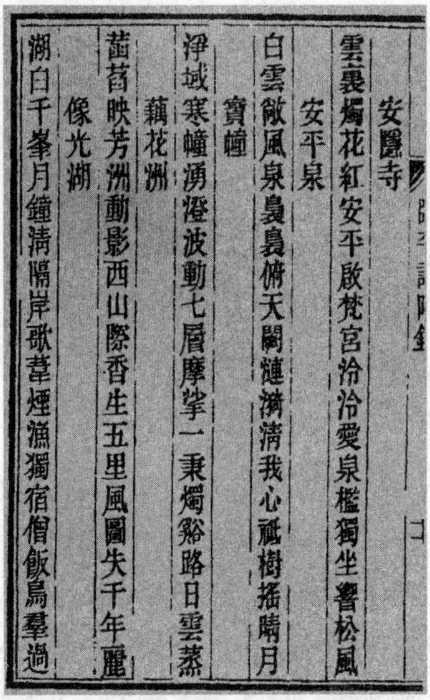

图 1. 3. 203　《临平记附录》之潘云赤《安隐寺》《安平泉》

"云里烛花红"，"祇树摇晴月"，潘云赤的诗作是晴月中写作的。独坐在安隐寺安平泉的石槛上，聆听阵阵山风吹响松林，仰望天际星空明月，安平泉的涟漪使他想起了千年前的茶圣陆羽、刺史苏轼，历史的涟漪"清我心"，廓清了他人生的思绪。

厉鹗，字太鸿，号樊榭，钱塘人。康熙庚子年（1720 年）举人。乾隆丙辰年（1856 年）举博学鸿词。著《樊榭山房诗集》。《临平记再续》载其《坐安隐寺泉上》

诗，曰：

亭亭石莲幢，千载标觉路。秧田铺僧衣，松盖引客步。寺门幽且泠，泓泉蓄复注。林光射池影，下见金碧聚。疑有神物潜，山鸟敢口污。我来斗茶坐，蠲热欣所遇。想见六月中，行人屡回顾。

清代厉鹗著述颇多。他的《坐安隐寺泉上》，则以"我来斗茶坐"，用"斗茶"来表述他"坐安隐寺泉上"，既有古意，又代表了他对安平泉、临平茶的偏爱。

（五）塘栖茶诗

塘栖，又名唐栖。唐栖者，唐隐士所栖也。《栖里景物略·唐栖考》载：隐士名钰，字玉潜，宋末会稽人。少孤，以明经教授乡里子弟而养其母。

南宋时，唐栖已颇有名气，宋孝宗时，皇太后、皇太子曾去唐栖广洛庵赏金求福。元灭南宋，至元戊寅，南宋祥兴元年，即1278年，和尚、浮图总统杨琏真妖言惑众，焚毁南宋京城临安府（杭州）至片瓦不剩，连绍兴南宋皇帝的"宋六陵"也不放过。毁陵掘墓，宋宁宗的头颅都被扔入河中，旷古未闻。也就是妖人杨琏真发掘唐珏墓，里人珏怀非常愤怒，卖家产，召人收拾唐珏遗骸，葬于兰亭山。

图1.3.204　清《唐栖志》书影

塘栖成为神州名镇，应归功于元末张士诚疏浚拓宽自杭州江涨桥（卖鱼桥）经拱宸桥达塘栖的京杭大运河，现今运河申遗的标志物塘栖广济桥，也是张士诚拓宽江南运河后，在明代修建的。

随着"唐栖"成为"塘栖",京杭大运河杭州段的漕运功能逐渐由塘栖的下塘河替代从杭州艮山门经临平的上塘河。

史载,隋炀帝凿扬州运河,疏浚八百里江南运河抵余杭,应也经过下塘河的塘栖。此余杭,应是余杭塘河的尽端老余杭,即余杭镇。余杭镇因此立有"京杭大运河南端"的石碑,张士诚疏拓江南运河,首开自杭州直抵大都(北京)的京杭大运河。东西大运河、京杭南北大运河紧紧地和塘栖连在一起,迎来了塘栖的发展和辉煌。元代以降,古籍形容塘栖"市廛麟次,舟车络绎。山则皋、鹤雄峙,水则苕、霅汇流。琳宫梵宇,纷如暮置,屹然称巨镇焉。四方学士大夫,高贤胜侣,往来其地者,每纵览极目,停桡不忍去。寺庵道观遍布,法鼓鲸音缭绕"。大量典籍为我们留下了数百年名镇塘栖的禅茶文化,品茗习俗。

塘栖为浙西三郡(杭嘉湖)山水所环互,舟车之孔道,水清土腴;素有饶菱橘柚枇杷之利,居民勤丝枲兼耕渔,缘塘居者数千家。望族巨贾,高门崇阀,巘寨其中。数百年来,多少文人雅士吟诗赋词,为我们留下无数脍炙人口的水乡茶诗。

传说隐于塘栖横潭的半庵先生建"横潭别业",《栖里景物略》称其"有唐其人号半千,意存名世五百年","先生高卧楼百尺,不学自舍与求田,或时垂纶潭之水,或时招鹤山之巅。或时素心共一室,樽中有酒琴有弦。客来一觞复一咏,至今壁上星满天。我亦饮满歌一阕,与君添响入流泉"。因之,此处亦称"卧痴楼",引来无数名人瞻仰造访,吟赋题诗,留传诸多佳诗名句,其中不乏茶诗。

《唐栖志·纪风俗》载:唐栖风俗,与会垣不甚异也。《记》曰:镇去武林关四十五里,长河之水一环汇焉。东至崇德五十四里,俱一水直达,而镇居其中。官舫运艘商旅之舱,日夜联络不绝,砣然巨镇也。财货聚集,徽杭大贾视为利之渊薮,开典、顿米、贸丝、开车者,骈臻辐辏,望之莫不称为财赋之地,即上官亦以岩镇目之。然世风日奢,人心日恣,上近于杭,而下通嘉苏,且多经商南都,目惯侈丽繁华之习,不觉幻而变焉。其酣袨鲜者,固极其丰腴,而征歌串戏,日为豪举;其清素者,亦啜佳茗,爇名香,或谈禅,或赓和,作种种雅事,文学之风亦觉胜前数倍矣,视他镇如有不及矣。

"啜","吃"的异体字。"爇",点燃、焚烧。"爇名香",焚熏著名沉香,极高雅之事。"赓",继续、连续。"赓和",长期和谐也。"亦啜佳茗,爇名香,或谈禅、或赓和,作种种雅事",唐栖古风也。

《栖里景物略》载,古鄞(宁波)高宇泰,隐孝《题卧痴楼》诗曰:
闻有茅斋雪水涯,幽人高卧自称痴。过江耆旧今余几,避世文章长自怡。月冷时

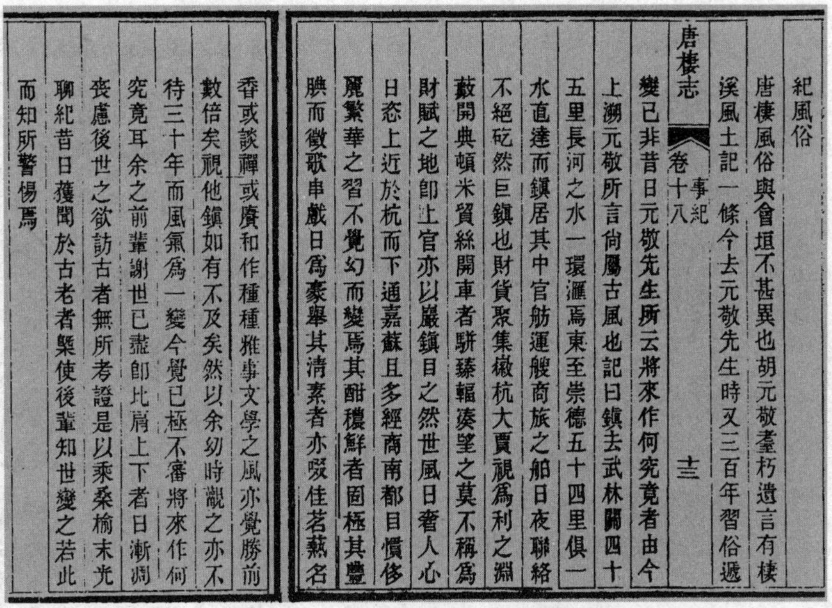

图 1. 3. 205　《唐栖志·纪风俗》

能通静梦，茶香绝胜遇新知。松筠尘外无由识，二仲于今还属谁。

诗中头二句"闻有茅斋雪水涯，幽人高卧自称痴"，其中用了"雪水"这个有人否定的名词，前已考证，因天目来水经余杭有一股水至武康，武康流至德清的一段称"余不溪"，又称"雪溪"，德清以下流至湖州府城入太湖称"东苕水"。所以，古人写诗也可称塘栖为"雪水涯"。不要误读这首写塘栖卧痴楼的诗作，用了"雪水"，又是在描绘湖州府中的雪溪边某座茅屋斋楼。这首诗中"月冷时能通静梦，茶香绝胜遇新知"，描绘了静静的冬夜，月亮升上天空，您会有无限的遐想，幽幽的佳茶伴随着您的月夜思考，顿时才思敏捷，犹如遇见新朋友。这是一首不可多得的月夜品茶诗。

《栖里景物略》载邵斯扬《题赠卧痴楼》诗，曰：

佳胜在山川，斯楼结卧缘。清心悬半榻，博物识全编。竹径能招客，茶香爱品泉，倪迂和米癖，千古自相怜。

邵斯扬的这首诗，前面两句，描述了卧痴楼的襟山环水，瞻仰楼宇，也与卧痴先生结下情缘。卧痴楼中的榻床，所有物件全是今人赞誉的手工编织制造。接下的二句"竹径能招客，茶香爱品泉"，道出了幽幽的竹径小路，引来多少寻幽问路的高士；甘美的泉水，招惹多少茶人不问路遥汲泉品茗，展现了数百年前塘栖人嗜茶的习俗。

《唐栖志》载徐士俊《雁楼记》，文如下：

图 1. 3. 206　《唐栖志·超山图》

予家贫，不获数亩构高斋画阁，花径竹垣，仅促膝小楼一间，又与内子共之，名曰"雁楼"，良有以也。性爱书，不能多，购得意者若干卷，朝夕随身。雁楼之外无他地，读书之外无他事。楼中不堪植名花异卉，则就小瓶点缀一二枝，春日横窗，花气满案，相对读陶令《桃花源记》，别有天地，非复人间。壁间置素琴一张，紫箫一枝，名人山水画一幅，杂以小样吴笺，随意粘玩。雪月之际，煮茶同字，或小酌半酣，则以解醒汤佐之。雁阵翩翩，从天外来，相与闲理冰弦，若不胜清怨者，则又信斯楼之与予有缘，而无暇他构也。然予性嗜整洁，残红乱翠，往往混入案头，颇以为恨，究不失共之之意耳。作《雁楼记》，铭以八言：

毛羽不丰，聊寄一枝。秋风夜月，忽焉高飞。

雝雝鸣雁，永矢勿移。晦明寒暑，尔楼实知。

公有诸刻行于世者：

《雁楼集》《尺牍二编》《尺牍广编》《草堂词统》《徐卓晤歌》《春波影》《络冰丝》《紫珍集》《内家吟》《历朝捷录直解》《太上感应篇注》。

徐士俊是塘栖当地人士，著述颇多。本书引用了他诸多诗文中记载的临平、塘栖

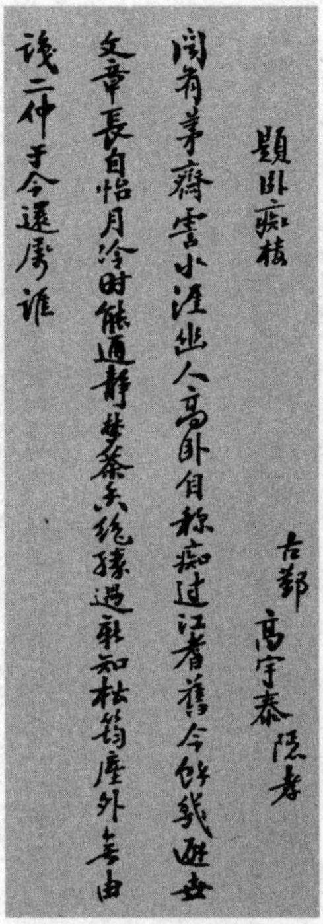
题卧痴楼
闲有茅斋雲水涯幽人高卧自称痴过江耆旧今餘几避世安
文章長自怡月冷时能通静茶兵绝猿过孰知杜若座外無由
識二仲于今還屬谁
古鄞 高宇泰 隱者

图 1. 3. 207 《栖里景物略·题卧痴楼》

茶事。这首诗是记述他居家治学的“雁楼”，简洁精到的用词，勾勒出一位数百年前塘栖名士爱书、读书、素琴紫箫、名人山水画、小样吴笺，随意把玩的生活。后面两句“雪月之际，煮茶问字”，捕绘了水乡文人在静静的冬夜，窗外雪停了，月亮高高升在天空，火炉既可取暖又可烹水泡茶，因着茶的醒目提神功能，诗人思绪万千，下笔流畅。

塘栖冯家弄左前东小河，北至冯庵，东至大鱼池，均为吴同故地。吴园为沈氏旧业，售于徽州督学吴邦相之子，杨葺有加，遂成一时名胜。

《栖里景物略》载沈遽庵《初下榻吴园十首》诗，其中有一首诗茶意昂然，诗曰：

蒙茸余横翠，遥望阻湘帘。迳绕琴心湿，苔芬屐齿尖。茶烟浮篆细，柳汁衬衣纤。燕雀娱长至，啁嘈过小檐。

诗中的“茶烟浮篆细”，描绘名士品茗文思时，茶杯上袅袅上升的水汽，犹如弯弯曲曲的篆体字。

又七言绝句七首周祖望《苕溪道中》韵，曰：

偶然看竹何须问，聊复居停且著书。兴到临池张大幔，笔床茶灶度三余。

这首诗译成白话：偶然临窗观赏翠竹，既悦目又能保护眼睛还用说吗？只一会儿，

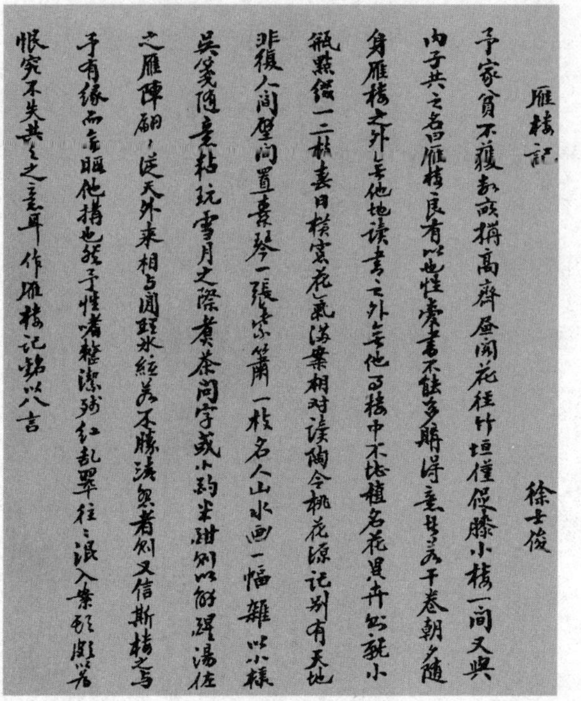

图 1. 3. 208 《栖里景物略·雁楼记》

又返书斋著书立说。兴致一起来到墨池，拉开帷幕，在长桌上一面挥毫泼墨，一边品尝佳茶，余兴未了。佳茶伴随文人著书、吟诗、绘画，"茶为国饮"，古即有之。

《唐栖志》载金长舆《集且适园得游字二首》，其中一首，曰：

日涉园成趣，沉酣酒破愁。花前无主客，物外足遨游。琴入茶声细，香侵诗句幽。侧身天地内，只此傲王侯。

金长舆的游适园诗写他到了适园慢慢地观览兴趣盎然，进而沉浸在酣酒消愁之间。园内名花佳木无数，观者络绎不绝，不分主人客人。远处悦耳的，轻幽的琴声伴随着浓郁的清茶，熏香炉中幽幽沁人的沉香，使人油然而生佳句。侧身观览塘栖这么好的人间天堂，但只此一处，即可傲视王公诸侯。此诗中"琴入茶声细，香浸诗句幽"，非常贴切地表述了数百年前塘栖的庭园以及文人的高雅情趣。

《唐栖志略》载天然泉：天然泉，又名龙井泉，在白栗山泗水庵内石罅间。天然成井，不假凿甃。味香冽，煎茶逾信宿不败。

"煎茶逾信宿不败"，用白栗山泗水庵内石罅间的龙井泉水，煎茶隔夜仍能保持茶之原汁原味，味甘香冽，是塘栖天然泉的一大特色。

《唐栖志》又载：天然泉，马鞍山西小支曰白栗山。山西北石罅间天生一井，不假

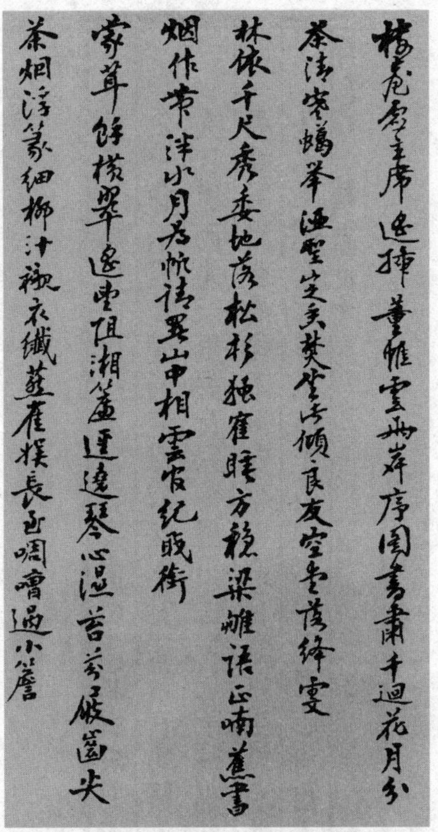

图1.3.209 《栖里景物略·初下榻吴园》

鬶鬶，圆直浑成，深不见底。常有鸭坠入，次日从西北一里许黄家荡跃出。盖窍通于彼也。味极香冽，瀹茗最佳，不下安平。天造自然，与空壤相悠久。不幸越弃林莽，不品于茶经，不登于郡志，而幽人逸士、高僧羽客亦无为之齿录焉。岂山灵固靳之耶？吾故表而出之。丁酉轩识。冯园寄客曰：斯泉不经品题，澄然而静，泉之幸也。又名龙井泉。

这段文字说鸭坠入，次日从"西北一里许黄家荡跃出"。天然泉应通地下水，"味极香冽，瀹茗最佳，不下安平"，不亚于安平泉。唐栖本地人评价此泉，用来泡茶最好，并不亚于临平安隐寺，陆羽遗却的安平泉。

《唐栖志略》载借竹楼：借竹楼，徐明府舟如就邻家竹园架小楼，收清阴于窗中，夏月逭署其上。因榜曰"借竹"。

借竹楼的主人徐舟如《自题诗》诗，曰：十亩筼筜野翠抽，隔床夜夜话悲秋。茶烟每向窗间结，箨露常从槛下收。道左遗弓仍楚国，墙西隙地亦荆州。主人竟日无相识，肯效当年王子猷。

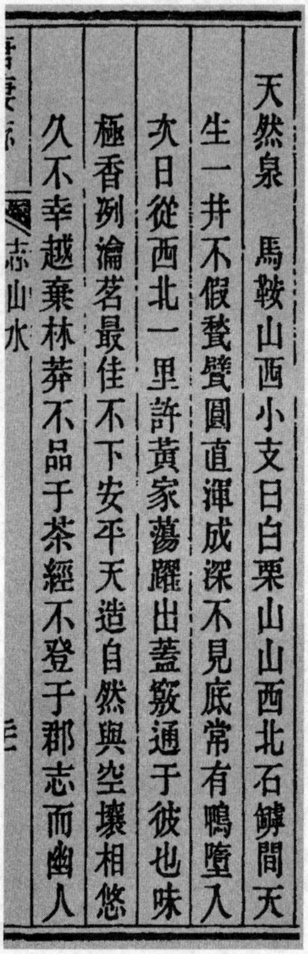

天然泉　馬鞍山西小支曰白栗山山西北石罅間天
生一井不假甃甓圓直渾成深不見底常有鴨墮入
次日從西北一里許黃家蕩躍出蓋竅通于彼也味
極香洌瀹茗最佳不下安平天造自然與空壤相悠
久不幸越棄林莽不品于茶經不登于郡志而幽人
志山水

图 1. 3. 210　《唐栖志·天然泉》

诗中“篔筜”，大竹名。柳宗元《柳州山水近治可游者记》：“其山多怪，多槠。多篔筜之竹。”借竹楼，多大竹也。“茶烟每向窗间结，箨露常从槛下收”，描绘借竹楼初春时节乍寒乍暖，晚间主人烹茶，袅袅腾起茶的热气，飘至窗格，立即结成水滴，收获大竹的笋壳则放在门槛边屋檐下，是地道的塘栖风情。

塘栖超山有海云洞，宋时建黑龙开祠，凡缙绅大夫祷雨，皆投铁牌于洞中龙潭，牌浮则知将雨。从山麓石板路拾级而上，上建观音庵，石壁镌“海云洞”三字。

《唐栖志》载夏超墅之城《海云洞题壁用赵清献摩崖韵》诗，曰：钓月矶头石，烹泉洞口池。山光阴欲雨，春色浩无涯。墓扫松花落，林穿云影迟。摩崖寻旧迹，景仰寸心驰。

诗中“烹泉洞口池”，说明超山里人以海云洞泉水烹煮，泡茶，品茗。清明时节，上坟扫墓，已成当地一茶俗，写入里人诗中。

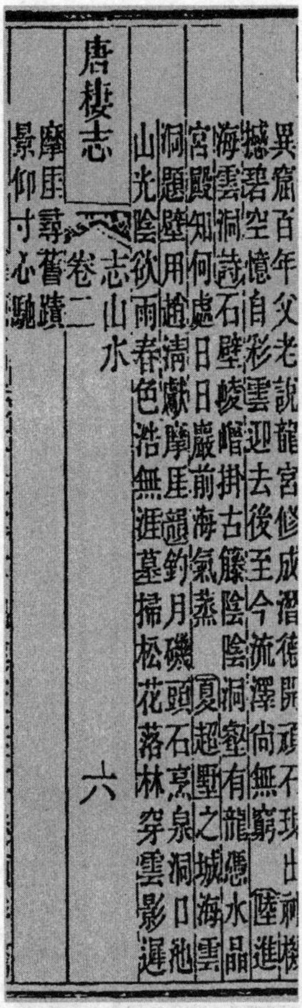

图1. 3. 211　《唐栖志》之夏超墅之城《海云洞题壁用赵清献摩崖韵》

　　《唐栖志》载，也冷泉在超山真武殿后。蹑蹬而上，垂云阁之东右壁嵌空崖隙清泉一洼，晴旱不竭。张珊林题曰"也冷泉"。张雯《也冷泉诗》，曰：一掬寒泉洞底生，石梯下汲自澄清。不因人熟有如此，肯让云林独擅名。韩应潮《也冷泉》诗曰：一勺注泉清见影，岂逊莲花第一井。笑彼营营附热人，到此吸茶心也冷。

　　张雯的诗中，"石梯下汲自澄清"，说的是逐级而下，汲取澄清甘美的泉水，用来品茗。

　　韩应潮的诗中"一勺注泉清见影"，是讲也冷泉的清澈。"到此吸茶心也冷"，此处"吸茶"，应是汲泉品茶，说的是酷暑中喝了也冷泉甘美泉水烹煮的茶，身心也感到清凉。

　　《唐栖志》载，牛潭，在马鞍山东麓，水甘冽。卓方水、冯研祥以为品居惠泉之上。俗称"牌楼泉"。塘栖名士见多识广，认为牛潭在无锡的"惠泉"之上。陆羽曾

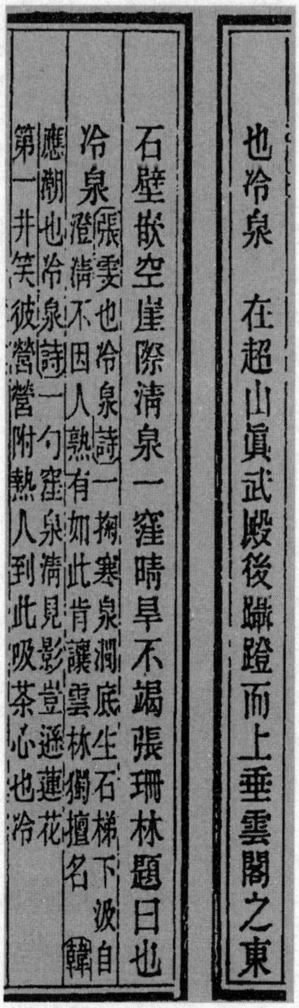

也冷泉　在超山眞武殿後躡蹬而上垂雲閣之東石壁嵌空崖際清泉一窪晴旱不竭張珊林題曰也冷泉（張雯也冷泉詩）一掬寒泉澗底生石梯下汲自澄清不因人熟有如此肯讓雲林獨擅名（韓應潮也冷泉詩）一勺窪泉清見影豈遜蓮花第一井笑彼營營附熱人到此吸茶心也冷

图 1. 3. 212　《唐栖志 · 也冷泉》

为无锡写有《游慧山寺记》。塘栖名门望族名士卓海幢《南山汲泉口号》诗，曰：牛涔一片石，海眼列星悬。茗荚频烹试，宁知第几泉。

卓海幢的诗句中的“涔”，是水滴不断流下的意思。“茗荚”，是犹如荚果一样的茶叶，指的是刚萌芽的茶芽。如果译成白话：

岩洞渗出滴下的水珠，形成清澈的水潭，岩洞上还有星罗棋布悬挂的水滴，就像海眼一样美丽。汲取甘洌的牛潭泉水、烹煮，试泡初春茶芽炒制的新茶，当可知晓牛潭泉水天下名次。

塘栖有著名的长桥，康熙甲午年（1714 年）十月二十七日的重建之日，乡里名士纷纷吟诗赋词。长桥重建，乡里得益，后又有不少诗篇。《唐栖志》载，曹屺中《秋夜长桥步月》诗，曰：岁岁虹桥占胜场，勇余双脚当藜床。兴豪肯负中秋节，作达须寻却老方。席地友明伤聚散，炊茶兵子话兴亡。不知水浅牛犹浴，浩露沾衣夜未央。

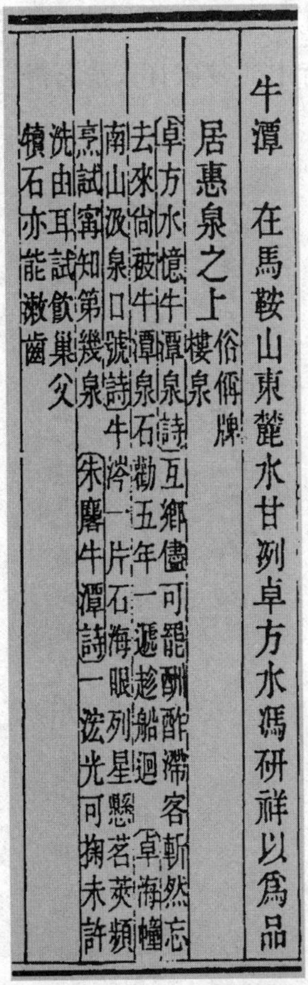

图 1. 3. 213　《唐栖志·牛潭》

这首诗写的是中秋节诗人在明月下漫步于长桥，回忆乡勇保卫家乡而作。诗中"炊茶兵子话兴亡"，极富地方特色，是塘栖子弟兵人人爱茶的表白，也赞美他们虽是农家弟子却关心国家民族兴亡。

且适园，在吴园东北，沈巽吾别业也。花竹扶疏，远隔尘世，塘栖名园。《唐栖志》载沈宗坛《园居诗并序》，文极长，末尾八句曰：架上残书屋上山，余生即此足投闲。庭虚仲蔚寒青草，卧稳袁安雪满关。梦破怀人消茗醉，苦吟得句报花阑。小年似此真兼日，霜信催人又鬓潘。

这末尾的八句诗，描绘了住在且适园寓公文人的生活：屋内书架上齐整地堆满了古籍线装书，主人的余生全靠读书度过。稀疏的庭园草木繁盛，外面雪花纷飞，内里卧室温暖如春。品茗佳茶春梦苏醒，刚开的报春花犹如苦吟得到的佳句。小年来到，离除夕也不远了。霜降来临，将进入冬季，犹如人届晚年，鬓角也渐白。诗句中

"蔚",是草木繁胜的意思。"阑",这里解释为晚,迟之意。"小年",每年十二月二十四为小年,离年关不远。这首诗中"梦破怀人消茗醉",恰到好处地道出了寓公品茗,颓废的品茶心态。

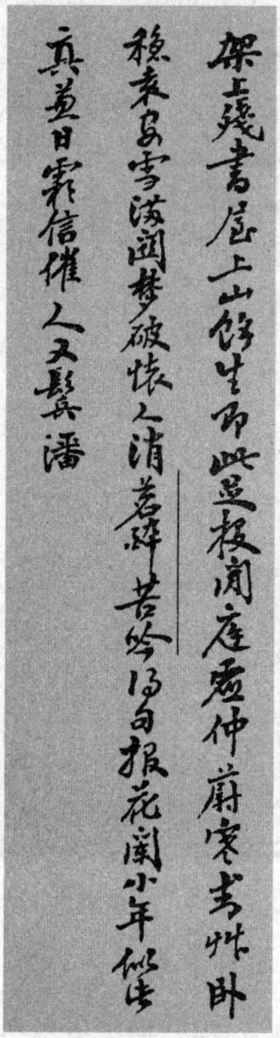

图 1. 3. 214 《栖里景物略·且适园》

《唐栖志》载:竹里馆在界河村。范大超,乾民《夏日过卓去病竹里馆赋赠兼呈休仲》诗,曰:郊原去市不数里,凿河为界汲江水。旱涝无烦事曲防,远山苍翠堪凭几。此地犹来漫棘榛,囊书卜筑近有尔。知尔才高厌世氛,握管排云众披靡。竹坞茶烟不断清,瓮头绿蚁呼知己。知己何妨竟日过,玄吐雄谈亦何绮。盘兼野蕨兴偏浓,鲙切银丝味更美。有时散步南陌间,有时高卧北窗底。北窗南陌足悠游,筐中赋就三都比。愿君从此益攻苦,胡生帜赤宜与伍。他日岩廊网绣虎,始信双珠出合浦。

这首诗同样是描绘记述"知尔才高厌世氛,握管排云众披靡",不得志文人寓居塘栖的心情。"竹坞茶烟不断清,瓮头绿蚁呼知己。""瓮",是一种陶制盛器。这首诗同

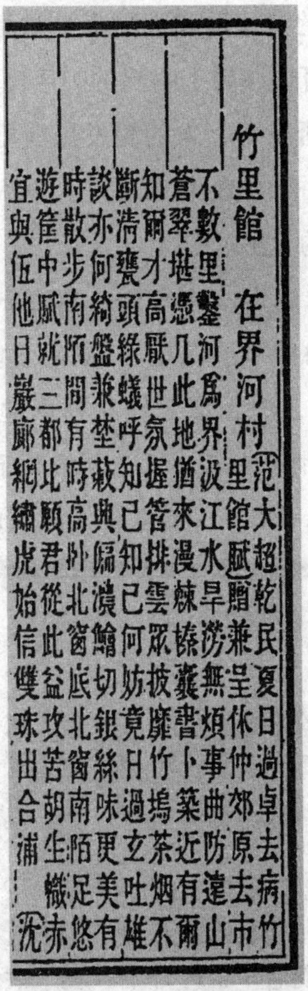
竹里館　在界河村范大超乾民夏日過卓去病竹
里館賦贈兼呈休仲郊原去市
不數里鑿河爲界汲江水旱澇無煩事曲防遠山
蒼翠堪憑几此地遒來漫棘榛囊書卜築近有爾
知爾才高厭世氛握管排雲眾披靡竹塢茶烟不
斷清甕頭綠蟻呼知已知已何妨竟日過玄吐雄
談亦何綺盤兼埜蔌與偏濃鱠切銀絲味更美有
時散步南陌間有時高卧北窗底北窗南陌足悠
遊笙中賦就三都比顧君從此益攻苦胡生纖赤
宜與伍他日巖廊綢繆虎始信雙珠出合浦沉

图 1. 3. 215　《唐栖志 · 竹里馆》

样是反映文人品茗心态。竹编围墙里馆屋品茗热气袅袅不断，每天知己好友你来我往。“鲙切银丝味更美”，数百年前的塘栖水产丰富，今已不见矣。“有时散步南陌间，有时高卧北窗底”，进一步表述了塘栖寓公的生活。这些郁郁不得志的寓公、文人，塘栖还很多，为塘栖的地方志留下许多诗文，这也是塘栖数百年的一种社会现象。

《唐栖志》载，卓明卿《溽暑拂拭山馆居豹孙二首》诗，曰：吾庐亦自爱，隐约渌溪滨。洒扫呼愚仆，幽寻得故人。炉烟消永日，书卷伴闲身。深竹忘炎暑，荷阴酒劝频。辟掠轩楹静，鸣蝉动晚凉。榻阴分夏雨，鬓色共秋霜。留客瓜初熟，宜人茶自香。始衰正相得，日坐学空王。余详何《志》。

这又是描绘记录数百年前在竹里馆附近寓居文人的生活。这首诗中苦涩的词汇，说的是：我的庐屋虽不大，但却非常衷爱文人。每天相约友人漫步于清溪河滨旁，清晨呼唤仆人洒扫庭园，招待千方觅到的老朋友。炉灶的炊烟天天燃起，书斋的典籍伴我度过休闲的岁月。深深竹林的清凉助我消除炎夏酷暑，荷塘饮酒，亲友频频劝酒令人难忘。清风拂掠静静的庐屋轩楹，树上鸣鸣的蝉声慢慢停下，傍晚的清凉将要来临。睡竹榻的舒适可以分辨今天有否下雨，人的鬓发黑白可知晓年龄的增长。刚熟甜美的瓜果留下远方的客人，还有那香喷喷的新茶史是人见人爱。吾已慢慢衰老，家中烦心事也将少管，学习做个无实权的大王。

《唐栖志》载，花林草堂，在水一方之侧。卓远条构为别墅，短垣杰阁，曲槛长廊，名卉奇葩，罗置篱落间。自号曰"花隐"，颜草堂曰"花林"。花林草堂是又一处塘栖私人别墅。《唐栖志》载，沈元垠《题花林草堂，首用春夏秋冬末限花林草堂韵》：长诗，前几句曰：春行不惮武林�](), 已入桃源仙子家。一带芳林喧鸟雀，几湾流水抱桑麻。游闲每日呼移艇，长啸临风命煮茶。无数人间闲草木，祗耽情兴在梅花。

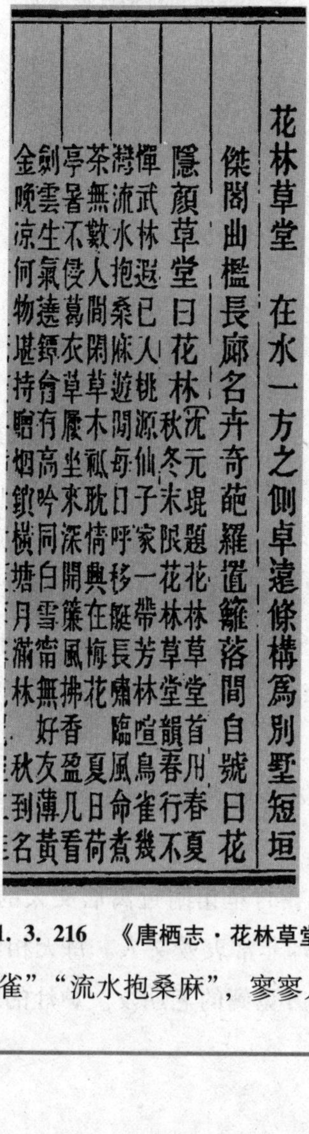

图 1. 3. 216　《唐栖志·花林草堂》

"桃源仙子家""芳林喧鸟雀""流水抱桑麻"，寥寥几句已呈现出一幅数百年前塘栖世外桃源，宜人居住的图画。“游闲每日呼移艇，长啸临风命煮茶”更是进一步描绘出每天都要呼唤仆人划出私家游艇，一声长啸“开船啦”，虽是临风划行，也命书童赶快烹煮香茶。这是一首少见的名士塘栖运河品茶诗。塘栖的运河四通八达，两岸风景优美，水不深，但清澈，是其他任何地方无可比拟的，所以有诸多的名人高士、达官巨贾，到此置屋，也留下诸多茶诗。

《唐栖志》载，深斋，在竹素堂之左。隆庆二年（1568 年）建。卓天寅《都下忆与襄书、虎文、玄胖深斋夜话》诗，曰：向晚垂堂坐，高凉竹径知。暮云生瑟瑟，初月故迟迟。桐井寒千乳，茗园斗一旗。故乡沦落梦，烟鸟费相思。（按：襄书为张千庵侄深斋，其故居也。）

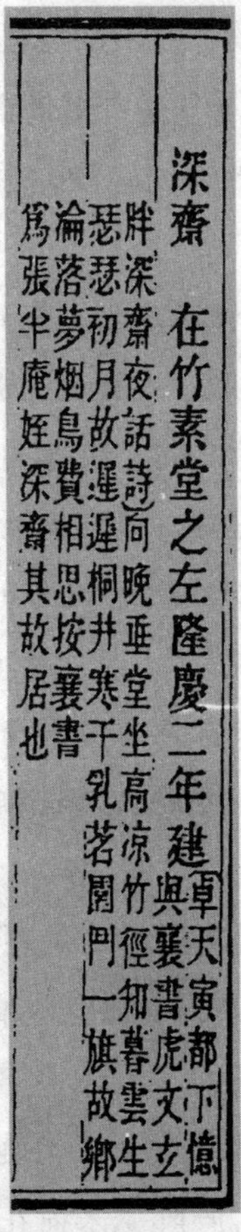
深齋 在竹素堂之左隆慶二年建卓天寅都下憶與襄書虎文玄
胖深齋夜話詩向晚垂堂坐高涼竹徑知暮雲生
瑟瑟初月故遲遲桐井寒千乳茗園鬥一旗故鄉
淪落夢烟鳥費相思按襄書
爲張半庵姪深齋其故居也

图 1. 3. 217 《唐栖志·深斋》

卓天寅，塘栖名门望族也。“故乡沦落梦，烟鸟费相思”道出他同样是一位才富五斗，沦落不得志的文人。其诗中“桐井寒千乳，茗园斗一旗”，“千乳”，形容井壁冷气上升慢慢凝成的水滴；"茗园斗一旗"，则是亲朋好友品茶的描述。"旗"，即初春茶芽的嫩芽。深斋有专门品茶的地方"茗园"，好友相聚，纷纷携来佳茶，看看谁的茶嫩，谁的茶色香味更好，此所谓"斗一旗"也。

《唐栖志》载，一曲水，在福王庄基。范氏旧圃也。后归陆氏孝廉，陆鸣皋重茸，遂成胜地。中有春及堂、夕佳亭、石梁、方沼诸胜。沈殊亭，瑶铭《过一曲水赠陆鹤亭鸣皋调寄满庭芳》，云：云染林端，鸥停沙际，溪湾寂寂村庄。园开三径，碧水漾银塘。花信小春逗梅枝，舞玉蕊凝芳。书斋静，茶烟风裊，细响彻回廊。相将欣共赏，汉庭新语，洛下方章。况胸含冰雪，笔走琳琅，尔我心期有素，千秋颂，不用壶觞。长歌罢，夕佳庭畔，疏树映夕阳。

一曲水，是一处有堂、亭、石梁、方沼的塘栖胜地，数百年间几移主人，反复修茸，遐迩闻名。沈殊亭（瑶铭）的词中有"书斋静，茶烟飞裊，细细彻回廊"，描绘了静静的书斋，茶烟裊裊飘移，茶的香气弥漫，透过窗格，在走廊中也可嗅到，这是多么迷人的抒情茶曲。

《唐栖志》载，超山别墅，在半亩园之东。临芳杜洲，面皋亭、黄鹤。赵之琛题其楼曰"横翠"，盖在横潭、翠紫湖之间。为夏超墅别业。同里林少和铭、徐旭亭晟寓谈书画处。缭以矮垣，遍植蕉竹、芙蓉之属。康莲伯榆有《横翠楼小集》诗。孙补笙人凤为作记。超山别墅也是一座私家庭院，里人寓谈书画处。张毓文《横翠楼纳凉主人以碧螺春茗饷客诗》，曰：林峦如洗正初晴，恍若山阴道上行。苍翠一楼鲜欲滴，果然七碗觉风生。洞达轩窗好纳凉，登临风景越寻常。牵芳有约空惆怅，一阵荷香助茗香。十亩池塘半是荷，风来遥送采莲歌。莺声呖呖垂杨外，何处红裙荡桨过。云影波光聊自娱，一房山色倩谁图。天然野趣间中得，莫道栖溪风景无。隔岸芭蕉芳杜洲，归途渐觉暮烟浮。清风习习斜阳里，正是横潭五月秋。

这首诗记载塘栖的茶史特别之处有三，一是题为《横翠楼纳凉主人以碧螺春茗饷客诗》，塘栖不仅品茗龙井茶、径山茶，本地也植茶，也享用苏州名茶碧螺春。说明清代塘栖运河通往江南各茶区，名茶纷纷来到水乡名镇。二是"果然七碗觉生风"，茶好，主客喝之身心愉悦。"七碗"，唐代卢仝"七碗茶"也。三是"一阵荷香助茗香"，描述了主客品茗于荷花盛开的初夏，阵阵飘来荷花的幽香，更加深佳茶的清香。如果以诗意绘一幅《荷花品茶图》配之，可谓诗文图画并举。

《唐栖志》载，自有余庐，在八字桥东，翠芷湖西。牧村老人张云级暮年习静之所。旧有紫牡丹数丛，佳石绕廊，杂蓺花木。云级名升，为珊林先生之父。牧村老人，

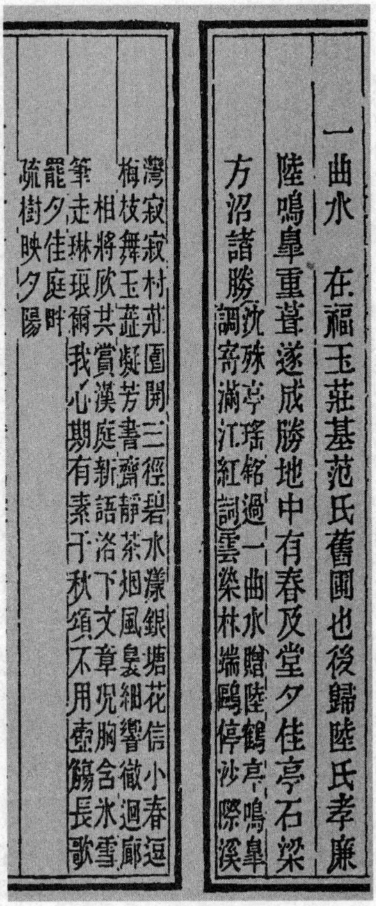

图 1. 3. 218 《唐栖志·一曲水》

暮年自号也。自跋云：“昔韩昌黎云：‘辛勤三十年，始有此屋庐。此屋非为华，于我自有余。’余于舍傍隙地偶辟数椽，憩息其中。回忆半生积苦，此境实非易到。因本昌黎诗意名庐，愿子孙毋忘厥初云。嘉庆己卯年（1819 年）三月，钱塘江青书牧村老人自识。”园中叠石为坡，宅旁置石笋，依石有美人山茶、绿萼丹桂、粉团月季、石榴木笔、蜡梅等树。惟垂丝海棠、红薇二种更为佳品。

塘栖自有余庐从张云级暮年习静，佳石绕廊，杂艺花木，引来无数名人雅士造访，也留下许多脍炙人口的佳作。《唐栖志》上载有颂扬自有余庐的诗有五首，前三首都记有塘栖茶事，首为张本惇甫《辛卯长夏偕琴溪表兄避暑自有余庐诗》，曰：碧影半庭遮，闲居兴转赊。爱山因叠石，贮水为浇花。宿雨枝头清，清风径外斜。晓窗阴睡起，炉畔试煎茶。小院摊书处，曾无溽暑侵。地闲人自静，园古树成林。欹石侍明月，凭阑听暮禽。此中幽趣足，何必抚鸣琴。

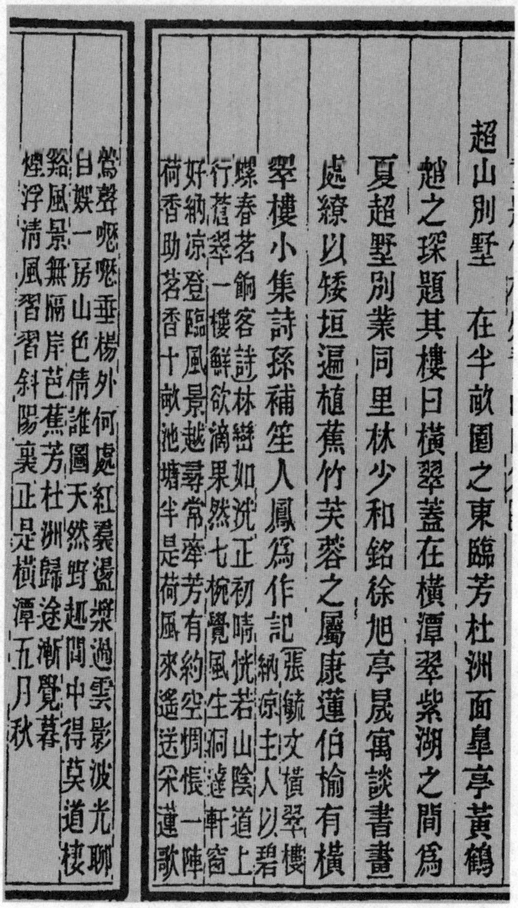

超山別墅　在半畝園之東臨芳杜洲面皐亭黃鶴
越之琛題其樓曰橫翠蓋在橫潭翠紫湖之間爲
夏超墅別業同里林少和銘徐旭亭晟寓談書畫
處繚以矮垣遍植蕉竹芙蓉之屬康蓮伯榆有橫
翠樓小集詩孫補笙人鳳爲作記（張毓文橫翠樓納涼主人以碧
螺春茗餉客詩）林巒如洗正初晴恍若山陰道上
行蒼翠一樓鮮欲滴果然七椀覺風生洞達軒窗
好納涼登臨風景越尋常搴芳有約空惆悵一陣
荷香助茗香十畝池塘半是荷風來遙送采蓮歌
鶯聲嚦嚦垂楊外何處紅裳盪槳過雲影波光聊
自娛一房山色倩誰圖天然野趣閒中得莫道棲
谿風景無隔岸芭蕉芳杜洲歸途漸覺暮
煙浮清風習習斜陽裏正是橫潭五月秋

图 1. 3. 219　《唐栖志·超山别墅》

诗中有“晓窗阴睡起，炉畔试煎茶”之句，客人来避暑，清晨刚起，马上撬开炉门烹煎开水、以备泡茶，“老茶客”也。古往今来，水乡塘栖孕育了一批又一批清晨即思茶的嗜茶族，也成了当地茶馆云集的一道风景线。

第二首为韩应潮《次惇甫表弟自有余庐诗》，曰：门外柳荫遮，论诗意并赊。庭空容置石，园小足栽花。片雨一蝉歇，夕阳高树斜。日长无客到，声沸竹炉茶。移来书做伴，半榻晚凉侵。满地树留影，开轩风在林。棋声沉隔院，诗咏答幽禽。尽涤嚣尘去，吾将学抚琴。

韩应潮的诗作，从另一角度记录下塘栖的茶事。“日长无客到，声沸竹炉茶”，主人日夜不息保持竹炉上的沸水，等待随时莅临的客人来泡茶。春茶待客为塘栖待客礼遇。其时，没有热水瓶。客人常来，炉上沸水声声作响，随时可泡茶。

第三首《丁酉仲夏复偕惇甫读书自有余庐，回忆辛岁避暑此间，恍如昨日，仍踵

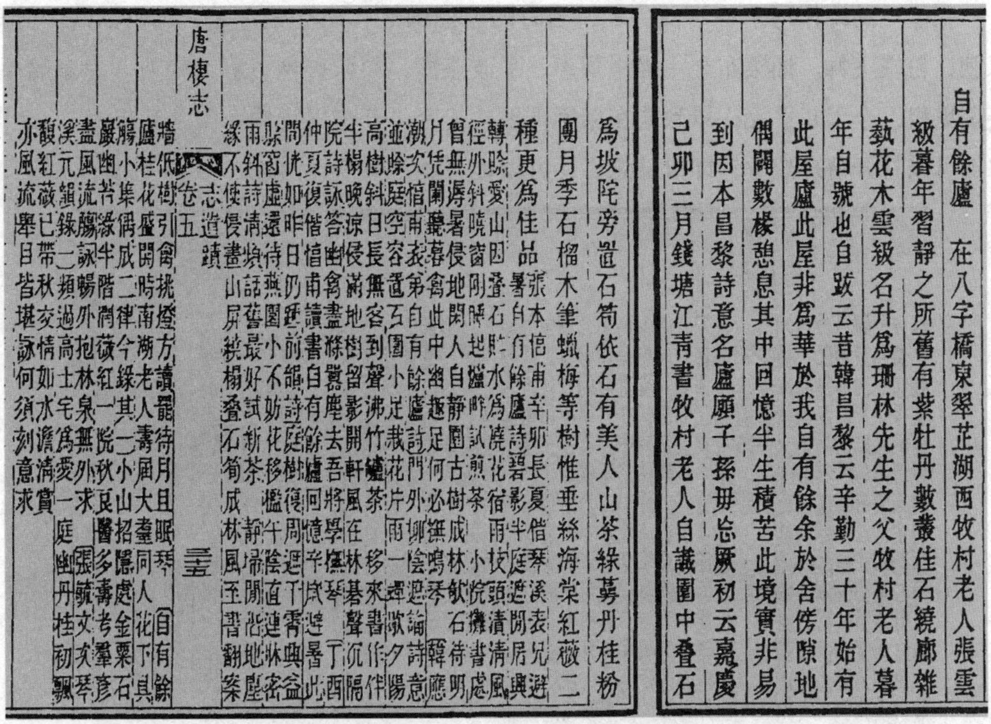
自有餘廬　在八字橋東翠莊湖西牧村老人張雲
紱暮年習靜之所舊有紫牡丹數叢佳石繞廊雜
蓺花木雲紱名升為珊林先生之父牧村老人暮
年自號也自跋云昔韓昌黎云辛勤三十年始有
此屋廬此屋非為華於我自有餘余於舍傍隙地
偶闢數椽憩息其中回憶半生積苦此境實非易
到因本昌黎詩意名廬願子孫毋忘厥初云嘉慶
己卯三月錢塘江青書牧村老人自識圖中疊石
為坡陀旁置石筍依石有美人山茶綠萼丹桂粉
團月季石榴木筆蠟梅等樹惟垂絲海棠紅薇二
種更為佳品張本僖甫辛卯長夏借琴溪表兄避暑自有餘廬詩碧影半庭遮閒居興
轉賒愛山因疊石貯水為澆花宿雨枝頭清清風徑外斜曉窗剛睡起爐畔試煎茶小浣攤書處
曾無溽暑侵地閒人自靜園古樹成林敲石待明月凭闌聽暮禽此中幽趣足何必撫鳴琴韓應
潮次信甫表弟自有餘廬詩門外柳陰遮論詩意並賒庭空容置石園小足栽花片雨一蟬歇夕陽
高樹斜日長無客到聲沸竹爐茶移來書作伴半榻晚涼侵蘚地樹留影開軒風在林碁聲沉隔
院詩詠答幽禽盡滌囂塵去吾將學撫琴丁酉仲夏復借信甫讀書自有餘廬同憶辛卯避暑此
間恍如昨日仍迭前韻詩庭樹復周遮千霄興益賒窗虛還待燕園小不妨花移檻午陰直連床密
雨斜詩清頻話舊最好試新茶靜埽閒階地塵緣不使侵畫山屏繞榻疊石筍成林風至書翻案
唐棲志　卷五　志遺蹟
牆低樹引禽挑燈方讀罷待月且眠琴自有餘廬桂花盛開時南湖老人壽屆大耋同人花下具
觴小集偶成二律今錄其一小山招隱處金粟石巖幽苔滌半階潤薇紅一院秋良醫多壽考羣彥
盡風流觴詠暢懷抱林泉無外求張號文奕琴溪元韻錄二頻過高士宅為愛一庭幽丹桂初飄
馥紅薇已帶秋交情如水澹清賞亦風流舉目皆堪詠何須刻意求

图 1. 3. 220　《唐栖志·自有余庐》

前韵诗》曰：庭树复周遮，千霄兴益赊。窗虚还待燕，园小不妨花。移槛午阴直，连床密雨斜。诗清频话旧，最好试新茶。静扫闲阶地，尘缘不使侵。画山屏绕榻，叠石笋成林。风至书翻案，墙低树引禽。挑灯方读罢，待月且眠琴。

第三首诗除了描述自有余庐的幽静典雅外，“诗清频话旧，最好试新茶”，又是另外一个版本的自有余庐茶话，说的是频频叙旧写下清新的诗作，最好还是品试新茶，这样主友更是诗兴横溢。

《唐栖志》载，蒹葭水榭，在八字桥。临溪构榭，为琴溪渔隐寤歌之所。傍翠紫湖，岸柳垂线，与渔舟钓叟为邻。市尘不到，颜曰“蒹葭深处”，额曰“邻渔小筑”。

张孟兰以徵《谷雨前一日过蒹葭水榭，与琴溪仁兄即景联句》诗，曰：宿雨初晴后，天光入画图。远山青欲滴，芳草绿还腴。粉蝶参差舞，新蘋隐约铺。菜看金布地，柳待絮飘湖。隔岸莺声滑，平波燕嘴濡。春寒花信缓，径僻酒旗孤。破网斜阳照，轻帆暮霭俱。渔家船当屋，菱荡水堪租。坐觉春衫薄，行忘曲径纡。绿漪围斗室，墨雨袭纱橱。羡尔性何迈，怜君诗亦癯。开窗思把钓，啜茗胜提壶。谷雨刚明日，春光到鼠姑。琴樽常践约，风月有谁辜。话旧情难恝，挥毫胆更粗。西湖同放棹，酒好典衣沽。

张孟兰的诗作写于谷雨前一天，当时的塘栖雨后初晴的景色是：远山欲滴，芳草绿腴，粉蝶飞舞。油菜布金。隔岸莺声，平波燕濡，斜阳破网，暮霭轻帆。渔家船屋，菱荡堪租，今天几乎无一景致能在塘栖再现。其后“开窗思把钓，啜茗胜提壶”，蒹葭水榭可以打开窗户想垂钓即可随意，还可以提茗壶，喝茶、钓鱼。

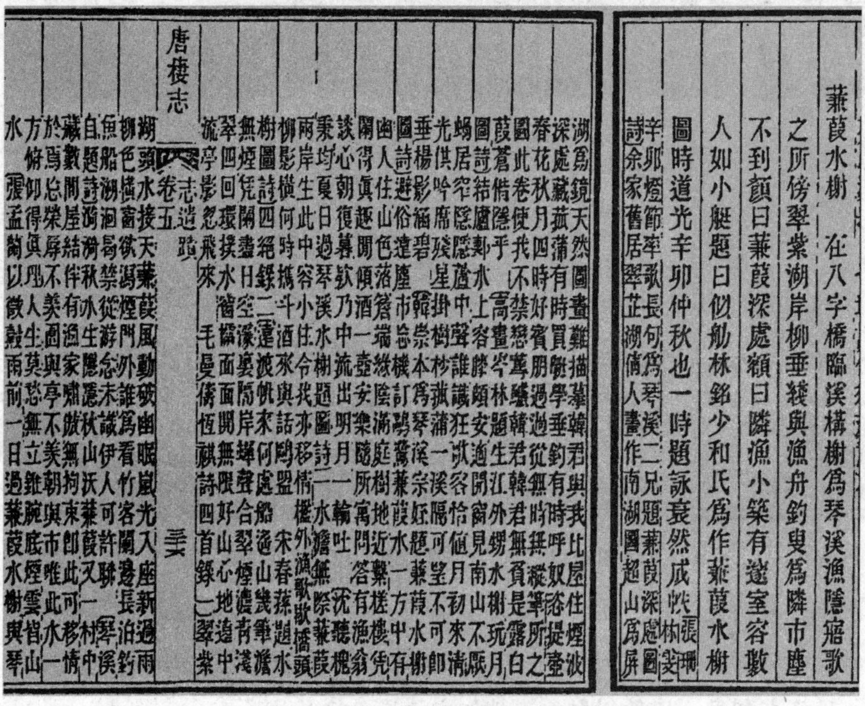
蒹葭水榭　在八字橋臨溪構榭爲琴溪漁隱寤歌之所傍翠紫湖岸柳垂綫與漁舟釣叟爲鄰市塵不到顏曰蒹葭深處額曰隣漁小築有邃室容數人如小艇題曰似舫林銘少和氏爲作蒹葭水榭圖時道光辛卯仲秋也一時題詠裒然成帙

唐棲志　卷五　志遺蹟

图 1. 3. 221　《塘栖志·蒹葭水榭》之张孟兰诗

《塘栖志·纪物产》有琴溪《栖溪风味十二味》其《茶菊》诗曰：处土餐英秀色催，龙团初煮菊花开。东篱逸兴松风沸，北苑清腴玉露堆。扫雪每教红袖试，烹泉何待白衣来。从兹陆羽搜佳品，须问樊川冒雨栽。

题为“茶菊”，茶与菊同入诗中，前为菊，后为茶。“龙团初煮菊花开”，“龙团”，即“龙凤团饼”，此处借用而已，应该是散茶。“北苑清腴玉露堆”，说的是北宋径山北苑茶（蔡襄有径山茶，北苑最佳之语），是最好的玉露茶。“烹泉何待白衣来”，佳茶俱在，山泉流淌，何须等名士来，赶快汲泉烹茶吧。“从兹陆羽搜佳品”，从陆羽在余杭双溪陆羽泉著《茶经》开始，塘栖名士就千方搜寻佳茶名品，塘栖人自古爱佳茶也。

襟山带湖，潆洄漪洑的水乡巨镇塘栖，有着上百座的寺庙庵堂，朝梵夕呗，磬声钟韵，多少大德高僧，论佛谈禅，引来无数名人雅士、仕女，香火旺盛间，也留下诸多极富地方色彩的禅茶文化。

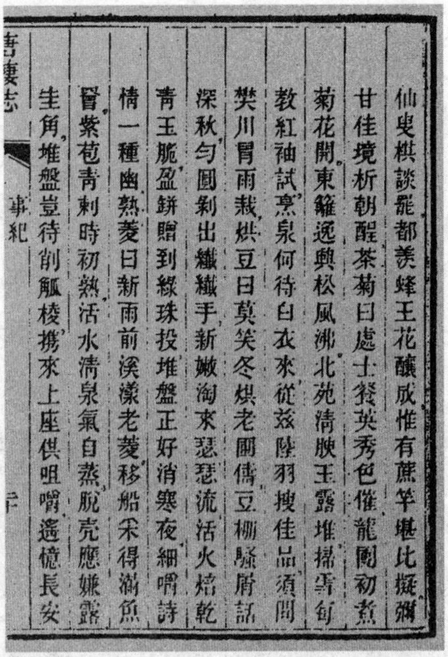

仙叟棋談罷都羡蜂王花釀成惟有蔗竿堪比擬彌
甘佳境析朝酲茶菊曰處士餐英秀色催龍團初煮
菊花開東籬逸興松風沸北苑清腴玉露堆掃雪旬
教紅袖試烹泉何待白衣來從兹陸羽搜佳品須問
樊川冒雨栽烘豆曰莫笑冬烘老圃儔豆棚騷屑話
深秋匀圓剝出纖纖手新嫩淘來瑟瑟流活火焙乾
青玉脆盈鉼贈到綠珠投堆盤正好消寒夜細嚼詩
情一種幽熟菱曰新雨前溪漾老菱移船采得瀹魚
晉紫苞青刺時初熟活水清泉氣自蒸脫殼應嫌露
生角堆盤豈待削觚棱携來上座供咀嚼遙憶長安
唐棲志　事紀

图 1. 3. 222　《唐栖志》之《茶菊》诗

《栖里景物略》载，朱麟（公振）《茶亭》诗，曰：

僧舍临官道，担簦络绎过。赵州遗迹在，七碗任君歌。

这是一首富有水乡特色的禅茶诗歌。“僧舍临官道，担簦络绎过”，描绘了宽阔官道边的寺院边，每天有戴着竹笠担着货物的人群络绎而过。“簦”，古代有长柄的笠。“赵州遗迹在”之“赵州”，指的是唐代创建“吃茶去”口头禅的赵州和尚。赵州和尚也是禅茶的鼻祖。“七碗任君歌”之“七碗”，指的是与陆羽齐名的唐代卢仝，卢仝有著名的“七碗茶”之说。

《唐栖志》载，《清流庵改造山门说》，文如下：余舟至唐栖，问舟人此间有寺观可游览者否？舟人曰：此间有期堂禅院，即古清流庵，极宏敞，可以游目。余步至清流，睹殿阁巍峨，钟鼓俨陈，佛像严整，院僧道枢出迎，肃恭有礼。余徘徊久之，慨然曰：如此功德，如此像教，乃以一山门坏之，使僧众不安，去者多，留者少，且于檀越亦关利害。僧问：何以如是？余应之曰：堪舆家有言，门对无情之水，向对不正之山，皆关于住者不吉。僧始愕然，延余至山门坐茶。余指之曰：水自西来，从东反跳而去，两岸屋角横冲，朱雀斜飞，皆于庵有碍。僧问：何以更改，何以转移？余曰：殿宇一定，不可改也；佛像甚古，不可移也；钟虡有灵，不可动。惟门前小河宜塞，小桥宜平。河岸宜帮阔数尺，使门前平稳如眠弓满月之形。移山门向前丈许，两厢砌高墙接连门毁。庶不正者可正，无情者有情，基址安矣。至朱雀斜飞，筑平墙一座于河滨，朱雀之斜亦可不见。水之反跳者，亦可避。赀粮所费亦不多。僧人延至后园，见小河可挖，而取土接连。屋后之河，如环如带，于庵基为尤美……（顺治辛卯十月初一日，礼部左侍郎内翰林宏文院侍读学士、豫章李明睿撰。）

《清流庵改造山门说》末尾有"顺治辛卯年（1651年）十月初一日，礼部左侍郎内翰林宏文院侍读学士、豫章李明睿撰"，至今已有460余年。这篇文章说的是殿阁巍峨，钟鼓俨陈，佛像严整，院僧道枢出迎，肃恭有礼迎接朝廷大臣李明睿。李明睿徘徊良久，称"如此功德，如此像教，乃以一山门坏之"，众僧愕然，到山门坐下，边喝

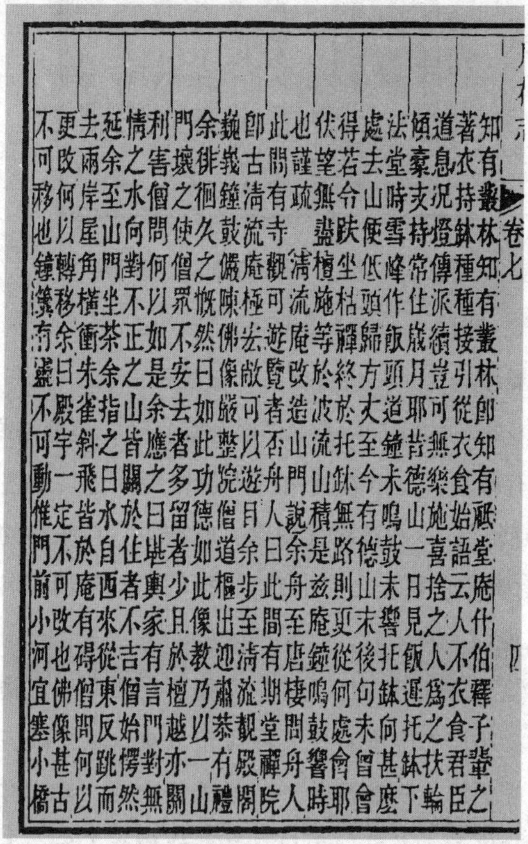

图 1. 3. 223　《塘栖志·清流庵改造山门说》

茶边听李明睿一一道其风水说。其实，这不是迷信，山门朝向怎样，可改变人们对门前小河，小桥的印象。如何排布，略做调整，河流如环如带，庵基尤美。景象变化，人的心情、精神会随之变化，而精神气爽。"山门坐茶"，说禅谈风水，禅茶一说也。

《唐栖志》载：兵部侍郎韩雍《甲申八月舣舟大善寺侧僧珙上人》诗，曰：弭棹

唐栖日已沉，淡烟疏语净无尘。依然相迓供香茗，云是东林珙上人。

兵部侍郎韩雍循京杭大运河在塘栖大善寺泊舟，赠诗给住持珙上人。诗句很美，译成白话文，说的是，舫船停泊塘栖之时，夕阳已西下。淡淡的炊烟，疏疏的乡语，空气清净，一尘不染。

老友相会，依旧是茶茗相迎，真是丛林大德高僧、朝廷高官禅茶相会也。

诗题中"舣"是船着岸。"弭"，是停止。"弭棹"则是放下桨橹。"上人"，大德高僧。

《唐栖志》载，韩琴溪《应潮和韵》诗，曰：寺认萧梁仰梵王，禅心净觉树生香。名流唱和白莲社，暮景盘桓绿野堂。阶草含姿扶瘦策，盆花添媚倚长廊。髯苏留句参寥杳，唤渡山门已夕阳。

《应潮和韵》诗，"萧梁仰梵""禅心净觉""名流唱和"，描绘的是古老的禅院，传承着古老的禅教。"阶草含姿""盆花添媚"，塘栖的大善寺是一座多么美好的去处。"髯苏留句参寥杳"，说的是不由忆起苏东坡那些千古传颂的诗句，特别是"当年陆羽空收拾，遗却安平一片泉"。临平塘栖的名僧道潜，又称"参寥子"，也是一位诗僧，他的诗歌也为里人诵读。时光流逝，故人已杳。

《唐栖志》载，劳幼农《大善寺访雪溪上人》诗，曰：侵晨入古寺，初日照高林。苔径无人迹，僧房有磬音。老松留鹤语，碧沼澄禅心。煮茗清谈久，谁知悟悦深。

劳幼农《大善寺访雪溪上人》诗中前面的六句三十字中，"古寺""高林""苔径""磬音""老松""禅心"，诗情画意，古老的水乡禅寺，引起人们无限的遐想。老松下澄禅心，煮茗清谈，禅茶尽在画中。

塘栖有慧彰禅院，即东茶亭。外有慧彰泉，通泉源，甘洌不涸，遂以泉称。清顺治年间（1644—1662 年）僧照若汲泉施茶，故又曰"东茶亭"。

《唐栖志》载，徐士俊《募建东茶亭疏》云：渴之苦也，不亚于饥。而义浆之施，犹易于行糜而赈粟，是以缁流结愿，往往先其易者而举之。栖镇居武林语水之间，百里方半，自东来者，望见癏阛烟生，辄津津动休息想。乃若歊蒸溽暑，百丈荒涂，一饮凉浆，逾于甘露。智慧人即从此悟入，必得绝大圆通。有僧照若，愿拯此苦，遂于去冬募得五十金，创建方幅数椽，以为施茶之所。

塘栖既为水乡巨镇，又是杭郡北水陆要津，处于大道通衢边的慧彰禅院住持和尚照若，利用禅院外通泉源，甘洌不涸的慧彰泉，汲泉施茶。方圆百里，一见到"阛阓烟生"的禅院寺庵、商家店肆连片，就知道塘栖快到了，不觉口中生津。莅慧彰禅院

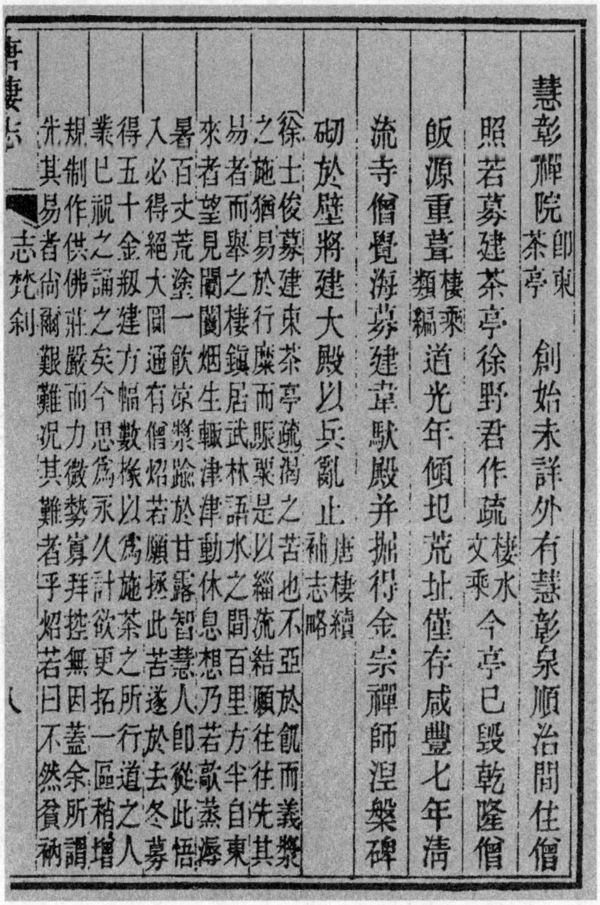
慧彰禪院即東茶亭創始未詳外有慧彰泉順治間住僧照若募建茶亭徐野君作疏棲水文乘今亭已毀乾隆僧皈源重葺棲乘類編道光年傾圮荒址僅存咸豐七年清流寺僧覺海募建韋馱殿并掘得金宗禪師涅槃碑砌於壁將建大殿以兵亂止唐棲續志補略

徐士俊募建東茶亭疏渴之苦也不亞於飢而義漿之施猶易於行糜而賑粟是以緇流結願往往先其易者而舉之棲鎮居武林語水之間百里方半自東來者望見闌闠烟生輒津津動休息想乃若歊蒸溽暑百丈荒塗一飲涼漿踰於甘露智慧人即從此悟入必得絕大問通有僧炤若願拯此苦遂於去冬募得五十金赦建方幅數椽以為施茶之所一行道之人業已祝之誦之矣今思為永久計欲更拓一區稍增規制作供佛莊嚴而力微勢寡拜捁無因蓋余所謂先其易者尚爾艱難況其難者乎炤若曰不然貧衲

唐棲志　志梵剎

图 1. 3. 224　《唐栖志》之“慧彰禅院”

一饮甘洌的慧彰泉水，犹如仙间甘露。照若大师极悟佛性，于是募得五十金，在泉旁建屋数椽，作为施茶场所。乡人遂称“东茶亭”。名士徐士俊《募建东茶亭疏》记录下三四百年前的这段禅茶历史。

塘栖寺庵茶亭还不止此一处。资庆院，俗称“西茶亭”，《唐栖志》载钱牧斋《重修资庆院记》，云：

武林之塘西，有僧院曰“资庆”。创自宋建炎间，至国朝，凡再毁。颓垣断础，仅存棘中。沙门圆公居之，六时礼诵，与饥鼪穷鼯，啸呼应和。闾右之族，知其有道也。欢然相之，刳朽翦秽，庀材僦工。万历二十年，茶亭成。又四年，禅堂成。

创建于南宋初年建炎年间（1127—1130 年），元末兵毁。明景泰三年（1452 年）重建，嘉靖四十五年（1566 年），复毁，屡建。明沙门圆公苦心募资再建。闾右之族，知其有道也，万历二十年（1592 年），禅院茶亭先成，亦为施茶之所。院主募资重修禅院。首先想到的是沿途旅客之饮水，先建茶亭，以解渴之苦。再建禅堂，又四年方成。

《唐栖志》之《重修西茶亭资庆院募疏》，云：

忆昔圣道和尚住锡兹院，余过访之咨问次。入夜相对茶话，斯时矮榻风清，虚檐月堕，飘飘有离尘出世之想。弹指三十年已成陈迹。今壬戌之秋，里友吉叔仁以重修院事募疏，属予序。予曰：斯固吾栖古刹也，奚容辞？栖镇之有资庆禅院，建自有宋，毁而屡新。明万历间，禅者圆公来居于斯，创茶亭，建禅堂，屹然称名刹焉。

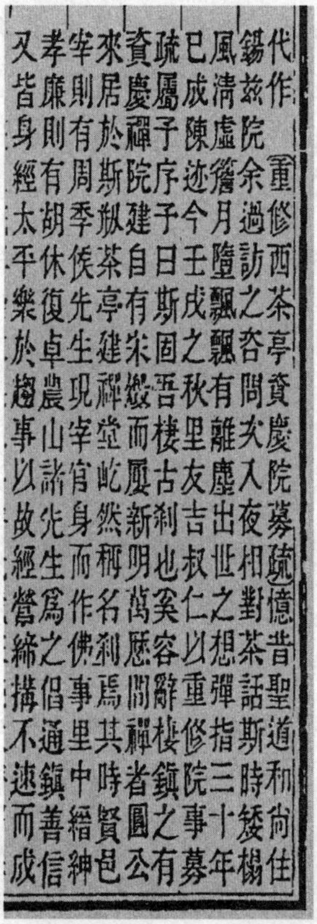
代作　重修西茶亭資慶院募疏憶昔聖道和尚住
錫兹院余過訪之咨問次入夜相對茶話斯時矮榻
風清虛簷月墮飄飄有離塵出世之想彈指三十年
已成陳迹今壬戌之秋里友吉叔仁以重修院事募
疏屬予序予曰斯固吾棲古刹也奚容辭棲鎮之有
資慶禪院建自有宋毀而屢新明萬歷間禪者圓公
來居於斯創茶亭建禪堂屹然稱名刹焉其時賢邑
宰則有周季侯先生現宰官身而作佛事里中縉紳
孝廉則有胡休復卓農山諸先生爲之倡通鎮善信
又皆身經太平樂於趨事以故經營締搆不速而成

图 1. 3. 225　《唐栖志·重修西茶亭瓷庆院募疏》

名士过访，高僧接待，“入夜相对茶话，斯时矮榻风清，虚檐月堕，飘飘有离尘出世之想”。僧俗之间、汲泉品茗，论佛谈禅，通宵达旦。端坐于禅院的矮榻，透过禅堂木格的空隙，看着那月亮慢慢坠落，飘飘然仿佛离开尘世，登入天堂之想油然而生。这是作者三十年前的记忆了。明天启壬戌年（1622 年）秋天，塘栖里人吉叔仁重修西茶亭资庆院，写下此文，又一次再现了塘栖屡修茶亭禅院的禅茶历史文化。

塘栖绿野庵，一名皈庵，又名陆家庵。在福王庄基之北。明万历间，皈庵法师从

《唐栖志》载《绿野庵记》云：

粤稽古来名山大刹，莫不始于班荆荫松，而终层轩飞阁者，固云地灵。其先必藉苦行头陀拥锡来游，然后世世续功，身远名劭，遂成一方胜迹焉。若唐栖之绿野庵已滥觞矣。前明万历十年，有僧文如，字皈庵，与其师达庵，同系吴门。行脚至栖，达庵重修大善寺，皈庵结庐于此。……

本邑慈相建有觉觉堂，会集名儒，阐扬性道。于栖水则庋止大善古刹，一时鸿儒硕彦，若胡元敬、吕水山、卓去病、胡休复诸先生俱欢洽景从，而闻风向慕，舳舻相接。凡至大善寺布席讲论毕，退憩于兹。独与胡、吕、去病诸君之最契者，瀹茗论心，故先恭简自谓予德勋名位不逮裴晋公，何必另构别业，悠游自娱，即以是庵为予之绿野堂可乎？遂颜其庵曰"绿野"云。……

我们摘录《绿野庵记》的片段，些许了解塘栖名庵历史。关键在"凡至大善寺布席讲论毕，退憩于兹。独与胡、吕、去病诸君最契者，瀹茗论心"，这一段话。诠释了绿野庵其实是一幽静的小庵，大和尚论道完毕，都在此憩息，与里人高士瀹茗间，畅谈心中深处想法，真正的禅茶也。

绿野庵虽小，但清静雅致。泉清茶香，吸引许多名人高士造访，留下许多禅茶诗歌。《唐栖志》均有记载。金长與《绿野庵次翼令韵诗》，曰：

清梵浮深薄，幽寻过小溪。人从曲径转，云逐远山低。昼永禅灯静，心空幻景齐。一番茶话罢，白日已平西。

走过多少清静的梵寺，幽幽的山溪，弯弯曲径来到绿野庵。进入庵堂，高高的皋亭、黄鹤山看上去那么低。哦！庵与山相距已很远。绿野庵的禅灯白天黑夜永远静静地点燃，进入禅堂的人们不觉消除一切幻景，心底洁净。最后的"一番茶话罢，白日已平西"。道出了数百年前塘栖寺庵道观禅茶几乎是永远的主题。

吴钟琰《绿野庵次翼令诗韵》，曰：

闲适逢开士，祇林傍浅溪。小桥秋水涨，古树夕阳低。茶拂松声急，风翻贝叶齐。坐深尘虑绝，明月满窗西。

吴钟琰的诗中"茶拂松声急，风翻贝叶齐"，是另一种禅茶的解读。说的是沸水浸泡下的佳茶，细细袅袅升起的水汽被微风吹散，而窗外的松树却被刮得声声作响。在此幽静中一页一页阅读贝叶做成的佛经，方能知晓禅教之真谛。"贝叶"，一种南方高大乔木的叶子，可成为刻写佛经的材料。贝叶经是古代寺院珍品，经千年不损。

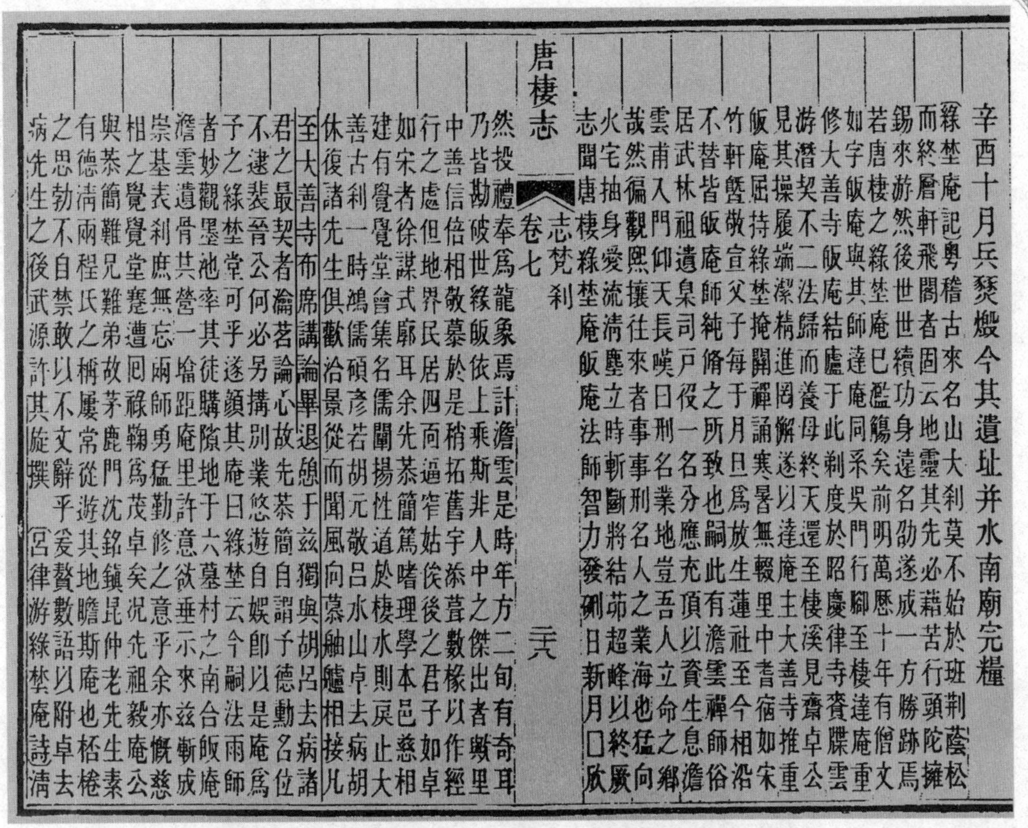
辛酉十月兵燹燬今其遺址并水南廟完糧
綠埜庵記粵稽古來名山大剎莫不始於班荊蔭松
而終層軒飛閣者固云地靈其先必藉苦行頭陀擁
錫來游然後世世積功身遠名劭遂成一方勝跡焉
若唐棲之綠埜庵已盛鴿矣前明萬歷十年有僧文
如字飯庵與其師達庵同系吳門行腳至棲達庵重
修大善寺飯庵結廬于此剃度於昭慶律寺賫朕雲
游潛契不二法歸而養母終天還至棲溪見齋卓公
見其操履端潔精進罔懈遂以達庵主大善寺推重
飯庵屈持綠埜掩闡禪誦寒暑無輟里中書宿如宋
竹軒暨敬宣父子每于月旦為放生蓮社至今相沿
不替皆飯庵師純脩之所致也嗣此有澹雲禪師俗
居武林祖遺臬司戶役一名分應充須以資生息澹
雲甫入門仰天長嘆曰刑名業地豈吾人立命之鄉
哉然徧觀熙攘往來者事事刑名人之業海也猛向
火宅抽身愛流清塵立時斬斷將結茆超峰以終厭
志聞唐棲綠埜庵飯庵法師智力發彌日新月□欣

唐棲志 卷七 志梵剎 三六

然投禮奉為龍象焉計澹雲是時年方二旬有奇耳
乃皆勘破世緣飯依上乘斯非人中之傑出者歟里
中善信倍相敬慕於是稍拓舊宇叅葺數椽以作經
行之慮但地界民居四而逼窄姑俟後之君子如卓
如宋者徐謀式廓耳余先茶簡篤嗜理學本邑慈相
建有覺覺堂會集名儒闡揚性道於棲水則戾止大
善古剎一時鴻儒碩彥若胡元敬呂水山卓去病胡
休復諸先生俱歡洽景從而聞風向慕舳艫相接几
至大善寺布席講論畢退憩于茲獨與胡呂去病諸
君之最契者瀹茗論心故先茶簡自謂予德動名位
不逮裴晉公何必另搆別業悠遊自娛郎以是庵為
子之綠埜堂可乎遂顏其庵曰綠埜云今嗣法雨師
者妙觀墨池率其徒購隙地于六墓村之南合飯庵
澹雲遺骨其營一塏距庵里許意欲垂示來茲斬成
崇基表剎庶無忘兩師勇猛勤修之意乎余亦慨慈
相之覺覺堂蹇遭回祿鞠為茂卓矣況先祖毅庵公
與茶簡難兄難弟故茅鹿門沈銘鎮昆仲老先生素
有德清兩程氏之構屢常從遊其地瞻斯庵也梧棬
之思勃不自禁敢以不文辭乎爰贅數語以附卓去
病先生之後武源許其旋撰
宮律游綠埜庵詩清

图 1. 3. 226 《唐栖志·绿野庵记》

张雯《绿野庵品菊诗》，曰：

人淡花同淡，禅堂数本藏。清谈深涤虑，苦茗喜撑肠。莲座空诸相，昙花逊此香。冬心期再结，奚必展重阳。

张雯的诗中“清谈深涤虑，苦茗喜撑肠”，禅道清晰，哲理深远。虽然是非常直白的言语，却能使您茅塞顿开，荡涤您苦苦的深虑。一杯略带苦味的清茶，慢慢地品味，则能清垢排毒、身心健康。禅茶，禅道与健康全都有了。

《唐栖志》载《天游庵》文，曰：

一名慈寿庵，距镇三里许，界河之中。里中沈居士长宸供养金陵素慥上人以祝母寿。上人恬淡禅寂，频年不出户庭，阁内梅竹森然，蒲团茗碗而已。

塘栖天游庵是里人沈长宸居士供养金陵素慥上人，做善事以祝母亲长寿而设的庵堂。尼姑终年念佛，足不出庭。庵阁内红梅、青竹非常幽静，待客只有蒲团端坐、茗碗清茶而已。尽管庵小，禅茶味道却很深远。

《唐栖志》载《泗水庵》，文曰：

图 1. 3. 227　《唐栖志》之金长舆、吴钟琰、张雯塘栖茶诗

马鞍山西。小支曰白栗山。山之腰，旧有小庵一区，不知何时起建。先为比丘尼所居。尼卒，无后，弘治年间（1488—1505 年）四明僧瑾与其徒相继居此。遂，因为僧居庵之乾隅。石罅间天生一井。《西轩类编》，井详《山水志》。

《唐栖志》载，胡允嘉《重修泗水庵募缘疏》，云：

余家西水，不堪近市之嚣杂。每棹小桨，携小茶灶，泛葭苇荇藻间，终憩泗水焉。若涉超之巅，迤逦入皋亭，寻黄鹤，又以泗水为椎轮矣。其水为泉，窥之若井。其下穿然，不知其方广也。履其上，穿然者如鸣筝拨阮，铿锵而应；汲瓶落手，荡激以去，非绠缩可缘而得。水味不敌锡之慧、金之中泠，澄之则清和有韵，不败茗色。背负小阜，连岗突石，可眺可游。接阜以往，中断为峡，林中阴蔚，纤香而入，恍异人境。若夫鸣鸠夜月，雪霁冬松，花浓叶赤，人寂径清，即谢有东山之胜，陶爱匡阜之幽，亦足埒矣。

然予于是更有感焉。字水曰泗，其山为龟、为马，峙于左右。东齐河洛之遗事，此必有人焉，慕其风以锡其嘉名，为隐学栖槃之处。碑沉志远，不复可考，此一感也。水为名泉，邵康僖诸老煎茶赋诗，以板其上，先哲胜风，慨焉可追，又一感也。……

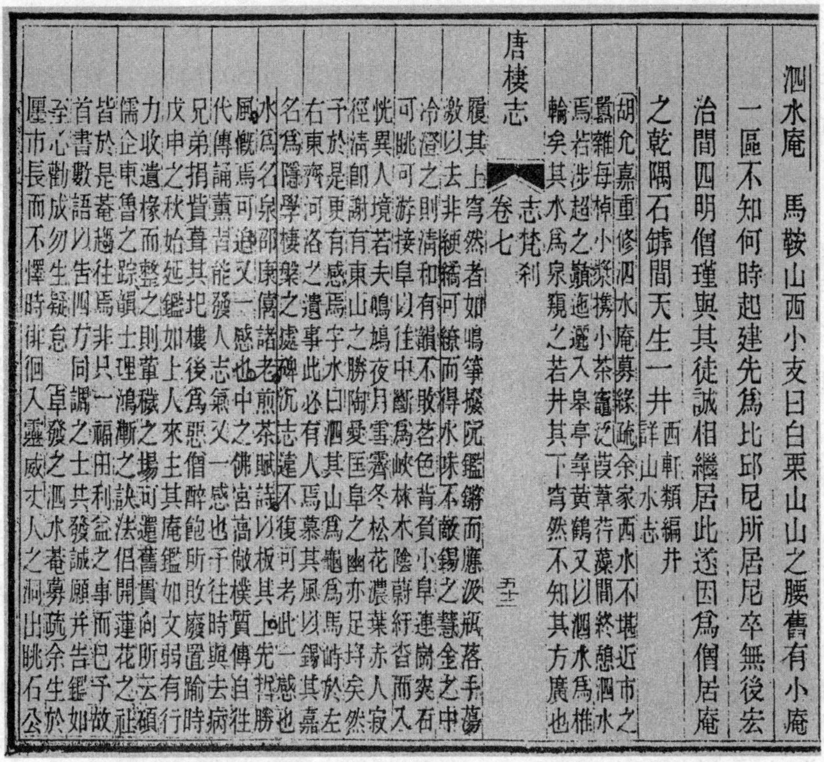
泗水庵　馬鞍山西小支曰白栗山山之腰舊有小庵一區不知何時起建先爲比邱尼所居尼卒無後宏治間四明僧瑾與其徒誠相繼居此遂因爲僧居庵之乾隅石罅間天生一井西軒類編井詳山水志

胡允嘉重修泗水庵募緣疏　余家西水不堪近市之囂雜每棹小槳携小茶竈泛葭葦荇藻間終憩泗水焉若涉超之巔迤邐入皋亭尋黃鶴又以泗水爲椎輪矣其水爲泉窺之若井其下穹然不知其方廣也履其上穹然者如鳴箏撥阮鏗鏘而應汲瓶落手蕩激以去非綆繘可繚而得水味不敵錫之慧金之中冷澄之則淸和有韻不敗茗色背負小阜連蔚爽石可眺可游接皋以往中斷爲峽林木陰蔚紆杳而入恍異人境若夫鳴鳩夜月雪霽冬松花濃葉赤人寂徑淸即謝有東山之勝陶燮匡皐之幽亦足埒矣然予於是更有感焉宇水曰泗其山爲龜爲馬峙於左右東齊河洛之遺事此必有人焉慕其風以錫其嘉名爲隱學棲槃之處碑沉志遠不復可考此一感也水爲名泉邵康僖諸老煎茶賦詩以板其上先悊勝風慨焉可追又一感也中之佛宮高敞樸質傳自徃代傳誦薰昔能發人志氣乂一感也予往時與去病兄弟捐貲葺其圮樓後爲惡僧醉飽所敗廢置踰時戊申之秋始延鑑如上人來主其庵鑑如文弱有行力收遺椽而甃之則葷穢之場可還舊貫向所云碩儒企東魯之踪韻士理鴻斷之訣法倡開蓮花之社皆於是菴趨往焉非只一福用利益之事而邑予故首書數語以告四方同謂之士共發誠願并告鏗如孚心勸成勿生疑息草發之泗水菴募疏余生於壓市長而不懌時御徊入靈威丈人之洞出眺石公

唐棲志　卷七　志梵刹

图 1. 3. 228　《唐栖志》之“泗水庵”及胡允嘉《重修泗水庵募缘疏》

胡允嘉的文章既美又非常奇特，虽是数百年前古人写的，却有现代人的情怀。文章起首写道：“余家西水，不堪近市之嚣杂。每棹小桨，携小茶灶，泛葭苇荇藻间，终憩泗水焉。”数百年前的古人，居然不堪于塘栖市集的嚣杂。划着小船，携带精致的小茶灶，终日荡漾在芦苇、水藻的泗水间。“葭”，初生的芦苇。诗中水乡名士、游戈清流，不忘带上小茶灶，随时品茗，特有的水乡茶俗也。接下去的一段，描绘了数百年前泗水庵泉的清澈：“其水为泉，窥之若井。其下穹然，不知其方广也。履其上，穹然者如鸣筝拨阮，铿锵而应；汲瓶落手，荡激以去，非绠繘可缭而得。水味不敌锡之慧、金之中冷，澄之则清和有韵，不败茗色。”泗水泉为泉水，但看上去像一口井。往下看，就像穹然天际，不知多深多广。走近泉水旁，犹如天空中的风筝呜呜作响，下面有铿锵的乐声回应。不经意间，汲水的陶瓶不慎失手，随激荡的泉水而去，只有用长长的井绳方能捞缭而得。

泗水泉虽不如无锡锡山的惠山泉，镇江金山寺的中冷泉。但其澄净清和，泡茶后，茶色经久不败，为乡人青睐。"绠縻"，井绳的代名词。胡允嘉的文章赞美塘栖泗水泉之清澈甘美，可能令人不相信。我却认为是真实可信的。1960 年至 1967 年间，笔者曾在余杭大陆一带上至茅山头，下至下确桥一带养猪、捕鱼，长达七八年。其时，余杭的河中来水均来自天目山，清澈洁净，农场渔丁常即饮。50 年前，余杭的河水可即饮。数百年前人更少，泉水当更清。文中还有一段："水为名泉，邵康僖诸老煎茶赋诗，以板其上，先哲胜风，慨焉可追，又一感也。"乡间长老汲泉煎茶赋诗，塘栖古老文雅的茶俗也。

《栖里景物略·西里三十二咏》有"泗水庵"诗曰：

来邀徵侣路悲岐，山岭云横泉更宜。汲水煎茶春正晓，翠阴丛里画眉儿。

云间山岭，泉水宜人。初春邀侣，汲水煎茶。苍翠树林，画眉声声。多么迷人的一幅品茗图。

《唐栖志》载，卓明卿《泗水庵疏》，文曰：

泗水庵标之白粟山邃谷，实唐栖南陲幽胜也。曩岁旱河涸，问庵中龙泉井水漾洁，即大旱不竭，驰往爽一勺，以沃渴吻。厥井非砖石甃，乃山上天穴也。穴上隘下广，泉从出焉。水不甚甘，居民取以绠丝，多利赖之。……

塘栖名士卓明卿《泗水庵疏》记载了庵中龙泉井水漾洁，大旱不竭。泉非砖砌石甃，而是天然山上石穴。穴上隘下广，泉从穴出。水不甚甘甜，居民绠丝多依赖此水。

隔了数百年，泗水庵龙泉井水，已大不如前，味不再甘甜，汲泉品茶已成历史，成了乡人绠丝的水源。"绠"通"缫"。

泗水庵和庵中的龙泉井水遐迩闻名，《唐栖志》记载有许多达官贵族的咏诗。

布政司丁养浩《西轩次韵》曰：绝顶清秋远物华，一尘飞不到袈裟。松高象殿穿云出，竹压禅关带雨斜。老鹤有时闲教子，野梅无语自开花。相逢莫问人间事，纱帽笼头且吃茶。

高官丁养浩的诗里，最后二句"相逢莫问人间事，纱帽笼头且吃茶"，不论你是僧俗，不看你的贵贱，朋友见面"且吃茶"。似乎是唐代赵州和尚"吃茶去"翻版的口头禅。

《唐栖志》载，丁养浩，字师孟，号集义，西轩其别号也。（《柄水文乘》）洪武初，丁友直公徙居漳溪，距唐栖东南十里，又曰漳里。至丁乐善公筑室丁山，负山临湖，为读书所，于漳里别筑新第。迨西轩生，人见其修长英伟，迥出众人，因呼其地

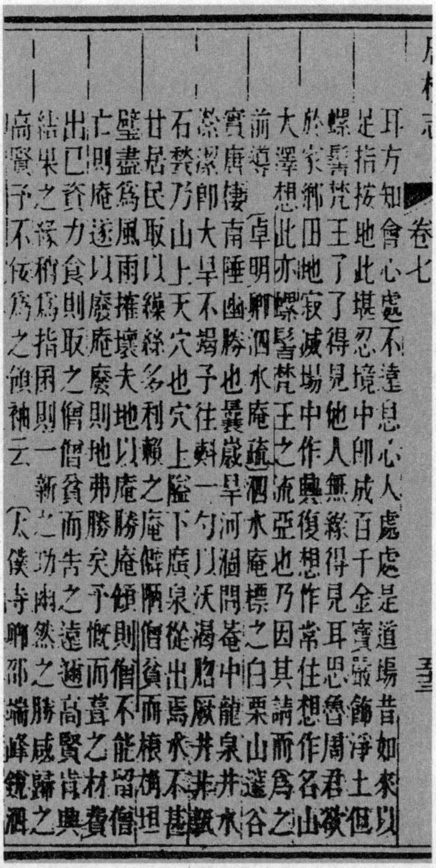
唐棲志　卷七
耳方知會心處不違息心人處處是道場昔如來以
足指按地此堪忍境中即成百千金寶嚴飾淨土但
螺髻梵王了了得見他人無緣得見耳思魯周君欲
於家鄉田地寂滅場中作興復想作常住想作名山
大澤想此亦螺髻梵王之流亟也乃因其請而為之
前導
卓明卿泗水庵疏
泗水庵標之白栗山遂谷
寶庵傣南陲幽勝也囊巖旱河涸問菴中龍泉井水
慈潔即大旱不竭子往蝌一勺以沃渴胞厥井非瓢
石勢乃山上天穴也穴上臨下底泉從出焉求不甚
甘居民取以繰絲多利賴之庵僻陋僧貧而櫝稍坦
壁盡為風雨摧壞夫地以庵勝庵傾則僧不能留僧
亡則庵遂以廢庵廢則地弗勝矣予懷而葺之材費
出已資力食則取之僧僧貧而告之遠邇高賢肯興
結果之緣稍為指困則一新之功肉然之勝咸歸之
高賢予不依為之領神云
太僕寺卿邵端峰鐵泗

图 1. 3. 229　《唐栖志》之卓明卿《泗水庵疏》

为大人里。(《栖里景物略》) 成化十三年（1477 年）丁酉亚魁，二十三年（1487 年）丁未会魁。(仁和《赵志·选举》) 累官四川按察司副使。时有垫江富民杀人，给孤侄使冒罪，贿成其狱。养浩廉知其冤，竟反坐。转广东右参政，时河源程乡贼蜂起，养浩募人守要害，使不得逞。遣兵以次擒剿，四境底宁。历升云南布政使致仕。(仁和《赵志》)。年六十九，与郡人复斋孙公、素轩陈公、竹轩毛公、慕庭邵公、素庵张公、直庵沈公、直斋董公、学稼费公、西湖居士邓公等十九人，先后得请归者，其结为归田乐会，每月一会。

《唐栖志》载，通政司徐九思《一斋次韵》诗，曰：历历禅关几岁华，松风吹雪落袈裟。龙归古洞春云暖，鹤唳虚亭夜月斜。峭壁坐禅飞锡杖，空堂演法雨天花。老僧定起浑无事，汲水樵薪自煮茶。

通政司徐九思《一斋次韵》诗中，屡屡出现“禅关”“袈裟”“坐禅”“锡杖”“空堂”(禅堂)、“法雨”，均是禅院特定的名词，充满数百年前塘栖寺院堂庵间的禅

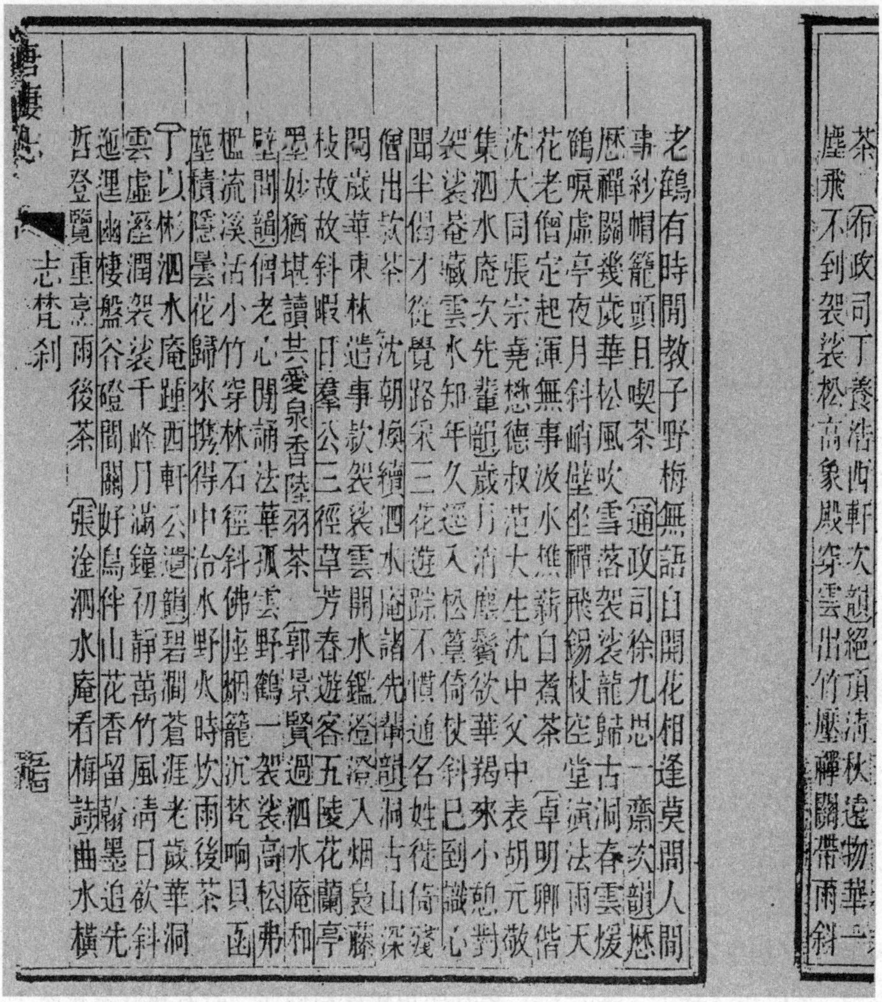
茶〔布政司丁養浩西軒次韻〕絕頂清秋遠物華
塵飛不到袈裟松高象殿穿雲出竹壓禪關帶雨斜一

老鶴有時聞教子野梅無語自開花相逢莫問人間
事紗帽籠頭且喫茶〔通政司徐九思一齋次韻〕懸
歷禪關幾歲華松風吹雪落袈裟龍歸古洞春雲煖
鶴唳虛亭夜月斜峭壁坐禪飛錫杖空堂演法雨天
花老僧定起渾無事汲水樵薪自煮茶〔卓明卿偕
沈大同張宗堯懋德叔范大生沈中父中表胡元敬
集泗水庵次先輩韻〕歲月消塵鬢欲華羯來小憩對
袈裟菴藏雲水知年久逕入松篁倚杖斜已到識心
聞半偈才從覺路采三花遊蹤不慣通名姓徙倚殘
僧出款茶〔沈朝煥續泗水庵諸先輩韻〕洞古山深
閟歲華東林遺事款袈裟雲開水鑑澄澄入烟裊藤
枝故故斜暇日羣公三徑草芳春遊客五陵花蘭亭
墨妙猶堪讀共愛泉香陸羽茶〔郭景賢過泗水庵和
壁間韻〕偶老心閒誦法華孤雲野鶴一袈裟高松弗
檻流溪活小竹穿林石徑斜佛座網籠沉梵響貝函
塵積隱曇花歸來攜得中泠水野火時炊雨後茶
〔丁以彬泗水庵題西軒公遺韻〕碧澗蒼涯老歲華洞
雲虛徑潤袈裟千峰月滿鐘初靜萬竹風清日欲斜
迴逕幽棲盤谷磴閒關好鳥伴山花香留翰墨追先
哲登覽重烹雨後茶〔張淦泗水庵看梅詩〕曲水橫
唐棲志　志梵剎

图 1. 3. 230　《唐栖志》之丁养浩、徐九思、卓明卿、沈朝焕、郭景贤、丁以彬、张淦的唐栖茶诗

意。最后二句“老僧定起浑无事，汲水樵薪自煮茶”中“浑无事”与郑板桥“难得糊涂”有异曲同工之美，大德高僧读懂尘世人生，领悟佛禅真谛，“浑无事”也。每天的功课“汲水樵薪自煮茶”，恰到好处地诠释了“禅茶一味”。

《唐栖志》载，卓明卿《偕沈大同、张宗尧、懋德叔、范大生、沈中父、中表胡元敬集泗水庵次先辈韵》诗，曰：岁月消尘鬓欲华，羯来小憩对袈裟。庵藏云水知年久，径入松篁倚杖斜。已到识心闻半偈，才从觉路采三花。游踪不惯通名姓，徙倚残僧出款茶。

清代塘栖名人卓明卿的这首诗共八句，前六句，以恰到好处的用词描述了卓明卿偕亲朋好友一行集于泗水庵，后二句"游踪不惯通名姓，徙倚残僧出款茶"，说的是来到泗水庵的施主，无须通报姓名，来有何事，庵主已安排上茶，又是一桩塘栖版的赵州和尚"吃茶去"，塘栖版的"禅茶一味"。

《唐栖志》载，沈朝焕《续泗水庵诸先辈韵》：洞古山深阅岁华，东林遣事款袈裟。云开水鉴澄澄入，烟袅藤枝故故斜。暇日群公三径草，芳春游客五陵花。兰亭墨妙犹堪读，共爱泉香陆羽茶。

里人沈朝焕也常来泗水庵，他的这首诗作前六句也是描述泗水庵的幽静古老，后两句"兰亭墨妙犹堪读，共爱泉香陆羽茶"，禅茶之中又增添了许多书卷气和古意。经常来到泗水庵一边朗读临摹王羲之的《兰亭序》，一边汲泗水庵的龙井泉水、烹煮佳茶，不犹起想起茶圣陆羽。水乡名人品茗赋诗写入陆羽的并不多。

《唐栖志》载，郭景贤《过泗水庵和避间韵》诗，曰：僧老心闲诵法华，孤云野鹤一袈裟。高松弗槛流溪活，小竹穿林石径斜。佛座烟笼沉梵响，贝函尘积隐昙花。归来携得中泠水，野火时炊雨后茶。

郭景贤的诗作，前面六句说的是孤云野鹤间，身披袈裟的老僧诵《法华经》，但见泗水庵周边高松、流溪、小小的竹林、斜斜的石径；庵内佛座边香火缭绕，梵呗声响，厚厚的贝叶经函展现着寺庵的深邃、佛学的源流。最后二句"归来携得中泠水，野火时炊雨后茶"，中泠水，即庵中之龙井泉水，"雨后茶"，应是谷雨后的二茶。描绘了初夏时节泗水庵的禅茶历史。

《唐栖志》载，丁以彬《泗水庵踵西轩公遗韵》诗，曰：碧涧苍涯老岁华，洞云虚湿润袈裟。千峰月满钟初静，万竹风清日欲斜。迤逦幽栖盘谷磴，间关好鸟伴山花。香留翰墨追先哲，登览重烹雨后茶。

丁以彬的诗作，同样以精准的词汇、优美的诗句描绘数百年前的泗水庵，那"碧涧""苍涯""洞云""袈裟""千峰""万竹""盘谷""山花"，与上面的诗作，无一字重复，无一词重现，功力之深，令人赞叹。后二句"香留翰墨追先哲，登览重烹雨后茶"，同样彰显了塘栖寺庵文人的高雅儒学，充满书香气，到了寺庵追思先哲，留下墨宝；登高望远，返回寺内，重新沏泡谷雨后的新茶。这是又一版的塘栖"禅茶一味"。

《唐栖志》载，张淦《泗水庵看梅诗》，曰：曲水横桥路几叉，寒花千树绕僧家。香浮雪海苔岑失，影动风篁铁干斜。霁宇乍销三里雾，斋厨又破一团茶。归舟入暮还酬劝，笑指旗亭酒可赊。

张淡的诗作，同样是八句，其中的一句"斋厨又破一团茶"，中的"团茶"，并非陆羽《茶经》中的团茶，即饼茶，是借古意描绘泗水庵的禅茶古老，来烘托禅茶一味。

《唐栖志》载，六观庵 在白栗山之阳。明崇祯年间（1628—1644年），僧恒光建，其裔观静住持。日久荒圮。康熙年间（1662—1722年），图佳城者谋之。经里人力阻乃止。（《栖水文乘》。）乾隆乙丑（1745年），姚氏与僧敏中募建，复旧额。（《栖乘类编》。）咸丰辛酉（1861年），粤匪毁。光绪年间（1875—1908年），有画家沈澄来栖易羽服，于庵址建老君殿及廊房十余间，更榜其门曰"福清宫"。夏容伯曰：沈澄，字一秋，又号白华道人，工人物花鸟山水。其建庵也，予实左右之。光绪癸未年（1883年）羽化，葬于山后。

《唐栖志》记载的六观庵肇创于明崇祯年间（1628—1644年），太平军入浙杭被毁。光绪年间有画家沈澄在庵址建老君殿，称其为"福清宫"，历史已有300余年。

《唐栖志》载，张雯《泗水六观庵探梅用丁西轩前辈韵》诗，曰：六观庵开绿萼华，清游静室访袈裟。朅来正及枝头放，归去浑忘日脚斜。黄犬吠云知忤客，缟衣如雪欲欺花。荈芽渐出春分近，有约春前共试茶。

张雯的诗作也是八句，前六句描绘了绿梅花开的初春时节，寻访六观庵高僧，此时花蕊初放，观之入神，直至落日西下方想到回家。家中的黄狗看到外来客就吠叫，因为生客身着白衣，很少见到。最后二句"荈芽渐出春分近，有约春前共试茶"，"荈"，是晚采的茶。"春分"，二十四节气之一。天文学规定春分为北半球春季的开始。这两句诗，说的是塘栖晚采的茶叶已萌芽、春分时节已临近。先前有约，春分前还要去六观庵品尝新茶。多美的诗句，又描绘了塘栖的禅茶。

《唐栖志》载，韩应潮《和韵诗》，曰：不向蒲团说法华，水田门外即袈裟。雪含疏蕊山头满，水照横枝屋角斜。清兴待倾三雅酒，重游留得十分花。碧纱细嚼名人句，老妪犹知和煮茶。

韩应潮的这首诗，是应和张雯诗而作。前六句，描绘了六观庵僧俗端坐蒲团听高僧讲《法华经》，观望庵门外水田还有衣着袈裟的僧人在劳作。庵旁的山头满是雪中的绿蕊的梅花，还有那斜斜的水乡农屋。听完禅座大家重逢，三巡敬酒，兴致颇高。回到家中身着碧纱的主人细细品味庵中见到的名人诗句，老妇人和往常一样早早烹煮佳茶伺候。

一般人认为塘栖不产茶，但典籍上白纸黑字的记载说明塘栖清代也自产茶叶。《栖里景物略》载，胡胤嘉《贻卓稺穀癖茶轩诗》，曰：

茶经

图1. 3. 231　《唐栖志》之张雯六观庵诗、韩应潮塘栖茶诗

穉穀构癖茶轩成，索诗题之。久无吟咏之兴，负此诺责。一日僧文捧黄鹤茶过余茗上，香色异常。时天微雨，林要清涤，吹嘘鼎沥，烦滞都驱，穉穀读书此中，想益尽其妙，赋诗贻之。因笑瑯琊之茗饮，陆博士之毁论，俱非泠嗜，强作解耳。

茶理精无尽，区分自有宜。沸汤开蟹眼，注碗斗枪旗。佳种殊堪秘，名泉恨未移。皋亭读书处，把对不胜思

塘栖名士胡胤嘉《贻卓穉穀癖茶轩诗》，题目中有"癖茶轩"，嗜茶成癖也。序中有"一日僧文捧黄鹤茶过余茗上，香色异常"之句。黄鹤山在皋亭附近，有人作诗赞美塘栖月波楼首为"月出黄鹤山"，在塘栖就能看到月亮升上黄鹤山。"黄鹤茶"，即

塘栖本地黄鹤山自产的茶叶，香气俱佳。"因笑瑯琊之茗饮，陆博士之毁论"，展示了胡胤嘉的博学多才，以塘栖这么好的黄鹤茶，来评说陆羽《毁茶论》的传说。"茶理精无尽""沸汤开蟹眼，注碗斗枪旗""佳种殊堪秘，名泉恨未移"，都是以宋诗中描写斗茶的字眼诗句来形容塘栖的黄鹤茶，"佳种殊堪秘"，更说明塘栖黄鹤山自产佳茶，足见塘栖茶史久矣。

图1.3.232 《栖里景物略》之胡胤嘉"贻卓稗穀癖茶轩诗并序"

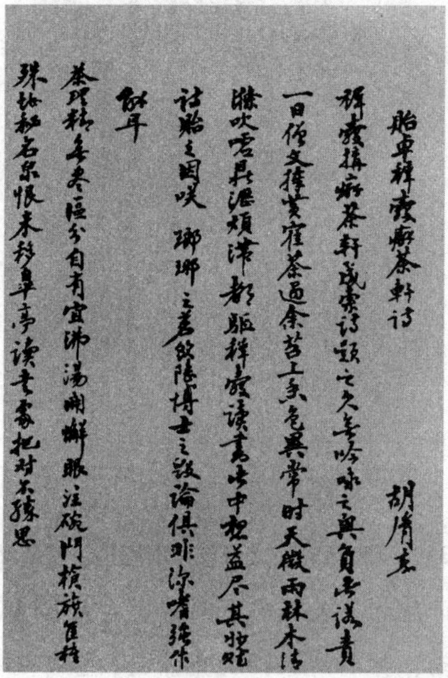

图1.3.233 《栖里景物略》之丁子建《柳堂》

《栖里景物略》之丁子建《西里三十二咏·柳堂》诗，曰：

蒹葭霜晓读书涯，
肠烛西宫五柳斜。
春到莺鸣思好友，
白云深处满山茶。

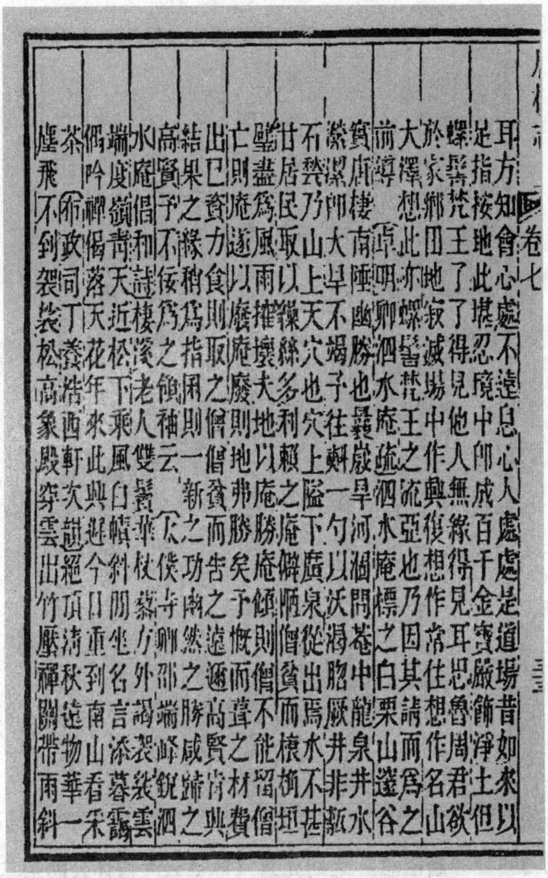
唐棲志　卷七
耳方知會心處不遠息心人處處是道場昔如來以
足指按地此堪忍境中即成百千金寶嚴飾淨土但
螺髻梵王了了得見他人無緣得見耳思魯周君欲
於家鄉田地寂滅場中作與復想作常住想作名山
大澤想此亦螺髻梵王之流亞也乃因其請而為之
前導 亭明卿泗水庵疏泗水庵標之白栗山遂谷
賓庳棲南陲幽勝也曩歲旱河涸問巷中龍泉井水
㵾潔即大旱不竭予往歟一句以沃渴腦厥井非甃
石埶乃山上天穴也穴上隘下廣泉從出焉水不甚
甘居民取以樑絲多利賴之庵僻栖僧貧而榱桷圮
鑿盡為風雨摧壞大地以庵勝庵傾則僧不能留僧
亡則庵遂以廢庵廢則地弗勝矣予慨而葺之材費
出已資力食則取之僧僧貧而告之遠邇高賢肯與
結果之緣稍為指困則一新之功南然之勝咸踵之
高賢予不佞為之領袖云 太僕寺卿邵端峰銳泗
水庵倡和詩棲溪老人雙鬢華杖藜方外謁袈裟雲
端度嶺青天近松下乘風白幘斜閒坐名言添暮靄
偶吟禪偈落天花年來此興遲今日重到南山看采
茶 爾致同丁養浩酉軒次趙絕頂清秋遠物華一
塵飛不到袈裟松高象殿穿雲出竹壓禪關帶雨斜
三

图 1. 3. 234　《唐栖志》之邵端峰锐《泗水庵倡和》

此诗中“白云深处满山茶”，证实清代柳堂所处之西（栖）里黄鹤山是当地的产茶区。

《唐栖志略》载，卓回《赠冯砚祥盛夏移家河渚》诗，曰：息影离居度岁华，闲行无过两三家。心情减似消残雪，兴会浓犹趁晚霞。逃暑高眠他院竹，逢秋多贮此山茶。先余休去针锋捷，何用临风咏落花。

《唐栖志略》卓回的诗中“逢秋多贮此山茶”，说的是塘栖移家河渚山边的茶叶，这又是塘栖另一宗本地茶。

《唐栖志》载，太仆寺卿邵端峰锐《泗水庵倡和诗》，曰：栖溪老人双鬓华，杖藜方外谒袈裟。云端度岭青天近，松下乘风白帻斜。闲坐名言添暮霭，偶吟禅偈落天花。年来此兴迟今日，重到南山看采茶。

邵端峰锐诗作中“重到南山看采茶”的南山，指的是超山或黄鹤山，名士看村姑采茶、即兴赋诗，亦是塘栖茶史一道风景线。

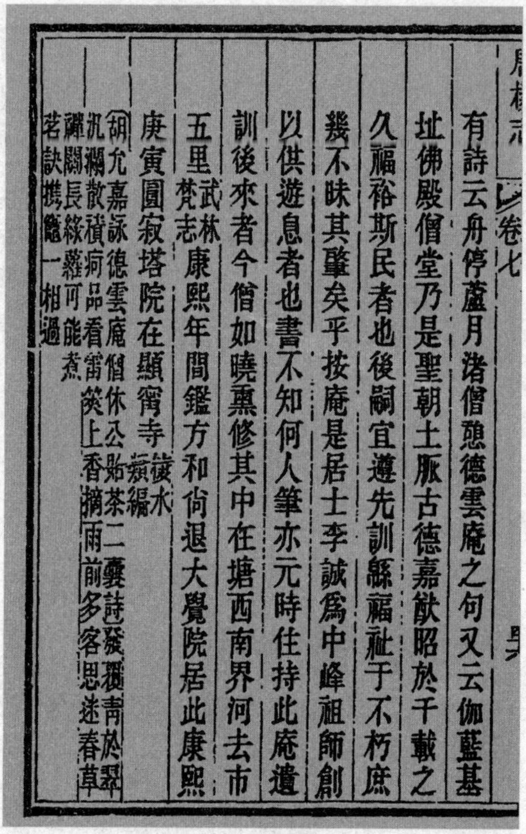

図 1. 3. 235 《唐栖志》之胡允嘉《咏德云庵僧休公贻茶二囊诗》

《唐栖志》载，德云庵，俗称画师庵。在西里之南界河村。（《栖里景物略》）元初里人李诚建，中峰祖师驻锡于此。

胡允嘉《咏德云庵僧休公贻茶二囊诗》，曰：发覆青于翠，泛澜散积疴。品看雷筴上，香摘雨前多。客思迷青草，禅关长绿萝。可能煮茗诀，携灶一相过。

胡允嘉的诗作中"品看雷筴上，香摘雨前多"，描绘的是春雷滚滚春雨绵绵时节，谷雨前的茶叶清香味甘，当地茶山采茶的场面。名士"可能煮茗诀，携灶一相过"，名士郊外品新茶也。

（六）径山茶诗

"百万绿松双径杳，三千楼阁五峰寒"的径山兴圣万寿禅寺，大德高僧辈出，中外僧侣膜拜，高官商贾、文人名士络绎不绝。名山古刹也吸引了众多的文人墨客、地方父母官前来畅游。据《余杭县志》记载，苏轼于北宋元祐年间为杭州太守时，曾三次游径山，写下长诗四首。宋蔡襄、周必大、释元肇、释祖铭；元张羽；明吴延简、慎蒙、吴之鲸、李谷、陶奭龄、周忱、夏元吉、夏止善、俞景寅、张复阳、邵经邦、邵经济、赵居仁、吴扩、周礼、方九叙、张振先、方相卿、黄汝亭、缪希雍、李长庚、李长房、洪都、田艺蘅、蒋灼、陈继儒；清朱文藻、张思齐、章楹、许甲、赵昕、王绍贞、王丹瑶、洪亮吉、张吉安、陈月舸、任昌运、超教，这些大多在《浙江通志》上有记载的，历朝四五十位名人都曾游径山，留下上百篇脍炙人口的千古名篇。其中有许多诗篇涉及或赞美径山茶，阐述径山禅茶文化。

国一大师法钦开山之初即植茶奉佛待客，记载了唐代径山植茶史。历代《余杭县志》也记载了径山不同时期的植茶历史。清嘉庆《余杭县志卷七·山水·山》载，慎蒙《游记》中有：

峰顶润气上流，微涓石溜，为法华泉。上有绛桃、古桂，各数千本，秋香春实，异于他种。山饶竹坞、茶园，故“山利倍多”。茶出自凌霄者尤佳，然岁不多得。

慎蒙的《游记》记载，唐宋以来，径山茶园山利倍多，犹以凌霄峰者最佳，但每年产量极少，和龙井十八棵御茶一样珍贵。

北宋杭州太守蔡襄还是一位茶业大家，有茶叶专著数部，其《记径山之游》中有：

松下石泓，激泉成沸，甘白可爱，即之煮茶。凡茶出北苑，第品之无上者。最难其水，而此宜之。

蔡襄笔下的径山山泉“甘白可爱，即之煮茶。凡茶出北苑，第品之无上者”。北宋的径山泉水甘美，山麓径山茶、第品无上。记录下千年前的径山茶史。

嘉庆《余杭县志》载清洪亮吉《游径山》诗三首，第二首曰：

初日欲下山，幽篁欲升岭。肩舆千百折，送客人胥井。危亭亘山半，五里及峰顶。傔从思后却，老衲遽前请。鸟道倏已徽，猿声若相警。踪疲暂思憩，石悍齐欲挺。木火煨地炉，风泉瀹山茗。踪迷前代古，候觉早春永。冥蒙开绝谳，历落斗奇景。俯视天目山，天风振衣领。

“木火煨地炉，风泉瀹山茗”之句中之“山茗”，应是径山本地产的茶叶。说明唐、宋、元至明清代，径山一直植茶、制茶、品茶。

清嘉庆《余杭县志》记载有一段径山茶的产地记述，是对径山茶种植、采摘、品茗的真实记录和确切的赞誉，文如下：

（径山茶,）产茶之地，有径山、四壁坞及里山坞，出者多佳。至凌霄峰，尤不可多得。大约出自径山、四壁坞者，色淡而味长，出自里山坞者，色清而味薄，此又南北产乡出之分也（续县志）。

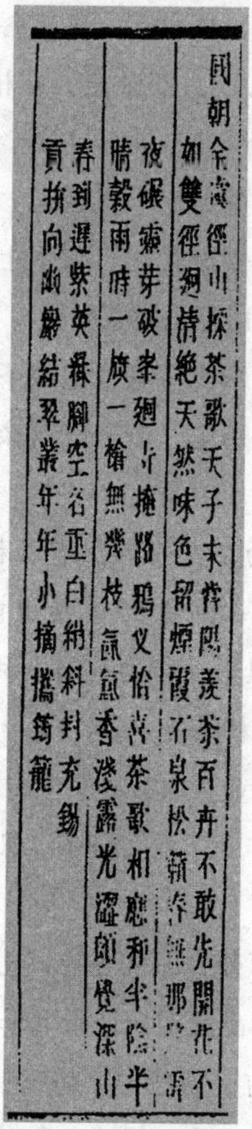

国朝金虞《径山采茶歌》

天子未尝阳羡茶，百卉不敢先开花。不
如双径回清绝，天然味色留烟霞。石泉松籁
春无那，惊雷夜碾灵芽破。峰回寺掩路鸦义，
恰喜茶歌相应和。半阴半晴谷雨时，一旗一
枪无几枝。氤氲香浅露光涩，颇觉深山春到
迟。紫英绿脚空名重，白绢斜封充锡贡。拼
向幽岩结翠丛，年年小摘携筠笼。

图 1. 3. 236 清嘉庆《余杭县志》之《径山采茶歌》

对因产地不同而形成的茶叶的品质和茶汤的色、香、味差异，刻画得非常细致。《余杭县志》上还有金虞的《径山采茶歌》，全诗如下：

天子未尝阳羡茶，百卉不敢先开花。不如双径回清绝，天然味色留烟霞。

石泉松籁春无那，惊雷夜碾灵芽破。峰回寺掩路鸦义，恰喜茶歌相应和。

半阴半晴谷雨时，一旗一枪无几枝。氤氲香浅露光涩，颇觉深山春到迟。

紫英绿脚空名重，白绢斜封充锡贡。拼向幽岩结翠丛，年年小摘携筠笼。

金虞，字长儒，号小树，杭州人。康熙年间举人。博综群籍，善文写诗。诗文皆清丽，有《小树轩集》。

金虞的《径山采茶歌》，将生长在石泉、松籁、幽岩间的径山茶，因着"惊雷夜碾灵芽破"，但"一旗一枪"的嫩芽非常少，都是贵为"贡品"的佳茶，描绘得淋漓尽致。

元末明初学者谢应芬（1295—1392年）《寄径山颜悦堂长老》诗曰：

每忆城南隐者家，昆山石火径山茶。

年年春晚重门闭，怕听阶前落地花。

杭州四邑最值得留恋的是径山茶。

径山的"山蔬果茗"（李谷《游径山记》）是每位上径山的游人食之难忘的。明代进士张京元《游径山记》有：至山半，与人少歇，庵僧供茗，泉清茗香，丽然忘寝，数里抵寺。游人至半山腰，品径山茶终生难忘。

明嘉靖《西湖游览志余》记载有明代高僧来复《卧雪斋》诗，曰：

图1.3.237　吴越国王武肃王钱镠像（852—932年），钱镠是第一位上径山的君主。

雪满山宫岁月仙，冷斋独卧广文毡。依太素无尘地，梦入通明不夜天。

碧碗茶香清瀹乳，红炉木火生暖烟。诸儿幸免号寒诉，枉驾何须郡守怜。

来复（1319—1391），字见心，俗姓王，丰城人。出家先从大诉笑隐，后参径山南楚师悦得悟嗣法，为临济宗二十世。来复工诗，其《卧雪斋》诗，描绘雪中径山情景，诗中"碧碗茶香清瀹乳，红炉木火生暖烟"，道出了"雪满山宫"的径山寺，木炭火炉，碧碗径山茶，茶香扑鼻，浓浓的茶汁，就像乳汁一样。"瀹"，以汤煮物的意思。从来复撰写《卧雪斋》的明代以来，岁月流逝数百年，径山茶和龙井茶一样清香，但茶叶产地的环境已大大改变。径山依旧高峻，山泉千年长流。可能只有在径山还能品味到来复等人诗中的意境，品尝到依旧茶香扑鼻的茶汁。

嘉庆《余杭县志》载陶奭龄《径山游记》，此文写于明天启丙寅年（1626年）二月之十有八日，其时已上径山"六阅月"。文中有二段记述了明代高士上径山品茗论禅的禅茶生活。文如下：

日且昳，王祉叔来，复共出寻诸名迹，曛黑始归，宿梅谷房，达源主焉。澡浴竟，啜茗啖果蔬，坐谈有顷，步自殿墀，至于望江亭址，寒吹袭人，蔽树强立，须月上对

图 1. 3. 238　清嘉庆《余杭县志》记载的"五山十刹"，径山为五山十刹之首，《灵隐寺志》有同样记载。

图 1. 3. 239　五代顾闳中《韩熙载夜宴图》中品茶（局部），此画和洪谨住持径山，钱镠执政同时代。

丈乃还。坐久归，燃灯茶话于右个，夜分乃寝。

　　文中记述了入住梅谷山房、澡浴、啜茗、坐谈，山中寒吹袭人，"燃灯茶话"，"夜分乃寝"的明代名人径山禅茶体味。

图 1. 3. 240　五代顾闳中《韩熙载夜宴图》中使女奉茶（局部）

嘉庆《余杭县志》载清朱文藻《游径山记》，文中有：

早饭后，各乘肩舆进南门，出北门，途经新岭，与杭僧茶话。又经白社庄，土名麻车头，村店沽白酒一饮。

朱文藻在余杭县出北门，途经新岭，与杭州来的僧人品茗畅谈，后又至麻车头村店沽白酒痛饮。其时余杭至径山沿途茶肆、酒店不少。

图 1. 3. 241　南宋《迎驾望贤图》（局部），描绘了南宋高孝二宗上径山的景象。

图1. 3. 242　宋高宗赵构

方相卿《游径山》诗，曰：

空山藏古刹，绝壁下春阴。

怪石填成壑，乔松引作林。

门开双剑合，塔拥万花深。

啜茗同僧话，弥清世外心。

诗中"啜茗同僧话，弥清世外心"，俗人与高僧喝茶谈禅，领悟佛禅，廓清视野，尘外之心使人超脱。

嘉庆《余杭县志》载洪都《游径山诗》，又名《同苏更生宿径山看僧烹茶》诗，曰：

炉火初红手自烧，一铛寒水沸秋涛。与君醒尽西窗酒，花景半轩山月高。

题中有"看僧烹茶"，诗中有"炉火初红手自烧，一铛寒水沸秋涛"，活脱一幅径山寺名士高僧禅

图1. 3. 243　宋孝宗"径山兴圣万寿禅寺"御碑亭

茶图。

嘉庆《余杭县志》载明王守仁《题化城》诗，曰：

僧屋烟霏外，山深绝世哗。茶分龙井水，饭带石田砂。香细云岚杂，窗高峰影遮。林栖无一事，终日弄丹霞。

王守仁的诗中"茶分龙井水"，说明径山的化成接待寺也有茶，应是化城寺自己植茶叶，撮泡品茗，甘洌清香，甚至比汲径山上的龙井水泡径山茶还好。

嘉庆《余杭县志》载吴之鲸《径山纪游》，文中有：

图 1. 3. 244　宋孝宗像

已投松源山房，古杉蒙茸，方沼沉碧，高楼十五楹，邃洁可居。僧冲宇供笋蕨，煮清茗，情甚洽。

径山松源山房是专门接待施主的接待处。僧人"供笋蕨，煮清茗，情甚洽"，以径山产的山间嫩笋、野菜接待，僧俗品清茗，论佛禅，友情融洽。禅茶一味，僧俗相通也。

清代金石画家金农（1687—1763 年），杭州人，好游历，足迹半天下。绘画造型奇古，用笔简朴，独具一格。金农屡上径山，有《径山林道人乞余画梅》词，曰：

山僧送来，乞我墨池游戏。极瘦梅花，画里酸香，香扑鼻。松下奇，亲到冷清清地。定笑钓溪翁，三五看罢，汲泉斗茶器。

高僧求画于名画家，径山作画，汲泉斗茶，当是禅茶高尚风雅事。

张吉安《陈月舸邀游径山，晚宿松源院，用坡公韵》诗，曰：

天目旧径径径山，径山地主逢颍川。黄湖取道山左股，肩舆百折蚁磨旋。烧猪饷客迟佛印，贳酒赏句同陶渊。碑亭小憩别残刻，僧雏拱立山之巅。双径阴森环翠竹，五峰岢崿开青莲。群山西来飞舞下，一气磅礴龙蜿蜒。钦公当日此卓锡，八十七祖来安禅。三千楼阁一弹指，土花晕碧苔铺钱。梅谷烹茶盘石坐，松源晚饭趺脚眠。丝杉瑟瑟终夜响，仿佛古木鸣风鸢。嗟余作茧自缠缚，误落尘网百虑煎。美煞山中老衲子，昏昏一枕绳床便。清晨拨云与僧别，名山回首心怅然。赋诗聊尔纪岁月，追和坡老熙宁年。（自注：孟郊诗"赏句同陶渊"。）

张吉安的诗作前面几句描绘了乘轿从黄湖取道山左攀登径山，沿途"烧猪饷客"

"赍酒赏句""碑亭小憩",直登径山,但见"群山西来飞舞下,一气磅礴龙蜿蜒",品味到了苏东坡三上径山的豪气。"梅谷烹茶盘石坐,松源晚饭跂脚眠",表达了在径山梅谷禅房盘脚而坐,烹茶品茗谈禅,晚间脚着木屐入住松源山寺,领悟到径山禅茶些许真谛。

（七）余杭茶诗

嘉庆《余杭县志》载,茶亭庵,在县东关外,行旅要道。明万历年间（1573—1619 年）,僧鉴空建,施茶曰汤,安宿云水僧。吴方伯用先题"吃茶去"三字。（旧《县志》）国朝（清）康熙年间,严敏改题曰"十方茶院",匾今尚存。

明吴用先《余杭县东关茶亭碑记》：茶亭者,创于僧如通,而相继以恢廓之者,则今僧海云也。先是,通行脚山东,渴甚,就饮于汲水者,恶其掬以手也,争击之,几碎其首。通自惟水何物,急苦至此,凤因可知。已合掌自忏,发愿于冲要处,拟建一亭,旁掘井泉,暑烹茗汁,寒沸姜椒,以沃饮行者。既而赤脚募缘六年,铢积五十金,

图 1. 3. 245 清代杭籍大画家金农《自画像》。金农上过径山,为径山写有《径山林道人乞余画梅》词,词有"汲泉斗茶器"之句,径山作画,汲泉品茗,高雅极致。

买地于邑东关外。盖东关为往来要区,车击毂,人摩肩,西径山、天目、白岳、九华,东武林诸刹云栖、普陀,道必总会于此,甫图兴建,而通奄然逝矣。……

国朝（清）张吉安《十方茶院》诗：东西南北四茶亭,此处头陀结愿深。一掬泉甘遭毒手,如何市上攫黄金。东关扰扰市声哗,卖饼家连卖酒家。来往十方云水侣,阿谁解吃赵州茶?

余杭东关为行旅要道,明万历年间（1573—1619 年）僧人鉴空（如通）在大道

旁，掘泉、井，建井亭，酷暑烹茗，寒冬烧姜汤，安宿云游僧人，施茶八方来客。明代吴用先题"吃茶去"，即唐代赵州和尚口头禅。清康熙年间严敏改题"十方茶院"匾额，可谓径山禅茶一大亮点，余杭禅茶一段佳史。

嘉庆《余杭县志》载，甘露庵，在县北新岭。旧名茶亭，僧于此施茶以济喝，故名甘露。国朝（清）乾隆四十二年，僧德山募缘重建，并建文昌阁于左。

余杭施茶场所还不止茶亭庵一处，县北新岭的甘露庵于乾隆四十二年（1777年）也建了一所"施茶以济渴"的茶亭，故名"甘露"。

图 1. 3. 246　清代铜版画"炒茶"，再现古代径山茶的制作。

嘉庆《余杭县志》载，宝泉庵，今无考。

国朝（清）高斗魁《宝泉庵次壁间韵》诗，曰：

为访名泉过竹房，篱根澹远写秋光。野泉香过龙团饼，勺水甘生蟹眼汤。路远屡迷泥径曲，心闲始觉草庵凉。闭关老衲忘寒暑，不问溪松几尺长。

诗中"龙团饼"，即龙凤团茶。"蟹眼"，即茶汤中的细泡。这二句诗描绘径山泉水泡茶的甘甜清香。清代已是散茶天下，"龙团饼""蟹眼汤"，无非是以古意烘托泉水之甘洌、茶叶之清香，也是陆羽《茶经》的延续。

清代康熙朝余杭县令龚嵘《南湖赋》气势磅礴，居高临下，全面论述了南湖的历史沿革、地理沿革。

赋中"北顾苎山，东连安乐"之"苎山"记述了唐代陆羽初隐余杭之地。龚嵘《南湖赋》有一段写道：

或驱茗酪，或骋诗筒，或资坐啸，或信支筇，送归鸿兮天际，望振鹭兮烟中。

诗中"酪"，牛、羊、马等乳炼制成的食品。"筇"，竹名，可作手杖。如果以白话表述：

环顾南湖，或晴或雨，一路行来，或行于乡间，品尝佳茗奶酪；或驰骋于诗歌的海洋里，思绪万千，诗兴大发；或端坐湖边，长啸抒怀；或拄筇竹拐杖沿湖前行，看飞鸿翱翔天空，望鹭鸶烟雨湖中。

图1.3.247 清代古画"拣茶"，径山高档茶都要细心拣挑。

一幅古人烟雨南湖图，一帧南湖佳茗奶酪画。清代南湖边人佳茶奶酪并不缺少，生活质量不错。

清嘉庆《余杭县志》卷三十七"风俗篇"，记载了诸多与茶有关的余杭民俗，现摘录部分。卷三十七·二有：女子勤织纴，尤善御蚕事，遇蚕月，邻里水火不相借，到蚕熟茧成，始相向慰问点茶为乐。卷三十七·三有：婚姻之礼初极简朴，近始有行向名之礼……往送之三日行庙见礼，

图1.3.248 清代古画"渡茶"。从山间采茶，以竹筏撑至下游加工，再现了清代径山茶采摘特色。

送茶于公姑，弥月即归宁焉（续县志）。卷三十七·五有：立夏之日以樱桃新茶荐祖庙，杂以诸果各相馈遗，谓之立夏茶，乞邻麦为饭云，解夏之疾。

农本社会的古代余杭，蚕熟茧成，相向慰问，点茶为乐；婚姻之礼，行庙见礼，送茶于公姑；立夏之日以樱桃、新茶荐祖庙，千年延续，各种节日少不了。

（八）洞霄宫茶诗

有道是，儒、佛、道三位一体，陆羽当年在余杭著《茶经》时，不仅上径山，将天目山茶收入其《茶经》。也屡临余杭（其时和径山一样也属临安）洞霄宫，阅读"藏书洞"的书籍，精心撰写《茶经》。从汉唐至明清，延续千年间，九峰拱秀、洞天福地的洞霄宫依旧是桃花源般的仙境。清嘉庆《余杭县志》记载有相邻径山同样是茶道圣地的洞霄宫许多诗作。

清《余杭县志》有洞霄宫道士龚文焕《山中纪游》诗，其中有：

云烟五洞古，泉石九峰寒。

……

嗜茶和月煮，采药带云归。

龚文焕生平不详，应是南宋诗人。日间云中采药，晚上和月嗜茶，道士爱茶极致。

元末饶州浮梁令张景修《游九锁山》，有：

道人凿井炼金丹，遗迹相传大涤山。

茶无俗味轻吟思，药有灵苗却老颜。

……

茶生东坞偏迎日，松老西岩不记年。

……

外地官宦慕名拜访洞天福地，留下绝妙诗作，诗人笔下的茶叶都沾着仙气，脱掉俗气。

元代史槐《丹泉》：

照澈凡心水一泓，我来不敢濯尘缨。

千年汞老神龙护，半夜光流野鹤惊。

秋瓮酿成霞潋滟，茗瓯泛起雪轻盈。

悬知清换诗人骨，试掬涟漪句已成。

清澈的一泓泉水，茗瓯泛起如雪的茶沫，元代的洞霄宫品茗意境深远，沿袭的是"径山茶宴"遗风。

元代道士邓道枢《送西秦张仲实游大涤洞天》：

花满余杭逢酒姥，茶香大涤染吟衣。祝君休似武陵客，一入桃源便不归。

"花满""茶香"的洞霄大涤洞天，真是个世外桃源。

嘉庆《余杭县志》载清陆顺豪《游金筑坪记》，记述了清代洞霄宫、天柱观之东的金筑坪。文中有：

今住持者，钟其姓，烹茗供余，味甚甘冽。盖此处饮食所需，刳竹引清流入庖厨，其源来自丹泉。志载是泉，发源最高处天柱山半，至大涤洞西百余步，始出地上，既清且甘，大旱不竭。茶为是泉煮成，故味隽。余小坐，已而访陈翼庭先生墓，乃屈蟠而至天柱峰之半腰下，忽闻有声殷殷若雷，步渐回而傍崖，东下见一泉脉，蜿蜒下垂，二师谓余曰："是即丹泉也。"时夕阳下远，兼为峻岭隔蔽，故赤光稍减。斯须从大涤洞前，寻旧路而归，仰视坪处，竹木森蔚，浓绿翳空，其楼宇不复可见。及至宫，已暮矣。

洞霄宫、金筑坪傍真斗帝楼，清泉甘冽，住持汲泉烹茗待客，"茶为是泉煮成，故味隽"。此泉深三尺余、广袤六七尺，当年钱武肃王来此，有双鹤飞舞其上，钱王抚掌报之，鹤坠泉涌，遂以"抚掌"名之。此泉有来头也。这是洞霄宫的名泉茶道故事。

清嘉庆《余杭县志》卷四十记载，元代南京大理少卿牟谳《奉寄沈公介石老仙》诗，曰：

不贪富贵即神仙，茗碗香炉古《易》编。谁向急流能勇退，方知介石是几先。三危露下闻清唳，九锁山中断宿缘。喜有诗人相共住，何时一笑醉丹泉？

诗中"不贪富贵即神仙，茗碗香炉古《易》编"，揭示了洞霄宫道士的信仰与茶道生活：香炉中袅袅的清烟，茶碗缭绕着热气腾腾的茶香，道士潜心领悟古老的《易经》。诗中"九锁山"，即洞霄宫所在的山峦。

嘉庆《余杭县志》载明郑圭《游大涤洞记》，文中有：

自山巅抵大唐庵约二里，峻崖绝级千余步，余驰之目，裁一瞬至矣。从庵僧索苦茗，少憩。

"从庵僧索苦茗"，沿途向寺庵僧人讨茶叶，汲泉品茗。应是本山僧人种植炒制的茶叶。

嘉庆《余杭县志》载清顺治八年（1651 年）进士沈仲寅《大涤诸洞》诗，中有"石尊茶灶留仙踪，白茅道士莲茶容"之句。径山、洞霄宫茶山上确有石制火灶，茶季采茶，就山炒制。径山

图 1. 3. 249 洞霄宫之"九峰拱秀"（20 世纪 30 年代）

茶业企业家李生龙先生就曾领我在他的茶山上端查看过明清茶灶，也印证了一段大涤洞制茶史。

嘉庆《余杭县志》载朱文藻《游大涤洞记》，文章写于乾隆庚子岁（1780年）九月十八日，文中有：

复登天柱，观壁有钱塘冯琦画松。复寻抚掌泉、老龙井、三清殿、无尘殿旧址。此外，沿有洞壑数处，时值秋深，榛莽未薙，须春初可游。饭罢，至白鹿庵，与山僧茶语而别。

朱方藻的文章很美，"与山僧茶语而别"，临行之前，依依惜别，也是边喝茶，边道别。"品茶"，已成为必不可少的礼遇程式了。

嘉庆《余杭县志》杨大琛和韵诗，是和韵陈梦说《两游洞霄宫》诗而作，诗曰：

南湖于役便，两度访神宫。既有资幽赏，因之怀钜公。竹分仙篆绿，花映佛灯红。胜对米颠画，潇湘烟雨濛。且住为佳耳，将归一亩宫。懒情山笑客，豪气我输公。螺径雪封白，蛎窗梅绽红。茶烟书卷里，倘复忆王濛。

诗中前面的诗句记述了杨大琛"两度访神宫"的经历，"竹绿""花红""米颠画""烟雨濛""雪白""梅红"，洞霄宫之美，跃然纸上。而"茶烟书卷里"，则充分表达了文人读书写诗作画少不了茶。"茶为国饮"，由来已久。

嘉庆《余杭县志》载僧自彰《游洞霄，得乡友道士邓君德清话，因成古语》，诗曰：

乱山倚伏龙蛇蟠，苍藤古木门径寒。蕊珠潭漫列万础，碧楼朱户参云端。吾闻上界足官府，谪下名山作仙侣。我来寻仙记泉石，落日浮云随杖屦。道士邓君吾故人，汲泉煮茗慰酸辛。笑谈未厌樵柯烂，回首人间五百春。

诗中"道士邓君吾故人，汲泉煮茗慰酸辛"，说的是游洞霄宫，得知同乡道士邓君已成故人，忆起当年汲泉煮茗的往事，不由辛酸，亦是一段茶道文化。

叶林《赋洞霄宫隐居十年后》诗，曰：

琼馆高居势复完，烟重翠叠几峰峦。山从舞凤由来远，洞隔投龙欲去难。处处有泉那用汲，岩岩维石宛如磐。品题今古知多少，闲把唐僧五字看。

图1.3.250 洞霄宫名胜（20世纪30年代）

叶林隐居洞霄宫十年，"处处有泉那用汲"，泉水多，烧饭洗菜必不可少，但汲泉煮茶，更是要事。

厉鹗《游洞霄宫》诗，中有：

尚余御笔观虎卧，寂历闲阶少人过。真茶啜比换骨膏，半日盘旋杂行坐。天柱峰，大涤洞，瑶房玉宇恍如梦。太急天寒日短不得游，留与他时策杖寻清秋。

厉鹗是浙杭明清著述颇多的文人，其笔下的洞霄宫"黄鸡豚社，春山茶笋乡。""真茶啜比换骨膏，半日盘旋杂行坐"之句，说明明清时期洞霄宫盛产黄鸡、肥猪、竹笋、佳茶。喝着地道的洞霄宫山间佳茶，神清气爽，犹如脱胎换骨。登临半日，山路盘旋，端坐蒲团论道品茶，道意昂然。

图1.3.251　洞霄宫洞天福地（20世纪30年代）